고급영양학

ADVANCED NUTRITION

고급영양학

허채옥 · 권순형 · 최영진 · 백희준 · 오은주 · 원선임
박용순 · 김상연 · 김은영 · 박유신 · 김기랑

수학사

머리말

과학과 의학의 발달로 고령화 사회로 진입한 현대사회에서는 건강하게 장수하는 것을 최고의 가치로 여깁니다. 고령화는 건강 문제에도 변화를 가져와 생활습관병의 발생이 증가하고 있는데, 이는 잘못된 식습관, 과도한 스트레스, 오염된 환경 등에 그 원인이 있습니다. 또한 4차 산업혁명 시대로 들어서면서 소비자들의 식생활 전반에 걸친 네트워크가 활발해졌으며, 이에 따라 건강을 추구하는 사람들의 호기심을 자극하는 관련 정보들이 무차별하게 제공되고 있어서 식품과 영양에 대한 올바른 지식의 전달이 요구되고 있습니다.

뿐만 아니라 먹거리가 풍부해지면서 다양한 먹거리를 어떻게 선택하고 섭취하느냐 하는 것이 건강을 지키는 잣대가 된다고 해도 과언이 아닙니다. 왜냐하면 음식은 우리 몸에 들어갔을 때 비로소 영양이란 의미를 갖게 되며, 이때 무엇을, 얼마나, 어떻게 먹는지에 따라 건강의 정도가 결정되기 때문으로 이에 영양학은 조화롭게 먹는 방법을 알려주어야 합니다.

식품에 함유된 영양소의 특성과 대사, 체내 작용, 결핍증과 과다증, 급원 식품 등을 다루는 기초영양학에서 더 나아가, 이 책에서는 고급영양학의 학습목표를 달성하기 위하여 기존 영양학 지식에 더하여 새로운 정보는 물론 생화학과 생리학 등의 관련 연구 및 최신 자료들을 추가하여 구성하였습니다.

이 책을 통하여 기초영양학의 내용을 한 단계 높인 영양소의 특성과 체내대사 및 작용, 결핍증과 급원 식품 등에 대한 지식을 습득할 수 있으며, 영양소와 관련된 질병을 예방하고 건강을 유지하는 식생활에 대해 이해할 수 있습니다. 그리하여 영양과 건강 관련 정보를 올바로 판단하고, 합리적인 식품 선택을 할 수 있으며, 영양에 관한 바른 지식을 습득하고 적용해 나갈 수 있을 것이라 생각합니다.

많은 영양학자의 노고가 모여서 만들어진 영양학 이론들을 식생활에 접목시켜 나가기 위해서는 바른 이해가 필요합니다. 진리를 밝히기 위해 심혈을 기울였던 그분들의 마음을 담아 그 진리의 전달자로서 역할을 하기 위해서는 영양학 이론을 전해 주는 것으로만 끝나서는 안 되며, 실생활에 녹아들어 가도록 해야 합니다. 이에 저자들은 앞서 2008년 영양학을 처음 대하는 학생의 입장이 되어 쉽게 이해할 수 있도록 『기초영양학』을 구성해 출간하였습니다. 그 후 우리의 식생활과 영양학의 발전 추이에 맞추어 더 좋은 책을 만들고자 희망하던 중 다시 의견을 모아 『고급영양학』을 발간하기로 계획하고, 기초영양학이 씨앗이라면 고급영양학을 통해 영양학의 지식이 자라나게 할 수 있는 책이 되어야 한다는 생각으로 여러 번 구성의 틀을 바꾸어 가면서 만들었습니다만 이 책을 내놓기가 두렵기도 합니다. 이에 이 책을 대하는 분들의 많은 조언을 부탁드리며, 이 책의 출간을 위해 여러 면에서 도움을 주신 수학사 이영호 사장님과 편집진의 노고에 깊은 감사를 드립니다.

저자 일동

차례

CHAPTER 8 다량 무기질

CHAPTER 9 미량 무기질

Overview of the Nutrition
Overview of the Nutrition
Overview of the Nutrition
Overview of the Nutrition

영양학의 개요

CHAPTER 1 Overview of the Nutrition

1. 영양과 영양소
2. 영양소의 체내 이용

인체가 식품으로부터 영양소를 공급받고 그 영양소를 통하여 생명을 유지하고 성장하며 건강을 도모하는 모든 과정을 연구하는 학문을 영양학(science of nutrition)이라고 한다. 즉, 영양학이란 식품 속의 영양소가 인체 내에서 소화, 흡수, 운반, 대사, 저장 및 배설되는 전 과정을 비롯하여 체내에서 작용하는 영양소의 생리적 기능과 필요량, 과잉증이나 결핍증, 서로 다른 영양소 간의 상호작용, 영양 관련 질환, 나아가 인간의 환경과 식문화 등에 관한 모든 것을 연구하는 응용과학(applied science)이다.

1. 영양과 영양소

영양(nutrition)은 인체가 음식물을 섭취한 후에 소화 및 흡수 과정을 통하여 음식물 속에 있는 화학 성분 중 인체에 유용한 성분인 영양소(nutrient)를 이용하는 일련의 과정을 의미한다. 인간은 영양을 통하여 음식물 속의 영양소를 동화(anabolism) 또는 이화(catabolism)와 같은 대사(metabolism) 작용에 의하여 에너지와 열을 생산하거나, 체조직을 형성하고 노폐물을 체외로 배설하는 등 생명체의 성장과 유지 등의 생명 활동을 지속할 수 있다.

1) 영양소의 일반적 기능과 종류

인체에 필요한 영양소는 크게 탄수화물, 단백질, 지질, 비타민, 무기질 및 수분의 6종류이며, 대부분 음식물로 공급된다. 모든 영양소는 체구성 성분으로 사용되며, 그중에서도 특히 탄수화물과 단백질, 지질은 에너지를 생성하고, 수분을 비롯한 비타민과 무기질은 생리활성을 조절하는 역할을 수행한다(표 1-1).

2) 영양과 건강

건강(health)은 단순히 질병이 없거나 허약하지 않은 상태만을 의미하는 것이 아니라 육체적, 정신적, 사회적으로도 완전히 양호한 상태를 의미한다.[1] 생명 유지와 성장에 필수적인 영양은 인간의 건강한 삶을 영위하는 데에 매우 중요한 요소이다. 따라서 부적절한 영양 상태는 영양불량과 질병을 초래할 수 있으므로 양호한 건강 상태를 유지하기 위해서는 항상 바람직한 영양 상태를 유지해야 한다.

바람직한 영양 상태는 신체의 성장과 유지에 필요한 충분한 영양소가 공급되고, 정상

표 1-1 영양소의 일반적 기능

분류		영양소	기능
체구성	에너지 생성	탄수화물	• 대부분 에너지원(1 g 당 4 kcal 발생)으로 소모되며 여분의 탄수화물이 간과 근육에 글리코겐 형태로 저장되거나 혈액 중에 포도당으로 존재 • 성인 체구성의 약 1%에 해당
		단백질	• 대부분 체구성에 사용되며 성인 체중의 약 16%에 해당 • 여분의 단백질은 에너지원(1 g 당 4 kcal 발생)으로 사용
		지질	• 고에너지를 제공(1 g 당 9 kcal 발생)하는 영양소 • 여분의 지질, 단백질, 탄수화물은 중성지방과 같은 체지방의 형태로 축적되며 성인 체구성의 약 14%를 차지. 과체중이나 비만의 경우에는 30% 이상을 차지하기도 함
	생리활성 조절	비타민	• 탄수화물, 단백질, 지질의 에너지 대사를 조절하는 조효소 기능, 조혈 기능, 산화환원 기능, 항산화 기능, 유전자 발현 기능 등 다양한 생리작용을 함 • 체구성으로는 극미량이 존재 • 수용성 비타민 : 비타민 B군(티아민, 리보플라빈, 니아신, 판토텐산, 비오틴, 비타민 B_6, 비타민 B_{12}, 엽산), 비타민 C • 지용성 비타민 : 비타민 A, D, E, K
		무기질	• 성인 체중의 약 4~5%를 차지하며 주로 뼈와 치아 등 결합조직, 체액, 체조직, 효소 등의 구성 성분으로 분포 • 전해질로서 산-염기 평형, 수분 평형 등에 관여 • 다량 무기질 : 칼슘(Ca), 인(P), 마그네슘(Mg), 칼륨(K), 나트륨(Na), 염소(Cl), 황(S) • 미량 무기질 : 철(Fe), 아연(Zn), 구리(Cu), 요오드(I), 셀레늄(Se), 불소(F), 망간(Mn), 몰리브덴(Mo), 코발트(Co), 크롬(Cr) 등
		수분	• 성인 체구성의 약 65%를 차지하는 가장 중요한 구성 성분 • 체내 대사 반응의 용매 역할, 수분 평형, 산-알칼리 평형, 윤활유, 보호 기능, 체온 조절, 소화액 분비 등의 다양한 생리 작용을 함

적인 대사 작용과 신체의 항상성이 유지되며, 약간의 잉여 에너지를 체내에 저장한 상태를 말한다. 이와 반대로 영양불량 상태는 영양 결핍(예 : 콰시오커, 마라스무스)이나 영양 과잉(예 : 비만), 영양 불균형(예 : 고나트륨혈증, 저칼슘혈증, 철결핍성 빈혈 등)을 의미하며, 건강문제를 초래하는 원인으로 작용할 수 있다.[2]

2. 영양소의 체내 이용

식품에 들어 있는 영양소 중에서 에너지원인 탄수화물, 지질 및 단백질은 대부분 중합체(polymer) 형태의 거대분자로 구성되어 있으며, 비타민과 무기질은 이들 중합체와 복합체 형태로 존재하거나 내부에 갇힌 형태로 존재한다. 따라서 이들 식품 속의 영양소를 체내에서 이용하기 위해서는 소장 점막세포에서 흡수될 수 있는 크기인 단위체

영양소 섭취기준[3]

Tip

2015 한국인 영양소 섭취기준(Korean Dietary Reference Intakes 2015, KDRIs 2015)

기존의 영양 권장량이 주로 영양 결핍을 예방하는 데에 초점을 두었다면 2015년에 제정된 한국인 영양소 섭취기준은 영양 결핍뿐 아니라 만성질환과 영양소의 과잉 섭취를 함께 예방하도록 '평균필요량', '권장섭취량', '충분섭취량', '상한섭취량'의 4가지 기준값을 설정하여 국민의 적절한 영양 섭취를 유도하였다.

- 평균필요량(Estimated Average Requirement, EAR) : 건강한 사람의 평균적인 섭취량으로 1일 필요량의 중앙값에서 산출한 수치로, 건강한 인구 집단의 50%에 해당하는 사람들의 영양 필요량을 충족시켜 주는 값을 의미한다. 집단의 영양판정 시에 영양불량을 판정하는 가장 기본적인 값으로 인체 필요량에 대한 과학적 근거가 충분한 경우에 제정한다.
- 권장섭취량(Recommended Nutrient Intake, RNI) : 개인차를 감안하여 건강한 인구 집단의 평균필요량(EAR)에 표준편차 또는 변이계수의 2배를 더하여 산출한 값이다. 인구 집단의 약 97.5(97~98)%에 해당하는 사람들의 영양소 필요량을 충족시키는 섭취 수준을 나타낸다.

권장섭취량(RNI) = 평균필요량(EAR) + 표준편차(SD_{EAR})의 2배

- 충분섭취량(Adequate Intake, AI) : 영양소의 필요량을 추정하기 위한 과학적 근거 자료가 불충분한 경우에, 대상 인구 집단의 건강을 유지하는 데에 충분한 영양소의 양을 설정하여 제시한 값이다.
- 상한섭취량(Tolerable Upper Intake Level, UL) : 과량 섭취하면 인체에 유해한 영향을 끼칠 수 있는데 이에 관한 과학적 근거 자료가 있을 때에 발생 가능한 독성을 예방하기 위해 설정한 값이다.

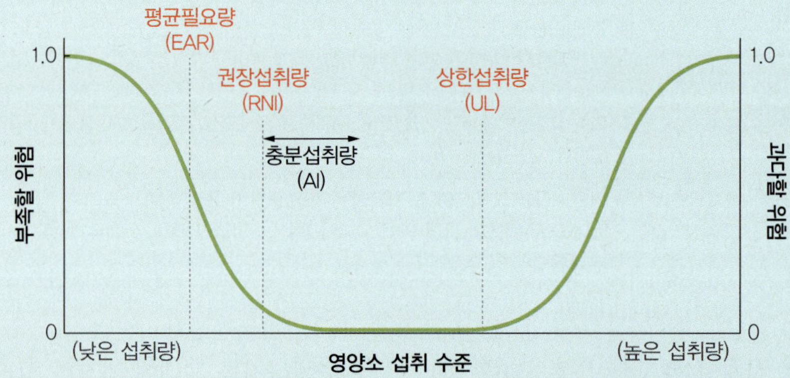

에너지 영양소의 적정 섭취비율

영양소	1~2세	3~18세	19세 이상
탄수화물	55~65%	55~65%	55~65%
단백질	7~20%	7~20%	7~20%
지질	20~35%	15~30%	15~30%
n-6 지방산	4~10%	4~10%	4~10%
n-3 지방산	1% 내외	1% 내외	1% 내외
포화지방산	-	< 8%	< 7%
트랜스지방산	-	< 1%	< 1%
콜레스테롤	-	< 300 mg/일	

(monomer) 형태로 분해되거나 복합체 형태에서 분리되어야 한다.

이처럼 중합체나 복합체 형태의 거대분자가 단위체 형태의 미세분자로 변화되는 물리적, 화학적 과정을 소화(digestion)라고 하고, 소화 과정을 통하여 분해된 미세분자가 소장 점막세포를 통과하여 혈관(간문맥)이나 림프관으로 이동하는 것을 흡수(absorption)라고 한다. 흡수된 미세분자 형태의 영양소들이 혈관(간문맥)이나 림프관을 통하여 전신으로 순환되면서 체세포 내로 운반되어 이화나 동화 작용을 통하여 에너지, 열, 다양한 체구성 물질 등으로 전환되어 이용되는 것을 대사(metabolism)라 한다. 대사 과정 중에 발생하는 중간 산물이나 노폐물, 또는 섭취한 식품 중 체내로 흡수되지 않은 성분들을 소변이나 대변의 형태로 체외 배출하는 것을 배설(excretion)이라 한다.

1) 소화기계

소화기계(digestive system)는 식품의 체내 이용 과정에 관여하는 인체 내 기관계이다. 구강에서부터 인두, 식도, 위, 소장, 대장을 거쳐 항문에 이르는 약 4.6 m의 관(tube) 형태의 평활근으로 구성되어 있고, 부속기관으로 타액선(침샘), 췌장, 간, 담낭 등이 소화기관에 도관(duct)으로 연결되어 소화를 돕는 다양한 소화효소와 호르몬, 분비액 등을 공급하고 있다(그림 1-1).

2) 식품의 소화

(1) 구강에서의 소화

구강에서는 치아로 음식물을 저작하여 잘게 부수는 물리적인 소화와 함께 이하선(귀밑샘), 설하선(혀밑샘) 및 악하선(턱밑샘)에서 하루에 약 1~2 L 정도 분비되는 침(타액) 속의 전분분해효소(amylase)인 프티알린(ptyalin)에 의한 화학적 소화가 이루어진다. 식품 속의 대표적 탄수화물인 전분은 프티알린에 의하여 보다 작은 크기의 덱스트린이나 이당류로 분해되지만, 음식물이 구강에 머무는 시간이 짧기 때문에 실제로 구강에서 타액 아밀레이즈의 소화 작용은 미미하다. 이외에도 구강 리페이즈가 분비되긴 하지만 지질의 소화 작용도 미약하다.

구강에서 소화 과정을 거친 음식물은 혀와 인두의 연하 작용(삼키기, swallowing)과 후두개의 기도 폐쇄에 의하여 식도로 넘어간다. 식도 상부에 위치한 상부식도괄약근에서

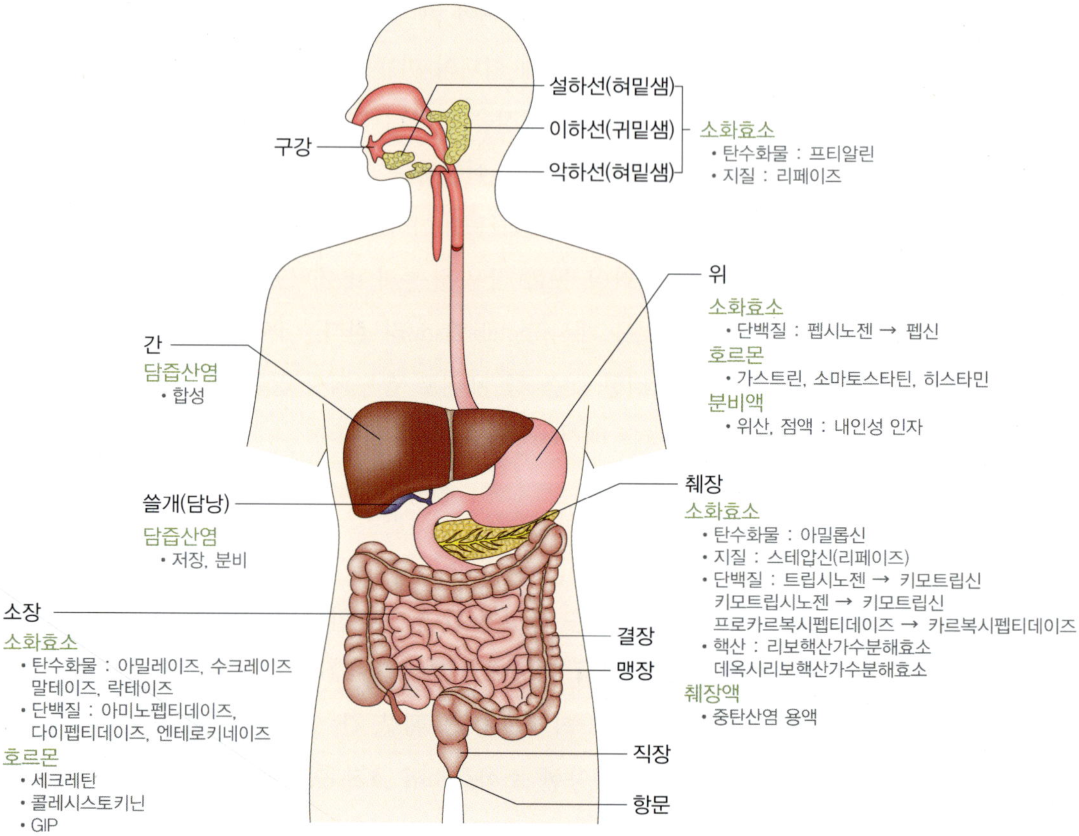

그림 1-1 인체의 소화기계와 분비물질

는 연하된 음식물이 기도로 넘어가지 않도록 조절하고, 하부식도괄약근은 위와 식도의 경계 부위에 위치하여 위로 들어온 음식물이 다시 식도로 역류하는 것을 방지한다. 식도는 약 25 cm의 근육성 관으로 식도 점막에서 점액이 분비되어 윤활유 역할을 하며, 식도 근육의 연동운동에 의하여 음식물을 위로 이동시킨다.

(2) 위에서의 소화

위는 식도와 소장(십이지장)을 연결하는 J자 모양의 주머니 형태이며, 음식물이 위로 유입되면 1 L 정도까지 팽창할 수 있다. 위의 상부에는 식도와의 경계부에 하부식도괄약근인 분문괄약근이 위치하여 위 내의 음식물이 식도로 역류하지 않도록 조절하고, 십이지장과의 경계부에는 유문괄약근이 위치하여 위 내용물이 십이지장으로 서서히 배출되도록 조절한다.

위 내벽에는 깊게 파인 주름 형태의 점막층에 분포한 위선, 즉 외분비세포인 벽세포(parietal cell)와 주세포(chief cell), 점액경세포(mucous neck cell) 및 내분비세포 등에서 위액 성분과 소화효소, 호르몬 등이 분비된다(그림 1-2). 위의 주세포에서는 단백질 소화효소인 펩신(pepsin)의 전구물질인 펩시노겐이 분비되어 음식물 중의 단백질을 분해하여 보다 작은 크기의 펩톤(peptone)으로 분해하는 역할을 한다. 벽세포에서는 위산(HCl)이 분비되어 펩시노겐을 펩신으로 활성화시키고 pH 1.5~2.0로 유지하여 살균 작용, 철과 칼슘의 흡수를 돕는 작용을 하며, 내인성 인자도 분비하여 비타민 B_{12}의 흡수를 돕는 역할을 한다. 점액경세포에서는 뮤신(mucin)이라는 점액 형태의 당단백질이 분비되어 염산으로부터 위 내벽을 보호하는 역할을 한다. 또한, 내분비세포인 G세포에서는 호르

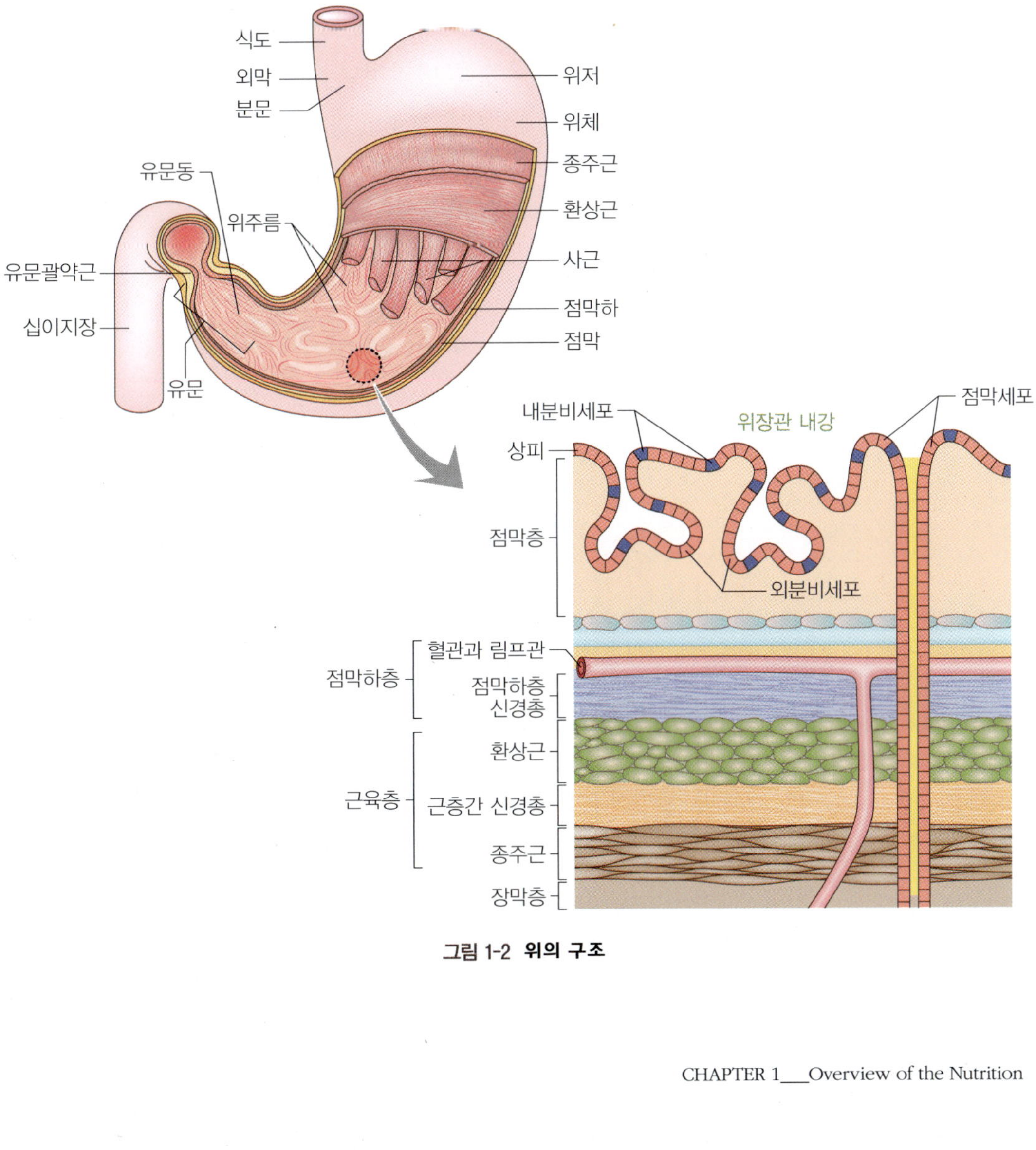

그림 1-2 위의 구조

몬인 가스트린(gastrin)이 분비되어 위산 분비와 펩신의 소화 작용을 촉진하며, 이외에도 소마토스타틴과 히스타민 등의 호르몬이 분비된다. 이 밖에도 유아기의 위에서만 분비되는 응유효소인 레닌(rennin)은 위 내에 유입된 젖을 응고하여 위 내에 오래 머무르며 소화효소의 작용을 잘 받을 수 있도록 도와준다.

위에 유입된 음식물은 위의 연동운동에 의하여 골고루 혼합되고 위산에 의하여 유미즙(chyme)이라는 죽 형태로 변성되어 펩신에 의한 단백질 분해가 용이해진다. 또한, 유미즙에서는 탄수화물, 단백질, 지질 속에 복합체 형태 또는 갇힌 형태로 함유되어 있던 비타민과 무기질이 식품 외부로 노출되면서 유리되어 이후에 소장에서 흡수되기 쉬운 상태로 된다. 위에서는 탄수화물 소화가 거의 일어나지 않으며, 리페이즈(lipase)가 분비되기는 하지만 지질의 소화도 미미한 수준이다. 유미즙이 십이지장으로 서서히 이동하는 현상을 위 배출(gastric emptying)이라고 하는데 음식물이 배출되는 시간은 음식물 중의 수분과 탄수화물의 함량이 많을수록 빨라지고 고형물과 단백질이나 지질의 함량이 많을수록 느려진다. 정서 상태(예 : 흥분, 불쾌감, 공포 등)에 따라서도 위의 연동운동, 위액 분비량 및 위 배출 속도가 감소한다.

(3) 소장에서의 소화

소장(small intestine)은 위와 대장 사이에 위치한 약 6~7 m 길이의 소화기관으로 십이지장(duodenum, 20~30 cm)과 공장(jejunum, 나머지의 2/5), 회장(ileum, 나머지의 3/5)으로 구성된다. 위와 십이지장의 연결부위에는 유문괄약근이 위치하여 위에서 십이지장으

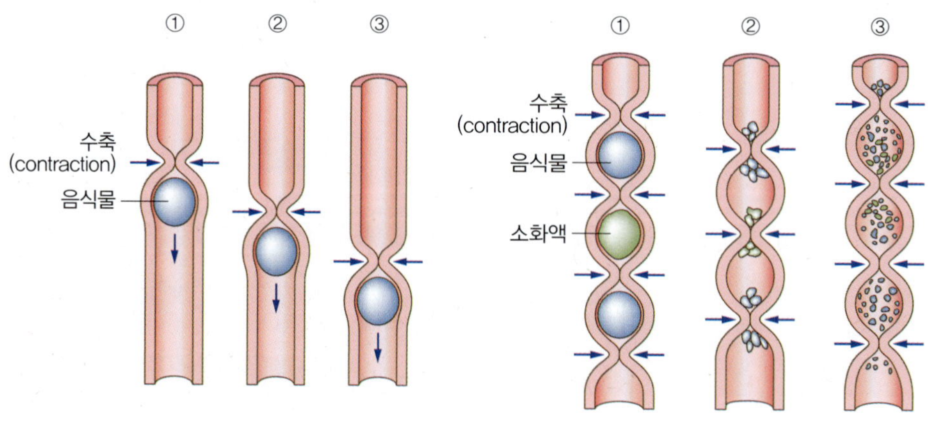

(a) 연동운동 (b) 분절운동

그림 1-3 **소장의 연동운동과 분절운동**

로 들어오는 유미즙의 양을 조절하고, 회장과 대장의 연결부위에는 회맹판이 위치하여 소장의 내용물이 대장으로 넘어가는 것을 조절한다. 소장 내로 유미즙이 들어오면 소장 벽의 근육층에서 연동운동과 분절운동이 발생하여 유미즙을 대장 쪽 방향으로 이동시키는 동시에 유미즙이 소장 내의 소화액과 골고루 혼합되어 소화될 수 있도록 한다(그림 1-3).

또한 소장 내벽은 점막층과 점막하층으로 구성된 윤상주름을 형성하는 융모(villi)가 발달되어 소장의 표면적이 10~20배 정도 늘어나고 융모 표면에 솜털 같은 미세융모(microvilli)가 덮여 있어 최대 600배가량 소장의 흡수 면적이 증가할 수 있다(그림 1-4). 미세융모 막에는 최종 소화 단계에 해당하는 소화효소들이 존재하여 영양소의 흡수를 가능하게 하며 융모 내부에는 모세혈관과 림프관(유미관)이 위치하여 영양소의 체순환이 이루어지도록 한다.

소장에서 작용하는 소화효소는 소장 내벽의 외분비세포와 십이지장에 연결되어 있는 소화기 부속기관인 췌장에서 분비된다. 소장의 십이지장에서는 pH 8.3 정도의 약알칼리성 장액에 아밀레이즈와 엔테로키네이즈(enterokinase) 같은 효소가 작용하여 각각 탄수화물을 이당류로 분해하거나 단백질 분해효소인 트립시노겐(trypsinogen)을 트립신(trypsin)으로 활성화하여 단백질의 소화에 기여한다. 소장의 미세융모 막에 있는 이당류 분해효소인 말테이즈(maltase)와 수크레이즈(sucrase), 락테이즈(lactase)는 각각 맥

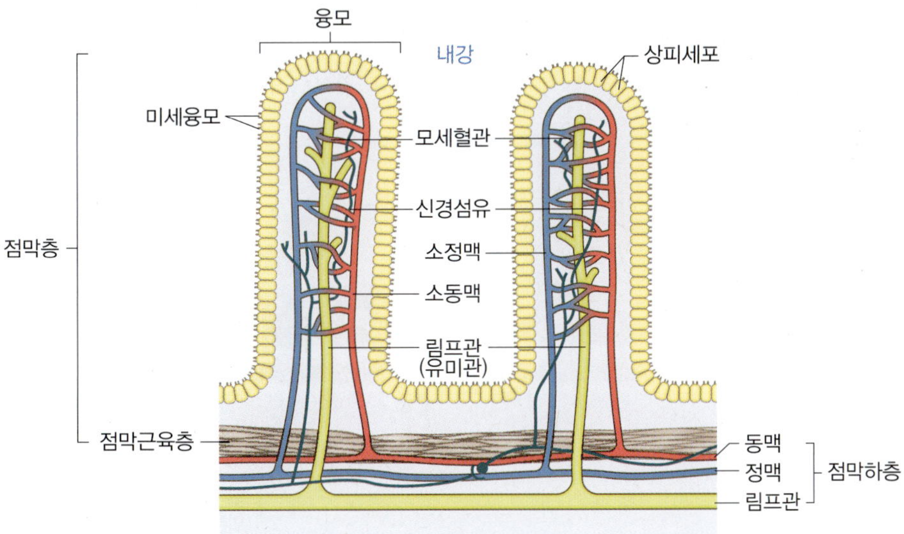

그림 1-4 **소장 융모의 구조**

아당(maltose)을 포도당(glucose) 2분자로, 자당(sucrose)을 포도당과 과당(fructose)으로, 유당(lactose, 젖당)을 포도당과 갈락토오스(galactose)로 분해하여 즉시 점막세포 내로 흡수한다. 십이지장에는 오디괄약근에 연결된 췌장의 외분비조직(중탄산염 분비세포, 꽈리샘 세포)에서 다량의 중탄산염과 탄수화물, 단백질, 지질의 소화효소가 함유된 알칼리성 췌장액이 분비된다(그림 1-5). 탄수화물 소화효소인 췌장 아밀레이즈(pancreatic amylase; 아밀롭신 amylopsin)가 전분을 이당류로 분해하며, 단백질 소화효소인 트립신(trypsinogen → trypsin)과 키모트립신(chymotrypsinogen → chymotrypsin)이 단백질을 더 작은 크기의 폴리펩타이드(polypeptide)로 분해한다. 분해된 작은 폴리펩타이드들은 췌장에서 분비되는 카르복시펩티데이즈(procarboxypeptidase → carboxypeptidase)에 의하여 카르복실기 말단에서부터 아미노산을 1개씩 분해하여 소장 내부로 흡수시킨다. 소장에서 분비되는 또 다른 단백질 소화효소인 아미노펩티데이즈(aminopeptidase)는 폴리펩타이드의 아미노기 말단에서부터 아미노산을 2~3개 단위로 분해하며, 이때 생성된 다이펩타이드(dipeptide)는 미세융모 막에 있는 다이펩티데이즈(dipeptidase)에 의해 아미노산 2분자로 분해되어 소장 점막세포 내로 흡수된다.[4]

또한, 십이지장에서는 오디괄약근에 연결된 담낭으로부터 농축된 알칼리성의 담즙(bile juice)이 분비되어 지질의 소화를 돕는다(그림 1-5). 담즙은 간에서 합성되어 담낭으

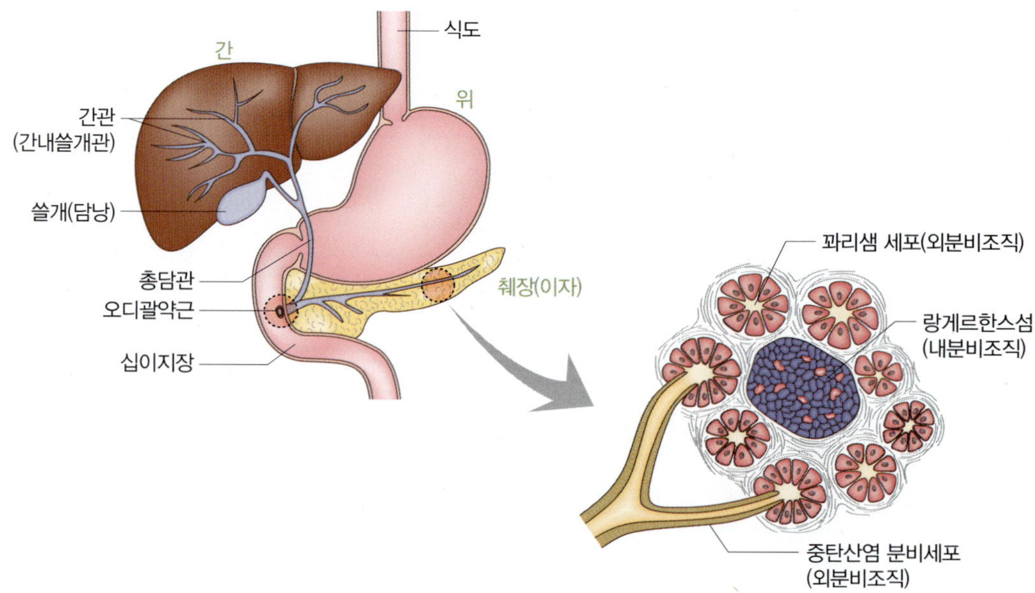

그림 1-5 **소화기관의 부속기관(췌장, 간, 담낭)**

로 옮겨져 농축 저장되었다가, 지질이 함유된 유미즙이 십이지장에 유입되면 십이지장에서 분비되는 호르몬인 세크레틴(secretin)과 콜레시스토키닌(cholecystokinin, CCK)에 의하여 담즙 분비가 촉진된다. 이때 췌장액과 췌장의 소화효소 분비도 각각 촉진시킴으로써 지질의 소화가 이루어진다. 담즙에는 담즙산염, 콜레스테롤, 레시틴, 지질, 무기염류, 수분 등이 함유되어 유미즙을 중화시키고 지질의 유화 작용을 통해 췌장에서 분비되는 지질 소화효소인 췌장 리페이즈(pancreatic lipase; 스테압신 steapsin)가 쉽게 지질에 접근하도록 돕는다. 유미즙 중의 지질은 췌장 리페이즈에 의하여 최종적으로 지방산과 모노글리세라이드(monoglyceride), 글리세롤로 분해되어 소장 점막으로 흡수된다. 이 밖에도 췌장에서는 인지질 분해효소(phospholipase), 콜레스테롤 에스터 가수분해효소(cholesterol esterase), 핵산 가수분해효소(RNase, DNase) 등이 분비되어 인지질과 콜레스테롤 에스터, 핵산 등을 소화한다.

(4) 대장에서의 소화

대장(large intestine)은 소장과 항문 사이에 위치한 약 1.2~3 m 길이의 소화기관으로 맹장(cecum), 충수돌기(appendix), 결장(colon; 상행결장, 횡행결장, 하행결장, S상 결장) 및 직장(rectum)으로 구성된다. 소장과 맹장 결합부위에 위치한 회맹판은 대장 내용물이 소장으로 역류하여 소장이 대장균에 오염되는 것을 막아 주며, 직장의 말단에는 항문괄약근이 있어서 직장 내 대변의 배설을 조절한다. 대장도 소장처럼 연동운동과 분절운동을 하는데 연동운동의 1회 연동파가 간헐적으로 크게 일어나는 집단운동이 나타나 변의를 느끼며, 맹장에서 상행결장 부위까지 분절운동 시에 대장이 불룩하게 부푸는 팽기 현상이 나타나는 것이 특징이다.

대장에서는 소화효소가 분비되지 않아 별도의 소화는 이루어지지 않으며, 대장 내에 서식하는 수많은 세균총에 의하여 대장 내용물이 발효 또는 부패되어 젖산, 아세트산, 프로피온산 등이나 저급지방산, 가스(산소, 이산화탄소, 질소, 메탄) 등이 생성된다.

3) 영양소의 흡수

탄수화물과 단백질, 지질은 각각 단당류(포도당, 과당, 갈락토오스)와 아미노산, 그리고 지방산, 모노글리세라이드, 글리세롤 등의 최종 분해산물로 소화되어 소장 점막세포 내로 흡수된다. 비타민과 무기질도 물과 함께 소장 점막세포 내로 흡수된다. 소장 점막세포로 흡수된 수용성 영양소인 단당류와 아미노산, 수용성 비타민, 무기질 등은 점막하층의 모세혈관(간문맥)을 통하여 간으로 운반되었다가 혈관계를 통하여 전신으로 순환한다. 반면, 지용성 영양소인 지방산과 모노글리세라이드, 글리세롤은 소장 점막세포 내로 흡수된 후에 다시 중성지방으로 재합성되어 콜레스테롤, 지용성 비타민, 인지질, 단백질 등과 함께 지단백질(lipoprotein)의 일종인 카일로마이크론(chylomicron)을 형성하여 림프관을 통하여 운반되다가 최종적으로는 정맥으로 유입되어 체순환한다.

(1) 흡수 부위

구강에서는 영양소의 흡수가 이루어지지 않으며, 위에서도 알코올과 약물(아스피린)이 일부 흡수되지만 일반적으로 영양소의 흡수는 이루어지지 않는다. 대부분의 영양소는 소장에서 흡수되며, 특히 소장 상부인 십이지장과 공장에서 단당류를 비롯한 아미노산, 지방산, 대부분의 비타민과 칼슘이나 철 등 대부분의 무기질이 흡수된다. 소장 하부인 회장에서는 다량의 수분과 전해질, 비타민 B_{12} 등이 흡수된다. 특히, 회장에서

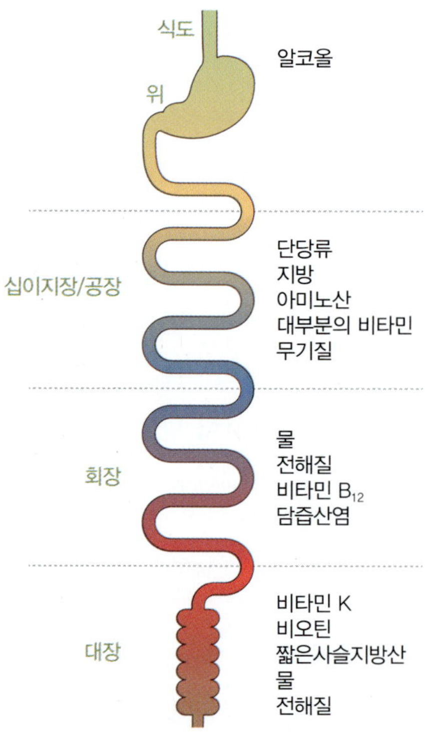

그림 1-6 영양소의 흡수 부위

는 지질의 유화 작용을 위해 담낭에서 배설되었던 담즙산염이 95% 재흡수되는 장간순환(enterohepatic circulation)이 이루어진다. 대장에서는 잔여 수분과 일부 전해질(Na^+, HCO_3^- 등), 대장 내 서식하는 세균에서 얻은 비타민 K, 비오틴, 짧은사슬지방산, 수용성 식이섬유소 발효 에너지 등이 일부 흡수된다(그림 1-6).

(2) 흡수 메커니즘

영양소의 흡수 메커니즘은 체내에서의 물질 이동 메커니즘과 동일하며, 영양소가 소장 미세융모막을 비롯한 다양한 체세포막을 통과하는 주요 흡수 메커니즘으로는 수동적 이동(passive transport)인 확산(diffusion), 촉진확산(facilitated diffusion), 삼투(osmosis)를 비롯하여 에너지를 소모하는 능동적 이동(active transport)인 능동수송, 음세포작용(endocytosis) 등이 있다(그림 1-7).[4,5]

① 확산

확산은 영양소가 농도 차에 따라 고농도에서 저농도 방향으로 자유롭게 이동하여 전체적으로 양쪽이 동일한 농도가 될 때까지 영양소의 이동이 지속되는 기구이다. 브라운운동(Brown movement)이라고도 하며 지질을 비롯한 대부분의 비타민과 무기질이 흡수되는 메커니즘이다.

② 촉진확산

촉진확산은 운반체(carrier)가 매개하는 흡수 메커니즘으로, 흡수 세포막에 있는 특수한 운반 단백질이 특정 영양소와 결합하여 농도 차에 따라 고농도에서 저농도 방향으로 영양소가 빠르게 이동하도록 하는 구조이다. 운반체의 개수가 한정적이므로 동일한 운반체를 매개하는 영양소들 간에 경쟁적인 흡수가 이루어지기도 한다. 단당류 중에서 과당과 섭취량이 낮은 일부 비타민의 경우에 적용되는 흡수 메커니즘이다.

③ 삼투

반투막(semipermeable membrane)을 사이에 두고 양쪽의 용질 농도에 차이가 있는 경우에 용질의 입자는 커서 이동하지 못하고 대신 물이 반투막을 통과하여 고농도 쪽으로 이동하는 메커니즘을 삼투라고 한다. 주로 체내에서 전해질이나 단백질의 농도 차이에 의하여 수분이 이동하는 메커니즘이다.

④ 능동수송

능동수송은 촉진확산처럼 운반체가 매개하는 흡수 메커니즘이지만, 운반 단백질이 에너지인 ATP(adenosine triphosphate)를 이용하여 영양소를 이동시키는 기구이다. 수동적 운반 메커니즘과는 달리 영양소의 농도나 전위 경사에 의존하지 않고 이에 역행하여 영양소를 이동시키는 특징이 있어서 이들 운반체를 펌프(pump)라고도 부른다. 운반체가 직접 ATPase와 결합하여 에너지를 방출함으로써 이루어지는 흡수 메커니즘을 1차 능동수송(primary active transport)이라 하며, 나트륨-칼륨 펌프(Na^+/K^+ pump)처럼 ATP를 직접 소모하는 운반체에 의해 형성된 세포 내 Na^+ 농도의 감소로 인하여 나트륨과 다른 영양소(예 : 포도당, 아미노산, 갈락토오스)가 세포 내로 동반 흡수되는 촉진확산이 유도되는 메커니즘을 2차 능동수송(secondary active transport)이라고 한다. 이 밖에도 능동수송으로 흡수되는 영양소는 일부 비타민(예 : 리보플라빈, 판토텐산, 엽산, 비타민 C 등)과 무기질(예 : 철, 칼슘)이 해당된다.

⑤ 음세포작용

음세포작용은 단백질이나 지질처럼 소화되지 않은 분자량이 큰 물질이나 전해질 용액

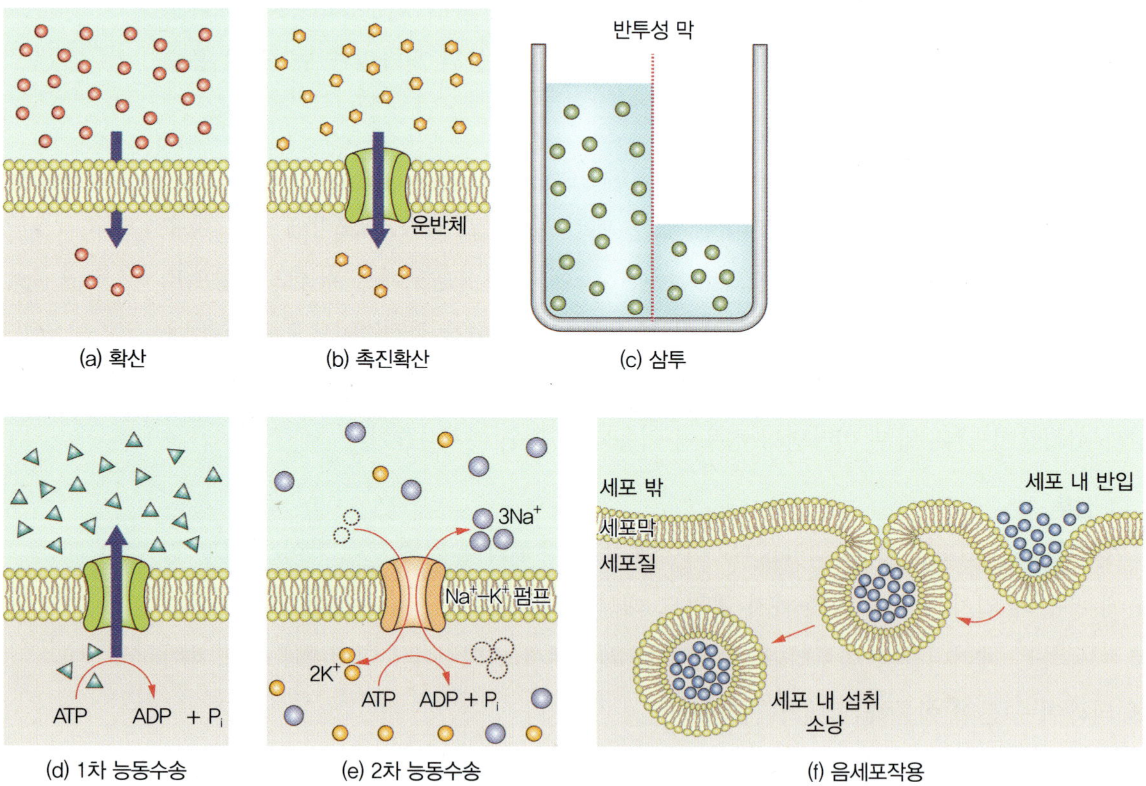

그림 1-7 주요 흡수 메커니즘

덩어리처럼 세포막을 직접 통과하기 어려운 거대분자를 세포외액과 함께 세포막의 일부로 둘러싸서 작은 주머니(sac)를 만들어 그대로 세포 내로 이동시키는 메커니즘을 말한다. 이는 백혈구의 식균작용 같은 세포 내 반입의 또 다른 형태이다. 세포질 내로 유입된 거대분자 주머니(vesicle)는 세포질 내의 리소좀(lysosome) 소화효소에 의해 분해되어 이용된다. 음세포작용의 대표적 예로는 영유아의 장관에서 모유에 함유된 면역글로불린을 소화되지 않은 온전한 상태로 흡수하는 경우를 들 수 있다.

참고문헌

1. World Health Organization (1946). The International Health Conference, NY; (1948). *Official Records of the World Health Organization*, no 2, p.100.
2. The Korean Dietetic Association (2008). *Manual of Medical Nutrition Therapy*, the 3rd Ed., p. 6-49.
3. 보건복지부. (2015). 2015 한국인 영양소 섭취기준.
4. Fox SI. (2004). *Human Physiology*, 8th Ed., McGraw-Hill companies, p.124-148.
5. Gropper SS, Smith JL. (2012). *Advanced Nutrition and Human Metabolism*, 6th Ed., Wadsworth Publishing Company, p. 33-62.

탄수화물

CHAPTER 2 Carbohydrate

1. 탄수화물의 분류와 구조
2. 탄수화물의 소화와 흡수
3. 탄수화물의 대사
4. 탄수화물의 생리적 기능
5. 혈당 조절
6. 탄수화물의 섭취와 관련된 건강 문제

탄수화물(carbohydrate)은 탄소, 수소, 산소의 세 가지 원소로 구성된 유기화합물로 1개의 카르보닐기(C=O)와 여러 개의 수산기(-OH)를 가진다. 오탄당 또는 육탄당을 기본으로 여러 개가 연결되어 있는 중합체이며, 대표적인 탄수화물인 전분, 글리코겐 역시 포도당의 중합체이다. 소장에서 주로 소화와 흡수에 의해, 일부는 대장에서 미생물 발효에 의해서 1 g당 4 kcal의 에너지를 제공한다.

식물의 광합성 작용에 의해서 포도당을 포함한 단당류들이 합성되므로 대부분의 탄수화물 급원 식품은 식물성 식품에서 비롯된다. 주요한 탄수화물 급원 식품으로는 밥, 빵, 면류와 같은 곡류와 채소 및 과일류, 엿기름, 설탕, 유즙 등이 있다.

1. 탄수화물의 분류와 구조

탄수화물은 크게 단순 탄수화물(simple carbohydrates)과 복합 탄수화물(complex carbohydrates)로 구분할 수 있다. 단순 탄수화물은 다시 단당류와 이당류로 구분되고, 복합 탄수화물은 올리고당류와 다당류가 있다(그림 2-1).

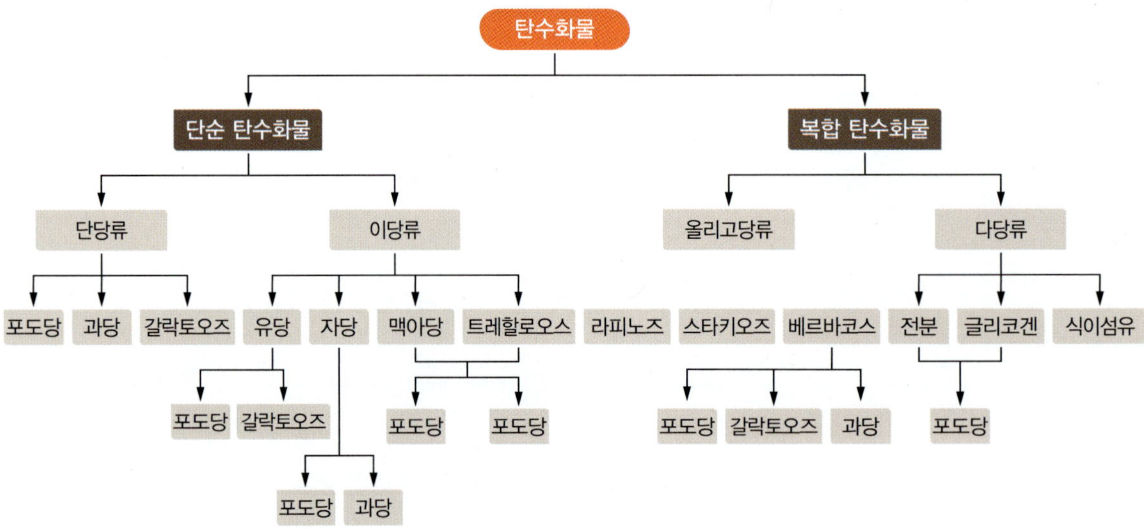

그림 2-1 탄수화물의 분류

1) 단당류의 종류와 구조

단당류(monosaccharide)는 탄수화물의 기본 단위체로서 산(acid), 염기(base), 효소(enzyme) 등으로 더는 가수분해되지 않는 화합물이다. 탄소 수에 따라 3탄당, 4탄당, 5탄당, 6탄당으로 분류되며 그중 가장 흔한 당은 육탄당(hexose)이다. 육탄당은 화학식은 똑같으나 수소기(H)와 수산기(OH)의 배열에 따라 다른 성질을 갖는 이성질체가 있는데, 포도당(glucose), 과당(fructose), 갈락토오즈(galactose)가 이에 해당된다(그림 2-2).

(1) 포도당

포도당은 체내의 당 대사 물질로 가장 기본적인 에너지 급원이다. 뇌와 적혈구에서는

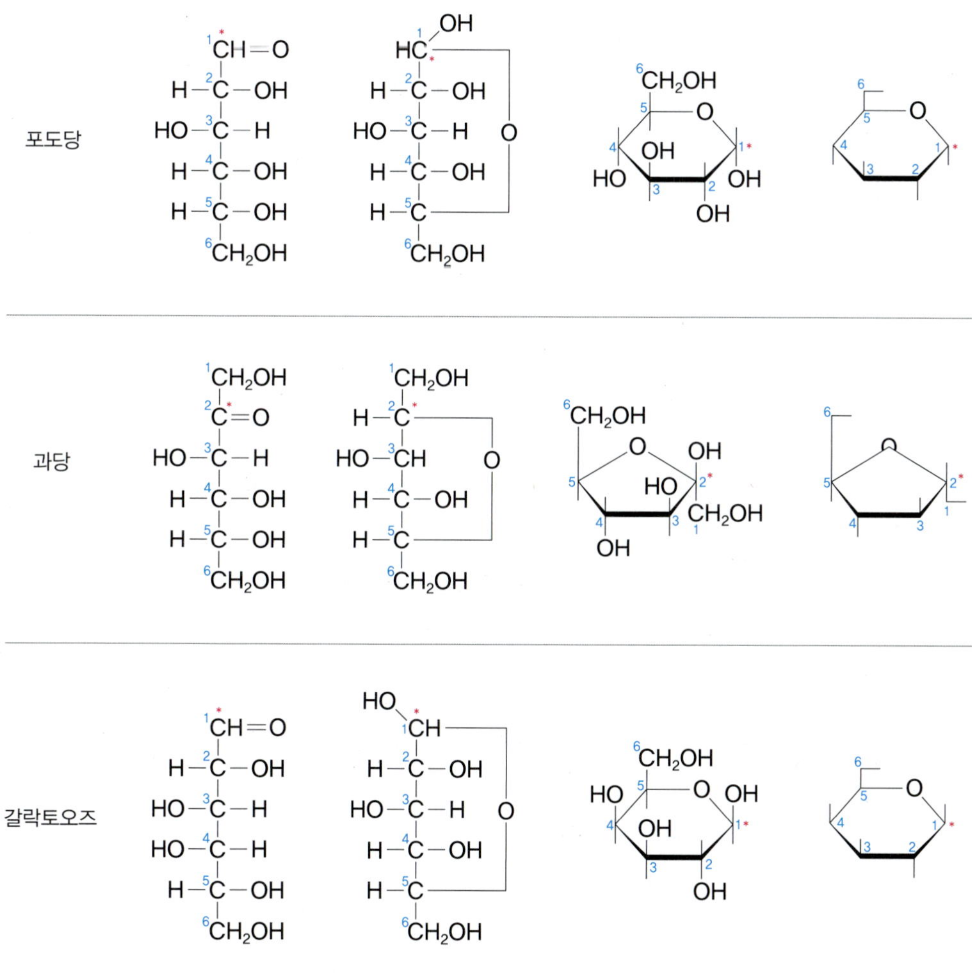

그림 2-2 포도당, 과당, 갈락토오즈의 구조

우선적인 에너지원으로 이용된다. 전분, 자당, 유당(lactose, 젖당) 또는 체내 저장되어 있는 글리코겐(glycogen)으로부터 분해되어 생성되거나 아미노산, 젖산과 같은 물질로부터 합성되기도 한다. 체내 당단백질, 당지질, 프로테오글리칸의 성분들과 공유결합하여 체액, 세포외 기질, 세포막, 세포 표면의 중요한 구성 성분이 된다.

(2) 과당

과당은 설탕과 전화당을 구성하는 당으로 과일과 고과당 옥수수시럽, 꿀 속에 존재하며 당 가운데 단맛이 가장 강하여 감미료로 많이 사용된다. 과당은 해당 과정에서의 대사경로가 포도당보다 단순해서 과잉 섭취 시 포도당보다 빠르게 지방산을 합성할 수 있어서 혈중 중성지방과 콜레스테롤의 농도 증가에 영향을 미칠 수 있다.[1,2] 따라서 과당을 첨가당 형태로 과량 섭취하는 것은 주의해야 한다.

(3) 갈락토오즈

갈락토오즈는 자연계에 단독으로 존재하지 않으며, 포도당과 결합하여 이당류인 유당을 생성한다. 포도당이나 과당보다 단맛은 약하나 단당류 중 체내 흡수 속도는 가장 빠르다. 식물에서는 주로 해조류에 다당류 성분으로 함유되어 있고, 동물의 체내에서는 당단백질과 당지질의 성분으로 뇌, 신경조직, 적혈구의 세포막에 존재한다.

(4) 오탄당

오탄당(pentose)의 대표적 당류로 핵산의 DNA와 RNA를 구성하는 물질인 리보스(ribose)와 디옥시리보스(deoxyribose)가 있다(그림 2-3). 이외 식물의 줄기, 잎, 과피 등의 세포막을 구성하는 물질인 아라비노오스(arabinose), 자일로스(xylose), 람노오스(rhamnose) 등이 있다.

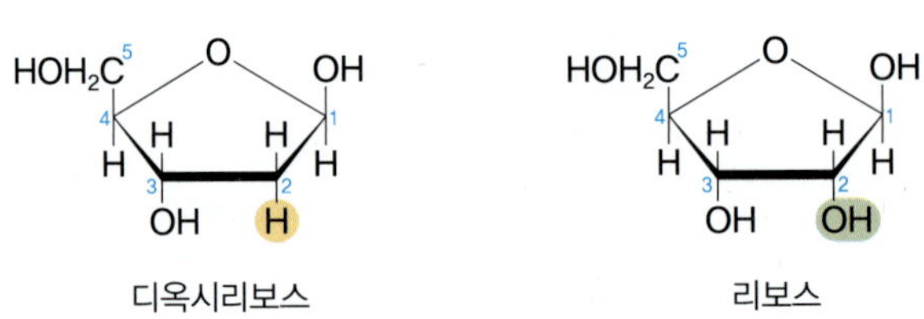

그림 2-3 오탄당의 구조

2) 이당류의 종류와 구조

이당류(disaccharide)는 두 개의 단당류 분자가 글리코시드결합(glycosidic bond)으로 연결된 형태이다. 글리코시드결합은 두 단당류가 결합하는 과정에서 한쪽 분자는 수소 원자를 잃고 다른 분자는 히드록시기를 잃어 중간에 산소 원자가 놓이게 됨으로써 물이 빠져 나오는 탈수반응을 통해 형성된 공유결합이다. 당 사이의 글리코시드결합은 O-글리코시드결합이라고도 한다. 따라서 이당류들은 가수분해를 할 수 있다. 가장 잘 알려진 이당류로는 맥아당(maltose, 엿당), 자당(sucrose, 설탕), 유당(lactose, 젖당) 등이 있다(그림 2-4).

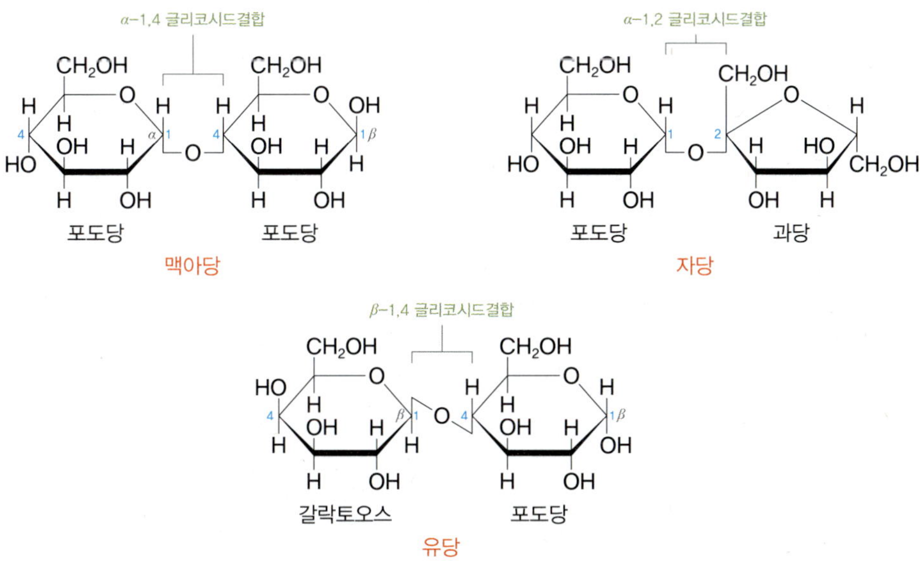

그림 2-4 이당류의 종류 및 구조

(1) 맥아당(엿당)

맥아당은 두 분자의 포도당이 α-1,4결합에 의해 연결된 화합물로 그 자체로는 자연계에 존재하지 않으며, 보통 곡류에 싹이 틀 때나 체내 전분의 소화 산물로 생성되고 산이나 효소에 의해 쉽게 가수분해된다. 싹이 난 보리(엿기름, 맥아, malt)로부터 생성된 맥아당은 식혜나 맥주에 함유되어 있으며, 이외에 옥수수시럽, 옥수수당, 우유 등에도 들어 있다.

(2) 자당(설탕)

자당은 포도당과 과당이 α-1,2결합에 의해 연결된 화합물로 벌꿀, 채소, 과일의 액즙, 메이플 시럽 등에 함유되어 있다. 자당은 특히 사탕수수, 사탕무에 많이 함유되어 있어 설탕은 거의 100% 자당으로 구성되어 있다. 산이나 효소로 가수분해시키면 단맛이 더 강한 전화당이 된다.

(3) 유당(젖당)

유당은 포도당과 갈락토오즈가 β-1,4결합에 의해 연결된 화합물로 포유동물의 젖에 주로 함유되어 있다. 장내 유익한 젖산균의 성장을 촉진시켜 다른 잡균의 번식을 억제시키고, 영유아의 뇌 발달에 필수적인 갈락토오즈를 제공하므로 특히 영유아에게 중요한 영양소이다. 우유는 모유보다 유당 함유량이 적어 우유로 조제분유를 제조 시 유당을 첨가하기도 한다.

3) 복합 탄수화물의 종류와 구조

복합 탄수화물은 단당류의 여러 분자들이 글리코시드결합을 통해 형성한 중합체로 에너지를 저장한 형태이거나 식물의 구조를 형성하는 물질로 가수분해될 때에 많은 수의 단당류가 생성되는 당류이다. 한 종류의 당류로 구성되어 있는 단순다당류(homopolysaccharide)와 두 종류 이상으로 구성되어 있는 복합다당류(heteropolysaccharide)로 구분된다.

단순다당류에는 전분, 글리코겐과 같은 저장성 다당류와 셀룰로오스(cellulose)나 키틴과 같이 세포나 생명체를 보호하는 구조물의 재료 역할을 하는 구조성 다당류가 포함된다. 셀룰로오스는 식물 세포벽의 주된 구성 성분으로 전분이나 글리코겐과는 달리 사슬 형태로만 존재하며 '식이섬유(dietary fiber)'라고도 한다. 셀룰로오스는 물 분자를 잘 흡수하는데 이는 변비를 해소하는 데 중요한 역할을 하는 것으로 알려져 있다. 키틴은 동물의 세포벽을 구성하는 물질로 곤충, 거미, 갑각류와 같은 절지동물의 외골격을 만드는 데 사용된다. 키틴은 순수한 포도당이 아니라 포도당 단위체에 질소를 포함한 다른 기가 붙어 있다.

복합다당류에는 체내에서 결합조직이나 점막의 구성 물질로 사용되는 점액다당류(mucopolysaccharide)나 세포벽에 부착되어 있는 당단백질(glycoprotein)과 당지질

(glycolipid)을 구성하는 다당류가 여기에 속한다. 다당류는 체내 소화 여부에 따라서 소화성 다당류와 난소화성 다당류로도 분류되는데, 소화성 다당류는 전분, 글리코겐 등이 포함되고 난소화성 다당류로는 식이섬유가 있다.

(1) 올리고당

올리고당(oligosaccharide)의 '올리고'란 '적다'는 뜻으로 당 단위체의 수가 3~10개 정도인 당류이다. 당단백질이나 당지질의 구성 성분으로 세포막에 부착되어 있으며 소포체와 골지체 등의 단백질과도 결합되어 있다. 소화효소에 의해 분해되지 않는 식이섬유와 유사하게 작용하여 대장에서 장내 유익균의 영양 공급원 역할을 하며, 대장 환경을 개선하는 데 도움을 주어 변비나 게실염을 예방하는 것으로 알려져 있다. 이외에 단맛을 내어 설탕 대용으로 사용되기도 한다. 과량 섭취 시 더부룩함, 복통, 설사 등의 위장 증세를 일으킬 수 있으므로 적당량을 섭취해야 한다. 대표적인 올리고당류로는 프럭토올리고당(fructooligosaccharide), 갈락토올리고당(galactooligosaccharide), 자일로올리고당(xylooligosaccharide), 대두 올리고당〔soy oligosaccharide; 스타키오즈(stachyose)와 라피노즈(raffinose)〕, 이소말토올리고당(isomaltooligosaccharide) 등이 있다.

프럭토올리고당은 β-1,2결합된 자당의 잔기에 1~3개의 과당이 결합된 당류의 혼합물로, 프럭토올리고당을 합성하는 효소를 이용하여 설탕으로부터 생성된다.

갈락토올리고당은 β-1,4결합이나 β-1,6결합을 가진 갈락토오즈를 주성분으로 하는 올리고당이다. 콩이나 유청을 분리 정제해서 만들며, 체내 분해율과 흡수율이 낮아 주로 대장에서 젖산균의 공급원으로 제공된다.

자일로올리고당은 자일로스가 β-1,4결합된 당류 혼합물로서 헤미셀룰로오스(hemicellulose)에서 추출한 자일란(xylan)을 효소에 의해 가수분해하여 생성된다. 설탕의 절반 정도의 감미도를 가지며, 산성에서도 안정적인 것이 특징이다. 자연적으로 과일, 채소, 대나무, 꿀, 우유 등에 존재한다.[3] 이들 올리고당은 대장 내 젖산균인 비피두스균에 의해 발효되어 장내 환경을 개선시키고 변비를 방지하는 등 건강에 유익한 기능을 하여 기능성 올리고당이라고도 한다.

대두, 완두 등에 다량 함유되어 있는 대두 올리고당은 장내 유익균의 증식을 촉진하고 항암 효과가 있는 것으로 알려져 있으며,[4] 스타키오즈, 라피노즈가 대표적이다. 라피노즈는 갈락토오즈, 포도당, 과당으로 구성된 3당류이고, 스타키오즈는 갈락토오즈, 갈락토오즈, 포도당, 과당으로 구성된 4당류이다.

이소말토올리고당은 옥수수, 쌀 등의 전분을 분해하여 만든다. 물을 제외한 성분 중 20~40%는 올리고당이고, 나머지 부분은 전분 분해물로 포도당, 또는 말토올리고당, 덱스트린 등으로 구성되어 있다.

(2) 전분(녹말)

전분(starch)은 분자식 $(C_6H_{12}O_6)_n$의 탄수화물로, 다수의 α-포도당 분자가 글리코시드 결합에 의해 중합한 화합물이다. 전분은 식물 식품의 저장 탄수화물로 α-포도당 분자가 결합된 형태이며 곁가지의 유무에 따라 아밀로펙틴과 아밀로오즈로 분류된다. 아밀로오즈는 포도당의 α-1,4결합을 가지면서 나선형으로 가지가 없다. 아밀로펙틴은 α-1,4결합뿐만 아니라 α-1,6결합을 가진 부위가 있으며, 그 부위를 가지점 또는 분기 지점이라 한다(그림 2-5).

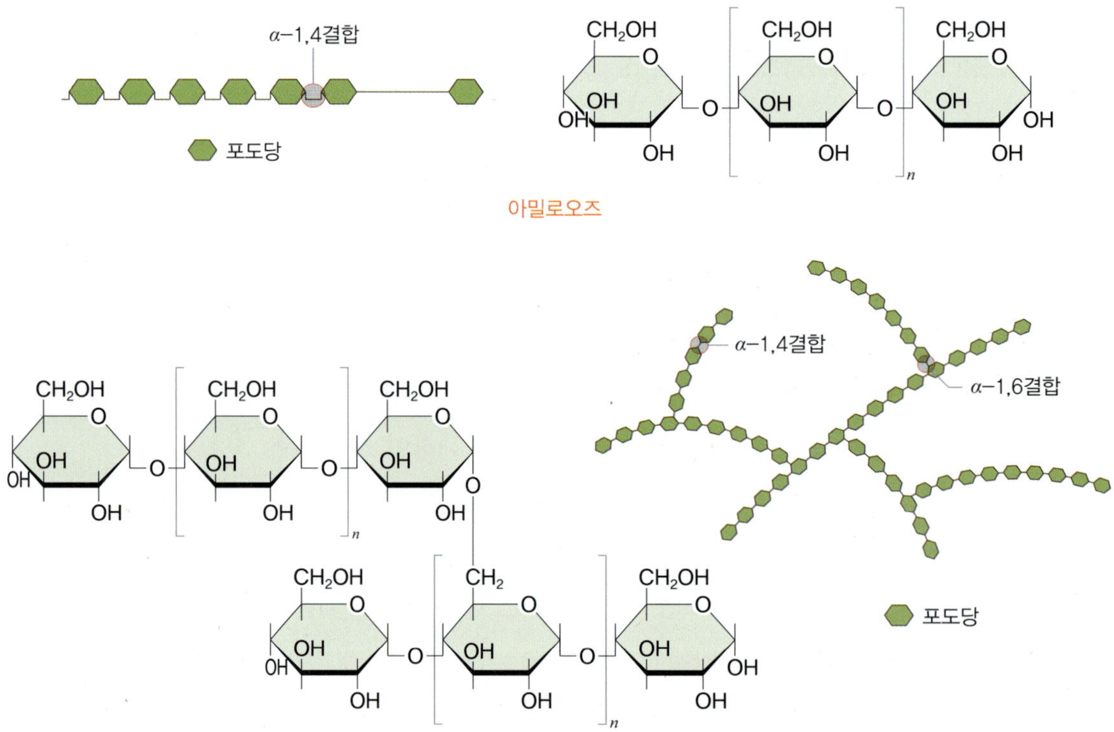

그림 2-5 **아밀로오즈와 아밀로펙틴의 구조**

(3) 글리코겐

동물은 대부분의 에너지를 지방 형태로 저장하지만 간이나 근육에는 소량의 글리코겐이 들어 있다. 즉, 글리코겐은 동물이 다당류를 저장하는 형태이다. 아밀로펙틴 구조와 유사하게 α-1,4결합에 중간중간 α-1,6결합을 가지는데 그 가지가 훨씬 더 많다(그림 2-6). 글리코겐은 많은 세포의 세포질에 과립 상태로 존재하며 포도당의 대사회로에서 중요한 역할을 한다. 글리코겐은 인체에서 포도당을 급히 필요로 할 때 신속하게 저장된 포도당을 공급할 수 있지만 포도당을 저장하는 효율은 지방에 비해 떨어진다. 근육세포에서는 글리코겐의 농도가 간보다 낮으나 전체적인 양에서는 간에 저장된 글리코겐보다 많다. 콩팥, 뇌, 심장, 적혈구에서도 적은 양의 글리코겐이 발견되기도 하나 그 기능은 아직 알려져 있지 않다.[5]

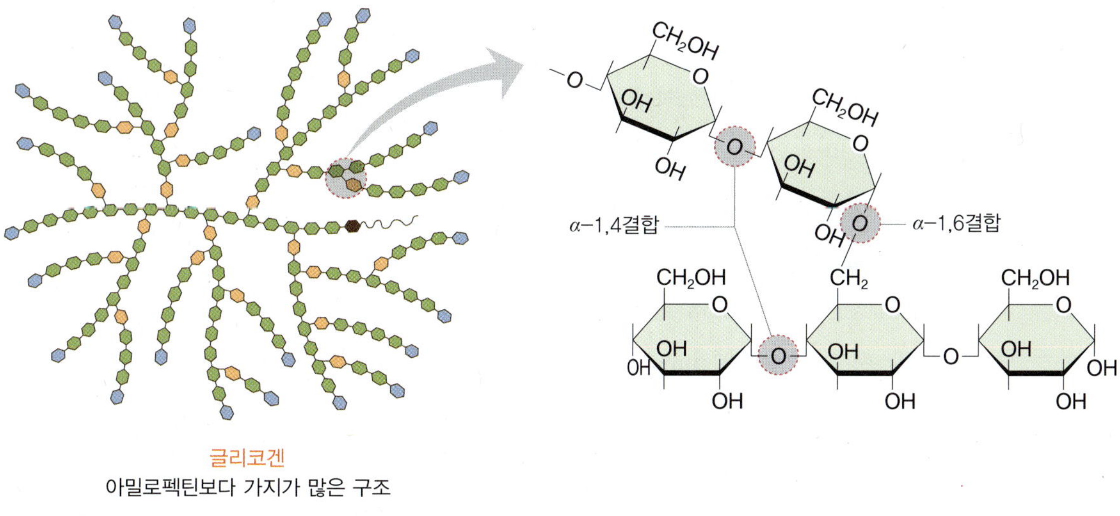

그림 2-6 글리코겐의 구조

(4) 식이섬유

① 식이섬유의 정의

식이섬유(dietary fiber)는 표준화된 정의는 없으며 국가나 기관별로 다양하게 설명하고 있다. 전반적으로는 인간의 소화효소에 의해 소화되지 않는 탄수화물과 리그닌으로 정의하고 있다.[6] 식이섬유 중에서도 건강에 긍정적인 영향을 주는 기능성이 있는 성분을 가지면서 화학적 및 효소적 방법을 사용하여 분리 또는 추출되거나, 합성된 난소화성 탄수화물로 구성된 섬유소를 기능성 섬유소(functional fiber)로 구분하고 있다.[6] 영양표시에 있는 섬유소 함량은 기능성 섬유소를 제외한 식이섬유의 함량을 반영하고 있다.

우리나라 식품의약품안전처는 식이섬유를 사람의 소화효소로 분해하기 어려운 난소화성 고분자 섬유 성분이라 정의하고, 식이섬유 분석법에 의해 분석되는 성분을 식이섬유로 구분하고 있다. 기능성 섬유소에 대해서는 생리적 기능과 섭취량을 별도로 정하고 있다.[7]

② 식이섬유의 종류

표 2-1은 식이섬유와 기능성 섬유소의 종류이다. 식이섬유로는 식물 세포벽의 구성 성분으로 전곡류, 콩과류, 채소 및 과일류에 풍부한 셀룰로오스, 헤미셀룰로오스, 펙틴(pectin), 리그닌(lignin)이 있다. 식물 세포벽의 비구성 식이섬유로는 오트밀, 보리, 콩류에 풍부한 검질(gums), 귀리, 보리, 일부 버섯류에 풍부한 베타글루칸(β-glucans), 과당이 주요 구성 성분인 이눌린(inulin) 및 프럭토올리고당과 같은 프럭탄(fructans), 소화되지 않는 전분 형태인 난소화성 전분 또는 저항전분(resistant starch)이 포함된다. 셀룰로오스, 펙틴, 리그닌, 검질, 베타 글루칸, 프럭탄, 난소화성 전분은 식이섬유소뿐만 아니라 기능성 섬유소로도 고려된다.

기능성 섬유소로는 게, 새우, 랍스터 등 갑각류 구조를 구성하고 물에 불용성인 키틴(chitin)과 키토산(chitosan), 포도당과 솔비톨로 구성된 폴리덱스트로스(polydextrose)와 폴리올스(polyols), 점액질(mucilage)에 속하는 질경이(psyllium), 옥수수전분을 열과 산으

표 2-1 식이섬유와 기능성 섬유소

식이섬유	기능성 섬유소
셀룰로오스(Cellulose)	셀룰로오스(Cellulose)
헤미셀룰로오스(Hemicellulose)	펙틴(Pectin)
펙틴(Pectin)	리그닌(Liginin)*
리그닌(Liginin)	검질(Gums)
검질(Gums)	베타글루칸(β-glucans)
베타글루칸(β-glucans)	프럭탄(Fructans)*
프럭탄(Fructans)	키틴과 키토산(Chitin and chitosan)*
난소화성 전분(Resistant starches)	폴리덱스트로스와 폴리올스(Polydextrose and polyols)*
	질경이(Psyllium)
	난소화성 덱스트린(Resistant dextrins)*
	난소화성 전분(Resistant starches)

*인체의 생리학적 효과에 대한 자료들이 요구됨

로 처리하여 생성된 난소화성 말토덱스트린(resistant maltodextrins)이라고도 하는 난소화성 덱스트린(resistant dextrins)이 포함된다.

2. 탄수화물의 소화와 흡수

1) 탄수화물의 소화

식품 중 탄수화물은 단당류의 형태로 존재하기도 하지만 대부분의 탄수화물 급원 식품은 큰 분자인 다당류의 형태로 존재하므로 체내에서 흡수, 이용되기 위해서는 소화 과정을 통해 단당류로 분해되어야 한다. 탄수화물의 소화율은 약 98%로 매우 효율적이다.

(1) 구강에서의 소화

탄수화물의 소화는 구강에서부터 일어난다. 대표적 탄수화물인 전분은 치아의 저작 작용을 통하여 기계적으로 잘게 부서지고, 침(타액)과 잘 혼합되어 식도로 내려가기 쉬운 부드러운 형태가 된다. 구강에서는 이러한 물리적 소화 작용뿐만 아니라 화학적 소화 작용도 일어나는데 타액 아밀레이즈(salivary amylase)가 분비되어 다당류 중에서도 전분을 덱스트린류로 분해시킨다. 이 효소는 전분에만 작용하며 다른 탄수화물은 화학적 소화 없이 그대로 위까지 내려온다. 타액 아밀레이즈는 산도(pH)가 중성인 입안에서 가장 활성화되며, 위의 위산(HCl)과 만나게 되면 불활성화된다. 구강에서 전분의 소화는 음식물이 머무는 시간이 짧아 소화효소의 작용이 크지 않고, 위까지 도달하는 시간 또한 짧아 많은 소화 작용이 일어나지 못한다.

(2) 위에서의 소화

위에서는 탄수화물 분해효소가 분비되지 않는다. 타액 아밀레이즈도 위산에 의한 산성 환경에서는 불활성화되어 탄수화물의 소화는 거의 일어나지 않는다. 위로 들어온 음식물은 반 액체 상태인 유미즙(chyme) 상태로 되어 십이지장으로 내려간다.

(3) 소장에서의 소화

대부분의 탄수화물 소화는 소장에서 주로 이루어진다. 소장에서는 알칼리성인 췌장

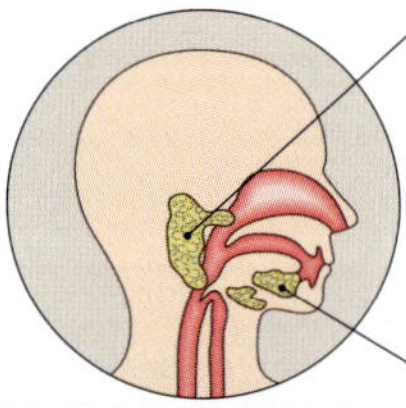

구강 내에서의 아밀로오즈와 아밀로펙틴의 소화

아밀로오즈 : 타액선은 아밀로오즈의 α-1,4결합을 가수분해하여 덱스트린을 형성하는 타액 α-아밀레이즈를 분비

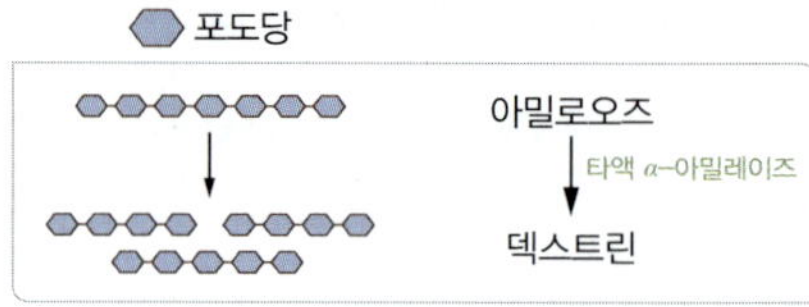

아밀로펙틴 : 타액선은 아밀로펙틴의 α-1,4결합을 가수분해하여 덱스트린을 형성하는 타액 α-아밀레이즈를 분비

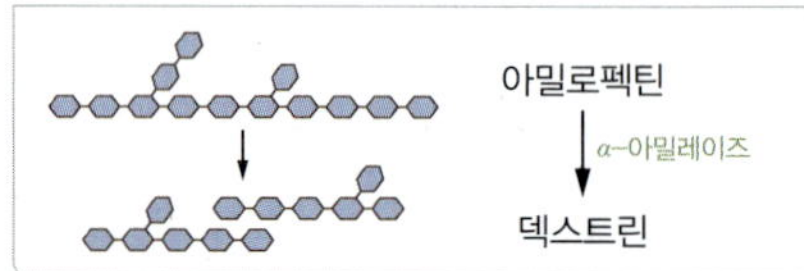

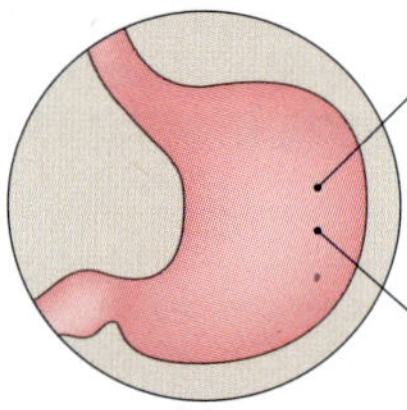

아밀로오즈와 아밀로펙틴은 위에서 소화되지 않음

아밀로오즈 : 위액의 산도는 α-아밀레이즈의 효소 활성을 파괴함. 덱스트린은 변하지 않고 소장으로 전달

아밀로펙틴 : 위액의 산도는 α-아밀레이즈의 효소 활성을 파괴함. 덱스트린은 변하지 않고 소장으로 전달

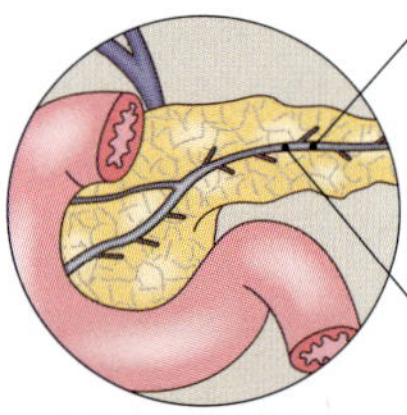

소장에서의 아밀로오즈와 아밀로펙틴의 소화

아밀로오즈 : 췌장은 α-1,4결합을 가수분해하는 췌장 α-아밀레이즈를 소장으로 분비함. 덱스트린은 맥아당으로 분해

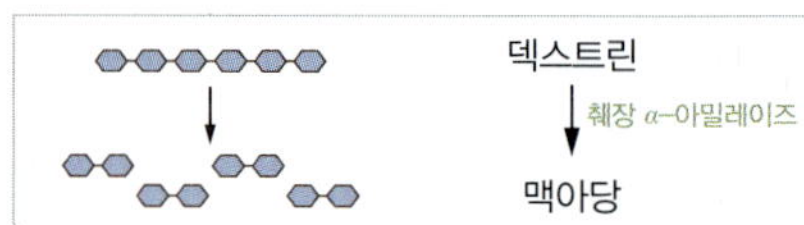

아밀로펙틴 : 췌장은 α-1,4결합을 가수분해하여 한계덱스트린, 말토트리오즈, 이소맥아당, 맥아당을 생성하는 췌장 α-아밀레이즈를 분비. 가수분해는 α-1,4결합으로부터 4개의 잔기를 남기고 멈춤

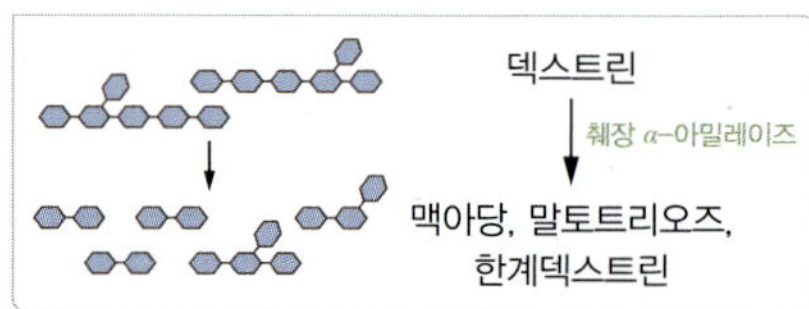

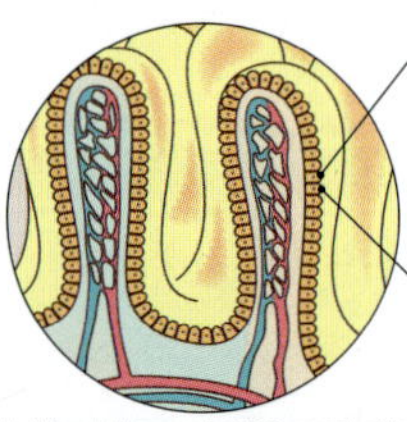

창자 상피세포 미세융모막에서의 아밀로오즈와 아밀로펙틴 소화

아밀로오즈 : 맥아당은 솔가장자리효소(brush border enzyme)인 말테이즈에 의해 가수분해되어 유리포도당을 형성

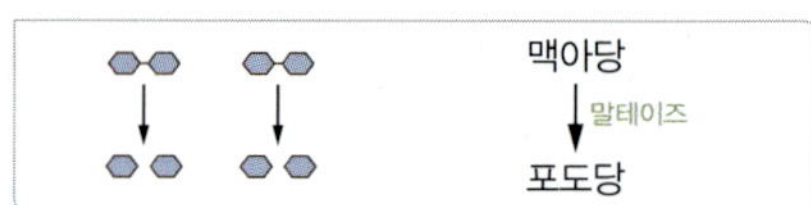

아밀로펙틴 : 맥아당, 말토트리오즈 및 이소맥아당은 효소인 말테이즈 또는 이소말테이즈(α-덱스트리네이즈)에 의해 창자 상피세포의 미세융모막에서 포도당으로 가수분해됨. α-덱스트리네이즈는 α-1,6결합을 가수분해할 수 있는 유일한 당질 분해효소임

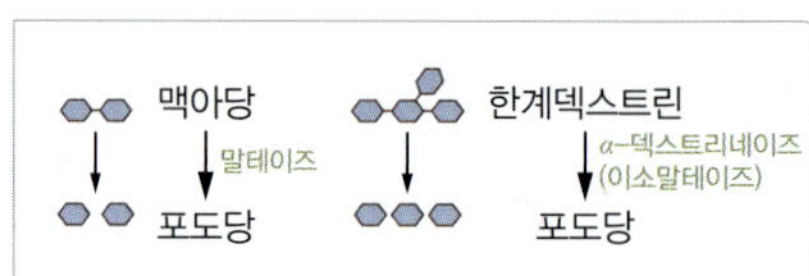

그림 2-7 **탄수화물의 소화**

액과 담즙(bile)에 의하여 산성의 유미즙이 중화되고, 소화효소의 활성에 적합한 산도가 만들어진다. 구강에서 아밀로오즈로부터 분해된 곧은사슬 덱스트린류는 췌장 알파아밀레이즈(pancreatic α-amylase)에 의해서 맥아당으로 분해되고, 아밀로펙틴으로부터 분해된 가지 달린 덱스트린류는 맥아당, 말토트리오즈, 이소맥아당으로 분해된다. 췌장 아밀레이즈는 최적 활성 산도(pH 7.1)에서 전분의 α-1,4결합을 절단하나 전분의 분기점에 있는 포도당 분자 사이의 결합(α-1,6결합)은 분해할 수 없어 짧은가지사슬의 덱스트린류는 맥아당과 이소맥아당으로 분해된다.

분해된 이당류들은 소장의 점막세포에서 분비되는 이당류 분해효소에 의해 단당류로 분해되면서 탄수화물의 소화가 완료된다. 이당류 분해효소는 장 점막 융모의 상피세포에 붙어 있어 솔가장자리효소(brush border enzyme)라고도 불리며 가수분해 작용으로 이당류를 분해한다. 이당류인 맥아당은 말테이즈(maltase)에 의해 포도당 두 분자로, 이소맥아당은 이소말테이즈(isomaltase, α-dextrinase)에 의해 포도당 두 분자로, 자당은 수크레이즈(sucrase)에 의해 포도당과 과당으로, 유당은 락테이즈(lactase)에 의해 포도당과 갈락토오즈로 분해된다.

(4) 대장에서의 소화

소장에서 소화되지 않는 탄수화물은 식이섬유로, 사람에게는 셀룰로오스나 기타 복합 탄수화물을 소화시키는 효소가 없어 그대로 대장까지 간다. 식이섬유 중에서도 수용성 식이섬유는 대장 내 박테리아에 의해 일부 분해되어 대장 세포와 장내 유익균의 에너지원으로 이용될 수 있는 짧은사슬지방산이나 가스를 생성한다.

2) 탄수화물의 흡수 메커니즘 및 경로

흡수된 단당류들은 소장 융모의 상피세포 내부보다 세포 외부인 소장관강에서 영양소의 농도가 높을 경우에 농도 차이로 막 운반체에 의한 촉진확산에 의해 상피세포 내부로 흡수가 이루어진다. 일반적으로 포도당과 갈락토오즈는 포도당 운반체 2(glucose transporter 2, GLUT2)라는 운반체를 통해서, 과당은 포도당 운반체 5(glucose transporter 5, GLUT5)를 통해서 촉진확산이 이루어진다. 그러나 상피세포 내부로 흡수가 지속됨으로써 소장관강보다 상피세포 내부의 영양소 농도가 높아지면 단당류 종류에 따라 흡수 메커니즘이 달라진다. 포도당과 갈락토오즈는 에너지와 막단백질 운반체가 필요한 능동수송에 의해 흡수되고, 과당은 막단백질 운반체를 통하여 촉진확산에 의해 흡수된다.

포도당과 갈락토오즈는 나트륨-포도당 운반체 1(Sodium-glucose transporter 1, SGLT1)이라는 같은 막 운반체를 통해 나트륨이온(Na^+)과 같이 공동 수송된다. 이때 수송은 Na^+/K^+-ATPase에 의한 1차 능동수송으로 일어나는 2차 능동수송에 의해서 이루어진다. 1차 능동수송은 나트륨이온이 Na^+/K^+-ATPase에 의하여 상피세포에서 세포 외부인 혈액으로 이동하는 과정이다. 이 과정으로 상피세포 내부의 나트륨이온 농도가 낮아지게 되고, 상대적으로 소장관강의 나트륨이온 농도가 높아짐에 따라 농도 차이가 생긴다. 이러한 농도 차이는 나트륨이온을 상피세포 내부로 들어오게 하면서 포도당도 같이 세포 내부로 이동하게 만든다(그림 2-8).

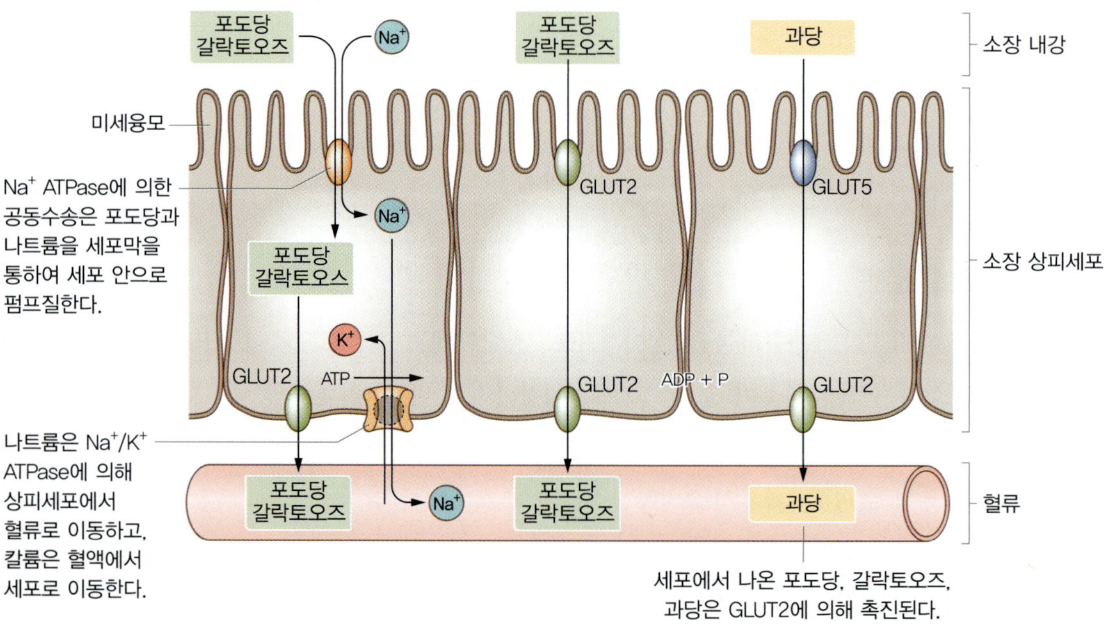

그림 2-8 단당류의 흡수 및 수송 과정

서로 다른 흡수 메커니즘으로 융모의 상피세포막을 통과해 세포 내부로 들어온 단당류들은 대부분 상피세포 안쪽의 기저막을 통과한 뒤 모세혈관으로 GLUT2의 운반체를 통해 촉진확산에 의해 이동한다. 단당류들이 조직으로 이동하는 데 필요한 막 운반체는 각 조직마다 당류의 종류별로 친화력과 수용력의 차이가 있다(표 2-2).

표 2-2 포도당 막 운반체의 종류

운반 단백질	기질	해당 주요 조직
GLUT1	포도당(Glucose), 갈락토오즈(Galactose), 만노스(Mannose), 글루코사민(Glucosamine)	적혈구, 중추신경계, 혈액뇌장벽, 태반, 태아 조직
GLUT2	포도당(Glucose), 갈락토오즈(Galactose), 과당(Fructose), 만노스(Mannose), 글루코사민(Glucosamine)	간, 췌장의 β세포, 콩팥, 소장
GLUT3	포도당(Glucose), 갈락토오즈(Galactose), 만노스(Mannose), 자일로스(Xylose), 디히드로아스코르빈산(Dehydroascorbic acid)	뇌(뉴런), 정자, 태반, 착상 전 초기 배아(preimplantation embryos)
GLUT4 (인슐린 의존형)	포도당(Glucose), 갈락토오즈(Galactose), 디히드로아스코르빈산(Dehydroascorbic acid)	근육, 심장, 갈색 및 백색 지방세포
GLUT5	과당(Fructose)	소장, 콩팥, 뇌, 골격조직, 지방조직

3. 탄수화물의 대사

1) 포도당 대사

체내 흡수된 모든 단당류들은 간문맥을 통해 간으로 이동하여 포도당으로 전환되므로 탄수화물 대사를 포도당 대사라고도 한다. 포도당의 대사를 조절하는 가장 주된 기관은 간이며, 생체 에너지인 ATP의 주요 급원인 포도당을 지속적으로 공급하기 위한 대사가 다른 영양소들과 함께 이루어진다.

포도당 대사는 크게 두 과정에 의해서 일어난다. 첫 번째는 산소가 없어도 되는 혐기성(anaerobic) 과정으로 세포 내 세포질(cytoplasm)에서 일어난다. 이 과정은 탄소 6개의 포도당이 탄소 3개의 피루브산(pyruvic acid)으로 산화되는 과정으로 해당 작용(glycolysis)이라고 한다.

두 번째는 산소가 꼭 있어야 하는 호기성(aerobic) 과정으로 세포 내 미토콘드리아에서 일어난다. TCA 회로(tricarboxylic acid cycle), 시트르산 회로(citric acid cycle), 크렙스 회로(Krebs cycle)라고도 한다.

위의 두 과정은 서로 연결되어 있어서 해당 작용이 먼저 일어나고 뒤이어 TCA 회로 반응이 일어나며, 그 과정에서 ATP, GTP, NADH, $FADH_2$, CO_2 분자들이 만들어진다. 이 중 NADH와 $FADH_2$는 전자전달계(electron transport chain) 반응을 거치면서 ATP를 생성한다.

(1) 해당 작용

탄소 6개짜리 포도당 한 분자는 탄소 3개짜리인 피루브산 두 분자로 전환되면서 2분자의 ATP, 2분자의 NADH, 2분자의 수소이온(H^+)을 생성한다. 생성된 NADH+H^+는 전

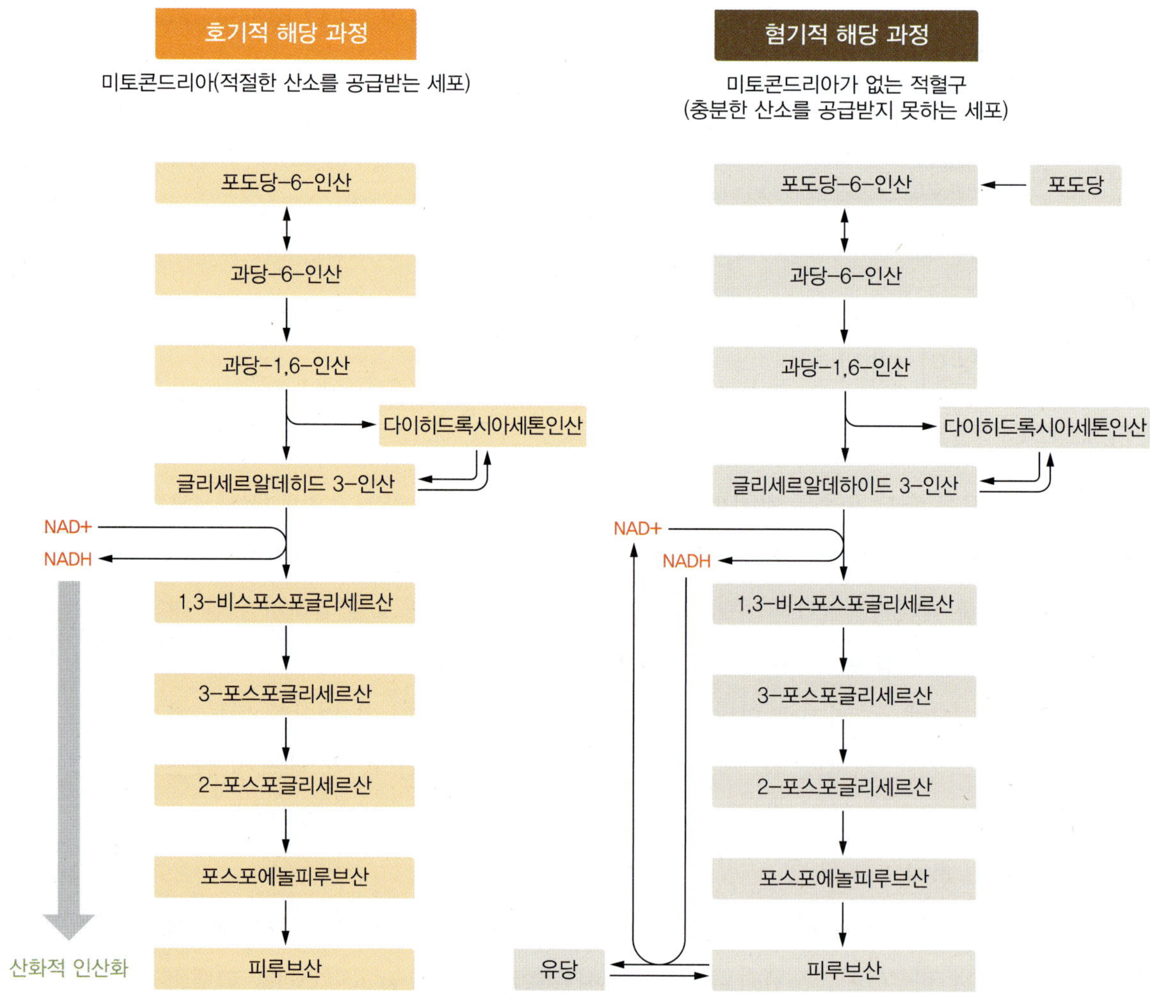

그림 2-9 **해당 작용의 과정**

자전달계를 거치면서 ATP를 생성한다. 포도당 1분자는 사실 4분자의 ATP를 생성하지만 2분자 ATP가 사용되므로 결국 최종 2분자의 ATP가 생성된다.

$$1포도당 + 2NAD^+ + 2ADP + 2P_i \longrightarrow 2피루브산 + 2(NADH + H^+) + 2ATP + 2H_2O$$

해당 과정이 지속적으로 일어나기 위해서는 NAD^+가 지속적으로 공급되어야 하는데, NAD^+는 생성된 NADH로부터 다시 생성될 수 있다. 그러나 NADH가 NAD^+로 전환되는 과정에는 산소가 필요하다. 산소가 부족하여 이 과정이 제대로 진행되지 못하면 해당 작용의 진행이 어려워지고 포도당은 젖산으로 전환된다. 이때 포도당이 젖산으로 전환되는 대사는 혐기성 과정으로 이루어지는데 미토콘드리아가 없는 적혈구나 충분한 산소를 공급받지 못한 세포에서 주로 이루어진다. 생성된 젖산은 혈액을 통해 간과 콩팥으로 운반되며, 간에서는 젖산이 포도당 신생합성 과정을 거쳐 포도당으로 전환되어 다시 조직에 이용된다.

(2) TCA 회로, 시트르산 회로

해당 과정에서 생성된 피루브산은 산소가 필요한 호기성 과정인 TCA 회로 대사를 가진다. 세포질에서 산소 없이 포도당으로부터 분해되어 나온 피루브산은 호기적 상태에서 산소가 충분한 미토콘드리아로 들어간 후 다음 두 단계의 과정을 거친다.

먼저, 탄소 3개짜리인 피루브산은 탄소 하나를 CO_2로 떼어 내고 탄소 2개의 아세틸 CoA(acetyl CoA)로 전환된다.

$$2피루브산 + 2NAD + 2CoA \longrightarrow 2아세틸\ CoA + 2NADH + 2CO_2$$

이어서 아세틸 CoA는 탄소 4개의 옥살로아세트산(oxaloacetic acid)과 결합하면서 CoA가 빠지고 탄소 6개인 시트르산을 형성하며, 여러 단계의 반응을 거치면서 TCA 회로를 진행한다. TCA 회로를 통해 3분자의 NADH, 1분자의 $FADH_2$, 1분자의 ATP, 2분자의 CO_2가 생성되고, 마지막으로 옥살로아세트산이 재생산되어 다시 새로운 아세틸 CoA와 결합하여 시트르산을 생성함으로써 TCA 회로는 반복된다. TCA 회로에서 생성된 NADH와 $FADH_2$는 전자전달계를 거치면 ATP로 전환된다.

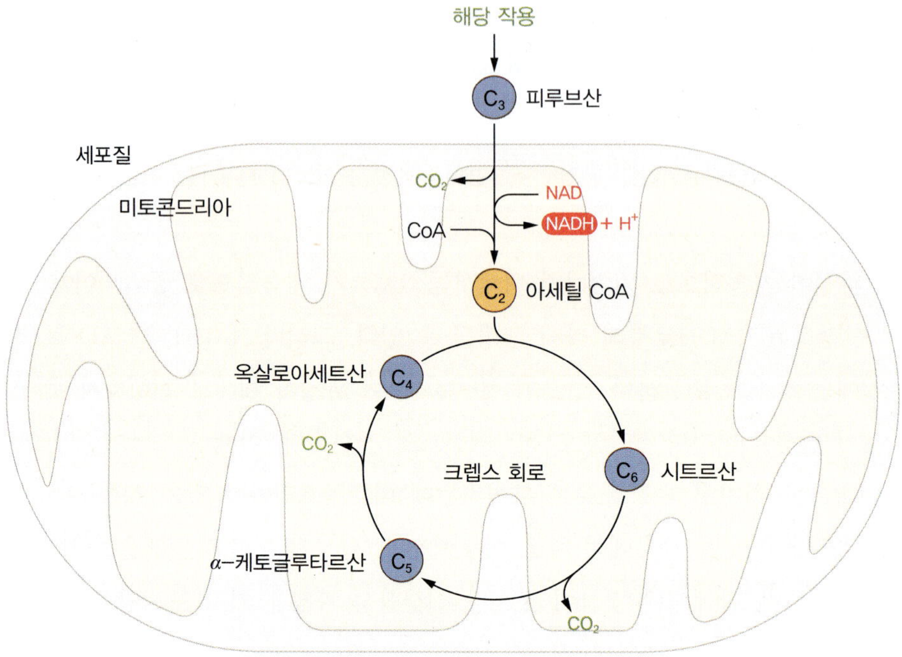

그림 2-10 해당 작용에서 TCA 회로의 연결 과정

(3) 전자전달계

해당 작용과 TCA 회로에서 생성된 NADH와 $FADH_2$는 전자와 수소를 미토콘드리아 내막에 있는 전자전달계에 전달하며, 이 전자와 수소는 산소와 결합하여 물을 만든다. 이 전 과정을 통해 생긴 에너지는 ATP를 만드는 데 사용된다. 미토콘드리아 내에서 각 NADH는 2.5개의 ATP를 생성하는 에너지를 만들고, 각 $FADH_2$는 1.5개의 ATP를 생성할 수 있는 에너지를 만든다(그림 2-12).

2) 과당과 갈락토오즈 대사

흡수된 과당은 간에서 대사되는데 과당-1-인산(fructose-1-phosphate)으로 바뀐 뒤 3탄당인 글리세르알데히드-3-인산(glyceraldehyde-3-phosphate)으로 산화되어 해당 과정이 빠르게 진행되며, 이는 지방 생합성 과정에 효율적으로 활용된다. 즉, 해당 과정이 포화되면 과당은 중간물질인 다이히드록시아세톤인산(dihydroxyacetone phosphate)을 거쳐 글리세롤-3-인산(glycerol-3-phosphate)으로 전환되며 중성지방 합성에 필요한 글리세롤을 제공하게 된다. 또한 글리세르알데히드(glyceraldehyde), 다이히드록시아세톤인

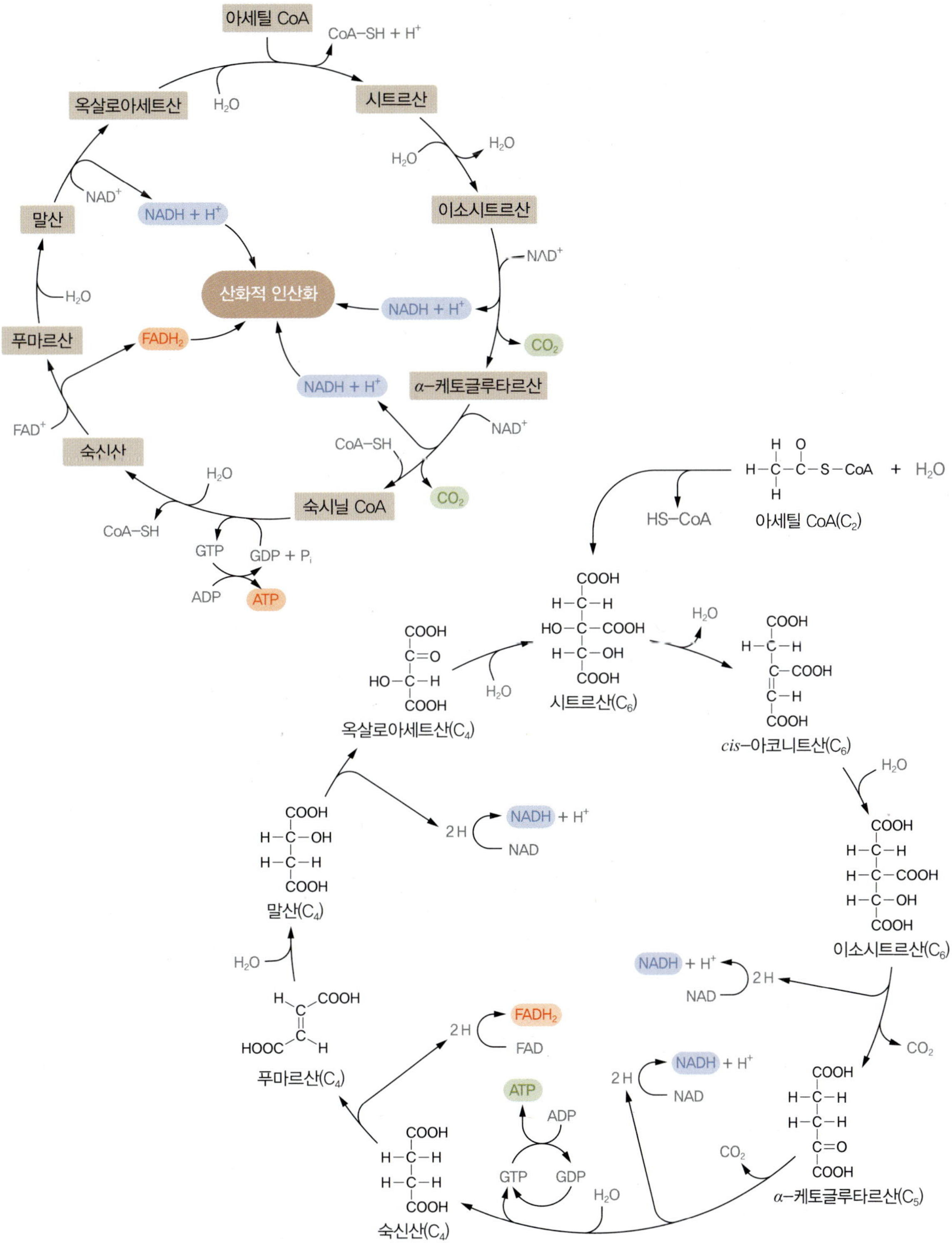

그림 2-11 TCA 회로의 과정

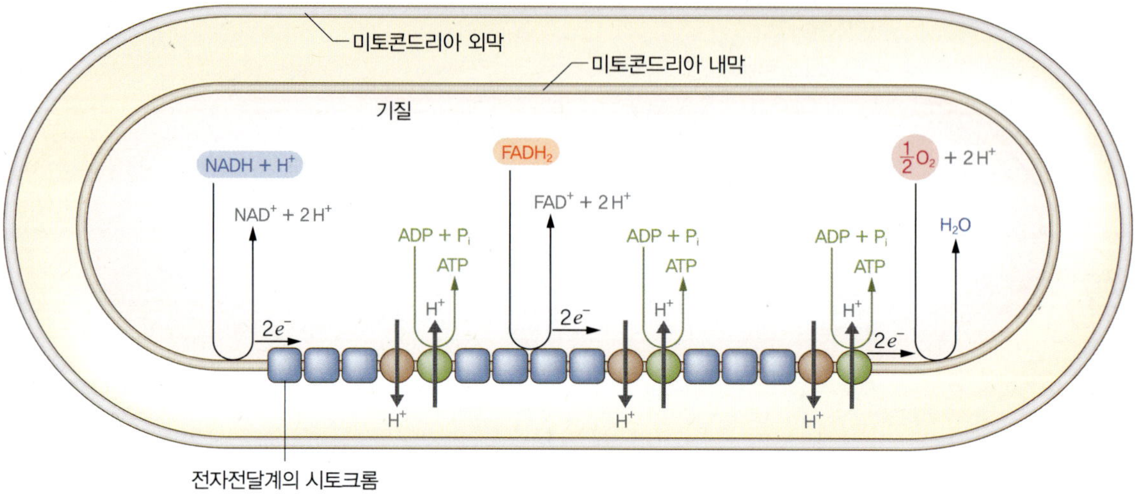

그림 2-12 **전자전달계 과정**

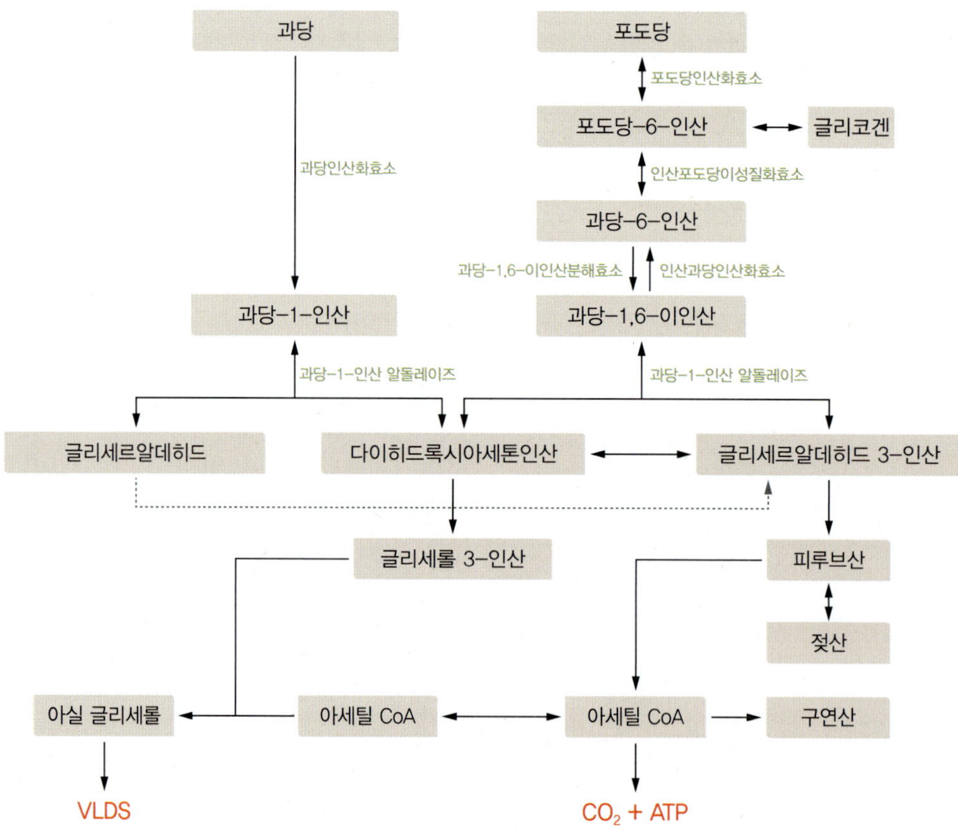

그림 2-13 **과당 대사 과정**

산의 중간물질을 통해서 미토콘드리아에서 피루브산, 아세틸 CoA, 시트르산으로 대사될 수 있으며 지방산 신생합성을 유발하게 되고 긴사슬지방산은 중성지방으로 합성된다. 따라서 과당이 다량 유입되면 포도당보다 효율적으로 아세틸 CoA를 제공할 수 있으므로 중성지방 생성을 증가시키고, 이는 초저밀도 지단백질(VLDL)의 증가로 이어질 수 있다.[2] 또한 과당은 글리세르알데히드, 다이히드록시아세톤인산, 과당 1,6-이인산의 중간물질을 통해서 당 신생이 가능하므로, 이는 결국 포도당으로 전환되어 혈중에 분비될 수도 있다(그림 2-13).

갈락토오즈는 포도당-1-인산(glucose 1-phosphate)을 거쳐 포도당-6-인산(glucose 6-phosphate)이 되어 해당 과정으로 들어가 대사된다(그림 2-13). 갈락토오즈는 갈락토카이네이즈(galactokinase)에 의해 갈락토오즈-1-인산으로 분해된 후 갈락토오즈-1-인산-우리딜전이효소(galactose-1-phosphate uridyl transferase, GALT)에 의해 UDP-간락토오즈(UDP-galactose)로 전환되고, UDP-갈락토오즈-4-에피머화효소(UDP-galactose-4-epimerase)에 의해서 UDP-포도당(UDP-glucose)과 상호 전환된다. 생성된 UDP-포도당은 갈락토오즈-1-인산-우리딜전이효소에 의해 포도당-1-인산으로 전환된다(그림 2-14).

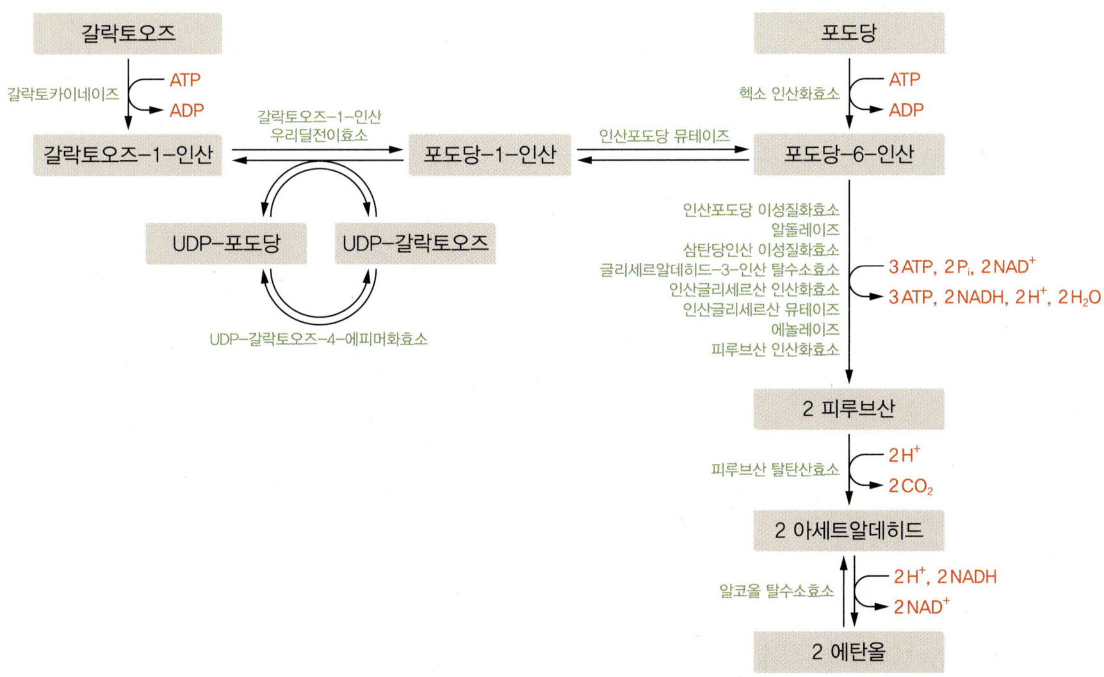

그림 2-14 갈락토오즈 대사 과정

3) 오탄당 인산경로

오탄당 인산경로(pentose phosphate pathway)의 주요 역할은 NADPH와 오탄당을 제공하는 것이다. 산소에 의해 생성되는 유리라디칼의 손상에 취약한 적혈구나 각막 조직에서는 항산화 작용에 중요한 NADPH/NADP+의 비율과 환원형 글루타티온(glutathione)의 생성이 중요하며, 이와 관련된 대사가 오탄당 인산경로를 조절한다. 산화스트레스에 의해서 글루타티온이 산화되고 이것을 환원시키기 위해서 NADPH 소비가 늘어나면 오탄당 인산경로 반응은 증가하며, 환원된 글루타티온과 NADPH가 많으면 반응은 감소한다.

오탄당 인산경로에서 생성된 오탄당은 DAN, RNA의 핵산 합성에 필수 성분이므로 세포분열에 관련된 골수, 피부, 소장 점막이나 지방 합성이 활발한 간, 지방조직, 유선, 콜레스테롤 및 호르몬 합성이 이루어지는 간, 부신피질, 성선 등에서 인산경로의 반응이 주로 일어난다.

4) 포도당 신생합성

뇌세포, 적혈구, 신경세포는 혈당을 주된 에너지 급원으로 이용하므로 혈당의 유지는 매우 중요하다. 혈당이 저하되면 간 글리코겐이 분해되거나 간에서 포도당 신생합성 과정이 일어나 혈당을 올린다. 탄수화물이 아닌 아미노산, 글리세롤, 피루브산, 젖산 등으로부터 포도당이 합성되는 과정을 포도당 신생합성이라 한다(그림 2-15).

아미노산은 분해되어 피루브산이나 TCA 회로의 중간 대사물을 생성하여 포도당 신생경로의 기질로 사용되고, 중성지방이 분해되어 생성되는 글리세롤은 포도당 신생경로의 기질이 되며, 미토콘드리아가 없는 적혈구나 충분한 산소를 공급받지 못한 세포에서 생성된 젖산은 간으로 이동하여 포도당 신생합성의 기질로 사용된다.

5) 글리코겐의 대사

체내 항상성 유지를 위하여 혈액 내 포도당(혈당) 농도 유지는 중요하다. 혈당은 식사, 포도당 신생합성 과정, 글리코겐 합성 및 분해 과정으로 유지될 수 있다. 글리코겐 합성(glycogenesis) 과정은 삼투압 현상 때문에 탄수화물을 포도당 분자의 형태로 저장시킬 수 없으므로 간이나 골격근, 심장과 같은 기관에서 포도당을 글리코겐의 형태로 전환시

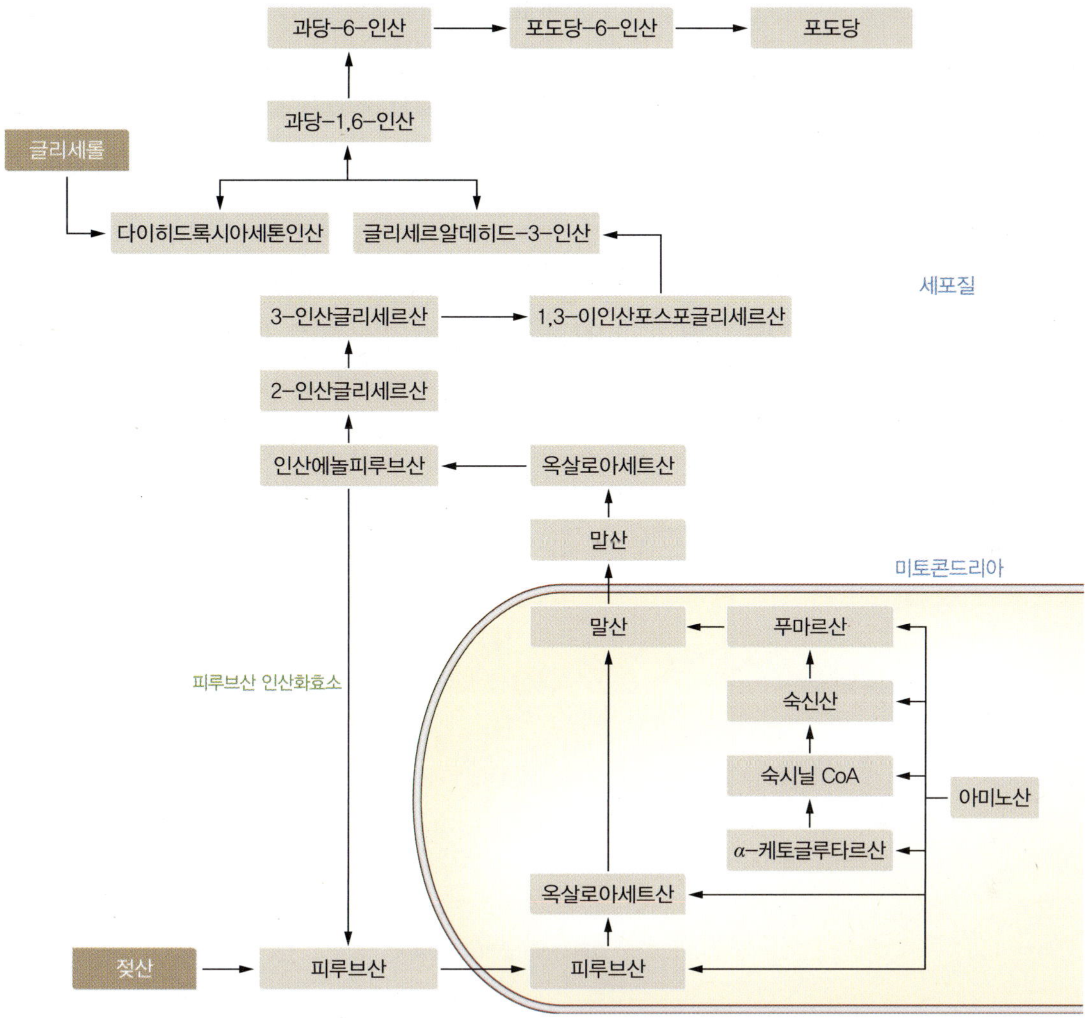

그림 2-15 포도당 신생합성 과정

켜 저장하는 과정으로 체내 혈당 상승을 방지한다. 이 과정에서 포도당은 포도당-6-인산으로 전환되었다가 바로 포도당-1-인산으로 전환되며 마지막으로 글리코겐 합성효소가 인산기를 제거하면서 중합시킴으로써 글리코겐이 합성된다.

저장된 글리코겐은 공복 또는 운동 시 체내에 필요한 에너지를 공급하거나 부족한 혈당을 충당하기 위하여 분해되어 사용되는데, 글리코겐은 글리코겐 가인산분해효소(glycogen phosphorylase)에 의해 포도당-1-인산으로 분해된다. 이때 사용되는 인산은 ATP로부터 온 것이 아니라 무기인산을 이용하기 때문에 이 분해 과정은 에너지를 소모하지 않으며, 분해된 포도당-1-인산은 바로 포도당-6-인산으로 전환된다. 이 과정을 글리코겐 분해(glycogenolysis)라고 한다.

글리코겐 분해 과정을 거쳐 생성된 포도당-6-인산은 대부분 조직에서 해당 과정을 통해 에너지원으로 이용되거나 글리코겐의 재합성에 사용된다. 일반적으로 인산기를 가지고 있는 유기분자들은 세포막을 통과할 수 없으므로 글리코겐으로부터 분해된 포도당-1-인산과 전환된 포도당-6-인산은 세포막을 빠져나올 수 없다. 그러나 간에는 포도당-6-인산가수분해효소(glucose 6-phosphatase)를 가지고 있어 유리 상태의 포도당으로 세포막을 통과하여 혈액으로 분비되고, 다른 기관들에 포도당을 제공한다.

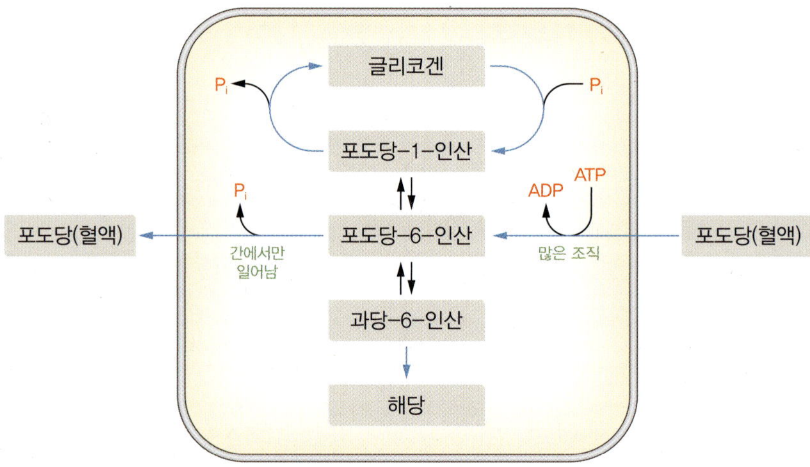

그림 2-16 **글리코겐 대사**

6) 간과 근육의 탄수화물 대사

식후 일정한 시간이 지나면 간과 근육에 저장되었던 글리코겐을 분해하여 사용하기 시작한다. 근육은 글리코겐을 분해하여 자신이 모두 사용하고, 간에서는 글리코겐을 분해하여 혈액으로 보내 다른 조직에서 ATP를 생성하는 데 이용된다. 조직은 소모된 글리코겐을 보충하기 위하여 간에서의 포도당 신생합성 과정을 통하여 생성된 포도당을 공급받는데, 간에서 생성된 포도당은 근육에서 형성된 젖산에 의해서도 전환된다. 이와 같이 간의 포도당 신생합성 과정과 근육에서의 해당 과정을 연결하는 회로를 코리 회로(Cori cycle)라고 한다. 코리 회로의 중요성은 근육에서의 젖산 축적을 예방하여 젖산으로 인한 피로감, 통증 등을 막아 준다.

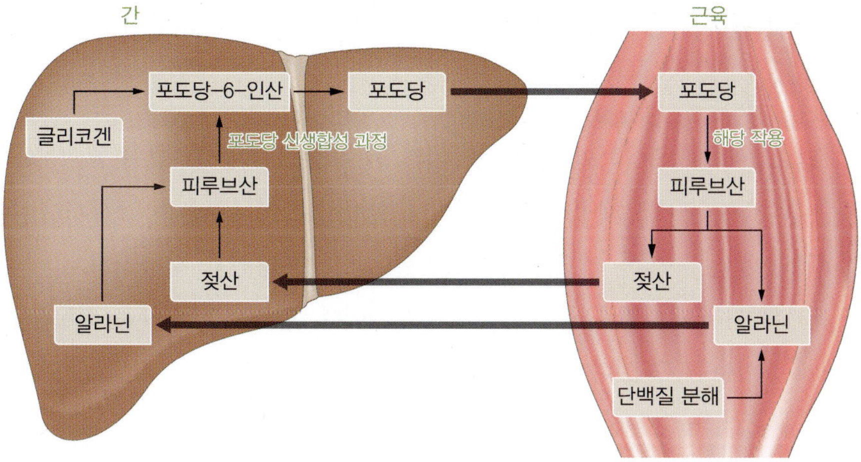

그림 2-17 **간과 근육의 탄수화물 대사**

간의 포도당 신생합성 과정과 근육에서의 해당 과정을 연결하는 회로로는 알라닌 회로(alanine cycle)도 있다. 알라닌 회로는 골격근에서 격심한 운동 시 에너지 생산을 위하여 아미노산(발린, 류신, 이소류신)의 탈아미노(deamination) 반응에 의해 피루브산이 알라닌으로 전환되어 혈액을 통해 간으로 이동하여 포도당을 생성한다.

지금까지 설명한 탄수화물 대사와 관련된 회로 전체를 요약하면 그림 2-18과 같다.

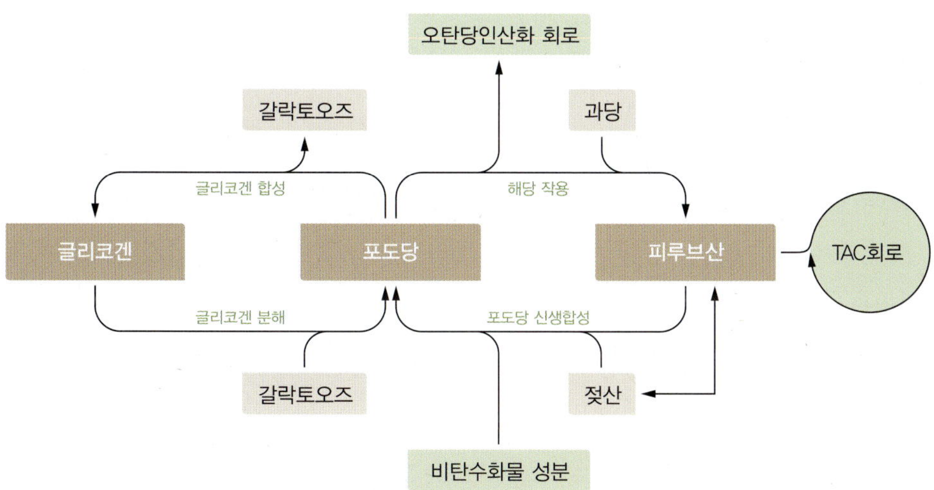

그림 2-18 **탄수화물의 대사**

4. 탄수화물의 생리적 기능

1) 에너지 공급

인체가 필요로 하는 에너지의 주된 공급원은 탄수화물이며, 탄수화물 1 g은 체내에서 산화되어 에너지 4 kcal를 제공한다. 지질이나 단백질도 에너지를 공급하지만 뇌, 적혈구, 신경세포와 같은 특별한 세포들이 에너지원으로 포도당만을 사용하므로 이들 세포의 기능 유지를 위해서는 탄수화물 섭취가 필수적이다. 섭취한 탄수화물 대부분은 흡수되어 체내에서 이용될 수 있다.

2) 단백질 절약 작용

탄수화물을 충분히 섭취하지 못했을 경우에는 체조직 형성과 보수에 우선적으로 사용되어야 할 단백질이 아미노산으로 분해되었다가 다시 포도당으로 전환되어 혈당을 보충하거나 여러 기관의 에너지원으로 사용된다. 그러므로 탄수화물의 적절한 섭취로 혈당을 유지하고 에너지를 적절히 공급하면 체단백질의 분해가 억제되어 단백질을 절약할 수 있다.

이와 같이 적절한 탄수화물의 섭취로 체내 단백질이 포도당 합성에 쓰이지 않도록 하는 것을 단백질 절약 작용이라고 한다.

3) 케톤증 예방

탄수화물 섭취가 극히 부족하거나 당뇨병 등으로 체내의 포도당 이용이 어려워져 체지방을 주된 에너지원으로 이용할 때에는 다량의 아세틸 CoA가 생성된다. 탄수화물이 부족하면 옥살로아세트산이 상대적으로 부족하여 TCA 회로가 원활하게 진행되지 못한다. 그러므로 아세틸 CoA가 TCA 회로로 들어가지 못하고 서로 축합하여 아세토아세트산(acetoacetic acid), 베타-히드록시부티르산(β-hydroxybutyric acid), 아세톤(acetone) 등의 케톤체(ketone body)를 생성한다. 케톤체가 과량으로 생성되면 산·염기 평형이 깨져서 케톤증(ketosis)이 발생한다.

케톤증 예방을 위해서는 하루에 최소한 60~100 g의 탄수화물 섭취가 필요한 것으로 보고되어 있다.[8] 과량의 케톤체는 체내에 부작용을 가져올 수 있으나 탄수화물 공급이 중단되었을 때에 뇌와 심장 등의 세포 에너지원으로도 사용될 수 있어 체단백질의 손실을 막아 주는 역할도 한다.

4) 신체의 구성 성분

6탄당인 포도당은 혈액 내에서 혈당으로 전신을 순환하면서 세포 내로 들어가 에너지를 공급한다. 5탄당인 리보스는 핵산인 DNA와 RNA의 구성 성분으로 생명체의 유전물질로 사용된다. 또한 당단백질이나 당지질의 구성 성분으로 세포막을 형성하고 세포 표면에서 면역과 세포 간의 신호 전달, 화학물질 수송 등의 역할을 한다.

5) 감미료

탄수화물은 단맛을 내어 감미료 역할도 하는데, 단당류와 이당류 같은 단순당과 단당류 유도체인 당알코올, 올리고당류 등이 이에 포함된다. 이들은 설탕, 꿀, 고과당, 솔비톨, 자일리톨, 프럭토올리고당 등의 형태로 이용되어 식품의 맛을 증진시키고, 체내에서 대사되어 에너지를 제공하므로 영양감미료(nutritive sweeteners)라고 한다. 감미료 중에는 사카린, 아스파탐, 수크랄로스와 같이 당이 들어 있지 않아 에너지는 제공하지 않으면서 단맛만 주는 인공감미료(non-nutritive sweeteners)도 있다.

6) 식이섬유의 생리적 기능

식이섬유는 물에 녹는지의 여부에 따라 물에 녹는 수용성 섬유소(soluble fiber)와 물에 녹지 않는 불용성 섬유소(insoluble fiber)로 나뉜다(그림 2-19). 따라서 식이섬유의 생

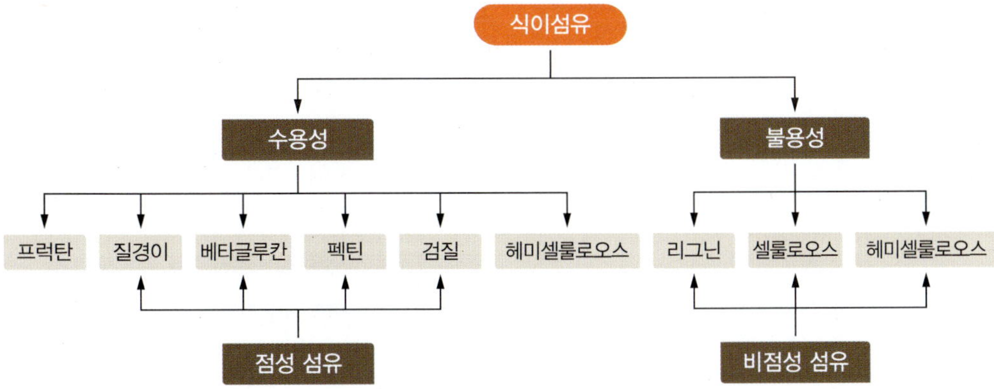

그림 2-19 수용성 여부와 점성 특성에 따른 식이섬유의 분류

리적 기능은 물의 용해도(water solubility), 수분보유능력(water-holding capacity), 점성(viscosity) 등의 특성에 의해 결정된다.[6]

수용성 섬유소는 무기질 흡수에 영향을 미치고, 담즙 또는 콜레스테롤과 결합하여 배출을 증가시키며 지질 흡수를 감소시켜 혈중 지질 수준을 낮춘다. 특히, 점성 특성이 있는 수용성 섬유소는 위에서 겔을 형성하여 음식물이 위에서 십이지장으로 천천히 이동하게 하여 식후 포만감을 제공하고, 소장관 내에서 소화효소의 작용을 방해하여 영양소의 소화와 흡수를 느리게 하거나 소장 통과 속도를 빠르게 하여 흡수율을 감소시킴으로써 혈당을 조절한다. 식이섬유소의 수분보유능력은 배변량을 증가시켜 배변 속도를 높여줄 수도 있다.

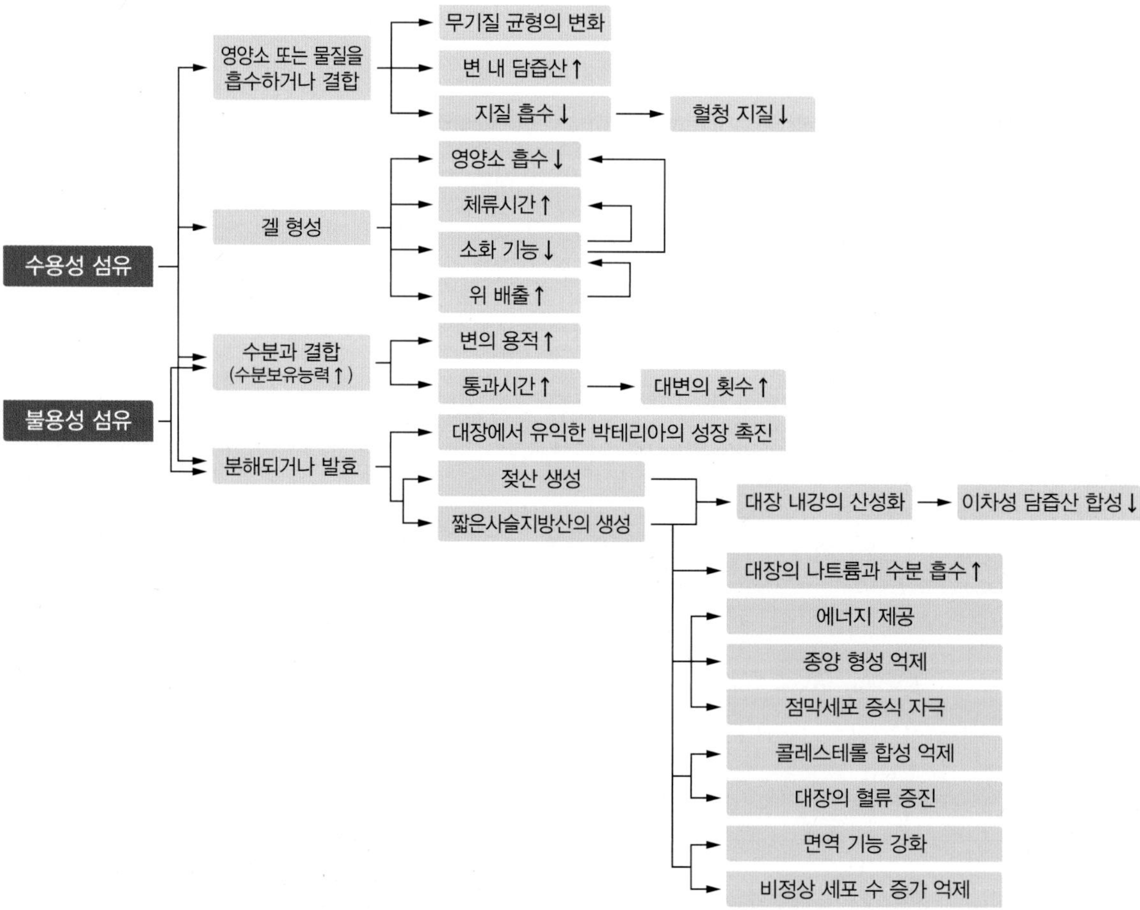

그림 2-20 **수용성 섬유와 불용성 섬유의 위장관 관련 기능**

소장에서 소화 흡수되지 못한 수용성 또는 불용성 섬유소(특히 수용성 섬유소)는 대장으로 가서 박테리아에 의해 발효되어 아세트산, 프로피온산, 부티르산과 같은 짧은사슬 지방산(short chain fatty acid, SCFA), 가스(CO_2, CH_4, H_2), 열을 발생한다. 생성된 짧은사슬 지방산은 대장 세포와 장내 유익균의 에너지원으로 제공되어 장 점막세포의 분화와 증식을 촉진시키고, 장내 pH를 낮추어 유해한 균을 감소시킨다. 또한 콜레스테롤 합성을 저해하고 면역 기능 향상에도 관여한다.

대장 내 박테리아에 의해서도 발효되지 못한 불용성 섬유소는 담즙 또는 물과 결합해서 배변량을 증가시키고, 내용물의 장내 통과시간을 단축시켜 대장암과 변비 예방에 기여한다. 수용성 섬유소와 불용성 섬유소의 위장관에서의 기능은 그림 2-20과 같다.

5. 혈당 조절

1) 혈당 조절 과정

세포에 필요한 포도당을 안정적으로 공급하기 위해서는 혈액 내 포도당 농도가 일정하게 유지되는 것이 중요하다. 공복 시 혈당의 정상치는 70 mg/dL에서 100 mg/dL 미만이며 식후 30분에서 1시간 내에 혈당은 최고값에 달한다. 이후 1~2시간이면 정상치로 내려가고, 공복 기간이 길어지더라도 50~60 mg/dL 이하로는 쉽게 떨어지지 않는다. 혈당이 40~50 mg/dL 이하로 떨어지면 포도당을 주요 에너지 급원으로 사용하는 뇌, 신경세포, 적혈구의 기능이 저하되므로 두뇌 활동이 급격히 저하되거나 신경이 예민해지고 불안정해지며, 공복감 또는 두통과 같은 저혈당 증세를 느낀다. 심하면 혼수상태에 이르기도 한다. 반대로 혈당이 170~180 mg/dL 이상으로 오르면 당이 소변으로 배설되기 시작하고 공복과 갈증 같은 고혈당 증세를 느낀다. 이와 같은 저혈당과 고혈당 증상은 정상인에서는 체내 혈당 조절 메커니즘에 의해 거의 일어나지 않는다.

식후 상태와 같이 혈당값이 오르면 혈액 내 포도당은 근육, 지방조직, 간으로 유입되어 글리코겐으로 합성된다. 또한 세포에서의 포도당 이용이 증가하거나 지방조직에서 지방산으로 전환되어 중성지방으로 저장되기도 한다. 공복 시 혈당값이 낮아지면 근육이나 간에서 글리코겐의 분해와 간에서의 포도당 신생합성 과정이 증가하여 생성된 포도당을 혈액으로 보냄으로써 혈당값이 높아진다.

2) 혈당과 호르몬과의 관련성

공복과 식후 상태에서 혈당을 조절하여 체내 혈당의 항상성을 유지하는 조절 메커니즘에서는 호르몬의 역할이 중요하다(표 2-3). 관련 호르몬으로는 췌장에서 분비되는 인슐린(췌장 β세포)과 글루카곤(췌장 α세포), 뇌하수체 전엽에서 분비되는 성장호르몬, 부신피질에서 분비되는 당류코르티코이드, 부신수질에서 분비되는 에피네프린이 있다.

식후에 글리코겐 합성 증가와 포도당 신생합성을 저하시켜 혈당을 감소시키는 데 관여하는 호르몬은 인슐린이다. 반대로 공복 시에 글리코겐 분해와 포도당 신생합성을 증가시켜 혈액이나 피하조직으로 혈당을 이동시키는 데 관여하는 호르몬은 글루카곤, 성장호르몬, 당류코르티코이드, 에피네프린이 있다.

표 2-3 혈당과 탄수화물 대사 관련 호르몬

호르몬	혈중 포도당	탄수화물 대사
인슐린	감소	글리코겐 합성 증가 글리코겐 분해 감소 포도당 신생합성 감소
글루카곤	증가	글리코겐 합성 감소 글리코겐 분해 증가 포도당 신생합성 증가
성장호르몬	증가	글리코겐 분해 증가 포도당 신생합성 증가 포도당 이용 감소
당류코르티코이드(히드로코르티손)	증가	글리코겐 합성 증가 포도당 신생합성 증가
에피네프린	증가	글리코겐 합성 감소 글리코겐 분해 증가 포도당 신생합성 증가

3) 포도당 내성검사

세포가 혈액으로부터의 포도당을 잘 이용하고 있으며 일정한 혈당을 유지하는지의 여부를 검사할 수 있는 대표적인 방법으로 포도당 내성검사가 있다. 이 검사는 경구내당능검사 또는 경구당부하검사(oral glucose tolerance test, OGTT)라고 하는데, 공복 상태에서 일정량의 포도당액(1 g 포도당/kg 체중, 성인의 경우 약 50~75 g)을 경구 투여 후 30분에서 1시간 간격(30분 후, 1시간 후, 1시간 30분 후, 2시간 후, 3시간 후)으로 혈당을 측정하여 혈당곡선을 그려서 혈당이 정상 수준으로 돌아오는 시간과 정도를 측정하여 혈당 수준을 비교 평가한다. 좀 더 간편한 방법으로는 포도당액을 마신 후 2시간 후 혈당을 측정하여 평가하기도 한다. 포도당 내성검사와 공복 혈당검사는 당뇨병 진단에 이용되는 검사로 진단 기준은 표 2-4와 같다.

표 2-4 공복 혈당과 경구내당능검사에 의한 당뇨병 진단

		공복 시 혈당[1]	당부하 후 2시간 혈당[2]	당화 헤모글로빈
정상		< 100 mg/dL	< 140 mg/dL	-
당뇨병 고위험군	공복 혈당 장애	100~125 mg/dL	-	-
	내당능 장애	-	140~199 mg/dL	5.7~6.4%
당뇨병		≥ 126 mg/dL	≥ 200 mg/dL	≥ 6.5%

1) 공복 혈당 : 8시간 이상 금식 후 측정한 혈당

2) 75 g 경구포도당부하 2시간 후 측정한 혈당

※ 공복 혈당과 당부하 후 2시간 혈당 조건 외에 고혈당 증상(다뇨, 다음, 원인을 알 수 없는 체중 감소 등)이 있고 임의 혈당(식사시간과 무관하게 낮에 측정한 혈당) ≥ 200 mg/dL인 경우도 당뇨병으로 진단

자료 : 대한당뇨병학회. (2013). 당뇨병 치료 지침서; Am Diet Assoc. (2018). Standards of Medical Care in Diabetes. Diabetes Care 41(suppl); S13-S27.

4) 식품의 혈당지수 및 혈당부하

탄수화물 섭취 후 혈당의 증가는 탄수화물의 섭취량만이 아니라 섭취하는 탄수화물의 종류에도 영향을 받는다. 그러므로 탄수화물의 종류와 섭취량에 의해서 달라지는 혈당 반응 수준을 측정한 정보들은 식품 섭취에 따른 혈당 수준 조절이 필요한 환자들에게 중요한 자료이다. 탄수화물을 포함하는 식품을 섭취한 후 혈당 상승 정도를 측정하여 표준 탄수화물과 비교한 값으로 제시되는 혈당지수(glycemic index, GI)와 혈당부하(glycemic load, GL)가 이에 해당된다.

혈당지수는 50 g의 탄수화물을 포함하고 있는 특정 식품을 섭취한 후 2시간 동안의 혈당 반응곡선의 면적을, 50 g의 탄수화물을 포함하는 포도당이나 흰 빵을 섭취했을 때의 혈당곡선 면적을 기준으로 비교하여 백분율로 표시한 값이다. 이는 식품의 입자 크기, 식품의 숙성 정도, 식품의 물성(고체, 액체), 가공 정도(정제 정도), 조리 과정(생것, 조리 방법), 단백질과 지질, 섬유소 함량 등에 의해 영향을 받을 수 있다.[9]

$$\text{혈당지수} = \frac{\text{식품 섭취 후 평균 혈당 반응 면적}}{\text{포도당 용액 섭취 후 평균 혈당 반응 면적}} \times 100$$

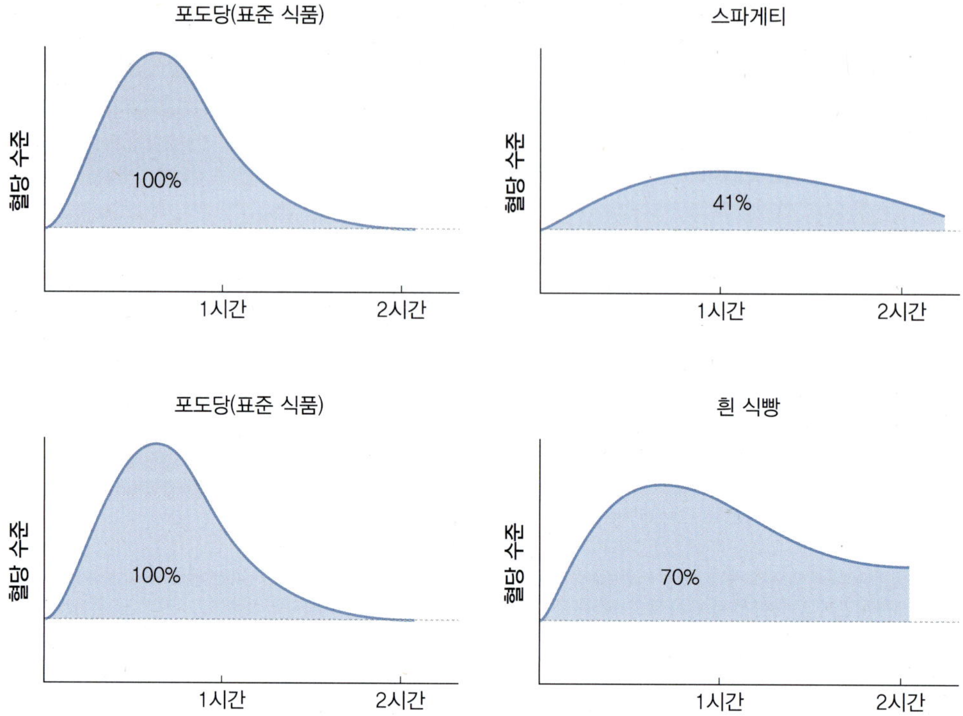

그림 2-21 **혈당 상승곡선에 의한 혈당지수 측정**

혈당부하는 탄수화물의 종류에 양적 개념을 고려한 지수로, 식품마다 섭취하는 1회 분량이 다르고 1회 분량에 함유된 탄수화물 함량이 다르므로 식품의 일상적인 1회 분량을 섭취하였을 때의 혈당 반응을 계산한 값이다.[10] 섭취한 식품 중의 탄수화물 함량에 혈당지수를 곱한 값을 100으로 나눈 값으로 계산한다.

$$\text{혈당부하} = \frac{\text{혈당지수} \times \text{1회 섭취 분량에 함유된 탄수화물 양}}{100}$$

한국인이 많이 소비하는 탄수화물 식품의 조리에 따른 혈당과 혈당부하 지수값은 그림 2-22, 그림 2-23과 같다.[11]

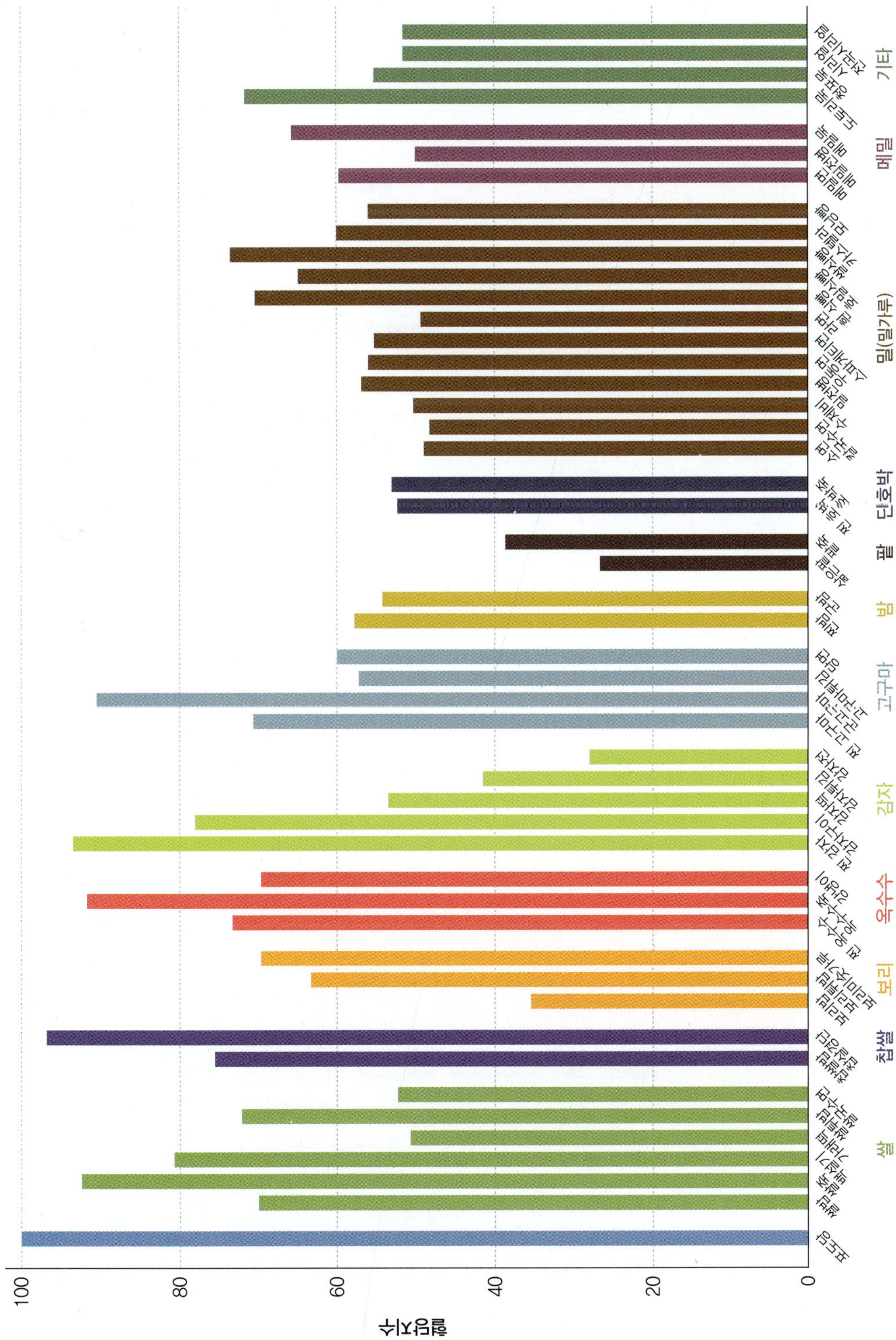

그림 2-22 **다소비 탄수화물 식품의 조리에 따른 혈당지수**

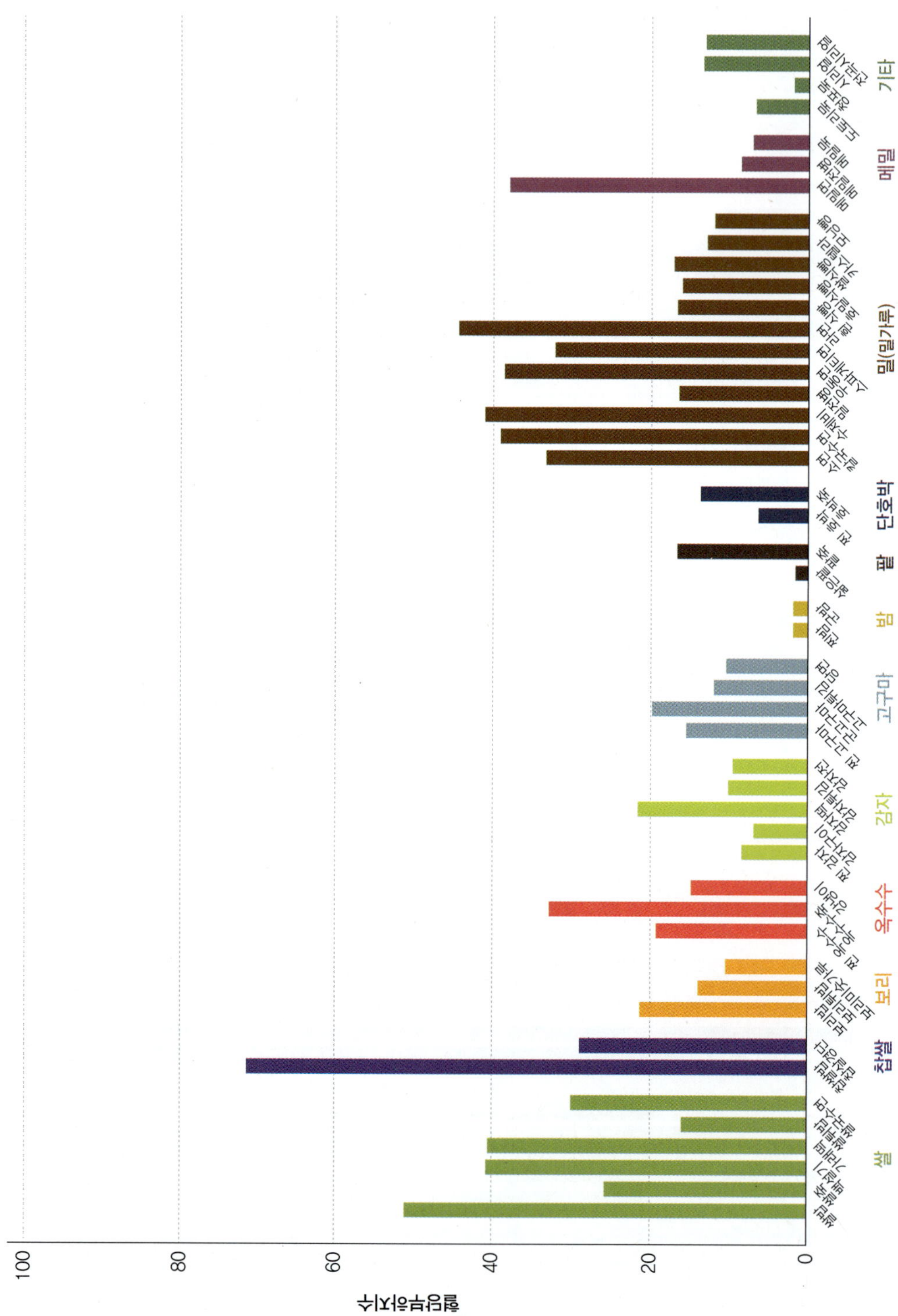

그림 2-23 다소비 탄수화물 식품의 조리에 따른 혈당부하

6. 탄수화물의 섭취와 관련된 건강 문제

1) 당뇨병

당뇨병(diabetes mellitus, DM)은 인슐린을 분비하는 췌장 질환으로 인해 인슐린 분비량이 절대적으로 부족하거나(제1형 당뇨병), 유전적 요인을 가진 사람이 비만, 과식, 스트레스, 운동 부족 등의 환경 요인의 영향으로 체내 인슐린 저항성이 생긴 경우(제2형 당뇨병), 임신으로 인하여 인슐린 저항성이 생긴 경우(임신성 당뇨)에 발생한다. 당뇨병이 발생하면 혈당이 세포 내로 들어가서 에너지원으로 이용되지 못하여 체중이 감소하고 지속적으로 배고픔을 느끼거나 고혈당 상태를 유지하면서 소변으로 당이 배설(당뇨)된다. 고혈당으로 인한 삼투 현상으로 혈액 내 수분이 증가함으로써 다뇨와 갈증을 유발한다. 장기간에 걸친 고혈당 증세는 미세혈관이 많은 조직(망막, 콩팥, 신경 등)에도 작용하여 시력 상실, 콩팥 질환, 신경 손상 등의 만성 합병증을 발생시킨다.

당뇨병 발생과 관련된 중요한 호르몬인 인슐린은 혈당에 의해 조절된다. 식후에 혈당값이 오르면 췌장 랑게르한스섬의 β세포가 자극되어 인슐린 분비가 촉진되고, 혈당값이 저하되면 인슐린 분비도 저해된다. 혈당값이 오르게 되면 인슐린은 세포막에 있는 특수 수용체와 결합하여 세포질 내의 에너지 대사 관련 신호 전달 과정을 일으켜 세포질의 액포에 있는 포도당 운반체를 세포막으로 이동시킨다. 포도당 운반체를 함유하고 있는 액포와 세포막이 융합되면 세포외액의 포도당이 포도당 운반체에 의해서 세포 내로 촉진확산으로 이동하면서 혈당값이 감소한다. 또한 글리코겐 합성효소를 활성화시키고 글리코겐 분해 과정의 주요 효소인 글리코겐 가인산분해효소의 활성을 저해시켜서 글리코겐 합성 및 저장 과정을 촉진시킨다.

당뇨병과 탄수화물 섭취와의 관련 연구들은 대부분 일관성 있는 결과를 보인다. 당뇨병 발생을 예방하는 식품으로는 전곡류, 콩류, 과일 및 채소류 등과 같이 식이섬유가 풍부하고 혈당지수가 낮은 식품들이 보고되어 있다.[12] 최근에는 당뇨병을 발생시키는 위험식품으로 가당 음료(sugar-sweetened beverage, SSB)와 같은 첨가당 식품 섭취에 관한 연구들이 보고되고 있다. 첨가당 식품 섭취는 체중 증가 효과와는 별도로 과당 섭취비율 및 혈당부하를 높여 인슐린 저항성과 베타세포 기능 이상, 염증 등을 유발하여 제2형 당뇨병의 위험도를 높이는 것으로 설명되고 있다.[13]

2) 저혈당증

저혈당증(hypoglycaemia)은 혈당 수준이 비정상적으로 매우 낮은 상태로, 혈액 100 mL 중 50~60 mg/dL 이하로 떨어질 때 발생한다. 저혈당 발생의 주요 원인은 불충분한 탄수화물 섭취, 식사가 지체되거나 거른 경우, 계획되지 않은 신체 활동이나 평소보다 과격한 운동, 과다한 음주, 인슐린의 과다 분비, 과다한 양의 인슐린 투여, 비정상적인 혈당량 조절(예를 들면 간질환으로 글리코겐 분해나 포도당 신생합성 과정이 부적절하거나 글루카곤 또는 코르티솔이 분비되지 않은 경우) 등이 있다. 저혈당증 증세로는 교감신경계가 활성화되어 심장박동 수의 증가, 떨림 또는 초조, 발한, 현기증이 나타나거나 뇌에 공급하는 포도당 부족으로 인한 두통, 집중력 부족, 혼미, 현기증, 무기력, 불분명한 발음 등이 나타난다. 저혈당을 치료하지 않으면 의식 장애, 경련, 혼수 같은 심각한 저혈당 증세가 발생하며 심하면 사망할 수도 있다.

저혈당이 유발되었을 경우, 당류 15~20 g에 해당하는 음료 또는 식품을 섭취한다. 포도당 15 g에 해당하는 음료 또는 식품으로는 주스 2/3컵, 탄산음료 0.5컵, 우유 1.5컵, 사탕 3~4개, 꿀 또는 설탕 1숟가락, 요구르트 1개 등이 있다. 10~15분이 지난 후 혈당수치를 다시 측정해서 70 mg/dL 이상으로 올라갔는지 확인해야 한다. 혈당수치가 여전히 낮으면 당 함유 식품을 한 번 더 섭취하도록 한다.

3) 설탕의 과잉 섭취에 따른 문제

(1) 충치

과다한 설탕의 섭취는 구강 내 박테리아를 급격히 증가시켜 플라그(dental plaque)를 형성시키는 덱스트린을 만들며, 산을 생성시켜서 치아의 에나멜층을 부식시키고 구멍을 내는 등 충치를 포함한 잇몸 질환을 발생시킨다. 세계보건기구에서는 충치 예방을 위해서 설탕은 에너지의 10% 미만으로 섭취할 것을 권장한 기존의 수준에서 총 5% 수준으로 섭취를 줄일 것을 권장하고 있다.[14] 전체 섭취 열량의 5%라는 수치는 성인 여성 기준으로 5~6티스푼(약 25 g)에 해당하는 양이다.

(2) 과잉행동장애

설탕 섭취가 과잉행동증후군을 포함한 아동들의 행동 문제에 어떠한 영향을 미치는

지에 대한 많은 연구가 이루어지고 있으나 현재까지는 일관된 결과를 보여 주지 못하고 있다.[15,16] 또한 미국 의학학술원[17]에서는 아동의 행동과 학습 문제는 다양한 요인에 의해 결정되는 복잡한 문제이므로, 과도한 당분의 섭취가 아동으로 하여 과잉행동을 일으킨다고 주장할 만한 충분한 근거는 없다고 발표하였다. 국내에서는 초등학생을 대상으로 설탕 섭취와 주의력 결핍 과잉행동장애 간의 관련성 연구를 진행하였는데, 결과는 관련성이 없는 것으로 나타났다.[18]

(3) 비만

탄수화물은 비만과 높은 상관성을 가지는 요인으로 설탕, 과당 등의 첨가당 섭취에 관련된 연구들이 많이 이루어지고 있다. 성인을 대상으로 한 '당 섭취와 체중에 관한 연구' 결과에 의하면 대부분의 연구에서 당 섭취가 증가할수록 체중도 증가하는 상관성을 나타냈다.[19,20] 아동을 대상으로 가당 음료의 섭취가 과체중 발생 위험을 증가시키는지를 분석한 결과에서도 전반적으로 가당 음료 섭취는 비만 또는 과체중의 위험을 증가시키는 경향을 보였다.[20,21]

4) 선천성 탄수화물 대사이상 질환

(1) 유당불내증

유당불내증은 유당 분해효소인 락테이즈를 충분히 생성하지 못하여 부족하거나 활성이 저하되었을 때 발생한다. 우유와 같은 유당이 풍부한 음식을 섭취했을 경우에 락테이즈의 작용 문제로 유당이 가수분해되지 못한 채 대장으로 이동하여 박테리아에 의해 발효되어 유기산과 다량의 가스를 생성하게 된다. 또한 장속에 남아 있는 유당으로 인해 삼투압이 높아져서 수분을 장내로 끌어들여 복부 팽만, 장 경련, 복통 및 설사를 유발하게 된다. 유당불내증은 유당 함유 식품의 섭취를 중단하면 증상이 호전된다. 유당불내증 환자는 요구르트나 치즈와 같이 발효된 유제품을 섭취하거나 유당 분해효소가 첨가된 제품을 섭취할 것을 권장한다.

(2) 갈락토오즈 질병

우유나 유제품에 포함되어 있는 유당은 유당 분해효소에 의해 갈락토오즈로 분해되고 갈락토오즈는 포도당-1-인산으로 전환된다. 이 과정에서 관련 효소들에 유전적 결함이 있을 경우 갈락토오즈혈증(galactosemia)이 발생한다. 갈락토오즈혈증은 효소 결핍의 종류에 따라서 제1형, 제2형, 제3형 갈락토오즈혈증으로 구분되며, 증상으로는 성장 지연, 구토, 설사 등이 나타나고 심할 경우 백내장, 정신 지체 및 치명적인 간 손상을 초래할 수도 있다.

제1형 갈락토오즈혈증은 갈락토오즈-1-인산-우리딜전이효소의 결핍으로 발생하며, 체내 갈락토오즈와 그 대사산물인 갈락토오즈-1-인산이 축적되어 콩팥, 간, 뇌의 선조직 기능 이상을 초래한다. 신생아와 영아의 경우는 발육 부전, 백내장, 구토, 설사 등의 증상을 보인다. 제2형 갈락토오즈혈증은 갈락토카이네이즈 결핍에 의한 질병으로 축적된 갈락토오즈에 의해 갈락토오즈뇨가 나타나고, 신생아와 영아에서는 백내장을 일으키지만 발육 장애나 간 장애는 없는 것으로 보고되고 있다. 제3형 갈락토오즈혈증은 매우 드물게 발생하는 질환으로 UDP-갈락토오즈-4-에피머화효소 결핍에 의해 발생하며 발달 지연, 지능 저하 등의 위험이 있는 것으로 알려져 있다(그림 2-14 참조).

(3) 과당 대사 장애

과당이 대사되는 과정에서 필요한 효소들의 결핍으로 인해 과당 및 과당 대사산물이 체내에 비정상적으로 축적되어 발생하는 질병으로, 유전성 과당불내증(hereditary fructose intolerance, HFI), 유전성 과당 1,6-이인산분해효소 결핍증, 본태성 과당뇨증이 여기에 해당된다.

과당불내증은 과당 1-인산이 효소 과당 1-인산 알돌레이즈(fructose-1-phosphate aldolase)에 의해 글리세르알데히드와 다이히드록시아세톤인산(DHAP)으로 전환되어 해당 과정 또는 VLDL을 합성하는 과정에서(그림 2-13 참조) 과당 1-인산 알돌레이즈 효소 활성 결핍으로 과당 1-인산이 축적됨으로써 삼투압이 증가하여 복부 팽만 및 복통, 구토와 설사를 유발하는 질환이다.

유전성 과당 1,6-이인산분해효소 결핍증은 과당이 과당 1-인산으로 전환한 후 과당 1,6-이인산, 과당 6-인산의 중간물질을 거쳐 포도당 신생합성이 진행되는 과정 중에(그림 2-13 참조) 과당-1,6-이인산분해효소가 결핍되어 포도당 생성에 장애가 생겨 저혈당, 대사성 산증 등이 발생하는 질환이다.

본태성 과다뇨증은 과당 1,6-이인산에서 과당 6-인산으로 전화되는 과정에서 필요한 인산과당인산화효소(phosphofructokinase)의 결핍으로 과당이 글리코겐으로 저장되지 못하고 소변으로 배출되는 질환으로, 당뇨병으로 잘못 진단되기도 하나 혈당은 정상이다.

(4) 당원병

당원병은 유전적 요인에 의한 선천성 대사이상 질환으로 글리코겐 분해 과정에서 포도당 5-인산가수분해효소의 활성 저하로 글리코겐이 포도당으로 전환되지 못하고 조직에 축적되는 질병이다. 증상으로는 성장 장애, 얼굴, 간, 콩팥의 비대, 저혈당으로 인한 경련, 고지혈증, 고뇨산혈증 등이 나타난다.

당원병 치료를 위해서는 적절한 에너지를 섭취하여 저혈당을 예방하는 것이 중요하다. 자주 식사를 하고, 흡수가 천천히 이루어지는 생옥수수를 섭취함으로써 대사이상을 조절할 수 있다. 포도당 이외의 단당류(과당이나 유당)는 체내에서 이용하지 못하므로 가능하면 섭취를 피한다.[22]

5) 식이섬유의 섭취와 관련된 건강 문제

(1) 당뇨병

점성이 있는 수용성 식이섬유소들은 위에서 겔을 형성하여 음식의 배출 속도를 느리게 하고, 소장에서는 포도당을 포함한 영양소의 소화 흡수를 지연시키기 때문에 식후 혈당 반응과 인슐린 반응을 저하시키는 것으로 보고되어 있어서 당뇨병 발생 위험을 감소시킬 수 있다.

(2) 동맥경화증

수용성 식이섬유소는 담즙 또는 콜레스테롤과 결합하여 배출을 증가시키거나 콜레스테롤 흡수를 저해하여 혈청 콜레스테롤 수준을 낮춘다. 그러므로 혈청 콜레스테롤 산화로 인한 혈관 내 플라그 형성을 감소시켜 동맥경화증 예방에 도움을 준다.

(3) 비만

식이섬유소가 풍부한 식품은 에너지 밀도가 낮은 반면 부피가 커서 포만감을 촉진시킨다. 점성이 있는 수용성 식이섬유소의 경우는 위에서의 음식물 배출 시간을 연장시키면서 식후의 포만감을 제공하고, 소장관 내에서는 영양소의 소화 흡수를 방해하여 이용률을 감소시킴으로써 에너지 섭취 조절에 도움을 준다.

(4) 대장암

불용성 식이섬유소는 대장에서 배변량을 증가시키고 배변 속도를 높여 발암성 물질이 장내에 접촉하는 시간을 짧게 해준다. 또한 식이섬유소의 수분에 의해 발암물질을 희석시킨다. 장내 박테리아에 의해 발효된 식이섬유소는 장내 유익균의 에너지 공급원인 짧은사슬지방산과 유기산을 생성하여 장내 pH를 감소시키고 장내 세균에 의한 발암성 물질 생산을 억제하는 등의 장 환경을 개선시킴으로써 대장암 발생 위험을 낮춘다.[23]

(5) 게실염

배변량이 적고 단단할 경우에 배설을 위해 압력을 가하게 되고, 압력은 일부 대장 벽을 부풀려 근육층 사이에 작은 주머니, 즉 게실을 형성하게 된다. 게실 안에 음식물이 들어가서 박테리아에 의해 대사되면 산과 가스를 형성하고 게실을 자극하면서 여러 가지 염증을 일으켜 게실염이 된다. 게실염을 예방하기 위해서는 적절한 섬유소를 섭취해야 한다. 그러나 게실염이 생겼을 때에 섬유소를 섭취하면 오히려 게실을 자극하여 더 악화시킬 수 있으므로 초기에는 섬유소를 제한하였다가 점차 적응 정도를 보면서 양을 늘려야 한다.

(6) 식이섬유 다량 섭취에 의한 문제

『2015 한국인 영양소 섭취기준』[24]에 의하면 식이섬유는 충분섭취량 기준으로 12 g/1,000 kcal(성인 남자는 25 g, 성인 여자는 20 g)을 설정하고 있다. 식이섬유의 다양한 이점에도 불구하고 다량 섭취했을 경우의 문제점도 보고되고 있는데, 일부 동물실험과 인간 대상 연구에서 고식이섬유소 식사를 피틴산염(phytate)과 함께 섭취할 경우 철, 칼슘, 아연 등과 같은 무기질의 흡수율이 변화될 수 있다고 보고하고 있다.[25]

과민성 대장증후군이 있는 사람들은 식이섬유소를 과다 섭취할 경우 위장관 통증이 일어날 수 있어서 이들에게는 가스 발생을 일으키지 않는 식이섬유소를 섭취하도록 권장하고 있다.[26] 식이섬유소는 수분보유능력이 있으므로 고식이섬유소 섭취 시에 수분 섭취가 부족하면 오히려 변이 단단해져 배변에 문제가 생긴다. 성장기 아동이나 저체중 성인에게 과다한 식이섬유소 섭취는 열량 영양소와 비타민, 무기질의 흡수를 감소시키므로 주의해야 한다.

참고 문헌

1. Chong MF, Fielding BA, Frayn KN. (2007). Mechanisms for the acute effect of fructose on postprandial lipemia. *Am J Clin Nutr* 85(6): 1511–1520.
2. Havel PJ. (2005). Dietary fructose: implications for dysregulation of energy homeostasis and lipid/carbohydrate metabolism. *Nutr Rev.* 63(5): 133–57.
3. Imaizumi K, Nakatsu Y, Sato M, Sedarnawati Y, Sugano M. (1991). Effects of xylooligosaccharides on blood glucose, serum and liver lipids and cecum short-chain fatty acids in diabetic rats. *Agric Biol Chem*; 55(1): 199–205.
4. Tomomatsu H. (1994). Health effects of oligosaccharides. *Food Technol* 48(11): 58-64.
5. Adeva-Andany, MM González-Lucán M, Donapetry-García C, Fernández-Fernández C, Ameneiros-Rodríguez E. (2016). Glycogen metabolism in humans. *BBA Clinical* 5: 85–100.
6. Gropper SS, Smith JL. (2016). Fiber. In: Gropper SS, Smith JL, editors. *Advanced nutrition and human metabolism*: US: Wadsworth Cengage Learning. p.111–136.
7. 식품의약품안전처 (2014). 건강기능식품의 기준 및 규격, 식약처 고시 제2014-204호, 식품의약품안전처.
8. Insel P, Turner RE, Ross D. (2006). *Discovering nutrition.* 2nd ed. Jones and Bartlett publishers. p144.
9. Pi-Sunyer FX. (2002). Glycemic index and disease. *Am J Clin Nutr* 76(1): 290S–8S.
10. Salmeron J, Manson JE, Stampfer MJ, Colditz GA, Wing AL, Willett WC. (1997). Dietary fiber, glycemic load, and risk of non-insulin-dependent diabetes mellitus in women. *JAMA* 277: 472–477.
11. 농촌진흥청, 경희대학교. (2015). 한국인 다소비 탄수화물 식품의 혈당지수와 혈당부하지수. 농촌진흥청.
12. Khazrai YM, Defeudis G, Pozzilli P. (2014). Effect of diet on type 2 diabetes mellitus: a review. *Diabetes Metab Res Rev.* 30(Suppl. 1): 24–33.
13. Malik VS, Despres JP, Popkin BM, Willett WC, Bray GA, Hu FB. (2010). Sugar-sweetened beverages and risk of metabolic syndrome and type 2 diabetes. *Diabetes Care* 33: 2477–2483.
14. Moynihan P. (2016). Sugars and Dental Caries: Evidence for Setting a Recommended Threshold for Intake. *Adv Nutr.* 15; 7(1): 149–56.
15. Dykman KD, Dykman RA. (1998). Effect of nutritional supplements on attentional-deficit hyperactivity disorder. *Integr Physiol Behav Sci* 33(1): 49–60.
16. Rojas NL, Chan E. (2005). Old and new controversies in the alternative treatment of attention deficit hyperactivity disorder. *Mental Retardation and Development Disabilities* 11: 116–130.
17. Institute of Medicine, Food and Nutrition Board. (2002). Dietary reference intakes for

energy, carbohydrates, fiber, fat, protein and amino acid(Macronutrients). Washington, DC: The National Academy of Science.

18. Kim Y, Chang H. (2011). Correlation between attention deficit hyperactivity disorder and sugar consumption, quality of diet, and dietary behavior in school children. *Nutr Res Pract.* 2011 Jun; 5(3): 236-245.

19. Mann J, Cummings JH, Englyst HN, Key T, Liu S, Riccardi G, Summerbell C, Uauy R, van Dam RM, Venn B, Vorster HH, Wiseman M. (2007). FAO/WHo Scientific update on carbohydrate in human nutrition: conclusions. *Eur J Clin Nutr* 61(Suppl 1): S132-S137.

20. Te Morenga L, Mallard S, Mann J. (2012). Dietary sugars and body weight: systematic review and meta-analyses of randomised controlled trials and cohort studies. *BMJ* 346: e7492.

21. Hu FB. (2013). Resolved: there is sufficient scientific evidence that decreasing sugar-sweetened beverage consumption will reduce the prevalence of obesity and obesity-related disese. *Obes Rev* 14: 606-619.

22. 고재성, 양혜란, 김종원, 서정기. (2005). 한국인 당원병 제Ia형에서 유전형의 임상 양상. *Korean J Pediatr.* 48: 877-880.

23. Wakai K, Date C, Fukui M, Tamakoshi K, Watanabe Y, Hayakawa N, Kojima M, Kawado M, Suzuki K, Hashimoto S, Tokudome S, Ozasa K, Suzuki S, Toyoshima H, Ito Y, Tamakoshi A. (2007). Dietary Fiber and risk of colorectal cancer in the Japan collaborative cohort study. *Cancer Epidemiol Biomarkers Prev* 16(4): 668-675.

24. 보건복지부, 한국영양학회 (2015). 2015 한국인 영양소 섭취기준. 보건복지부.

25. Sandstead HH. (1992). Fiber, phytates, and mineral nutrition. *Nutr Rev* 50(1): 30-31.

26. Cummings JH. (2000). Nutritional management of diseases of the gut. In: Garrow JS, James WPT, Ralph A, editors. *Human Nutrition and Dietetics.* Edinburgh: Churchill Livingstone; p.547-573.

지질

CHAPTER 3 **Lipids**

1. 지질의 분류와 구조
2. 지질의 소화, 흡수 및 대사
3. 지질 대사
4. 지질의 생리적 기능
5. 지질 섭취와 관련된 건강 문제

지질은 탄소, 산소, 수소로 이루어진 유기화합물로서 물에는 녹지 않고 유기 용매에 녹는다. 상온에서 고체 형태인 지방과 액체 형태인 기름으로 존재한다. 식품과 체내에 존재하는 지질은 주로 중성지방이며, 소량의 인지질, 당지질, 스테로이드, 지용성 비타민, 왁스류와 기타 복합 지질화합물들이 있다. 지질이 다량 함유된 식품이 건강에 나쁘다는 편견이 있으나 지질은 영양적으로 중요한 기능을 한다. 중성지방은 주요 에너지원이며 필수지방산을 공급한다. 인지질은 세포막의 구성 성분이고, 지단백질은 지질의 운반과 대사에 중요한 역할을 한다.

1. 지질의 분류와 구조

1) 단순지질

(1) 지방산

지방산(fatty acid)은 긴 탄소 사슬로 연결되어 있고 여기에 많은 수소가 결합되어 있다. 지방산의 시작 부분인 카르복실기(–COOH)는 친수성이지만 가운데의 탄화수소와 마지막의 메틸기($-CH_3$) 부분은 소수성이다. 자연계에 존재하는 지방산은 탄소 수가

표 3-1 지방산의 분류와 급원 식품

분류		지방산 이름	기호	화학식 또는 이중결합 위치	급원 식품
짧은사슬지방산	포화	Butyric acid	4:0	$CH_3(CH_2)_2COOH$	버터
		Caproic acid	6:0	$CH_3(CH_2)_4COOH$	버터, 코코넛유
중간사슬지방산		Caprylic acid	8:0	$CH_3(CH_2)_6COOH$	코코넛유, 팜유, 버터
		Capric acid	10:0	$CH_3(CH_2)_8COOH$	코코넛유, 팜유, 버터
		Lauric acid	12:0	$CH_3(CH_2)_{10}COOH$	코코넛유, 팜유
긴사슬지방산		Myristic acid	14:0	$CH_3(CH_2)_{12}COOH$	대부분의 동식물성 기름, 팜유
		Palmitic acid	16:0	$CH_3(CH_2)_{14}COOH$	대부분의 동식물성 기름, 팜유
		Stearic acid	18:0	$CH_3(CH_2)_{16}COOH$	대부분의 동물성 기름
	단일불포화	Oleic acid	18:1(ω9)	Δ9	올리브유
	다불포화	Linoleic acid	18:2(ω6)	Δ9,12	대부분의 식물성 기름(옥수수유, 참기름, 포도씨유, 해바라기씨유 등)
		α-linolenic acid	18:3(ω3)	Δ9,12,15	들기름, 콩기름, 카놀라유, 아마씨유
		Arachidonic acid	20:4(ω6)	Δ5,8,11,14	육류, 가금류, 난황
		EPA	20:5(ω3)	Δ5,8,11,14,17	어유, 등푸른생선
		DHA	22:6(ω3)	Δ4,7,10,13,16,19	어유, 등푸른생선

4~22개의 짝수이며, 탄소 수와 탄소 사슬 안의 결합 방식 및 모양에 따라 종류가 다양하다(표 3-1). 지방산은 탄소 수에 따라서 나뉘는데 탄소 수가 4~6개인 지방산은 짧은 사슬지방산, 8~12개는 중간사슬지방산, 14개 이상은 긴사슬지방산이라고 한다. 탄소 수가 많을수록 지방산의 사슬 길이가 길어지고, 물에 쉽게 용해되지 않으며 녹는점도 높아진다.

지방산의 탄소 사슬에 있는 탄소 원자는 원자가가 4가로 이웃하는 원자 4개와 결합할 수 있다. 지방산 말단의 카르복실기와 메틸기의 탄소를 제외한 가운데 부분, 즉 사슬 내의 탄소가 인접 탄소 2개 및 수소 2개와 결합하고 있으면 포화되었다고 하고, 인접 탄소들이 수소 원자 1개씩을 잃어버리고 이중결합을 형성하면 불포화되었다고 한다. 동물성 기름에는 포화지방산이 많이 함유되어 있어서 대부분 실온에서 고체 형태로 존재한다. 반면에 식물성 기름에는 불포화지방산이 주로 함유되어 있고, 이중결합이 많을수록 녹는점이 낮아서 실온에서 액체 상태이다. 불포화지방산의 이중결합은 열, 자외선, 공기, 화합물 등에 의해 산화 및 분해되어 산패되기 쉽다. 불포화지방산은 이중결합을 중심으

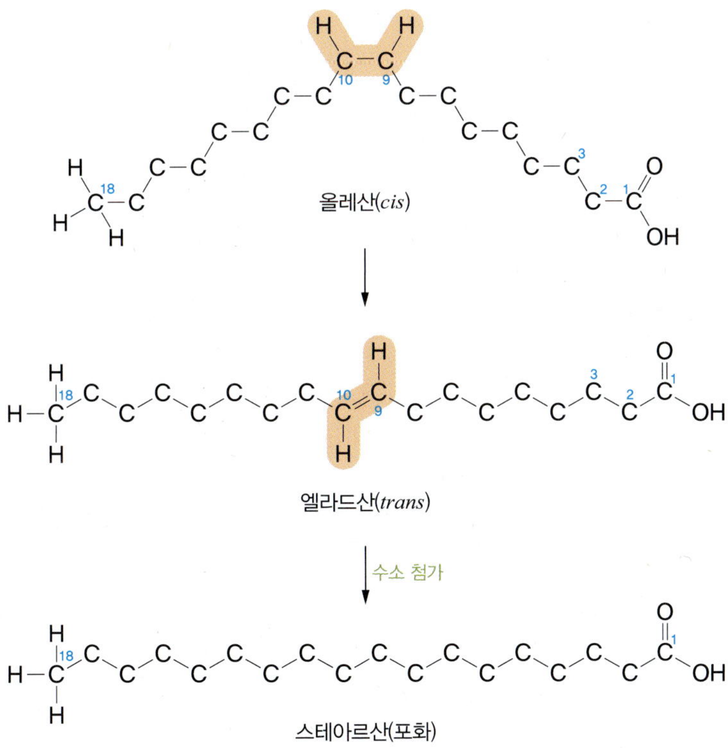

그림 3-1 시스형과 트랜스형 단일불포화지방산 및 포화지방산의 사슬 모양

로 좌우 탄소 사슬의 모양에 따라 시스(*cis*)형과 트랜스형(*trans*)으로 나뉜다(그림 3-1).

시스 지방산은 이중결합을 이루는 2개의 탄소에 결합된 수소 원자 2개가 같은 방향에 있어서 지방산의 탄소 사슬이 이중결합을 중심으로 굽어져 있는 모양을 이룬다. 자연계에 존재하는 불포화지방산들은 시스형이다. 그러나 트랜스 지방산은 이중결합을 이루는 2개의 탄소에 결합된 수소 원자 2개가 서로 반대 방향에 있어서 탄소 사슬이 굽지 않고 똑바른 모양을 하고 있어서 포화지방산과 비슷한 형태와 물리적 성질을 가진다. 이 트랜스 지방산은 다가불포화지방산을 함유한 액체의 식물성 기름에 부분적으로 수소를 첨가하여 고체인 쇼트닝과 마가린 같은 경화유를 만드는 과정에서 생기는 인공 지방산이다. 따라서 마가린과 쇼트닝은 식물성이지만 수소화분해 과정을 거쳐 트랜스 지방산을 다량 함유한다. 트랜스 지방산의 과다 섭취는 LDL 콜레스테롤을 상승시키고 HDL 콜레스테롤을 감소시켜 건강 문제를 일으킬 수 있어 세계보건기구(WHO)에서는 총열량의 1% 이하로 트랜스 지방산의 섭취를 제한하고 있다.[1]

① 지방산 명명법

지방산을 표시하는 방법은 탄소 수와 이중결합의 수와 형태, 이중결합의 위치에 따라서, 델타(*Δ* 또는 *α*) 명명법과 오메가(*ω* 또는 n) 명명법이 있다(그림 3-2). 델타 명명법은 지방산의 카르복실기 말단과 관련 있는 이중결합의 위치와 형태를 설명할 때 사용된다. 탄소 번호는 카르복실기의 탄소를 1번으로 시작하여 메틸기의 탄소가 마지막 번호가 된다. 예를 들어 탄소 수가 18개이고 카르복실기 말단부터 9번째와 10번째 사이, 12번째와 13번째 사이에 각각 하나씩 두 개의 시스 이중결합을 가지고 있는 지방산은 18:2 c9, c12라고 하거나 이중결합의 위치를 표기할 때는 18:2 *Δ*9,12라고 한다.

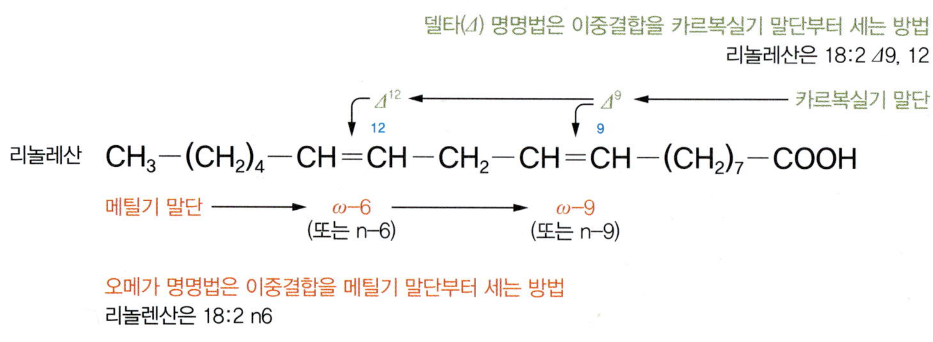

그림 3-2 리놀레산의 구조와 지방산 명명법

오메가 명명법은 메틸기 말단으로부터 이중결합 위치를 표시한다. 첫 번째 이중결합이 메틸기로부터 몇 번째 탄소에 위치하느냐에 따라 오메가-3, 6, 9 지방산으로 나눈다. 첫 번째 이중결합이 메틸기로부터 6~7번째 탄소 사이에 위치할 경우 오메가-6 지방산이라 한다. 탄소 수가 18개이고 이중결합이 두 개인 18:2 Δ9,12 지방산의 첫 번째 이중결합이 메틸기로부터 6번째 탄소에 있으면 18:2, n6로 표기한다.

② 필수지방산

필수지방산은 신체의 정상적인 성장과 유지, 생리 기능에 필수적이지만 체내에서 합성되지 않거나 합성되는 양이 부족하므로 반드시 식사를 통해 섭취해야 한다.[2] 필수지방산은 두 개로, 18:2 n6인 리놀레산과 18:3 n3인 리놀렌산이다. 인체 내에서는 지방산의 메틸기 말단으로부터 9번째의 탄소 앞에 이중결합을 합성할 수 없기 때문에 오메가-3와 오메가-6 지방산 위치에 이중결합을 만들 수 없다. 또한 오메가-3, 오메가-6, 오메가-9 지방산 계열 간에 상호 전환은 이루어지지 않는다. 그러므로 다른 오메가-3와 오메

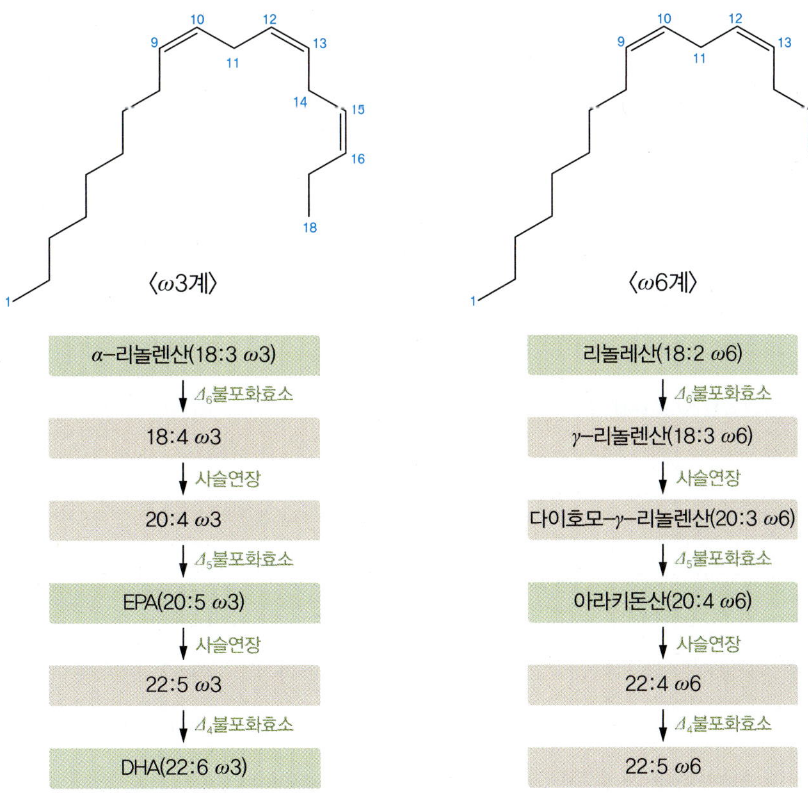

그림 3-3 오메가-3계와 오메가-6계 지방산의 불포화 및 탄소 사슬 연장

가-6 지방산을 합성하기 위해서는 반드시 식이로 리놀레산과 리놀렌산을 섭취해야 한다. 리놀레산과 리놀렌산으로부터 탄소 수가 두 개씩 증가하는 과정(elongation)이나 이중결합이 증가하는 과정(desaturation)에 의해 다른 지방산으로 전환될 수 있다(그림 3-3).

오메가-6 계열의 리놀레산은 Δ6-불포화효소에 의해 감마리놀렌산으로 전환되며, 이는 더 긴 다이호모감마리놀렌산으로 전환되고 다시 아라키돈산으로 전환된다. 오메가-3 계열의 리놀렌산은 에이코사펜타엔산(EPA), 도코사헥사엔산(DHA)으로 전환된다. 리놀레산과 알파-리놀렌산은 구조적 유사성으로 Δ6-불포화효소의 작용에 대해 서로 경쟁하므로 어느 한쪽의 지방산이 과잉으로 공급되면 다른 쪽 지방산의 불포화반응을 감소시키므로 지방산 섭취의 총량뿐만 아니라 비율도 중요하다.

유아기에는 아라키돈산과 DHA도 필수지방산으로 간주될 수 있다. 필수지방산이 부족하면 피부에 각질이 생기고 가려우며, 시력 감퇴, 설사, 상처 회복 지연, 감염 같은 증세가 나타날 수 있다. 또한 어린이의 경우 성장이 지연되고 빈혈이 발생할 수 있다. 미국, 유럽, 일본은 리놀레산(n-6)과 리놀렌산(n-3)의 충분섭취량을 설정하고 있으며, WHO는 오메가-3와 오메가-6 지방산 섭취비율을 에너지 적정비율로 설정하고 있다. 한국인의 영양소 섭취기준에서도 n-6 : n-3 섭취비율을 4~8 : 1로 설정하고 있으며, 오메가-3 지방산의 섭취량을 늘리기 위해서 등푸른생선을 주 2회 정도 섭취하고 들깨나 들기름을 이용하도록 권장하고 있다.

필수지방산은 에이코사노이드(eicosanoid)로 전환될 수 있는데 리놀렌산은 오메가-3계 에이코사노이드를, 리놀레산은 오메가-6계 에이코사노이드를 생성한다. 에이코사노이드는 세포막 인지질의 2번(β) 탄소 위치에 결합되어 있는 탄소 수 20개의 지방산, 즉 아라키돈산(20:4 n6), 다이호모감마리놀렌산(20:3 n6), EPA(20:3 n3)로부터 합성되는 생리활성 물질이다. 에이코사노이드의 기질로 쓰이는 탄소 20개 지방산은 필요할 때 인지질 분해효소 A2에 의해 세포막 인지질로부터 떨어져 나온 후 고리산소화효소(COX)에 의해 프로스타노이드로 전환되고 지질산소화효소(LOX)에 의해 류코트라이엔(leukotrienes, LT)으로 전환된다. 다이호모감마리놀렌산에서 프로스타노이드 1계열과 LT 3계열, 아라키돈산에서는 프로스타노이드 2계열과 LT 4계열, EPA에서 프로스타노이드 3계열과 LT 5계열의 에이코사노이드가 합성된다(그림 3-4). 프로스타노이드에는 트롬복산(thromboxanes, TXA), 프로스타글란딘(prostaglandins, PG), 프로스타사이클린(prostacyclin, PGI) 등이 있는데 필요할 때 신속하게 합성되어 국소 호르몬처럼 작용

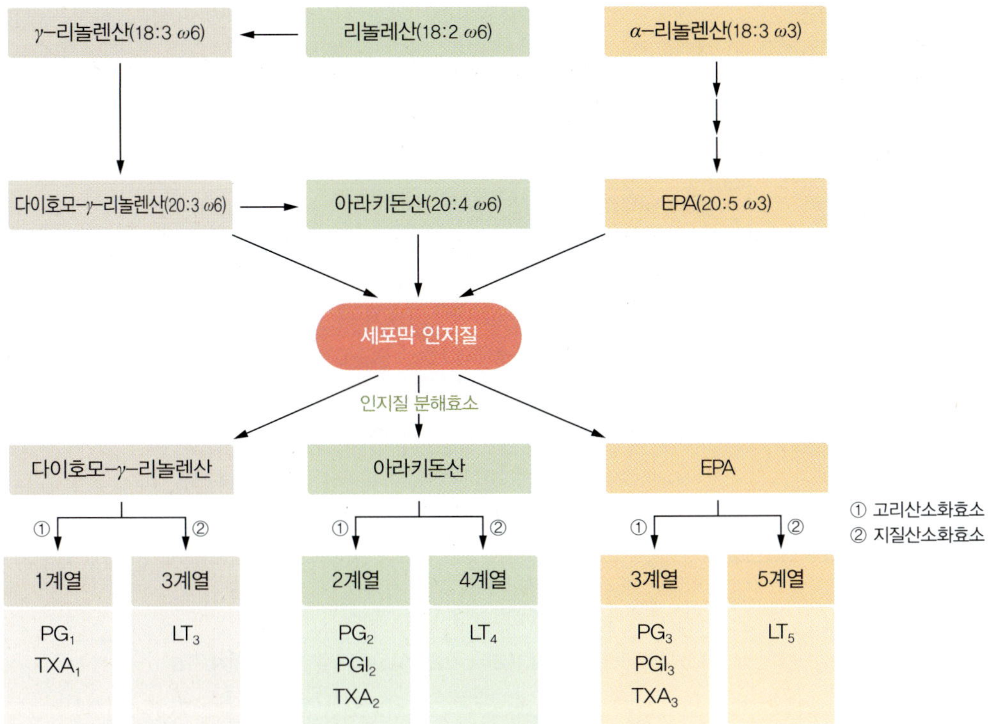

그림 3-4 **에이코사노이드 합성**

한다.

오메가-3계 에이코사노이드는 염증을 억제하고 혈관을 이완시키는 반면, 오메가-6계 에이코사노이드는 반대 작용을 한다. EPA는 아라키돈산과 비교할 때, 프로스타사이클린의 작용(혈관 이완, 혈소판 응집 억제)은 비슷하고 트롬복산의 작용(혈관 수축, 혈소판 응집 촉진)은 약해서 혈압을 올리거나 혈전을 생성하는 작용이 상대적으로 약하다. 또한 EPA에서 생성된 3계열의 에이코사노이드는 세포막 인지질로부터 아라키돈산이 떨어져 나오는 것을 억제하여 아라키돈산으로부터 생성되는 2계열의 에이코사노이드의 합성을 감소시킨다. EPA에서 생성된 5계열의 류코트라이엔은 아라키돈산에서 생성된 4계열의 류코트라이엔보다 천식이나 관절염을 일으키는 염증 반응, 알레르기 반응이 약하다(표 3-2). 따라서 두 종류의 에이코사노이드의 균형이 건강에 중요하다. 생선 섭취가 많은 에스키모인이 지방을 많이 섭취함에도 불구하고 심혈관 질환의 발생률이 낮은 이유는 생선에 함유되어 있는 EPA와 DHA와 관련이 있다. EPA와 DHA는 혈중 중성지방을 낮추며 염증 억제, 혈액 응고 방지, 심뇌혈관 질환 예방에 도움이 된다는 보고가 있다.[3]

표 3-2 에이코사노이드의 종류 및 기능

<table>
<tr><th colspan="2">에이코사노이드</th><th>기능</th></tr>
<tr><td rowspan="5">프로스타노이드</td><td>프로스타글란딘(PG)</td><td>• 생물학적 활성 강함
• 평활근 수축, 이완
• 위궤양의 예방, 치료
• 염증, 고혈압, 천식, 비염 치료
• 수정란 착상 방지, 유도 분만, 임신중절</td></tr>
<tr><td rowspan="2">프로스타사이클린(PGI)</td><td>• 혈관 벽에서 합성
• 트롬복산과 반대 : 혈관 이완(혈압 저하), 혈소판 응집(혈액 응고) 촉진</td></tr>
<tr><td>• PGI_2(아라키돈산으로부터 생성)의 기능 = PGI_3(EPA로부터 생성)의 기능</td></tr>
<tr><td rowspan="2">트롬복산(TXA)</td><td>• 혈소판에서 합성
• 프로스타사이클린과 반대 : 혈관 수축(혈압 상승), 혈소판 응집(혈액 응고) 촉진</td></tr>
<tr><td>• TXA_2(아라키돈산으로부터 생성)의 기능 > TXA_3(EPA로부터의 생성)의 기능
혈압 ↑ 혈압 ↓
혈소판 응집 ↑ 혈소판 응집 ↓</td></tr>
<tr><td rowspan="2" colspan="2">류코트라이엔(LT)</td><td>• 백혈구, 혈소판, 대식세포에서 합성
• 평활근 수축, 천식·관절염 유발, 염증·알레르기 반응 촉진</td></tr>
<tr><td>• LT_4(아라키돈산으로부터 생성)의 기능 > LT_5(EPA로부터의 생성)의 기능
평활근 수축 ↑ 평활근 수축 ↓
천식, 관절염 ↑ 천식, 관절염 ↓
염증, 알레르기 반응 ↑ 염증, 알레르기 반응 ↓</td></tr>
</table>

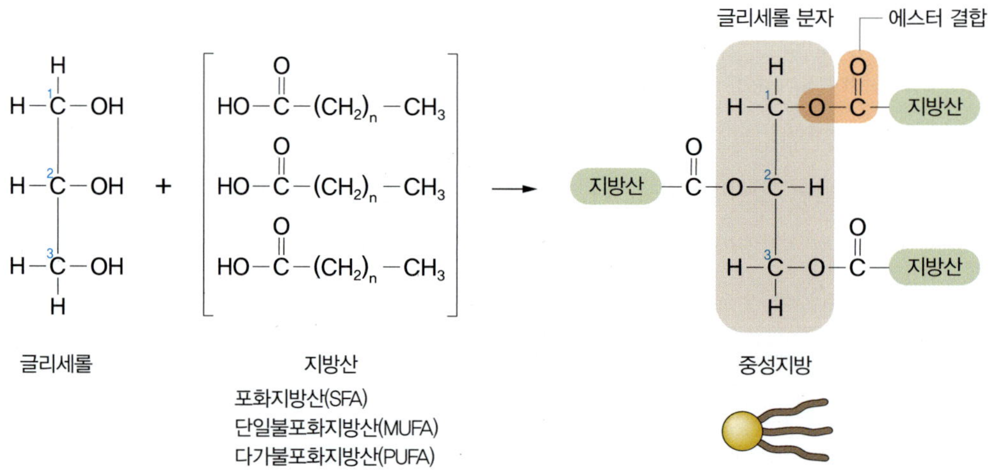

그림 3-5 **중성지방의 구조**

(2) 중성지방

대부분의 지방산은 식품이나 체내에서 유리 형태(free form)가 아니라 글리세롤 1분자와 지방산 3분자가 에스터결합한 중성지방(triglyceride) 형태로 존재한다. 에스터결합이란 글리세롤의 수산기(–OH)와 지방산의 카르복실기(–COOH) 사이에서 물 1분자(H_2O)가 빠짐으로써 이루어진다(그림 3-5). 결합하는 지방산은 포화지방산, 단일불포화지방산, 다가불포화지방산의 모든 종류가 가능하다. 중성지방에 결합된 지방산의 종류에 따라 실온에서 액체 또는 고체로 존재한다. 중성지방이 소화되는 과정에서 글리세롤 1분자에 1개의 지방산이 결합한 모노글리세라이드(monoglyceride), 2개의 지방산이 결합한 다이글리세라이드(diglyceride) 등이 생성된다.

(3) 스테롤과 스테로이드

스테롤은 지방산과 달리 4개의 고리 구조를 가지고 있으며, 중성지방과 달리 글리세롤이나 지방산은 없으나 물에 용해되지 않기 때문에 지질로 분류한다(그림 3-6). 스테롤은 지방산과 에스터결합을 하여 스테롤 에스터를 형성한다. 동물의 스테롤 중 가장 흔한 형태가 콜레스테롤이며, 다른 스테롤의 전구물질이다. 콜레스테롤과 지방산이 에스터결합을 하여 콜레스테롤 에스터가 되며, 유리콜레스테롤보다 소수성이 강하다.

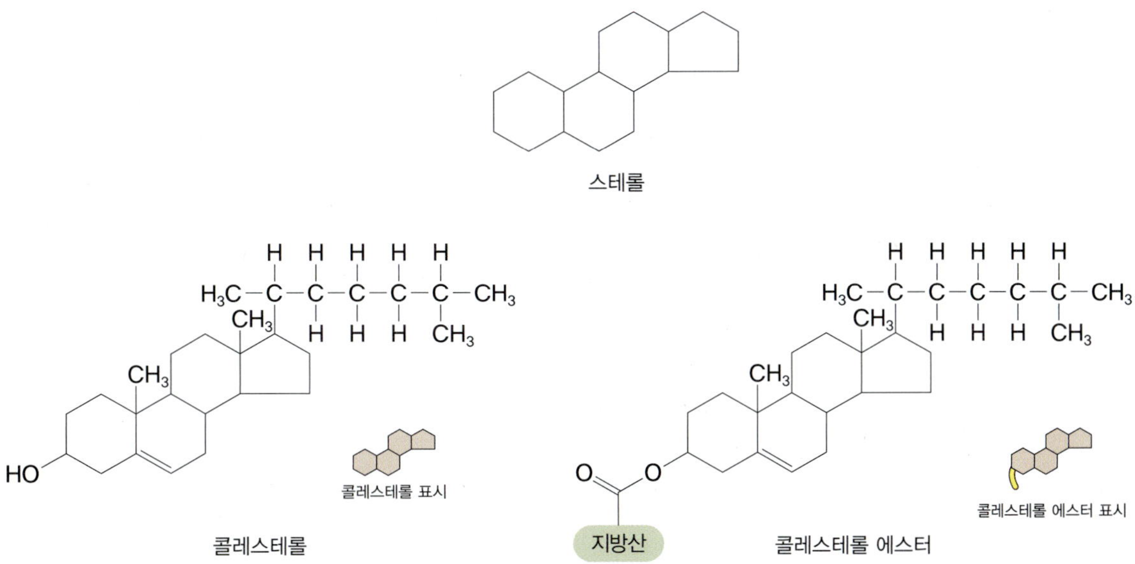

그림 3-6 스테롤과 콜레스테롤의 구조

콜레스테롤은 동물성 식품에 존재하며 체내 모든 조직, 특히 간에서 아세틸 CoA로부터 합성된다. 그러므로 간은 체내 콜레스테롤 합성과 저장의 주요 장기이다. 콜레스테롤은 담즙산 및 스테로이드 호르몬 합성에 사용되며, 세포막의 구성 성분으로 세포막의 유동성을 유지시키는 데 도움을 준다. 스테로이드 호르몬에는 생식과 관련된 에스트로겐, 테스토스테론, 에너지 대사와 관련된 코르티솔(cortisol), 칼슘 항상성과 관련된 칼시트라이올(calcitriol), 전해질 균형에 작용하는 알도스테론(aldosterone) 등이 있다.

스테롤과 유사한 식물성 스테롤인 파이토스테롤은 식물에 함유되어 있다. 파이토스테롤은 콜레스테롤과 구조가 유사하여 소장에서 흡수 시 경쟁 관계에 있으므로 콜레스테롤 흡수를 방해한다. 식물성 스테롤은 수소화되어 스타놀로 변화될 수 있는데 식물성 스테롤과 스타놀을 섭취하면 혈중 콜레스테롤 농도를 낮출 수 있다는 보고가 있다.

2) 복합지질

(1) 인지질

인지질의 구조에서 글리세롤의 첫 번째와 두 번째 수산기에는 지방산이 결합되어 있고, 세 번째 수산기에는 지방산 대신 인산기와 염기가 결합되어 있다(그림 3-7). 인산기에 결합한 염기의 종류에 따라 콜린(choline), 에탄올아민(ethanolamine), 세린(serine), 이노시톨(inositol)과 같은 다양한 인지질이 존재한다. 세포막의 주요 구성 성분으로 가장 일

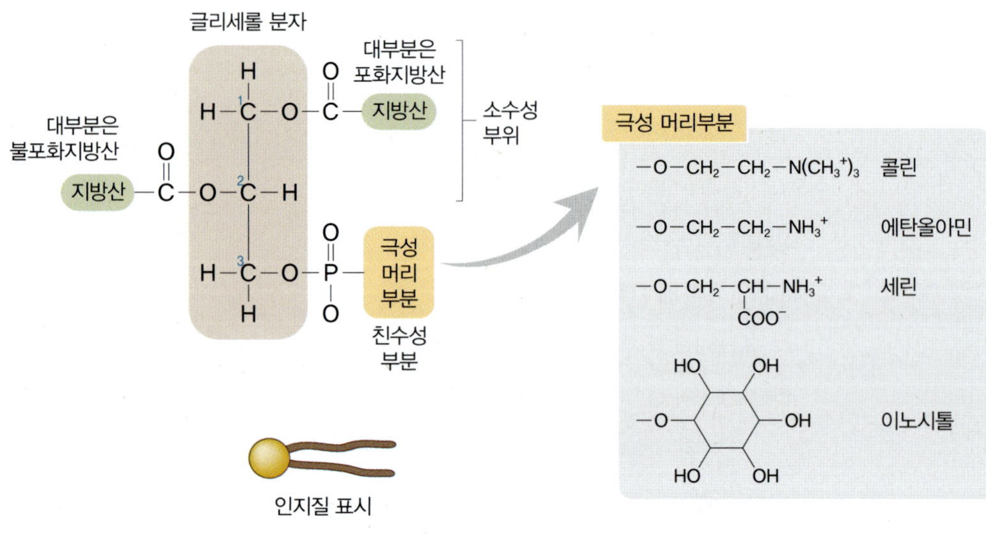

그림 3-7 인지질의 구조 및 종류

반적인 형태는 콜린 염기를 가진 인지질인 레시틴(lecithin, phosphatidylcholine)이다. 레시틴은 신경, 심장, 간, 골수 등 신체 세포의 중요한 성분이고, 달걀노른자에 다량 함유되어 있으며 유화제로도 사용된다.

인지질의 머리 부분에 있는 인산기는 친수성이고, 꼬리 부분에 있는 지방산은 물을 싫어하는 소수성이다. 따라서 인지질은 양성 물질로 인지질의 친수성 부분이 외부로 향하면서 물과 상호 작용을 하고, 인지질의 소수성 부분은 안쪽으로 모인다. 이러한 구조를 가진 인지질은 세포막의 주요 구성 성분이며 지질의 소화, 흡수, 운반에서 중요한 역할을 한다.

세포막은 인지질의 이중층(bilayer)으로 구성되어 있으므로 인지질은 세포막의 주요한 구조적 성분이다. 인지질의 친수성 부분은 세포의 외강(extracellular space)과 세포 내강(intracellular space)을 향하고 있다(그림 3-8). 세포가 기능을 하기 위해 세포 내강과 외강 사이에 장벽이 있어야 하므로 인지질은 세포막의 구조에서 중요한 역할을 할 뿐만 아니라 세포 대사에 필요한 지방산을 공급하여 생리활성 물질을 합성하는 데 사용된다.

세포막에 있는 인지질이 함유하고 있는 지방산의 종류에 따라 세포막의 유동성이 달라질 수 있다. 글리세롤 대신 스핑고신(아미노알코올)이 지방산, 인산, 염기와 결합하면 스핑고지질이라고 한다. 대표적인 스핑고지질은 스핑고미엘린으로 신경세포의 축삭을 둘러싸 절연시키는 작용을 한다.

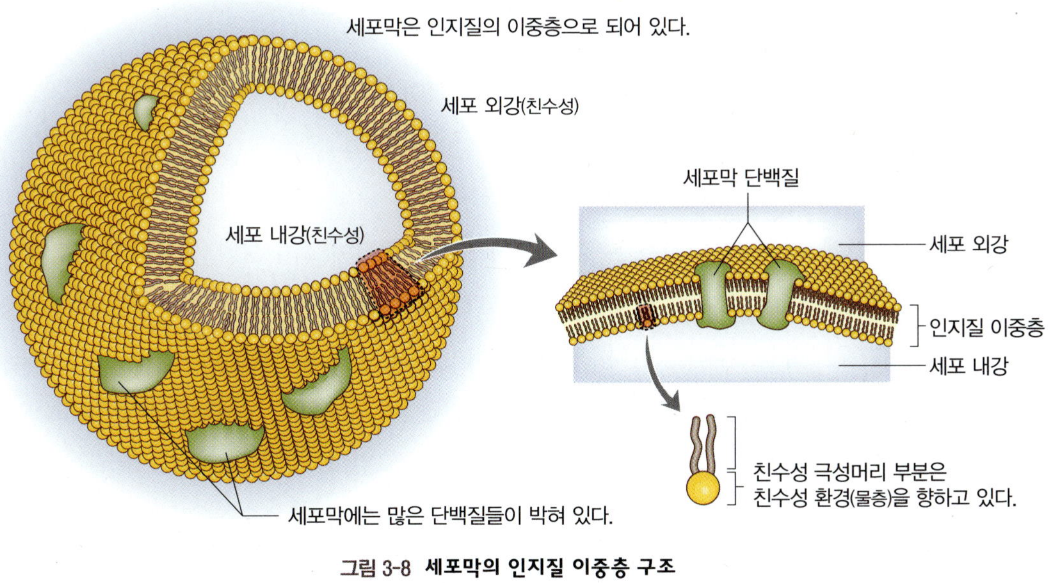

그림 3-8 세포막의 인지질 이중층 구조

(2) 당지질

스핑고신과 지방산이 당과 결합한 것을 세레브로사이드라고 하는데 결합한 당이 포도당이면 글루코세레브로사이드, 갈락토오즈이면 갈락토세레브로사이드라고 한다(그림 3-9). 여러 개의 복합당이 결합하면 강글리오사이드라 하며 신경자극전달에서 중요한 역할을 한다.

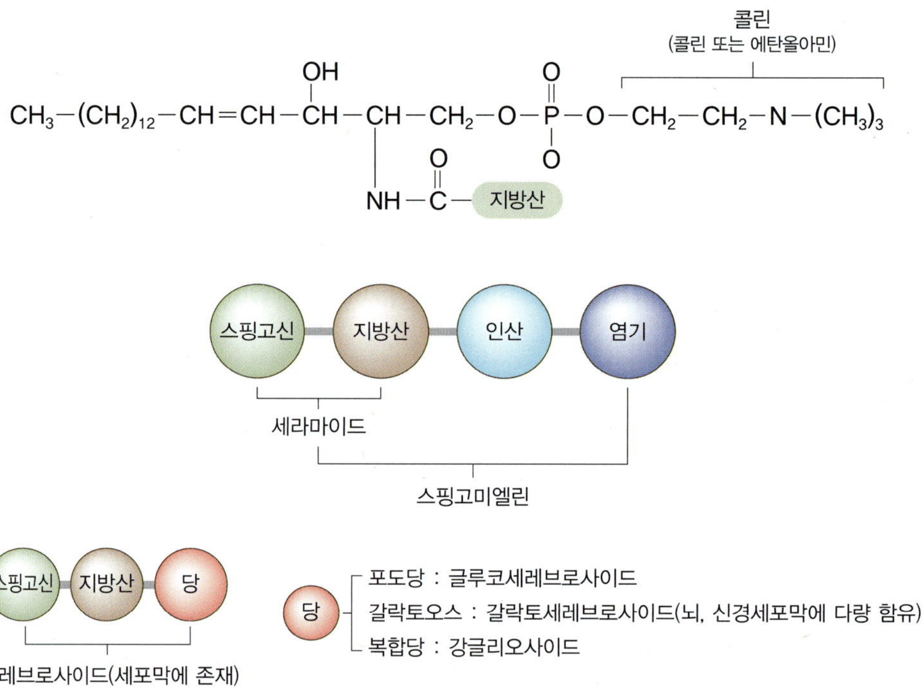

그림 3-9 스핑고미엘린 및 당지질의 구조

(3) 지단백질

지단백질(lipoprotein)은 극성인 인지질과 단백질이 소수성인 중성지방, 콜레스테롤 에스터를 둘러싼 형태로 구성되어 있다, 지단백질은 혈액 등 체내의 수용성 환경에서 지질을 운반하는 기능을 한다. 혈액 중에는 여러 종류의 지단백질이 있는데, 밀도에 따라 카일로마이크론(chylomicron), 초저밀도 지단백질(very low density lipoprotein, VLDL), 저밀도 지단백질(low density lipoprotein, LDL), 고밀도 지단백질(high density lipoprotein, HDL)의 4종류로 나눈다(그림 3-10). 중성지방 함량이 많을수록 지단백질의 밀도는 낮고 아포단백질의 함량이 클수록 밀도는 높으며, 크기는 카일로마이크론 > VLDL > LDL >

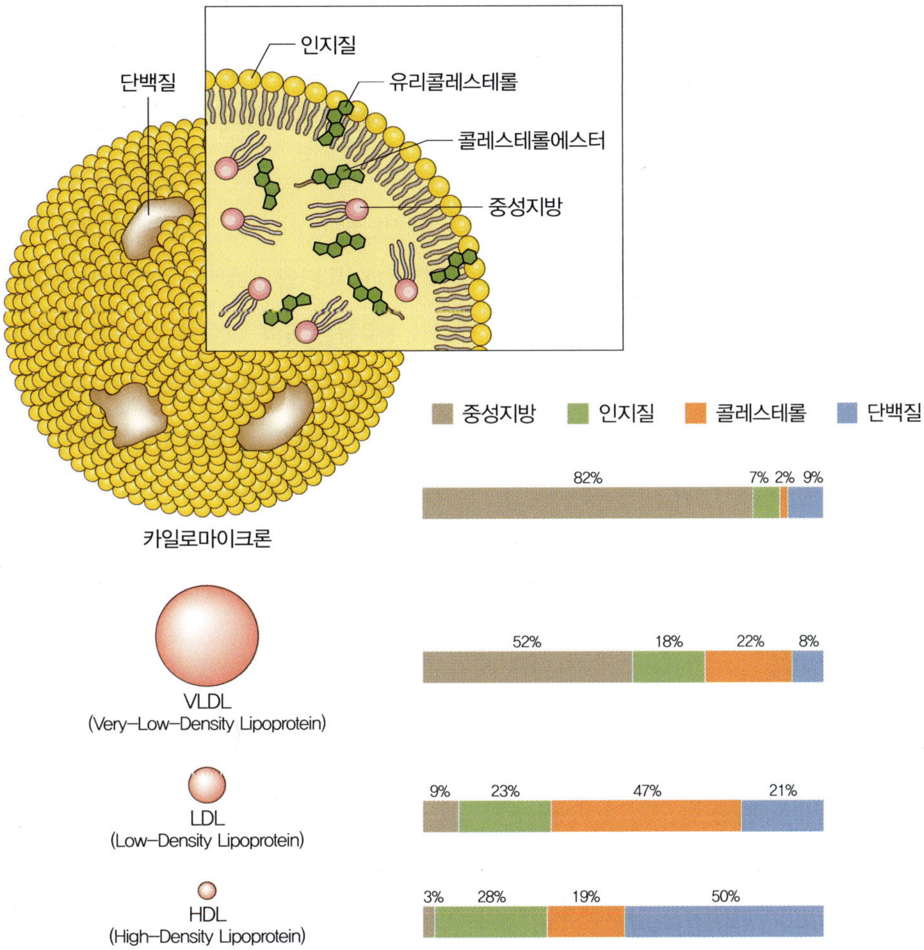

그림 3-10 **지단백질의 종류 및 구조**

표 3-3 지단백질의 특징

성질	카일로마이크론	VLDL	LDL	HDL
지름(nm)	100~1,000	30~90	20~25	7.5~20
밀도(g/mL)	<0.95	0.95~1.006	1.019~1.063	1.063~1.210
분자량(daltons)×10^6	1,000~10,000	5	2	0.2~0.4
아포단백질	AI, CII, B48	C, E, B100	B100	AI, AII, C, E
생성 장소	소장	간	혈액 내에서 전환	간
특징	식이 중성지방을 운반하는 지단백질로 중성지방이 풍부함. 공복 상태에서는 존재하지 않으며 생성 후 분해되는 속도가 빠름	간에서 합성되는 중성지방을 조직으로 운반하는 지단백질로 밀도가 2번째로 낮음	콜레스테롤 에스터가 가장 많은 지단백질로 LCAT(레시틴콜레스테롤 아실전이효소)의 작용으로 HDL로부터 콜레스테롤 에스터를 받아서 조직으로 운반함	조직에서 간으로 콜레스테롤을 운반하는 항동맥경화성 지단백질로 아포 B가 없음

HDL의 순이다(표 3-3). 지단백질은 한 가지 이상의 아포단백질을 함유하고 있는데 카일로마이크론은 apo A, B-48, C 및 E, VLDL은 apo B-100, C 및 E, LDL은 apo B-100, HDL은 apo A와 C를 함유한다. 아포단백질은 지단백질 안정화에 기여하고, 지단백질의 종류에 따라 다양한 역할을 한다.

Apo E는 LDL 수용체와 특이적으로 반응하여 지단백질 대사와 이동에 중요한 역할을 한다. 특히 apo E 유전자의 다양성이 관상동맥 질환이나 알츠하이머 질환과 관련이 있다는 연구가 많이 보고되었는데 apo E는 E2, E3, E4 등 3개의 대립 유전자를 가지고 있으며, E2/E2, E2/E3, E2/E4, E3/E3, E3/E4, E4/E4 등 6개의 유전자형을 가지고 있다. E3에 비해 E2는 콜레스테롤과 LDL-콜레스테롤의 혈청 수치를 낮추고 E4는 혈청 수치를 높이는 것으로 알려져 있다.

2. 지질의 소화, 흡수 및 대사

1) 지질의 소화

(1) 중성지방의 소화

① 구강과 위에서의 소화

중성지방의 소화는 설하선(혀밑샘)에서 분비되는 지방 분해효소인 구강 리페이즈(lipase)를 이용하여 시작된다(그림 3-11). 리페이즈가 중성지방에 에스터결합된 지방산을 가수분해하여 유리지방산 하나와 다이글리세라이드를 생성하지만, 음식물이 입안에 머무는 시간이 짧아서 입안에서는 소량만 소화되고 유리지방산은 위벽으로 흡수된다. 음식이 위에 도착하면 위에서 가스트린(gastrin)이라는 호르몬이 분비되고, 이 호르몬은 산성 pH에서 안정적인 위 리페이즈의 분비를 촉진한다. 위 리페이즈는 중성지방을 다이글리세라이드와 유리지방산으로 분해한다. 구강과 위의 리페이즈는 주로 글리세롤 3번 위치에 에스터결합한 짧은사슬지방산이나 중간사슬지방산을 가수분해하여 유리지방산과 다이글리세라이드를 생성한다. 따라서 중성지방, 다이글리세라이드, 유리지방산은 서로 뭉쳐서 큰 덩어리로 소장으로 들어간다. 그러나 모유나 우유에 포함되어 있는 유지방은 짧은사슬지방산이나 중간사슬지방산을 다량 함유하고 있으므로 유즙에 의존하는 영아기에는 구강과 위 리페이즈의 작용이 중요하다. 영아기에는 췌장 리페이즈의 활성이 낮아 지질의 소화는 구강과 위 리페이즈에 의존한다.

② 소장에서의 소화

위에서 지질이 함유된 음식물이 십이지장으로 내려오면 소장 상부의 상피세포에서 세크레틴(secretin), 엔테로가스트론(enterogastrone), 가스트린억제폴리펩타이드(gastric inhibitory polypeptide, GIP), 콜레시스토키닌(cholecystokinin, CCK)이라는 호르몬을 분비한다(표 3-4). 세크레틴은 췌장에서 중탄산염의 분비를 촉진하여 산성의 음식물을 중화시킨다. 엔테로가스트론과 GIP는 위액 분비를 감소시키고 위 운동을 억제해서 위장의 내용물이 소장으로 내려오는 속도를 늦춘다. CCK는 담낭을 수축시켜 담즙을 십이지장으로 분비시키고, 췌장을 자극해서 지방 분해효소의 분비도 촉진한다.

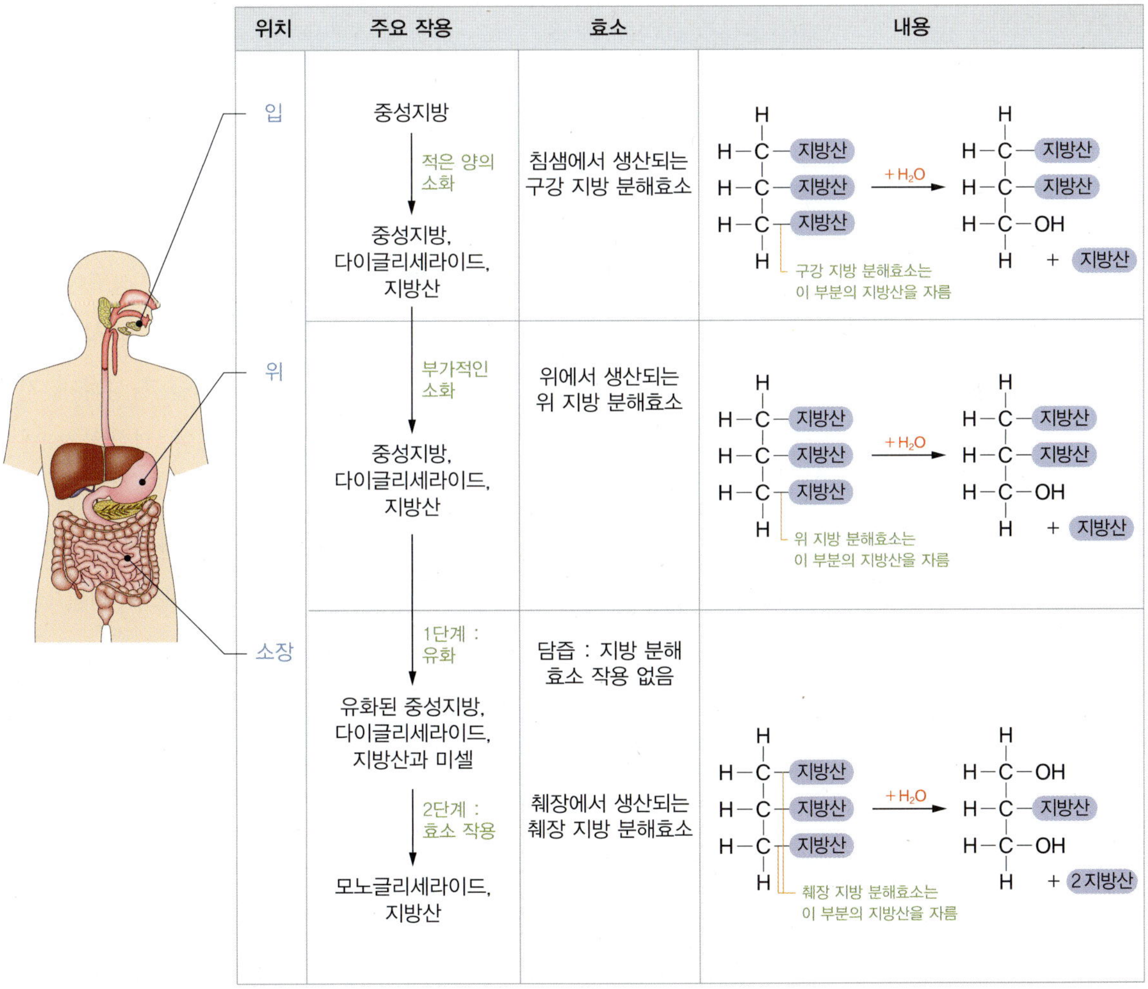

그림 3-11 중성지방의 소화 과정

표 3-4 지질 소화에 영향을 주는 호르몬

호르몬	분비 기관	분비 촉진 원인	기능
가스트린	위의 유문부	위의 유문부에 음식물 접촉	• 지질 분해효소인 위 리페이즈의 분비 촉진 • 위산 분비와 펩시노젠 생성 자극
세크레틴	소장	위에서 내려온 산성의 유미즙이 십이지장 벽에 접촉	• 가스트린 역할을 방해하여 위액 분비와 위 운동 억제 • 췌장에서 중탄산염 분비를 자극하여 산성인 위 내용물을 십이지장에서 중화
엔테로가스트론	소장	위에서 내려온 지질이 십이지장 벽에 접촉	• 위액 분비, 위 운동 억제 • 위 내용물의 십이지장 유입 지연
콜레시스토키닌 (CCK)	소장	위에서 내려온 지질이 십이지장 벽에 접촉	• 위액 분비, 위 운동 억제 • 담낭 수축하여 담즙 분비 촉진 • 췌장의 소화효소 분비 촉진
가스트린억제폴리펩타이드(GIP)	소장	위에서 내려온 지질이 십이지장 벽에 접촉	• 위액 분비, 위 운동 억제 • 위 내용물의 십이지장 유입 지연 • 인슐린 분비 촉진

담즙은 간에서 합성되어 담낭에 농축되어 저장된다. 담즙에는 주로 수분이 많고 유화 작용을 하는 주성분인 담즙산염과 유리지방산, 콜레스테롤, 레시틴, 뮤신, 색소 등이 함유되어 있다. 하루에 분비되는 담즙은 지질 섭취량에 따라 100~400 mL 정도이다. 황갈색을 띠고 쓴맛을 내며 pH는 7.8~8.6 정도의 약알칼리성이다. 담즙은 양성 물질로 소장으로 내려온 지방 덩어리와 결합하여 작은 덩어리인 미셀(micelle)을 형성하며 지방의 유화를 일으킨다. 미셀은 지방의 표면적을 넓혀서 지질 분해효소와 결합하기 쉽게 한다.

췌장에서는 췌장 리페이즈, 포스포리페이즈(phospholipase), 콜레스테롤 에스터레이즈(cholesterol esterase)를 분비한다. 담즙과 췌장액의 중탄산염이 장 내용물의 pH를 6.5로 높여 췌장 리페이즈를 활성화한다. 췌장에서는 불활성 형태의 지질 분해효소(colipase)를 분비하는데 소장에서 췌장 트립신에 의해 활성화된 리페이즈로 된다. 췌장 리페이즈는 중성지방의 1번과 3번 에스터결합을 가수분해하여 모노글리세라이드와 지방산을 생성한다. 췌장 리페이즈는 글리세롤에 에스터결합한 긴사슬지방산을 포함하는 모든 지방산을 가수분해할 수 있다. 소장에서 흡수되는 중성지방의 70%는 모노글리세라이드이고 20%는 유리지방산과 글리세롤로 완전히 분해되어 흡수된다. 따라서 중성지방은 글리세롤, 모노글리세롤, 다이글리세롤, 유리지방산으로 분해되어 흡수된다.

(2) 콜레스테롤과 인지질의 소화

인지질, 콜레스테롤, 콜레스테롤 에스터도 소장에서 담즙에 의해 유화된다. 인지질은 췌장에서 분비된 포스포리페이즈에 의해 글리세롤의 2번 위치에 있는 지방산이 분해되어 라이소인지질과 유리지방산이 된다. 포스포리페이즈도 췌장 호르몬인 세크레틴에 반응하여 분비가 촉진된다. 유리콜레스테롤은 별도의 소화 과정이 필요 없고, 콜레스테롤 에스터는 콜레스테롤 에스터 가수분해효소에 의해 콜레스테롤과 지방산으로 분해된 후 흡수된다. 체내 콜레스테롤의 2/3는 합성된 것이며 나머지는 식사를 통해 섭취하는데 혈중 콜레스테롤에 미치는 영향은 체내 합성량이 더 크다.[4]

2) 지질의 흡수

지질이 가수분해되어 생성된 글리세롤, 지방산, 모노글리세라이드, 라이소인지질, 콜레스테롤 등은 담즙과 함께 복합 미셀 형태로 소장의 융모로 이동하고, 그 후 세포 안팎의 농도 차에 의한 단순확산을 통해 세포 내로 흡수된다. 확산 과정에서는 단백질 비의존형 모델과 단백질 의존형 모델이 있는데 지방산 운반 단백질(fatty acid transport protein, FATP)이 관여한다.

수용성인 글리세롤은 대부분 융모 안의 모세혈관으로 들어가 문맥을 지나 간으로 이동한다. 지방산의 흡수 경로는 지방산의 사슬길이에 따라 다르다. 탄소 수 12개 이하의 짧은사슬지방산 또는 중간사슬지방산은 수용성을 가지기 때문에 소장에서 단순확산에 의해 흡수되어 혈액으로 이동한다. 섭취한 지질의 95% 이상이 소화 흡수되므로 매우 효율적이다. 짧은사슬지방산이나 중간사슬지방산은 카일로마이크론을 형성하지 않으며 혈액에서 알부민 단백질과 결합하고, 지방산-알부민 복합체는 소장에서 간으로 가는 혈액으로 이동하며 간에서 지방산은 대사되거나 체내 다른 세포로 이동하기 위한 형태로 전환된다. 탄소 수 12개 이상의 긴사슬지방산은 모노글리세라이드나 라이소인지질과 함께 소장 점막세포 내에서 다시 결합하여 중성지방이나 인지질로 재합성된다. 이 과정에서 지방산은 아실 CoA 합성효소(synthetase)에 의해 지방산 아실 CoA로 전환되는 과정 후에 글리세롤과 결합하여 중성지방이나 인지질이 된다.

콜레스테롤이 흡수되는 과정에서, 콜레스테롤은 소장 세포벽에 있는 효소인 콜레스테롤 아실전이효소(cholesterol acyltransferase 1 & 2, ACAT1 & ACAT2)에 의해 지방산과 결합하여 콜레스테롤 에스터가 된다. 흡수된 콜레스테롤의 70~80%가 콜레스테롤 에스터로 전환된다. 재합성된 중성지방과 인지질은 콜레스테롤이나 콜레스테롤 에스터와 결합하여 카일로마이크론을 형성하여 림프계를 거쳐 순환계로 들어간다. 림프는 목 부근에 있는 가슴관(thoracic duct)을 경유하여 흡수된 중성지방을 원하는 세포에 전달한다. 지질의 흡수 후 남은 담즙은 소장에서 재흡수되어 문맥을 거쳐 간으로 돌아가는 장간순환을 하며, 이 과정을 통해 담즙산의 98%는 재활용되고 1~2%만이 변으로 배설된다.

식품에 함유된 지용성 물질인 지용성 비타민, 카로티노이드, 식물성 생리활성영양소(phytochemical)도 소장에서 지질과 함께 흡수된다. 따라서 지질과 함께 지용성 비타민 등은 카일로마이크론에 포함되어 순환계로 전달되므로 지질 섭취량이 적거나 흡수불량증과 같은 장애가 있으면 지용성 비타민의 흡수량도 저하된다.

3) 지질의 운반

(1) 카일로마이크론

체내의 수용성 환경에서 지질을 운반하기 위해서 카일로마이크론, VLDL, LDL, HDL과 같은 지단백질은 중성지방, 인지질, 콜레스테롤 에스터, 유리콜레스테롤, 아포단백질을 포함하고 있는 구형의 구조로 되어 있다(그림 3-10 참조). 지단백질의 친수성 성분인 인지질 및 아포단백질, 콜레스테롤은 외부에 위치하고, 소수성 성분인 중성지방과 콜레스테롤 에스터는 내부에 위치한다. 카일로마이크론에는 아포단백질인 B-48, apo A, apo C가 표면에 위치한다. 지질은 단백질보다 밀도가 낮기 때문에 지단백질의 밀도는 지질과 단백질의 상대적인 비율에 영향을 받는다.

흡수된 지질을 운반하는 카일로마이크론은 혈류를 따라 근육과 지방조직 세포로 이동한다(그림 3-12). 카일로마이크론 표면의 apo C가 지방세포와 근육세포의 모세혈관을 둘러싸는 내막세포에 부착된 지단백질 분해효소(lipoprotein lipase)를 활성화해 카일로마이크론 내의 중성지방을 분해하고 유리지방산을 방출시켜 세포 내에 지방산을 공급한다. 분해된 지방산은 간 외의 조직세포, 주로 근육세포나 지방세포 등으로 들어가 산화되어 에너지원으로 이용되며 남은 것은 다시 에스터형인 중성지방으로 전환되어 지방조직에 저장된다(그림 3-12 ①). 카일로마이크론에서 분리된 지방산의 80%가 근육세포와 지방세포로 이동한다. 지방산을 잃은 카일로마이크론은 밀도가 높아져 카일로마이크론 잔여물로 변한다. 카일로마이크론 잔여물은 간세포 표면에 있는 수용체를 매개로 세포

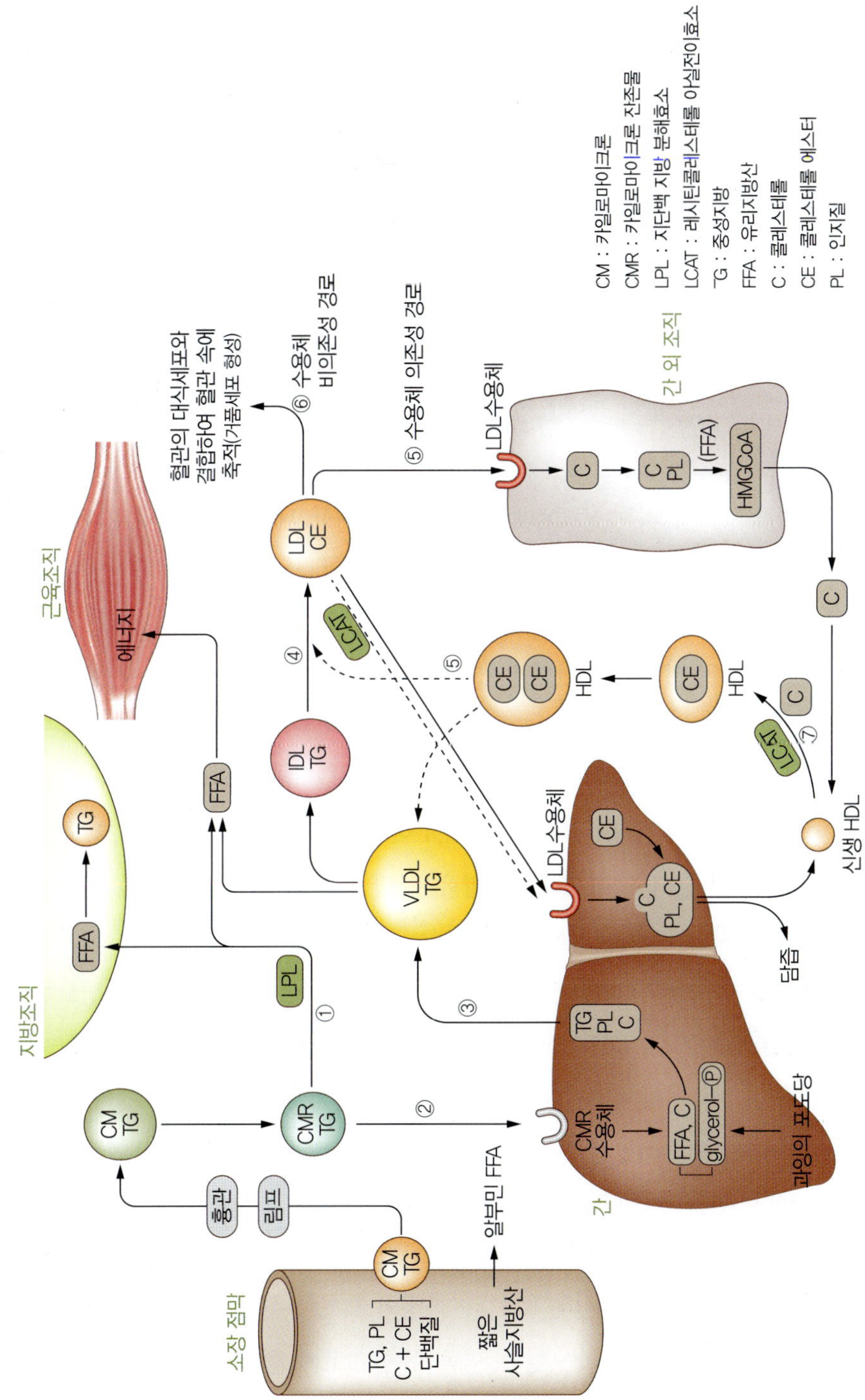

그림 3-12 **지단백질의 대사**

내로 함입된 후 지방산과 콜레스테롤 등으로 분해된다(그림 3-12 ②). 간세포 내에서 다시 지방산과 과잉의 탄수화물을 이용하여 중성지방을 합성한다.

(2) 초저밀도 지단백질

간은 체내에 필요한 지질을 생성하고 대사시키는 등 지질 대사에서 중요한 역할을 한다. 간에서 생성된 중성지방은 콜레스테롤과 인지질 및 여러 종류의 아포단백질과 함께 초저밀도 지단백질(VLDL)을 합성하여 혈액으로 방출된 후 지단백질 분해효소에 의해 분해된다(그림 3-12 ③).

(3) 저밀도 지단백질

지단백질 분해효소에 의해 VLDL에서 지방산이 세포 내로 이동하면 VLDL은 밀도가 더 높은 중저밀도 지단백질(intermediate density lipoprotein, IDL)이 된다.[5] 일부 IDL은 간으로 흡수되지만 나머지는 혈관을 순환하면서 지단백질 분해효소에 의해 지방산을 더 잃어 밀도가 더 높은 저밀도 지단백질(LDL)로 변한다. VLDL의 중심부에서 점차 중성지방이 지방산을 잃게 되고, HDL과 LCAT(레시틴콜레스테롤 아실전이효소)의 도움으로 유리콜레스테롤이 지방산과 결합하여 콜레스테롤 에스터로 전환되어 LDL로 전환된다(그림 3-12 ④). 따라서 LDL은 간에서 생성된 VLDL로부터 중성지방이 제거되고 남은 지단백질로, 콜레스테롤 함량이 많다. LDL에 함유된 콜레스테롤은 근육세포, 지방세포, 간세포의 세포막에 위치한 LDL 수용체(B-100 또는 apo E 수용체)와 결합하며, LDL은 간세포 안으로 운반되어 흡수된다(그림 3-12 ⑤). 이러한 과정을 통하여 세포에서 필요한 콜레스테롤이 공급된다. 혈액 내 LDL 농도가 너무 높거나 산화된 LDL이 있을 경우에는 LDL 수용체 비의존성 경로에서 처리된다. 즉, 망상체 조직의 대식세포가 받아들여 세포 내로 들어온 콜레스테롤 에스터는 과잉으로 축적되어 거품세포를 형성하고 이는 동맥경화증 플라크(plaque)의 성분이 된다(그림 3-12 ⑥).

LDL은 면역세포로도 흡수되어 에이코사노이드 면역인자(immune factor)와 같은 중요한 물질을 합성하는 데 이용된다. 그러나 과잉의 LDL이 흡수되면 혈관 벽에 플라크를 형성하는 데 이용된다. 플라크는 혈관 벽을 좁힘으로써 혈액 이동을 방해하거나 막아 심뇌혈관 질환의 위험을 증가시킬 수 있어 LDL은 나쁜 콜레스테롤이라고도 불린다.

LDL에 영향을 주는 식이 요인으로는 포화지방산과 트랜스 지방산이 있다. 이러한 지방산의 섭취가 혈중 LDL 농도를 높인다고 알려져 있다. 그러나 콜레스테롤 섭취와 혈중 LDL 농도의 관련성은 유전적 요인과 식이 요인이 복합적으로 작용한다.[6] 식이 콜레스테롤의 흡수율이 낮고 LDL의 농도가 높은 사람들은 간에서 콜레스테롤 합성이 증가하기 때문인 경우가 많다. 반면에 오메가-3 지방산은 혈중 LDL 농도를 낮출 수 있다는 보고가 있다.

지방 섭취는 이상지질혈증의 예방 차원에서 제한되어 왔다. 그러나 지방 섭취 제한이 혈중 LDL-콜레스테롤 수치를 감소시켰다는 연구의 대부분은 체중 감량, 포화지방, 트랜스 지방의 감소 등 복합적인 결과에 의한 것으로 총 지방 섭취량 감소만의 효과로 판단하기 어렵다. 더욱이 지방 섭취를 제한할 경우 상대적으로 탄수화물의 섭취가 증가하게 되는데, 이는 혈액 내 중성지방 수치를 상승시키는 것으로 확인되었다.[7] 지방 섭취를 조절한 30개의 인상 연구를 메타 분석한(n=1,213) 결과에서도 중등도의 지방 섭취(총 에너지의 32.5~50% 지방)와 저지방 섭취(총 에너지의 18.5~30% 지방)를 비교하면 혈중 총 콜레

표 3-5 임상 연구에서 식이 지방 함량과 혈중 지질 농도 비교

출처	실험군	대상자(명)	연령(세)	식이 조성	결과
Cao 등(2009)[1)]	중 정도 지방 식이	1,213	20~64	30.2~50% 지방 8.8% 포화지방산 23.6% 단일불포화지방산 7.1% 다가불포화지방산	총 콜레스테롤과 LDL-콜레스테롤은 차이 없고, 중 정도 지방 식이에서 HDL-콜레스테롤은 더 높고 중성지방은 더 낮음
	저지방 식이			18.3~30.2% 지방 8.2% 포화지방산 11.4% 단일불포화지방산 6.5% 다가불포화지방산	
Egert 등(2011)	고지방 식이	18	18~34	40% 지방 9.9% 포화지방산 19.8% 단일불포화지방산	중성지방, 총콜레스테롤, LDL-콜레스테롤, HDL-콜레스테롤의 차이 없음
	저지방 식이	19		29% 지방 7.2% 포화지방산 13.9% 단일불포화지방산	
Foraker 등(2014)	저지방식	41	40.9	20% 지방, 20% 단백질 60% 탄수화물	이완기·수축기 혈압, 총 콜레스테롤, LDL-콜레스테롤, HDL-콜레스테롤의 차이 없음
	저탄수화물식	38	41.9	30% 지방 30% 단백질 40% 탄수화물	

[1)] 30개 임상 연구의 메타 분석

스테롤과 LDL-콜레스테롤은 차이가 없고, 오히려 중등도의 지방 섭취가 혈중 중성지방을 감소시키고 HDL-콜레스테롤을 증가시켰다고 보고하고 있다(표 3-5).[8~10] 따라서 미국(ACC/AHA)과 유럽(ESC/EAS)의 심장 관련 학회에서는 지방의 섭취를 25~35%로, 유럽 식품안전위원회에서는 20~35%, WHO에서는 15~35%로 제안하고 있다.[1] 따라서 '한국인의 영양소 섭취기준'에서도 19세 이상 남녀의 총 지방 에너지 적정비율을 15~30%로 제안하고 있다.

(4) 고밀도 지단백질

정상적으로 조직에서 LDL로부터 얻는 콜레스테롤은 다시 혈액으로 배출되고 이 콜레스테롤은 고밀도 지단백질(HDL)에 부착된다. 간과 장에서 만들어진 신생 HDL은 콜레스테롤을 콜레스테롤 에스터로 전환한다. 그 후 HDL의 콜레스테롤 에스터는 콜레스테롤 에스터 전달 단백질의 작용으로 다시 VLDL-IDL로 이동되고 다시 LDL로 전환되는 고리를 이루며, 최종적으로는 간으로 보내져 결국 담즙으로 배설된다. 이렇게 콜레스테롤을 말초에서부터 간으로 전송하는 기구를 콜레스테롤 역운반이라고 한다(그림 3-12 ⑦). 즉, 간과 간 이외의 말초세포에서 여러 용도로 콜레스테롤을 이용하고 남은 여분의 콜레스테롤을 회수하기 위해서 간에서 HDL을 합성한다. HDL은 단백질의 비율이 가장 높아서 밀도가 가장 높은 지단백질이다.

HDL의 주요 기능은 간 이외의 세포에서 간으로 콜레스테롤을 운반하는 과정으로 이것을 콜레스테롤 역운반이라고 한다. HDL은 LDL이나 HDL 수용체와 결합하여 말초조직에 쌓인 콜레스테롤을 간으로 운반한다. HDL의 apo A는 레시틴콜레스테롤 아실전이효소(lecithin cholesterol acyltransferase, LCAT)의 활성도 촉진한다. LCAT는 유리콜레스테롤을 받아들여 콜레스테롤 에스터를 형성하여 간 외 세포로부터 콜레스테롤을 회수하고, 콜레스테롤 에스터는 콜레스테롤 에스터 운반 단백질(cholesteryl ester transfer protein, CETP)에 의해 간으로 운반된다.

HDL 콜레스테롤은 과잉의 콜레스테롤을 처리하는 청소부 역할을 하므로 심혈관 질환을 예방하는 좋은 콜레스테롤이라고도 불린다. 그러나 손상된 HDL을 가진 질병이 있는 사람들은 콜레스테롤 역운반이 손상되어 심혈관 질환의 발생 위험이 높아진다. 대표적인 예로 탄지에르병(Tangier disease)은 선천적으로 HDL 분자가 변형되고 제대로 기능하지 못하는 단백질이 포함되어 심혈관 질환의 발생 위험이 높다. 고탄수화물 식이가 혈중 HDL 농도를 낮출 수 있고, 반대로 단일불포화지방이 높은 식이나 적당량의 알코올 섭취가 HDL 농도를 높일 수 있다고 보고되었다.

(5) 고지방 섭취 후 간에서 지단백질 대사

식사 직후에 지질은 지질 합성이 증가하는 쪽으로 진행되어 여분의 포도당과 아미노산을 지질로 저장하는 경로가 촉진된다(그림 3-13). 그 결과 아세틸 CoA 카르복실화효소, 지방산 합성효소, NADPH를 공급하는 오탄당 인산경로의 효소 활성도가 증가된다. 세포 밖의 지질을 분해시키는 지단백질 분해효소 활성도 촉진되어 식사로 공급받은 지

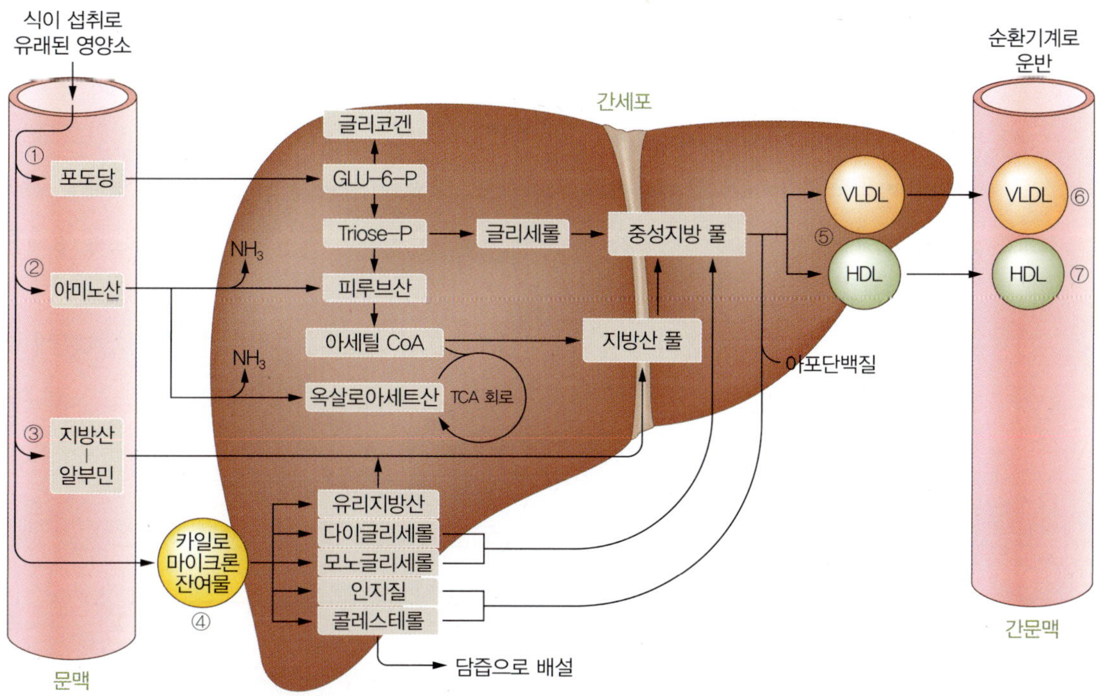

① 식이 섭취로 유래된 영양소는 문맥을 거쳐 간으로 운반된다. 포도당은 글리코겐으로 전화된다.
② 아미노산은 간의 아미노산 풀로 들어가고 나머지 아미노산은 피루브산이나 옥살로아세트산으로 대사된다.
③ 짧은사슬지방산은 알부민과 결합하여 지방산 풀로 들어가거나 중성지방으로 전환된다.
④ 카일로마이크론 잔여물은 아포 A와 E 결합부위와 결합하여 간세포로 들어가고, 중성지방이나 콜레스테롤 에스터를 재결성하기 위한 유리지방산, 모노글리세롤, 다이글리세롤, 콜레스테롤을 제공한다.
⑤ 중성지방, 콜레스테롤, 인지질은 아포지단백질과 결합하여 VLDL이나 HDL 형태로 순환계로 이동한다.
⑥ VLDL은 간 외 조직세포에 지질을 전달한다.
⑦ HDL은 콜레스테롤 역운반에 관여한다.

그림 3-13 고지방 섭취 후 간에서의 지질 대사

질은 카일로마이크론 잔여물의 형태로 간으로 들어온다. 간으로 들어온 포도당은 글리코겐으로 전환되어 간에 저장되거나 에너지로 사용되고 여분의 포도당은 글리세롤과 지방산으로 전환되어 일시적으로 중성지방 풀이나 지방산 풀에 저장된다. 그 후에 카일로마이크론 잔여물에서 온 지질도 중성지방 풀에 저장되었다가 VLDL이나 HDL을 합성할 때에 사용된다.

3. 지질 대사

1) 지질 분해

카일로마이크론이나 VLDL에 있던 중성지방은 지단백질 분해효소에 의해 글리세롤과 지방산으로 분해되어 각 조직의 세포 내로 운반된 후 대사된다. 글리세롤은 간 세포질에서 글리세롤 3-인산으로 전환되어 해당 과정 중간경로로 들어가 에너지원으로 이용되거나 포도당 합성의 전구물질로 사용된다. 공복 시에는 포도당의 저장 형태인 글리코겐이 분해되고 간의 중성지방은 에너지원으로 사용되며 지방조직은 지방산을 방출한다(그림 3-14).

공복 시에는 식후와 달리 글루카곤, 에피네프린, 노르에피네프린 등의 호르몬에 의해

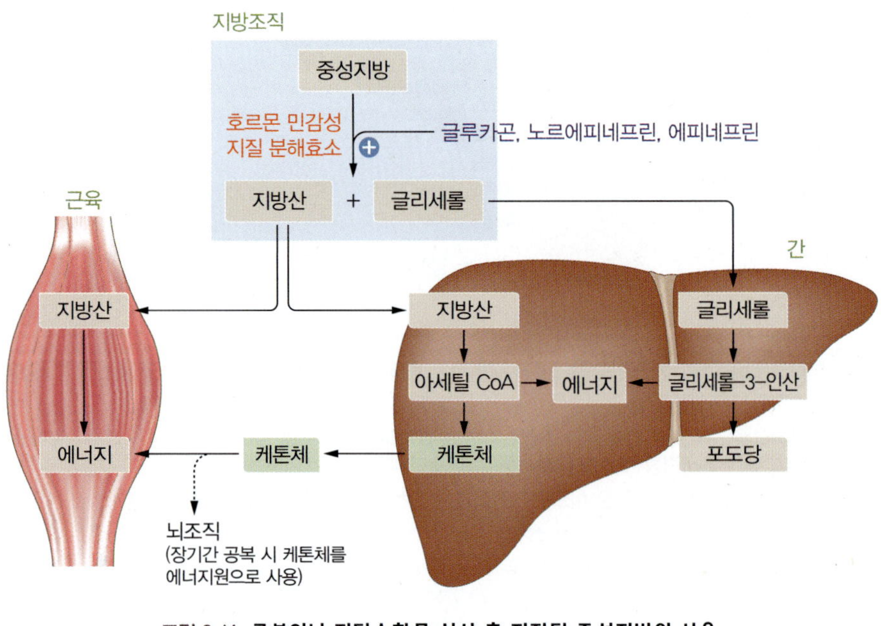

그림 3-14 공복이나 저탄수화물 식사 후 저장된 중성지방의 사용

호르몬 민감성 지질 분해효소의 활성이 증가되고 지단백질 분해효소 활성은 감소한다. 간과 달리 지방조직은 카일로마이크론 잔여물을 받아들이거나 지단백질을 합성하지는 않는다. 지방조직은 카일로마이크론으로부터 중성지방과 콜레스테롤을 받아들인다. 지방조직은 주요 중성지방의 보관 장소이다. 지방조직에서 방출된 지방산은 알부민의 도움으로 혈액 내에서 이동하며 근육이나 간 조직의 막을 통과해서 산화하여 에너지를 낸다. 공복이 지속되면 지방산은 간에서 케톤체를 형성하여 근육이나 대부분 조직에서 에너지를 내는 데 사용된다.

지방산은 에너지를 내기 위해 산화되어야 하므로 먼저 산소가 적은 세포질에서 산소가 많은 미토콘드리아로 이동해야 한다. 세포질에 있는 지방산은 CoA와 결합하여 아실 CoA가 된 후(그림 3-15), 카르니틴의 도움으로 미토콘드리아 내부로 이동한다(그림 3-16). 카르니틴이 부족하면 지방산 산화가 억제되고 지방의 산화 속도가 늦어질 수 있다.

미토콘드리아에서 지방산의 아실 CoA는 2개의 탄소로 구성된 아세틸 CoA가 되는

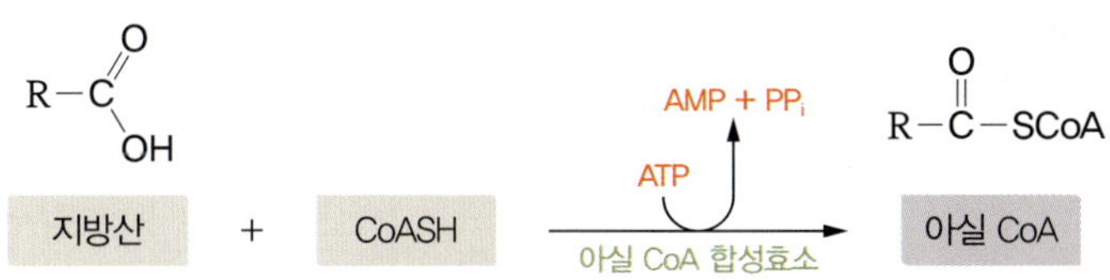

그림 3-15 아실 CoA 합성효소의 반응 과정

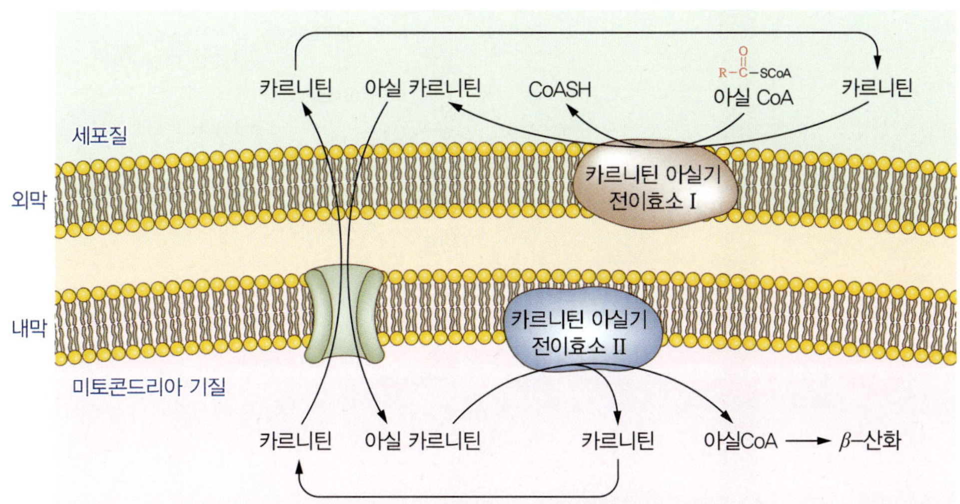

그림 3-16 카르니틴의 아실 CoA 운반 과정

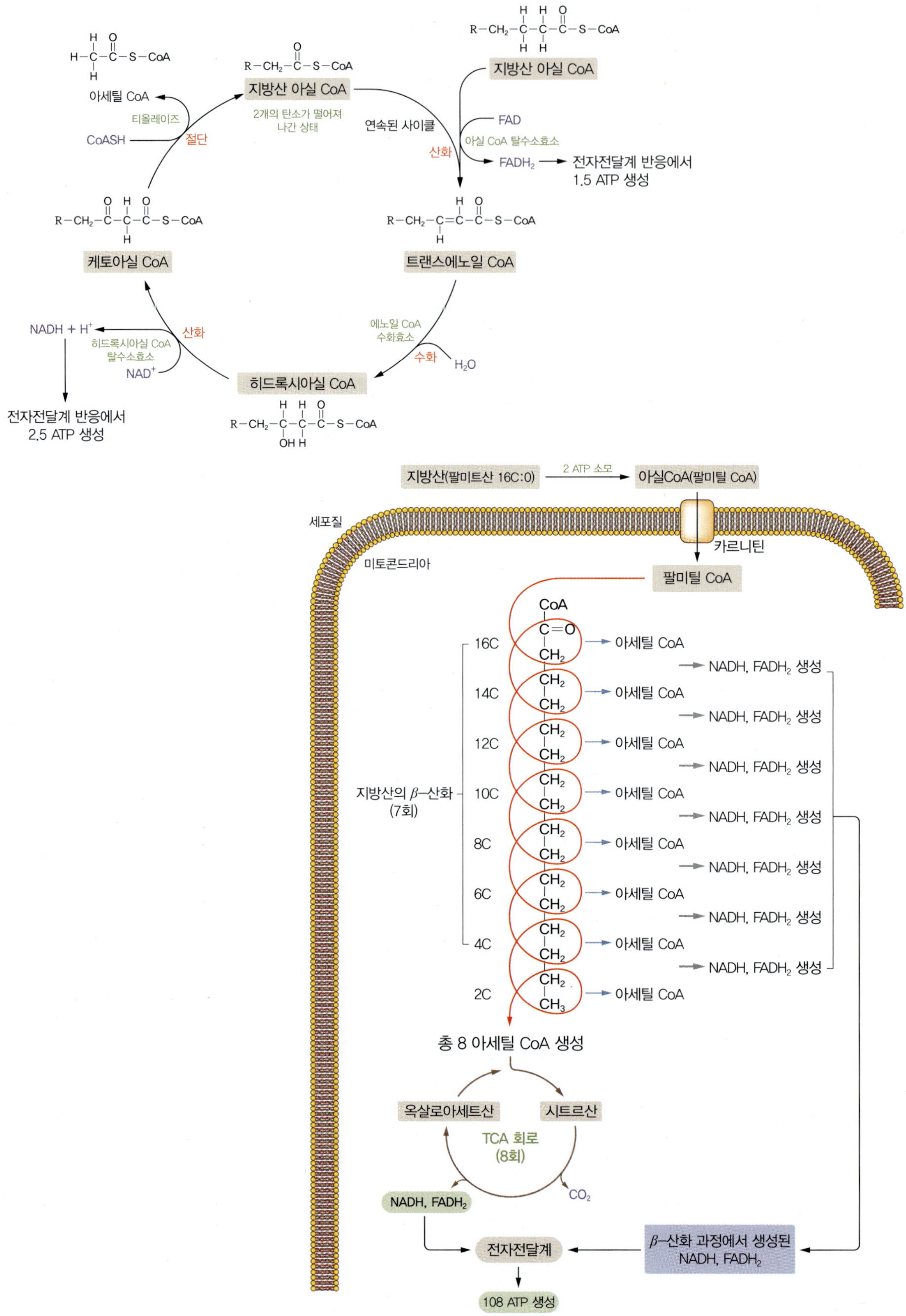

그림 3-17 **지방산의 베타 산화**

β-산화 과정을 거친다. β-산화 과정을 통해서 미토콘드리아 내에서 지방산은 β-위치에 있는 탄소, 즉 지방산 아실 CoA의 끝으로부터 2번째 탄소에서 탈수소 반응, 수화 반응, 티올 분해 반응 등에 의해 탄소 수 2개의 아세틸 CoA와 $FADH_2$와 NADH가 생성되며 이들은 전자전달계로 가서 5개의 ATP를 생산한다(그림 3-17). β-산화 과정이 되풀이되면서 지방산으로부터 여러 개의 아세틸 CoA가 생성된 후 TCA 회로로 들어가서 다량의 ATP를 생성한다. 지방산의 탄소 길이에 따라 β-산화의 횟수가 달라지므로 아세틸 CoA의 생성량이 달라지고, 따라서 생성되는 ATP의 양도 달라진다. 예를 들어 탄소 16개의 팔미트산이 산화되면 8개의 아세틸 CoA, 7개의 $FADH_2$와 7개의 NADH가 생성된다. 이중결합의 위치 때문에 불포화지방산의 산화는 β-산화 과정에 작용하는 효소가 작용하지 못하므로 이중결합의 앞쪽 탄소 2개에 이성질화 효소가 작용하여 이중결합을 이동해서 에노일 CoA를 형성한 후 β-산화 과정이 진행된다. 산화의 마지막 단계, 즉 아세틸 CoA가 이산화탄소와 물로 산화되는 과정에 포도당의 분해로 생기는 옥살로아세트산과의 결합이 필요하다. 그러므로 지방산의 완전 산화에는 지방산뿐만 아니라 동시에 포도당이 필요하다.

따라서 포도당이 부족하면 지방산이 완전하게 산화되지 못하고 중간 분해산물인 케톤체가 남게 되어 케톤증이 나타난다. 케톤체는 아세토아세트산, 아세톤, β-히드록시부티르산 등이 있으며 이들은 간에서 생성되는 정상적인 대사산물이다(그림 3-18). 두뇌,

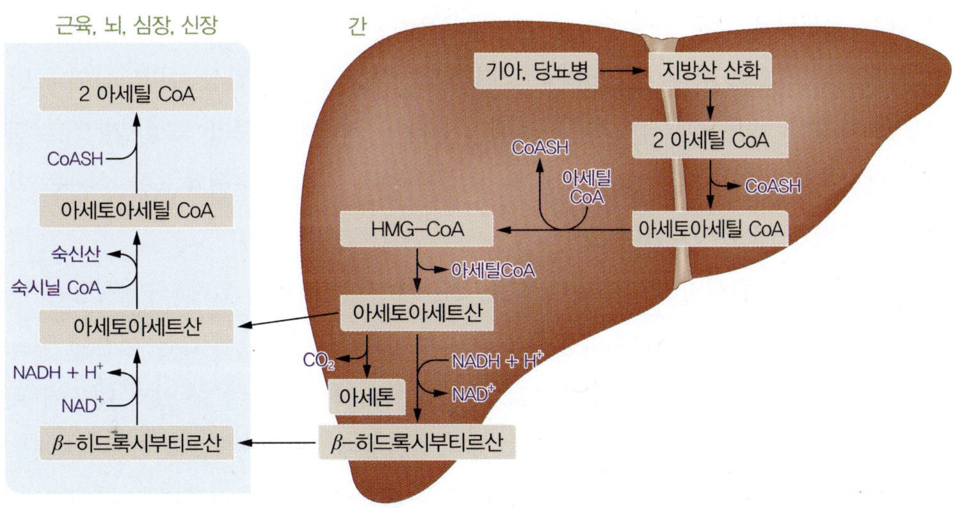

그림 3-18 **케톤체의 생성 및 이용**

심장, 골격근 등은 포도당 이외에 에너지원으로 케톤을 사용할 수 있다. 기근과 같이 포도당 부족이 심각한 경우 지방산으로부터 생성된 케톤은 주요 에너지원으로 사용되며, 포도당 신생합성(gluconeogenesis)을 통하여 포도당을 생산하여 체내 아미노산의 사용을 줄일 수 있다. 케톤증의 증상은 소변량 증가, 식욕 감퇴, 구토이며, 심하면 혼수상태가 될 수도 있다. 케톤증이 심해지면 산독증으로 발전되어 혈압이 떨어지고 순환기계에 영향을 주어 사망에 이를 수도 있다

지질은 1 g당 9 kcal를 내는 농축 에너지 급원으로, 체내에 저장될 때 당질보다 물을 더 적게 함유하여 에너지 저장량이 많다. 피하나 복강 등 지방조직에 저장된 체지방은 효율적인 에너지 저장고이다. 에너지 섭취 상태에 따라 다르지만 대체로 여성의 경우는 나이가 많아질수록 체지방 비율이 높아진다.

2) 지질의 저장

에너지원이나 다른 기능에 사용되지 않고 남은 지방산은 대부분 지방조직에서, 일부는 골격근에 중성지방의 형태로 저장된다. 지방조직은 지방세포로 구성되어 있고 많은 양의 지질을 저장할 수 있다. 지방조직은 피하지방조직과 복부의 주요 장기 부근의 내장지방조직으로 나뉜다.

췌장에서 분비되는 호르몬인 인슐린은 골격근이나 지방조직 세포로 포도당과 지방산의 이동을 촉진시키고, 포도당으로부터 지방산 합성도 촉진시킨다. 에너지원으로 사용하고 남은 포도당은 간과 지방조직에서 지방산으로 생합성되고, 일부는 글리세롤로 전환된 후 중성지방으로 다시 전환되어 저장된다. 즉, 포도당, 케톤원성 아미노산이나 알코올로부터 합성된 지방산과 식이지방으로부터 유래한 지방산 모두가 중성지방으로 전환되어 지방조직에 저장된다. 인슐린은 또한 호르몬 민감성 지질 분해효소의 작용을 억제하여 중성지방 분해를 억제한다.

과잉의 에너지를 중성지방으로 저장하는 것은 몇 가지 장점이 있다. 중성지방은 탄수화물이나 단백질처럼 물과 함께 저장되지 않기 때문에 저장을 위해 많은 공간이 필요하지 않다. 인체의 지방조직은 무제한적으로 과잉의 에너지를 저장할 수 있기 때문에 효율적으로 에너지를 저장할 수 있다. 또한 지질은 탄수화물이나 단백질에 비해 무게당 많은 양의 ATP를 생산할 수 있기 때문에 간이나 근육의 글리코겐이나 근육 단백질에 비해 6배 이상의 에너지를 저장할 수 있다. 식품의 지방 1 g은 9 kcal를 내지만 체지방 1 g

이 분해되면 분해 과정에서 ATP를 소모하므로 7.5 kcal의 에너지를 낸다. 그러나 지나친 지방조직의 증가는 비만을 유발한다. 비만은 세계적으로 주요한 건강 문제로 심혈관 질환, 제2형 당뇨병, 암과 같은 여러 가지 만성질환의 위험을 높인다.

3) 지방산의 합성

지방산 합성을 위해 사용되는 탄소 2개의 아세틸 CoA는 포도당의 산화, 지방산의 산화 및 아미노산 대사 등을 통하여 미토콘드리아에서 생성된다. 그러나 지방산의 합성은 산소가 필요 없어 세포질에서 일어나므로 아세틸 CoA는 아실카르니틴으로 되어 막을

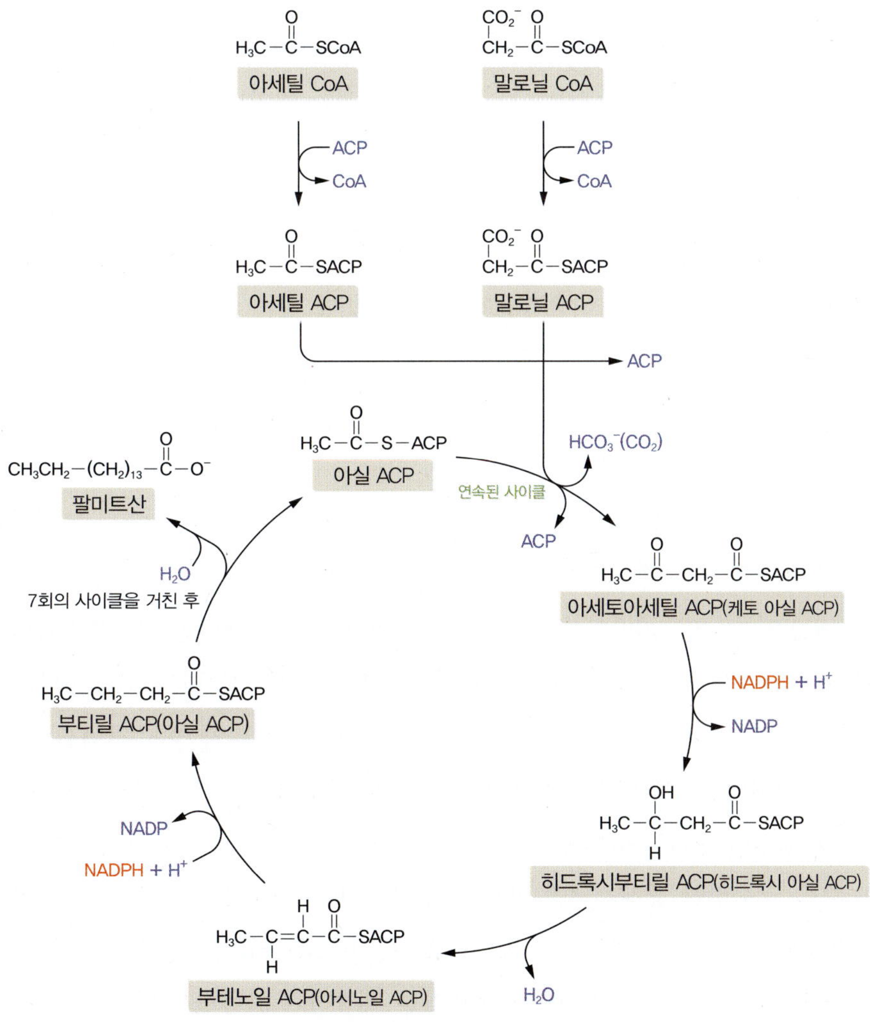

그림 3-19 지방산(C16:0, 팔미트산)의 생합성

통과하거나 옥살로아세트산과 결합하여 시트르산이 된다. 시트르산은 미토콘드리아 내막을 통과한 후 다시 아세틸 CoA로 전환된다.

지방산 합성 과정의 첫 번째 단계에서는 비오틴을 조효소로 하는 아세틸 CoA 카르복실화 효소에 의해 탄소 2개인 아세틸 CoA에 탄소 1개가 첨가되어 탄소가 3개인 말로닐 CoA를 생성한다. 이때 ATP 형태의 에너지가 필요하다. 다음 단계에서는 지방산 합성효소에 의해 아세틸 CoA와 말로닐 CoA가 아실기 운반 단백질(acyl carrier protein, ACP)과 결합하여 각각 아세틸 ACP와 말로닐 ACP가 된 후 이 두 물질이 결합하면서 이산화탄소 형태로 탄소 1개가 떨어져 나가 탄소 4개의 부티르산을 합성한다. 여기에 다시 말로닐 ACP로부터 탄소 3개가 증가하는 과정이 몇 차례 반복하여 탄소가 2개씩 증가하게 되어 긴사슬 포화지방산이 합성된다(그림 3-19). 이 과정에는 NADPH(오탄당 인산경로에서 합성됨)와 지방산 합성효소가 필요하다. 합성되는 대표적인 긴사슬 포화지방산은 팔미트산(16:0)이다.

체내에서 일부 불포화지방산은 불포화효소에 의해 포화지방산으로부터 합성될 수 있다. 불포화효소는 C9, C6, C5, C4 탄소 위치에서 이중결합을 만들며 C9 위치 이후에는 이중결합을 만들 수 없다. 즉, 이중결합이 9번과 12번에 있는 리놀레산은 12번 탄소에서 이중결합을 만드는 불포화효소가 존재하지 않으므로 체내에서 합성되지 않는다. 따라서 리놀레산(18:2)이나 α-리놀렌산(18:3) 등의 다가불포화지방산은 체내에서 합성되지 않는 필수지방산으로 반드시 음식으로 섭취해야 한다.

4) 콜레스테롤 합성

콜레스테롤은 포도당, 지방산, 아미노산으로부터 생성된 아세틸 CoA로부터 합성된다. 대부분 간에서 합성되나 모든 세포에서 소량씩 생성되어 총 생산량은 하루에 대략 1 g에 달하며 이 양은 식이로 섭취한 콜레스테롤보다 훨씬 많은 양이다. 간에서 합성되는 콜레스테롤은 체내 합성량의 20%에 달한다. 콜레스테롤의 섭취를 제한하더라도 간에서 콜레스테롤 합성이 증가되어 혈중 콜레스테롤 수준에는 큰 영향이 없으며, 혈중 콜레스테롤 수준을 낮추려면 콜레스테롤 체내 합성을 억제하는 것이 중요하다. 이렇게 많은 양의 콜레스테롤이 합성되는 것은 그만큼 생물학적으로 중요하기 때문이다. 예를 들면 눈의 렌즈에서 합성되는 콜레스테롤은 백내장을 예방하는 작용을 한다.

콜레스테롤은 포도당, 지방산, 아미노산으로부터 생성된 아세틸 CoA로부터 NADPH

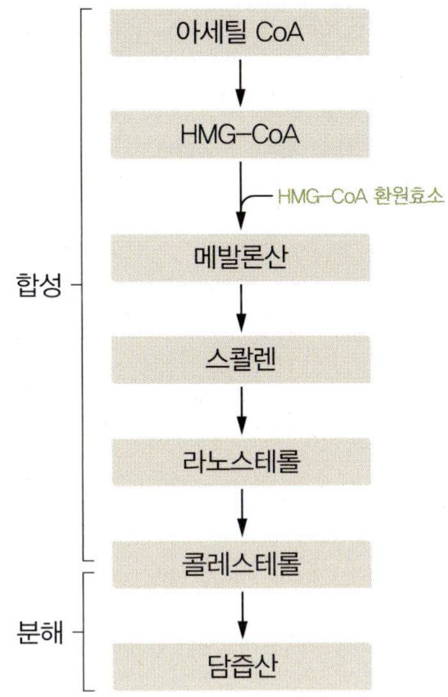

그림 3-20 콜레스테롤의 합성 및 분해 과정

를 사용하여 세포질에서 합성된다(그림 3-20). 콜레스테롤 합성 과정에는 26개의 단계가 있다. 이 단계 중 3개의 아세틸 CoA로부터 합성된 HMG-CoA이 메발론산으로 전환되며 스쿠알렌을 거쳐서 콜레스테롤이 합성된다. HMG-CoA 환원효소는 콜레스테롤의 합성 속도를 조절하는 제한효소(rate limiting enzyme)이다.

과식, 포화지방산이 많은 동물성 지질의 과다 섭취는 체내 콜레스테롤 합성을 촉진하며, 콜레스테롤이나 식이섬유의 섭취량이 많으면 체내 콜레스테롤의 합성은 억제된다. 인슐린이나 갑상선 호르몬은 콜레스테롤 합성을 증가시키고 글루카곤이나 글루코코티코이드는 콜레스테롤 합성을 저하시킨다.

체내에서 콜레스테롤의 30~60%가 간에서 담즙 생성에 사용되며 유화제로 긴사슬지방산의 소화 흡수를 돕는다. 사용된 담즙의 5% 정도는 대변을 통해 배설되기 때문에

갈색지방 Tip

갈색지방은 흰색지방세포보다 미토콘드리아와 혈관이 많아서 색이 진한 지방세포이다. 흰색지방세포와 비교하여 미토콘드리아가 많을 뿐 아니라 미토콘드리아의 성질도 다른데 짝풀림 단백질 1(uncoupling protein 1, UCP1)이라는 에너지를 사용하여 열을 발생시키는 단백질을 가지고 있다. 음식을 섭취하거나 차가운 온도에 반응하여 노르에피네프린 호르몬을 분비하여 갈색지방세포를 자극하게 된다. UCP1의 발현이 증가하면 지단백질 분해효소와 포도당 운반체의 합성이 촉진되어 지방산과 포도당의 분해가 증가하게 된다. 따라서 갈색지방이 많으면 체중이 감소되어 비만을 예방할 수 있다. 비만인은 갈색지방세포가 적다는 것이 알려져 갈색지방의 수와 활성을 증가시킬 수 있는 방법에 대한 연구가 활발히 이루어지고 있다.

담즙을 통한 담즙산과 유리콜레스테롤의 분비는 체내 콜레스테롤을 체외로 배출하는 주요 경로이다. 그러나 사용된 담즙의 95%는 문맥으로 재흡수되어 간으로 들어가고 필요시 다시 담즙으로 재배출되는 장간순환을 한다.

4. 지질의 생리적 기능

1) 에너지 공급과 저장

지질은 1 g당 9 kcal를 내는 농축된 에너지 급원이며, 이는 지질이 체내에 저장될 때 당질보다 물을 더 적게 함유하여 에너지 저장량이 많기 때문이다. 따라서 피하나 복강 등 지방조직에 저장된 체지방은 효율적인 에너지 저장고이다. 또한 피하지방은 체온 손실을 막아 추위에 체온 저하를 줄이는 역할을 한다. 내장지방은 장기가 제 위치에 자리하고 있도록 지지하며, 외부에서 가해지는 물리적 충격으로부터 장기를 보호하는 역할을 한다.

2) 인체 구성 성분

인지질 가운데 레시틴과 콜레스테롤은 체내 모든 세포막의 구성 성분으로 존재한다. 세포막은 인지질이 서로 마주보는 이중층의 구조를 이루는데, 이때 인지질의 친수기는 세포막의 표면과 세포 내부로 향하여 혈액 및 세포 내의 수용성 환경과 접하고 있고, 콜레스테롤은 인지질의 이중막 구조 중간에 존재하면서 세포막의 유동성을 조절하는 역할을 한다.

3) 필수지방산 공급

필수지방산은 인체의 성장 및 생명 유지를 위해 필수적이지만 체내에서 합성되지 않으므로 반드시 음식으로 섭취해야 한다. 주로 식물성 기름에 함량이 높은 필수지방산은 결핍되면 피부가 건조해지고 벗겨지며, 어린이에서는 성장 지연을 일으킬 수 있다.

4) 지용성 비타민의 흡수 촉진

지용성 비타민과 카로티노이드 같은 지용성의 식물성 생리활성영양소는 지질에 용해되어 지질과 함께 흡수된다. 따라서 지질 섭취량이 적거나 흡수불량증과 같은 장애가 있으면 지용성 비타민의 흡수 또한 저하된다.

5) 신체 기능 조절

긴사슬 필수지방산은 에이코사노이드의 전구물질이다. 에이코사노이드의 기질이 되는 지방산들은 대개 세포막 인지질의 β-위치에 결합된 것으로 인지질 분해효소 A2에 의해 유리된다. 유리된 지방산들은 고리산소화효소에 의해 프로스타글란딘, 트롬복산, 프로스타사이클린으로 전환되거나 지질산소화효소에 의해 류코트라이엔으로 전환된다. 생성된 에이코사노이드들은 인체 내에서 통증과 발열 반응, 염증 반응, 혈소판 응집 및 혈압 조절 등 다양한 생리적 기능을 담당한다.

6) 담즙산과 스테로이드 호르몬의 합성

콜레스테롤은 긴사슬지방산의 소화와 흡수에서 유화제 역할을 하는 담즙산과 부신피질 호르몬과 같은 스테로이드 호르몬 합성에 이용된다. 또한, 피하조직의 7-디히드로콜레스테롤(7-dehydrocholesterol)은 비타민 D의 전구물질로도 작용한다.

7) 맛, 향미, 포만감 제공

지질은 음식에 맛과 향을 주는데, 특히 향을 내는 성분이 지질에 용해되어 구강의 감각세포로 전달되는 과정은 매우 효율적이다. 또한, 식품의 질감을 좋게 하는데, 이는 전유를 마시다가 무지방 우유로 바꾸면 쉽게 느낄 수 있다. 지질은 당질이나 단백질에 비해 섭취 후 위를 통과하는 속도가 느려서 위에 오래 머물기 때문에 포만감을 준다.

5. 지질 섭취와 관련된 건강 문제

1) 심뇌혈관 질환

혈액 중에 총 콜레스테롤, 중성지방, LDL 농도가 높아지면 혈액의 점도가 상승하고 혈류는 느려지며 혈관 벽에 이러한 물질들이 축적된다. 동맥 내벽에 콜레스테롤 플라크가 축적되면 동맥벽이 두꺼워지고 단단해져서 탄력성을 잃게 되어 동맥경화가 발생함은 물론이고 혈압이 상승하는 고혈압도 나타난다. 동맥경화가 심해지면 혈전이 생성되는데 대부분의 심혈관 질환은 심장이나 뇌의 혈류를 막는 혈전에 의해 발생한다. 심장근육에 혈액을 공급하는 관상동맥의 혈류가 막히면 심장근육이 손상되고 그 결과 심근경색(myocardial infarction)이 발생하며, 뇌혈관이 막히면 뇌졸중(stroke, 중풍)이 발생한다. 혈관 내벽이 70~80%가 좁아질 때까지 증상이 없다가 갑자기 심장마비나 뇌출혈을 일으킬 수 있으므로 평소 혈액검사를 통해 중성지방과 콜레스테롤 수치를 미리 확인하는 등 예방에 힘써야 한다.

혈중 중성지방과 콜레스테롤을 낮추기 위해서 미국(ACC/AHA)과 유럽(ESC/EAS)에서는 에너지 섭취를 제한하여 적정 체중을 유지할 것을 권유하고, 더불어 지질 섭취를 총에너지의 35% 이하, 포화지방산은 7% 이하, 콜레스테롤은 300 mg 이하로 섭취를 제한하는 내용 등을 포함하고 있다. 고지방식은 에너지 섭취를 높일 뿐 아니라 포화지방산의 함량이 높아져 혈중 총 콜레스테롤 및 LDL 농도를 높일 수 있다. 그러나 지방 섭취를 지나치게 제한하면 상대적으로 당질 섭취가 증가할 수 있다. 포화지방산이 많고 불포화지방산은 적게 섭취하면, 즉 식물성 지질보다 동물성 지질의 섭취량이 많으면 혈중 LDL 수준이 증가하게 된다. 따라서 포화지방산의 섭취를 줄이고 단일불포화지방산과 다가불포화지방산, 특히 오메가-3 지방산이 많은 등푸른생선을 많이 섭취하는 것이 좋다. 반대로 트랜스 지방산의 섭취는 LDL 수준을 높이고 HDL 수준을 낮춘다고 보고되어 트랜스 지방산의 섭취를 최소화할 것을 권고하고 있다.

2) 암

고지방 식사로 인한 에너지의 과다 섭취는 암의 성장을 촉진한다고 보고되어 있다. 고지방식과 대장암, 결장암, 전립선암 등이 관련 있으나 유방암과의 관련은 적다. 그러나 동물성 지질 섭취량이 많을수록 암 발생률, 특히 대장암과 유방암의 발생이 증가하는데 동물성 지질에 많은 포화지방산과 오메가-6 지방산이 암 발생을 증가시킨다. 또한 소고기 등의 붉은 살코기와 소시지, 베이컨 등의 가공육류 섭취는 대장암을 증가시키는 반면 가금류와 생선 섭취는 암 발생을 억제하는 효과가 있다.

참고 문헌

1. FAO/WHO. (2010). *Fats and fatty acids in human nutrition*: Report of an expert consultation. Rome: FAO; p.11.
2. Das UN. (2006). Essential fatty acids: biochemistry, physiology and pathology. *Biotechnol J* 1: 420-439.
3. Wijendran V, Hayes KC. (2004). Dietary n-6 and n-3 fatty acid balance and cardiovascular health. *Ann Rev Nutr* 24: 597-615.
4. Cohen DE. (2008). Balancing cholesterol synthesis and absorption in the gastrointestinal tract. *J Clin Lipidol* 2(2): S1-S3.
5. Dietschy JM, Turley SD, Spady DK. (1993). Role of liver in the maintenance of cholesterol and low density lipoprotein homeostasis in different animal species, including humans. *J Lipid Res* 34: 1637-1659.
6. American College of Cardiology/American Heart Association Task Force on Practice Guideline. (2014). 2013 AHA/ACC guideline on lifestyle management to reduce cardiovascular risk: a report of the American College of Cardiology/American Heart Association Task Force on Practice Guideline. *Circulation* 129: S79-S99.
7. Rees K, Dyakova M, Wilson N, Ward K, Thorogood M, Brunner E. (2013). Dietary advice for reducing cardiovascular risk. *Cochrane Database Syst Rev* 12: CD002128.
8. Cao Y, Mauger DT, Pelkman CL, Zhao G, Townsend SM, Kris-Etherton PM. (2009). Effects of moderate(MF) versus lower fat(LF) diets on lipids and lipoproteins: a meta-analysis of clinical trials in subjects with and without diabetes. *J Clin Lipidol* 3(1): 19-32.
9. Egert S, Kratz M, Kannenberg F, Fobker M, Wahrburg U. (2011). Effects of high-fat and low-fat diets rich in monounsaturated fatty acids on serum lipids, LDL size and indices of lipid peroxidation in healthy non-obese men and women when consumed under controlled conditions. *Eur J Nutr* 50: 71-79.
10. Foraker RE, Pennell M, Sprangers P, Vitolins MZ, DeGraffinreid C, Paskett ED. (2014). Effect of a low-fat or low-carbohydrate weight-loss diet on markers of cardiovascular risk among premenopausal women: a randomized trial. *J Womens Health* (Larchmt) 23(8): 675-680.

Protein
Protein
Protein
Protein

단백질

CHAPTER 4 **Protein**

1. 아미노산과 단백질의 분류와 구조
2. 단백질의 소화와 흡수
3. 단백질 및 아미노산 대사
4. 단백질의 생리적 기능
5. 단백질의 질 평가
6. 단백질의 섭취와 관련된 건강 문제

단백질(protein)은 그리스어의 'protos'에서 유래한 '으뜸가는' 또는 '제일가는(of prime importance)'이라는 의미이다. 단백질은 기본 구성단위인 아미노산(amino acid)이 펩타이드결합(peptide bond)에 의하여 이루어진 고분자화합물이다. 단백질을 구성하는 기본 원소는 탄수화물이나 지질과 달리 탄소(C), 수소(H), 산소(O) 외에 질소(N)를 포함하며 그 외에 황(S), 철(Fe), 인(P) 등을 함유하여 신체의 필수 구성 물질이면서 중요한 열량 영양소이다.

인체는 20여 종의 아미노산을 필요로 하며, 이들 아미노산이 펩타이드결합에 의해 수백에서 수천 가지의 단백질을 형성한다. 단백질은 체내에서 근육, 뼈, 장기의 구성은 물론이고 효소, 호르몬을 구성하며 영양소 운반 작용과 면역 항체 구성 등의 역할을 한다.

1. 아미노산과 단백질의 분류와 구조

1) 아미노산의 구조와 분류

아미노산은 다양한 기준에 따라 분류한다.

(1) 아미노산의 기본 구조

모든 아미노산은 공통적으로 1개의 탄소를 중심으로 수소와 최소한 하나의 아미노기($-NH_2$), 최소한 하나의 카르복실기(−COOH) 그리고 각 아미노산 고유의 곁사슬기(side chain, R)를 가지고 있다(그림 4-1).

체내에서 아미노기와 카르복실기는 pH 환경에 따라 수소 원자(H^+)를 얻거나 잃어서 각각 NH_3^+, COO^-로 전하를 띤 상태로 존재한다. 각 아미노산은 곁사슬기(R기)의 특성에 따라 아미노산의 물리·화학적 성질이 달라지고 단백질의 모양과 기능을 결정하는

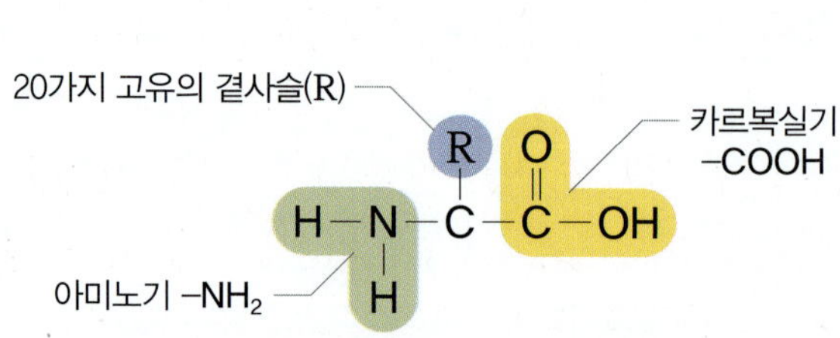

그림 4-1 아미노산의 기본 구조

데 영향을 미친다.

(2) 구조와 화학적 특성에 따른 분류

아미노산은 R기 특성에 따라 구분된다. 일반적으로 아미노산은 체내에서 이온화되어 카르복실기와 아미노기가 전하(net electrical charge)를 띤 상태로 존재한다. R기에 1개의 카르복실기와 1개의 아미노기를 가지고 있어서 추가로 전하를 만들지 않는 아미노산은 양쪽성 이온(zwitterion) 특성을 띠는 중성 아미노산(neutral amino acid)으로 분류한다. R기에 카르복실기를 더 가지고 있는 경우는 산성 아미노산(negatively charged amino acid), R기에 아미노기를 더 함유한 경우 염기성 아미노산(positively charged amino acid)으로 분류한다(표 4-1).

표 4-1 아미노산의 화학적 특성에 따른 분류

중성 아미노산	산성 아미노산	염기성 아미노산
알라닌(Alanine) 글리신(Glycine) 페닐알라닌(Phenylalanine) 트립토판(Tryptophan) 아스파라긴(Asparagine) 이소류신(Isoleucine) 프롤린(Proline) 티로신(Tyrosine) 시스테인(Cysteine) 류신(Leucine) 세린(Serine) 발린(Valine) 글루타민(Glutamine) 메티오닌(Methionine) 트레오닌(Threonine)	아스파르트산(Aspartic acid) 글루탐산(Glutamic acid)	아르기닌(Arginine) 히스티딘(Histidine) 라이신(Lysine)

중성 아미노산은 R기 구성에 따라 지방족 아미노산과 트립토판, 페닐알라닌, 티로신과 같이 고리 구조를 가진 방향족 아미노산, 그리고 발린, 류신, 이소류신과 같은 곁가지를 가지고 있는 가지사슬아미노산(branched chain amino acid, BCAA)이 있다. 또한 세린과 트레오닌은 수산기(−OH)를 가지고, 시스테인과 메티오닌은 황(S)을 함유하고 있다. 프롤린(proline)은 유리된 아미노기를 가지지 않고 질소를 포함한 고리 구조로 되어 있다(그림 4-2).

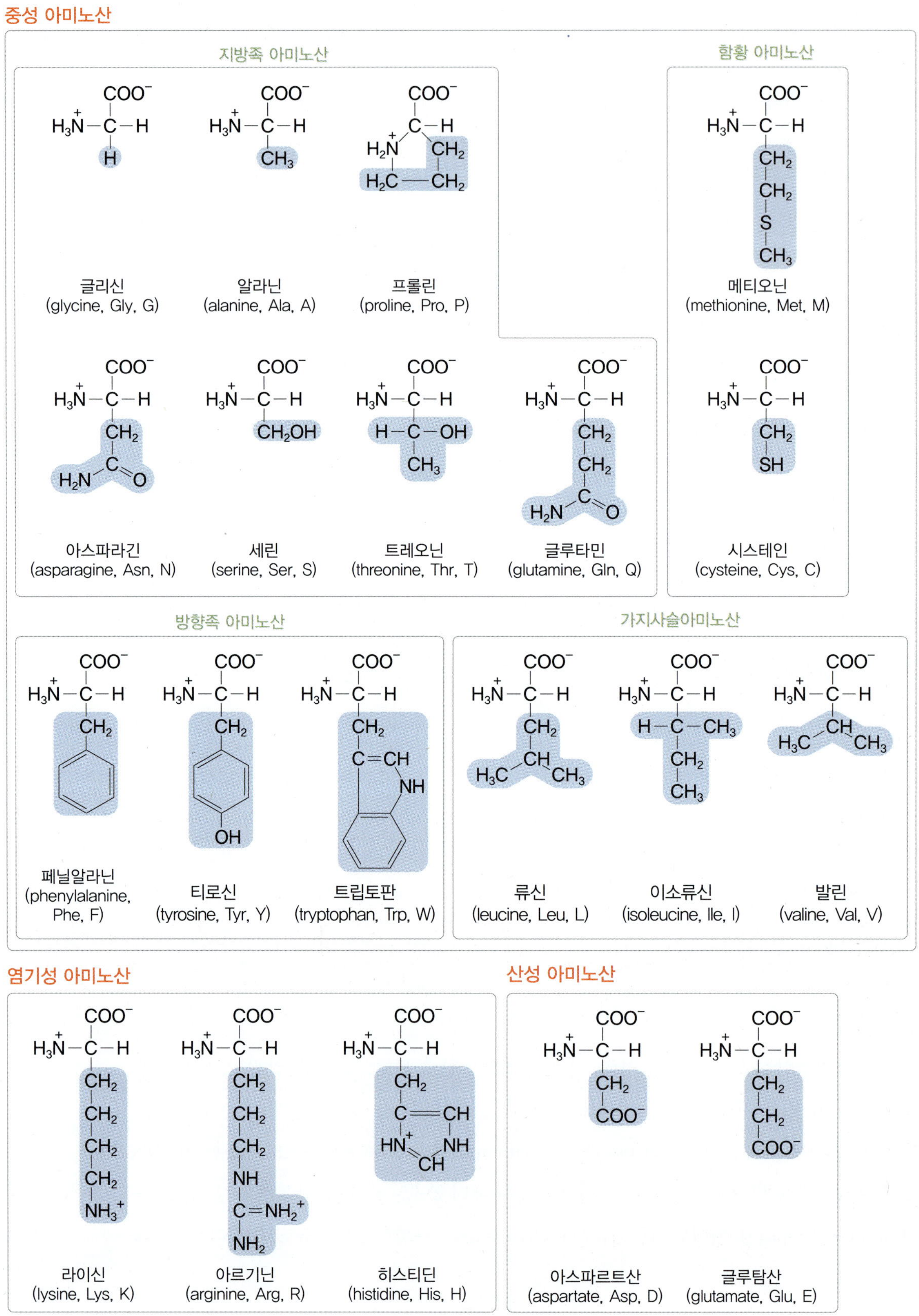

그림 4-2 아미노산의 화학 구조에 의한 분류

(3) 필수성에 따른 분류

체내에서 단백질 합성을 위해 필요한 20여 개 아미노산 중 체내에서의 합성 여부와 관련된 필수성에 따라 필수아미노산과 비필수아미노산으로 분류한다.

필수아미노산(essential amino acid)은 체내에서 합성되지 않거나 필요한 만큼 충분한 양이 합성되지 않아 반드시 음식 섭취를 통해 공급해야 하는 아미노산이다. 라이신, 류신, 메티오닌, 발린, 이소류신, 트립토판, 트레오닌, 페닐알라닌, 히스티딘 9종이 필수아미노산에 해당된다.

비필수아미노산(non-essential amino acid)은 식품으로 섭취하지 않아도 체내에서 합성이 가능한 14종 아미노산이다. 비필수아미노산 중 체내 합성이 용이한 5종의 불필수아미노산 외에 체내 합성에 대사적 요구를 충족시키지 못하여 식이를 통하여 공급이 필요한 9종의 아미노산이 있는데 이를 조건적 필수아미노산(conditionally essential amino acid)이라 한다(표 4-2).

표 4-2 아미노산의 필수성에 따른 분류

필수아미노산	비필수아미노산	
	불필수아미노산	조건적 필수아미노산
라이신(Lysine)	알라닌(Alanine)	아르기닌(Arginine)
류신(Leucine)	아스파라긴(Asparagine)	시스테인(Cysteine)
메티오닌(Methionine)	아스파르트산(Aspartic acid)	글루타민(Glutamine)
발린(Valine)	글루탐산(Glutamic acid)	글리신(Glycine)
이소류신(Isoleucine)	세린(Serine)	프롤린(Proline)
트립토판(Tryptophan)		티로신(Tyrosine)
트레오닌(Threonine)		타우린(Taurine)
페닐알라닌(Phenylalanine)		시트룰린(Citrulline)
히스티딘(Histidine)		오르니틴(Ornithine)

예를 들면, 미숙아의 경우 체내 기관의 기능이 미숙하여 시스테인, 프롤린 같은 비필수아미노산의 합성이 원활하지 못하므로 이들은 필수아미노산이 된다. 또한 간 기능 저하나 간부전증의 경우 페닐알라닌, 메티오닌의 대사가 원활하지 못하여 티로신, 시스테인 합성이 저하되고, 유전 질환 중 하나인 페닐케톤뇨증(phenylketonuria, PKU)의 경우 효소활성 결핍으로 인해 페닐알라닌으로부터 티로신이 충분히 합성되지 못하므로 PKU 환자의 경우 티로신이 필수아미노산이 된다.

페닐케톤뇨증(Phenylketonuria, PKU) *Tip*

PKU는 페닐알라닌을 티로신으로 대사시키는 데 관여하는 페닐알라닌 수산화효소(phenylalanine hydroxylase) 결핍에 의한 선천성 대사이상이다. PKU 환자는 체액에 페닐알라닌이 축적되고 혈액에 페닐알라닌 농도가 상승하면 다른 방향으로 대사되어 티로신이 부족해지고 뇌 손상과 같은 치명적인 결과를 초래한다. 따라서 PKU 환자에게 티로신은 필수적인 아미노산이 된다.

선천적으로 PKU를 가지고 태어난 신생아는 생후 2주 이내에 치료되지 않으면 뇌 손상과 지적 장애가 나타나게 되므로, 아기들은 태어나자마자 PKU검사를 실시하고 결과에 따라 빠른 조치를 해야 한다.

2) 단백질의 구조

단백질은 수많은 아미노산이 결합된 폴리펩타이드(polypeptide) 사슬이 다양한 구조와 결합으로 둥글거나 긴 형태 또는 접히고 꼬인 형태를 이루면서 각 단백질 분자 고유의 기능을 수행하게 된다. 펩타이드결합은 아미노산의 카르복실기와 다른 아미노산의 아미노기에서 물 1분자가 빠지고 결합한 것이다(그림 4-3). 아미노산이 2개 결합되면 다이펩타이드(dipeptide), 3개의 아미노산 결합은 트라이펩타이드(tripeptide), 10개 이상의 아미노산이 결합되면 폴리펩타이드(polypeptide)라고 한다.[1]

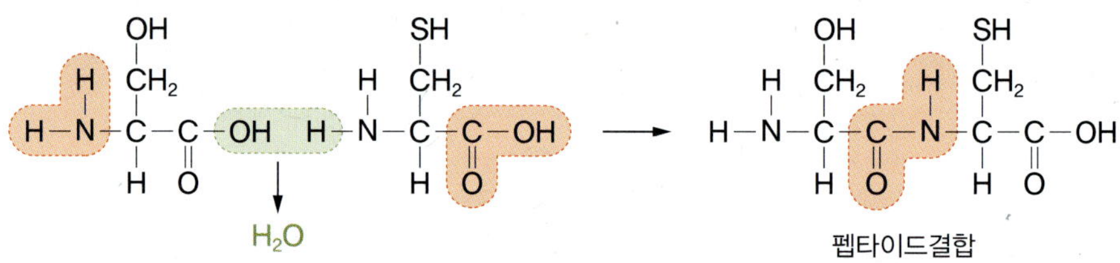

그림 4-3 펩타이드결합

(1) 단백질의 1차 구조

단백질의 1차 구조는 한 개의 폴리펩타이드 사슬에 특정 개수의 아미노산이 특정한 순서(amino acid sequence)로 연결된 사슬 구조를 이룬다(그림 4-4). 1차 구조는 고유한 유전 정보에 의해 결정되므로 각 단백질마다 아미노산의 서열순서는 서로 다르다. 따라서 1차 구조의 일부 변화는 단백질의 기능에 심각한 문제를 일으키게 된다.

(2) 단백질의 2차 구조

단백질의 2차 구조는 1차 구조인 직선 모양의 폴리펩타이드 사슬이 수소결합에 의해 꼬이거나 접혀 공간적 배열을 이룬 구조이다. 일반적으로 α-나선(α-helix)과 β-병풍(β-

겸상적혈구빈혈(sickle cell anemia)

Tip

선천적 유전 질환의 하나인 겸상적혈구빈혈은 유전적 오류에 의해 아미노산 서열순서가 바뀌어 발생하는 질병이다. 정상적인 적혈구 세포에서 글루탐산의 위치에 발린이 들어가 부드러운 원반 모양이 된 적혈구 세포는 낫 모양의 겸상적혈구로 되어 변형된 헤모글로빈은 산소 운반 능력을 잃게 된다.[2]

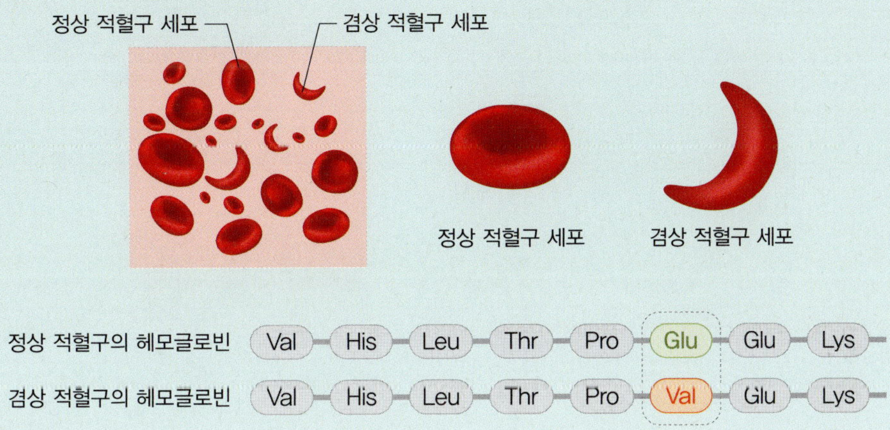

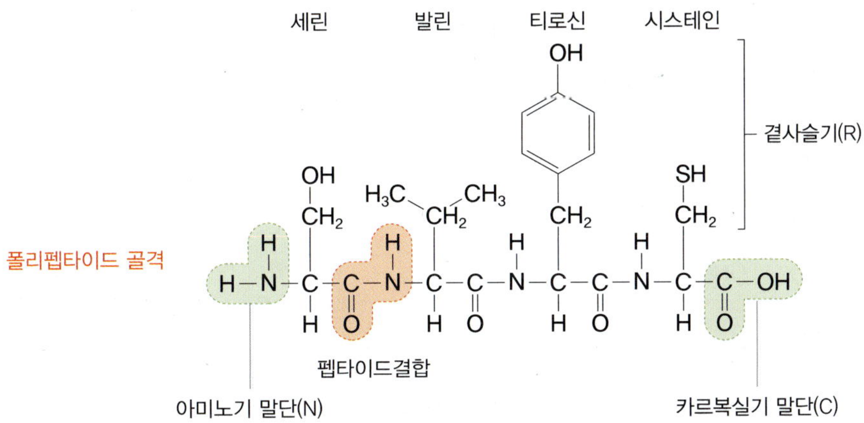

그림 4-4 단백질의 1차 구조

pleated sheet) 모양으로 접혀서 2차 구조를 형성한다(그림 4-5).

(3) 단백질의 3차 구조

단백질의 3차 구조는 폴리펩타이드 내의 곁사슬 R기 사이에 수소결합이나 이황화결합, 이온결합 등에 의하여 상호 작용으로 접히고 꼬임으로써 3차원적 배열을 이루는 것이다. 시스테인과 같은 황을 함유한 아미노산의 R기는 다른 함황아미노산의 R기와 이황

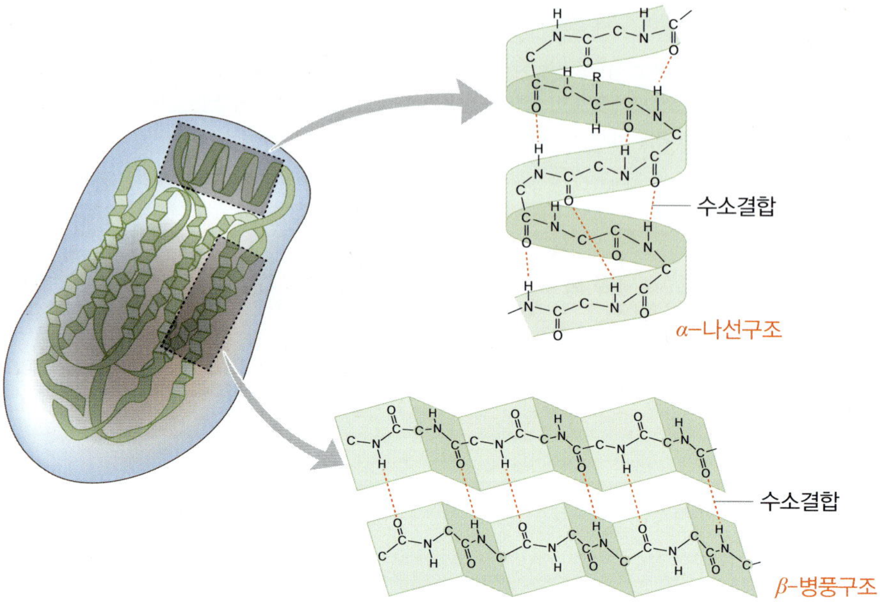

그림 4-5 단백질의 2차 구조

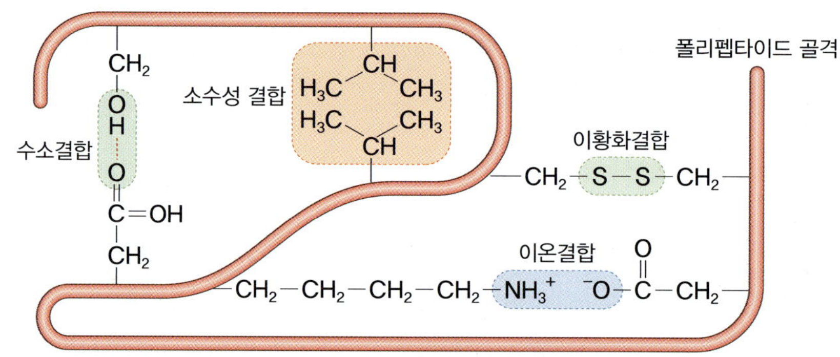

그림 4-6 단백질의 3차 구조

화결합(disulfide bond)에 의해 안정된 3차 구조를 이루게 된다(그림 4-6).

(4) 단백질의 4차 구조

단백질의 4차 구조는 2개 이상의 폴리펩타이드가 서로 연결되어 하나의 구조적 기능 단위를 형성하는 것이다. 헤모글로빈(hemoglobin)은 철을 함유한 헴(heme)이라는 2쌍의 소단위(subunit)로 구성된 4개의 폴리펩타이드가 접히고 꼬인 4차 구조를 이룬 대표적인 예이다(그림 4-7).

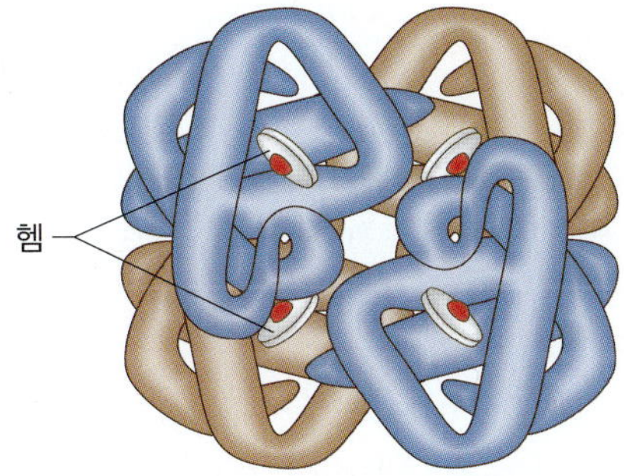

그림 4-7 **단백질의 4차 구조**

(5) 단백질 구조의 변성

단백질의 입체 구조를 유지하지 못하고 직선의 폴리펩타이드 사슬로 펼쳐져 3차 구조가 깨지는 과정을 단백질의 변성(denaturation)이라고 한다(그림 4-8). 변성을 일으키는 것은 열, 산, 자외선, 기계적 자극, 중금속 등이다. 이러한 변성은 1차 구조에는 영향을 끼치지 않으나 단백질 고유의 기능을 잃게 한다. 그러나 체내 소화기관에는 유용한 과정으로, 조리할 때 가해지는 열에 의한 단백질의 변성은 소화효소의 작용을 돕고 소화율을 증진시킨다.

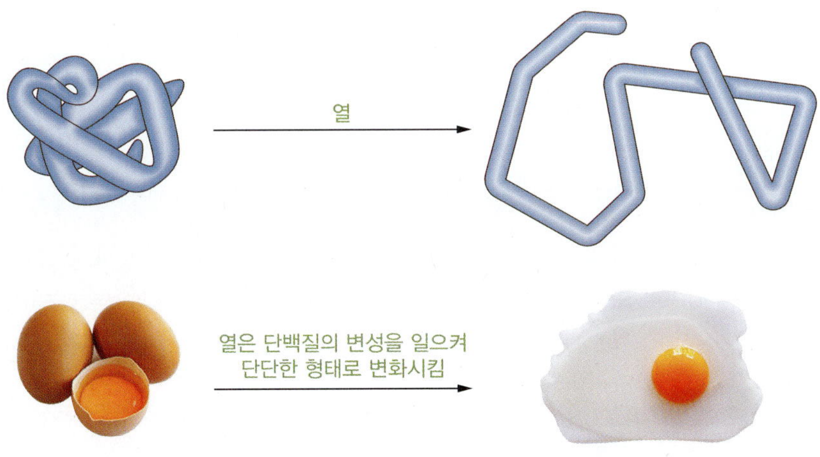

그림 4-8 **단백질 변성**

3) 단백질의 분류

(1) 구성 성분에 따른 분류

단백질을 구성하는 폴리펩타이드에 결합되어 있는 성분에 따라 분류할 수 있다.

① 단순단백질

단순단백질(simple protein)은 아미노산만으로 구성되어 있는 단백질로 가수분해되면 아미노산과 그 유도체들을 생성하는 단백질이다(표 4-3).

표 4-3 단순단백질의 분류

분류	예
알부민(Albumin)	오보알부민(ovalbumin), 혈청알부민(serum albumin), 락토알부민(lactoalbumin) 등
글로불린(Globulin)	오보글로불린(ovoglobulin), 혈청글로불린(serum globulin), 락토글로불린(lactoglobulin), 콩의 글리신(glycine) 등
글루텔린(Glutelin)	쌀의 오리제닌(oryzenin), 밀의 글루테닌(glutenin) 등
프롤라민(Prolamine)	밀의 글리아딘(gliadin), 보리의 호르데인(hordenin), 옥수수의 제인(zein) 등
알부미노이드(Albuminoid)	뼈의 콜라겐(collagen), 힘줄의 엘라스틴(elastin), 모발의 케라틴(keratin) 등

② 복합단백질

복합단백질(complex protein)은 아미노산 이외의 비단백질성 성분을 함유하고 있는 단백질이다(표 4-4). 아미노산 외에 결합된 성분은 단백질의 생물학적 기능에 중요한 역할을 한다.

표 4-4 복합단백질의 분류

분류	구성	예
지단백질(Lipoprotein)	단백질+지질	카일로마이크론(chylomicron), VLDL, LDL, HDL
당단백질(Glycoprotein)	단백질+탄수화물	뮤신(mucin), 점액 단백질, 오보뮤코이드(난백)
인단백질(Phosphoprotein)	단백질+인산(핵산, 레시틴 등)	우유의 카세인(casein), 난황의 오보비텔린(ovovitellin)
헴단백질(Hemeprotein)	단백질+헴	헤모글로빈(hemoglobin)
금속단백질(Metalprotein)	단백질+금속(철, 칼슘, 아연 등)	페리틴(ferritin, Fe), 칼모듈린(calmodulin, Ca), 인슐린(insulin, Zn)

유도단백질(derived protein)

Tip

단순단백질 또는 복합단백질이 산, 알칼리, 효소 등 물리·화학적 작용에 의하여 변성된 단백질로, 변성 정도에 따라 제1차 유도단백질과 제2차 유도단백질로 나뉜다.

- 제1차 유도단백질(변성 단백질) : 응고 단백질, 젤라틴, 파라-카세인 등
- 제2차 유도단백질(분해 단백질) : 1차 유도단백질이 가수분해되어 생성된 프로테오스, 펩톤, 펩타이드 등

(2) 구조에 의한 분류

① 섬유상 단백질

섬유상 단백질(fibrous protein)은 대부분 세포조직을 유지하거나 구조를 형성한다. 콜라겐(collagen), 모발의 케라틴(keratin), 혈액의 피브린(fibrin) 등은 나선 구조를 이루고 실크(silk)는 병풍 구조를 이룬다.

② 구상 단백질

구상 단백질(globular protein)은 나선 구조와 병풍 구조가 섞여 있으며, 수용성 단백질로 근육의 미오글로빈(myoglobin), 헤모글로빈, 대부분의 효소, 혈장단백질 등이 있다.

(3) 영양적 분류

식품 단백질을 구성하는 필수아미노산의 종류와 함량에 따라 완전단백질, 부분적 불완전단백질, 불완전단백질로 분류한다.

① 완전단백질

완전단백질(complete protein)은 성장과 유지에 필요한 모든 필수아미노산이 적합한 비율로 함유되어 있는 양질의 단백질이다. 식품의 완전단백질은 트립토판(tryptophane)과 라이신(lysine)이 부족한 젤라틴(gelatin)을 제외한 육류, 생선, 달걀, 우유 등의 동물성 단백질과 식물성 식품 중에는 콩(soybean) 단백질이 완전단백질의 급원이다.[3]

② 부분적 불완전단백질

부분적 불완전단백질(partially incomplete protein)은 필수아미노산이 포함되어 있지만 필요량을 충분하게 제공하지 못하여 생명 유지는 가능하나 성장을 돕지 못하는 단백질이다. 식물성 식품 중 콩 단백질을 제외한 쌀의 오리제닌(oryzenin), 밀의 글리아딘(gliadine) 등 대부분의 식물성 단백질이 이에 속한다.

③ 불완전단백질

불완전단백질(incomplete protein)은 한 개 이상의 필수아미노산이 부족한 단백질이다. 불완전단백질만을 섭취하면 체단백질의 합성에 필요한 아미노산을 충당하지 못하여 성장이 지연되고 체중이 감소하며 장기간 지속되면 사망에 이른다. 동물성 단백질 중 젤라틴과 식물성 단백질인 옥수수의 제인(zein) 등이 이에 속한다.

④ 단백질의 상호 보충 효과

식품 속에 필수아미노산 중 한 가지만 부족하여도 인체가 필요로 하는 단백질 합성이 제한된다. 인체 필요량과 비교하였을 때 적은 양을 함유하고 성장과 유지에 필요한 아미노산 중 가장 적게 들어 있는 아미노산을 그 식품의 제한아미노산(limiting amino acid)이라고 한다.

식품 단백질은 구성 아미노산의 조성과 함량이 모두 다르므로 한 식품 내의 부족한 아미노산을 다른 단백질로부터 섭취함으로써 보충할 수 있다. 즉, 제한아미노산이 서로 다른 두 가지 이상의 식품을 함께 섭취하면 단백질의 질을 높여 필수아미노산을 적절하게 공급하여 완전한 작용이 가능한데 이를 단백질의 상호 보충 효과(supplementary action of protein)라고 한다.[4] 예를 들어 곡류는 라이신이 제한아미노산이지만 메티오닌을 다량 함유하고 있으며, 콩류는 메티오닌이 적지만 라이신이 풍부하여 곡류와 콩류를 함께 섭취하면 부족한 아미노산을 보충하게 되어 양질의 단백질을 섭취하는 효과를 얻을 수 있다(표 4-4).

표 4-4 식품 단백질의 제한아미노산과 단백질 보충

식품군	제한아미노산	단백질 보충의 예
곡류	라이신, 트레오닌	• 곡류 + 콩류 : 백미 + 콩, 쌀밥 + 두부, 식빵 + 완두콩 수프, 식빵 + 땅콩버터 • 곡류 + 유제품 : 토스트 + 우유, 치즈샌드위치, 파스타 + 치즈 • 콩류 + 채소 + 종실류 : 강낭콩, 해바라기씨, 견과류를 넣은 샐러드
콩류	메티오닌	
견과류	라이신	
채소류	트립토판, 라이신	

2. 단백질의 소화와 흡수

1) 단백질의 소화

단백질의 소화는 일차적으로 단백질 변성이 일어나 입체 구조가 깨지고 긴 사슬 형태로 되어 소화효소의 작용을 용이하게 한다. 이후 각 소화기관에서 작용하는 단백질 분해효소(proteases)에 의해 폴리펩타이드결합이 끊어지고 최종 아미노산으로 분해되는 일련의 과정을 거친다.

(1) 위에서의 소화

식이 단백질을 섭취하면 소화는 입에서는 거의 이루어지지 않고 위에 도달하여 시작된다. 위의 주세포(chief cell)는 가스트린(gastrin)이라는 호르몬을 분비하여 위액에 염산(HCl)과 불활성 형태의 단백질 소화효소인 펩시노젠(pepsinogen)의 분비를 촉진한다. 염산은 위 내의 산성 환경(pH 1~2)을 만들어 단백질 변성이 일어나게 하고 펩시노젠을 활성형 펩신(pepsin)으로 전환시킨다(그림 4-9).

펩신은 단백질의 내부 펩타이드결합을 가수분해하는 엔도펩티데이즈(endopeptidase)로 류신, 메티오닌, 방향족 아미노산, 산성 아미노산(예를 들어 글루탐산과 아스파르트산) 등의 아미노산에 인접한 펩타이드결합에 작용하여 단백질 분자를 큰 폴리펩타이드인

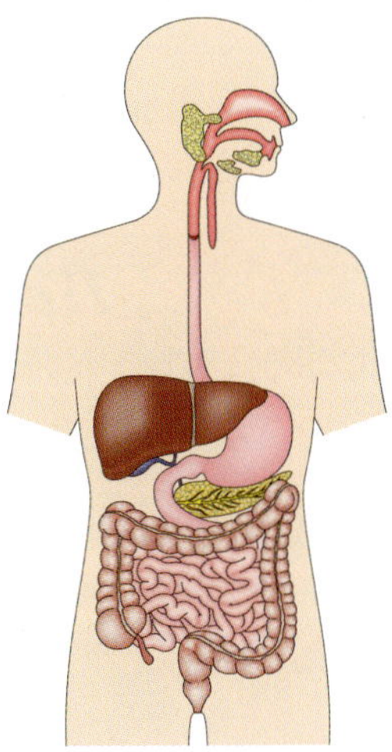

소화장소	소화효소 분비기관	불활성 형태 효소	활성 촉진물질	활성효소	분해산물
입					
위	위	펩시노젠	위산 →	펩신	펩톤
소장	췌장	트립시노젠	엔테로카이네이즈 →	트립신	작은 펩타이드
		카이모트립시노젠	트립신 →	카이모트립신	작은펩타이드, 다이펩타이드
		프로카르복시펩티데이즈	트립신 →	카르복시펩티데이즈	다이펩타이드, 아미노산
	소장벽			아미노펩티데이즈	다이펩타이드, 아미노산
				다이펩티데이즈	아미노산

그림 4-9 단백질의 소화 과정

펩톤(pepton)으로 분해한다. 이 큰 폴리펩타이드는 산성의 유미즙(chyme) 형태로 십이지장으로 이동하여 췌장액과 혼합되어 알칼리 상태로 되면 펩신의 작용은 중단된다. 단백질의 10~20%는 펩신의 작용에 의해 소화된다.[5]

(2) 소장에서의 소화

단백질의 소화는 주로 소장에서 이루어지며 췌장과 소장에서 분비되는 다양한 소화효소에 의해 분자량이 더 작은 펩타이드로 분해된다(그림 4-9).

유미즙 상태의 음식물이 십이지장으로 들어오면 장 점막의 내분비세포에서 세크레틴(secretin)과 콜레시스토키닌(cholecystokinin, CCK)과 같은 조절 호르몬 분비를 자극한다. 이들 호르몬은 췌장에서 췌장액 분비를 촉진하여 불활성 형태의 단백질 분해효소인 트립시노젠(trypsinogen), 카이모트립시노젠(chymotrypsinogen), 프로카르복시펩티데이즈(procarboxypeptidase) 등을 분비한다. 소장에서 분비되는 엔테로키네이즈(enterokinase)에 의해 트립시노젠은 트립신(trypsin)으로 활성화되고, 트립신은 카이모트립시노젠을 카이모트립신(chymotrypsin)으로, 프로카르복시펩티데이즈를 카르복시펩티데이즈

단백질 분해효소 레닌(rennin)의 작용

Tip

영유아 위에서 분비되는 위산은 불활성형인 프로레닌(prorenin)을 활성형 효소인 레닌으로 전환시킨다. 레닌은 칼슘과 함께 유즙의 카세인(casein)에 작용하여 파라카세인(paracasein)으로 응고시켜서 위에 오래 머무르게 함으로써 펩신의 작용을 잘 받도록 하여 위에서의 소화를 돕는다.

단백질 소화효소의 작용 부위

Tip

- 펩타이드 내부분해효소(endopeptidase) : 펩타이드결합 내부에 작용(endo-type)
- 펩타이드 말단분해효소(exopeptidase) : 펩타이드결합 말단의 카르복실기 말단 또는 아미노기 말단에 작용(exo-type)

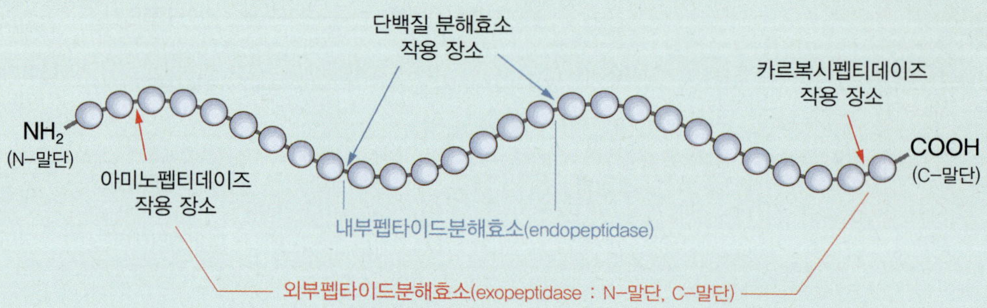

표 4-5 단백질의 소화효소

기관	효소			기질 특이성	소화 작용
	불활성형	활성 촉진제	활성형		
위	펩시노젠	염산	펩신(endo-type)	Phe, Trp, Tyr, Leu, Met 등	단백질 → 큰 펩타이드
췌장	트립시노젠	엔테로키네이즈	트립신(endo-type)	Lys, Arg	단백질, 폴리펩타이드 → 폴리펩타이드, 다이펩타이드
	카이모트립시노젠	트립신	카이모트립신 (endo-type)	Phe, Trp, Try	단백질, 폴리펩타이드 → 폴리펩타이드, 다이펩타이드
	프로카르복시펩티데이즈	트립신	카르복시펩티데이즈 (exo-type)	카르복실기 말단 잔기	단백질 → 다이펩타이드, 펩타이드, 아미노산
소장			아미노펩티데이즈 (exo-type)	아미노기 말단 잔기	폴리펩타이드 → 다이펩타이드, 펩타이드, 아미노산
			다이펩티데이즈	다이펩타이드	다이펩타이드 → 아미노산

(carboxypeptidase)로 활성화시킨다.

활성형의 단백질 분해효소들은 특정 펩타이드결합을 가수분해하여 펩톤을 더 작은 펩타이드와 아미노산으로 분해한다. 트립신은 라이신과 아르기닌과 같은 염기성 아미노산에 인접한 펩타이드결합에 작용하고, 카이모트립신은 티로신, 페닐알라닌 등 방향족 아미노산의 카르복실기 근처 펩타이드결합을 분해한다. 트립신과 카이모트립신은 단백질 분자의 중간을 분해하는 엔도펩티데이즈로 작용한다. 카르복시펩티데이즈는 카르복실기 말단에 작용하여 아미노산을 한 개씩 분해하는 엑소펩티데이즈(exopeptidase)에 해당된다.

소장 점막세포에서 분비되는 아미노펩티데이즈(aminopeptidase), 펩티데이즈(peptidase) 등의 효소는 트라이펩타이드나 다이펩타이드의 일부를 아미노산으로 분해하며, 아미노펩티데이즈는 아미노기 말단에서부터 아미노산을 하나씩 잘라내는 엑소펩티데이즈이다(표 4-5). 유리된 아미노산은 소장 점막세포의 융모 벽을 통하여 모세혈관으로 들어가 문맥을 거쳐 간으로 운반된다.

2) 단백질 흡수 및 운반

단백질이 소화되면 아미노산과 다이펩타이드로 분해되어 소장 점막세포로 흡수된다. 유리아미노산과 다이펩타이드의 흡수 메커니즘은 서로 다르며, 주로 운반체를 필요로 하는 능동수송(active transport)과 일부는 확산에 의해 흡수된다. 운반체의 메커니즘은 다양하지만 촉진확산을 통해 흡수되는 일부 산성 아미노산을 제외하면 대부분의 아미노산은 능동수송에 의한다. 운반체로는 대부분이 나트륨 의존 운반(sodium dependent transport)에 의해 흡수, 운반된다.

단백질의 소화 흡수율은 약 92% 정도로 동물성 단백질은 약 97% 정도 흡수되고, 식물성 단백질은 약 78~85% 정도 흡수된다. 흡수된 아미노산은 소장의 점막세포에 있는 융모 벽을 통하여 모세혈관으로 운반되고 문맥을 거쳐 간으로 이동하여 이용된다.

단백질과 알레르기 *Tip*

식품의 특정한 단백질이나 일부 소화되지 않은 단백질 분자가 큰 폴리펩타이드 형태로 흡수될 경우 인체는 이물질로 판단하여 항체를 형성하고 알레르기(allergy) 현상을 일으키게 된다. 알레르기를 일으키는 단백질 식품은 난류, 우유, 메밀, 땅콩, 대두, 밀, 고등어, 육류 등이 대표적이다.

3. 단백질 및 아미노산 대사

1) 단백질 전환

체단백질은 한 번 형성되면 그대로 머물러 있는 것이 아니라 단백질의 합성과 분해 과정을 반복하며 동적 평형(dynamic equilibrium) 상태를 유지한다. 즉, 성장기 어린이뿐만 아니라 성인도 체내의 모든 세포에서 새로운 단백질을 계속 합성하고 오래된 단백질은 분해되어 재이용되는 과정을 반복하는 단백질 전환(protein turnover)이 이루어진다.[6]

체조직을 구성하는 단백질의 전환율(turnover rate)은 대사 활동 정도에 따라 각기 다르다. 대사 작용이 활발한 간과 소장은 아미노산의 절반을 단백질 전환에 의해 얻어 전환율이 높다. 소화기 장 점막세포의 경우는 4~6일마다 새로운 단백질로 대치되는 데 반해 근육단백질은 약 180일이 경과되어 새로운 단백질로 전환된다. 하루 동안 소화기 장 점막세포에서 합성과 분해에 관여하는 단백질 양은 약 70 g이다. 따라서 우리 몸을 구성하는 단백질의 전환을 위해 지속적인 단백질 공급이 필요하다(그림 4-10).

2) 아미노산 풀

단백질이 분해되어 생성된 아미노산은 순환하여 재이용되는데 이 아미노산들의 세포

내 단기 총 집합체를 아미노산 풀(amino acid pool)이라고 한다.[7]

흡수된 아미노산은 문맥을 통해 간으로 가서 혈장단백질을 형성하고 간 조직을 보수하며 일부는 아미노산 풀을 형성한다. 풀에 있는 아미노산들은 식사를 통해 섭취한 단백질이 소화 흡수된 아미노산, 체조직 단백질의 분해로 생성된 아미노산, 체내에서 합성된 아미노산들로 혈액을 순환하고 세포 내로 유입되어 순환하여 필요에 따라 여러 용도로 이용된다.

아미노산 풀의 크기는 식이 섭취량, 체내 함량 등에 의해 결정된다. 체내로 흡수된 아미노산은 체단백질로 합성되기도 하고, 에너지 공급이 충분하지 않을 때는 체단백질이 아미노산으로 분해되어 에너지원으로 쓰이기도 한다. 따라서 부적절한 양의 식이 단백질 공급은 아미노산 풀의 보충을 위한 체단백질의 분해가 더 빠르게 진행되어 필수적인 체조직의 손실을 가져올 수도 있다.[8] 그러므로 식사를 통한 적정량의 단백질 공급이 필요하다.

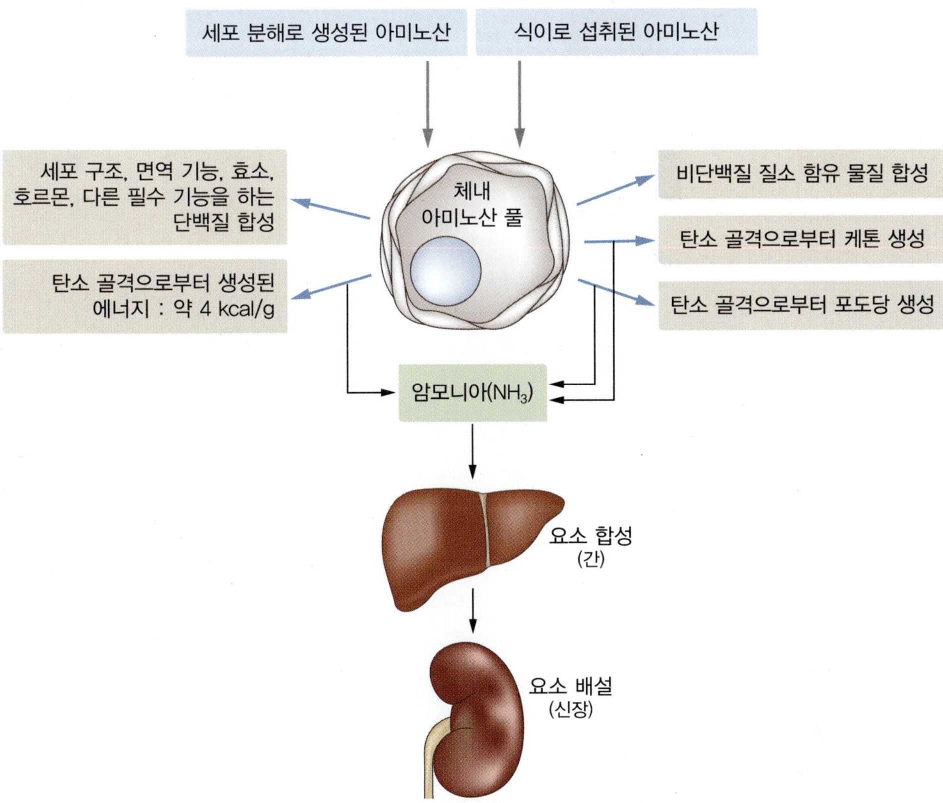

그림 4-10 **단백질 전환과 아미노산 풀**

3) 질소 균형

우리 몸은 단백질 전환에 의해 단백질 합성과 분해를 반복하며 평형 상태를 유지한다. 정상적인 신체 활동 시에는 에너지 평형을 유지하면서 체내 단백질의 합성과 분해가 균형을 이루어 질소 균형(nitrogen balance) 상태가 된다. 질소 균형 상태는 단백질(질소) 섭취량과 소변 및 대변, 땀을 통한 질소 손실량을 측정하여 파악한다.

질소 섭취량과 손실량이 같으면 질소 균형 상태이며, 건강한 성인의 경우 이에 해당된다. 성장기, 임신기, 회복기 환자들의 경우는 체내의 새로운 조직 형성을 위하여 질소 보유 현상으로 질소 섭취량이 손실량보다 많아 양의 질소 균형(positive nitrogen balance)을 이룬다. 반면, 질소 섭취량에 비해 손실량이 많아 음의 질소 균형(negative nitrogen balance)인 경우는 질병 또는 장기간 굶었을 때 열량이나 단백질 부족 등으로 인한 체조직 분해 시에 나타난다(그림 4-11).

양(+)의 질소 균형	질소 균형	음(−)의 질소 균형
질소 섭취 > 질소 손실	질소 섭취 = 질소 손실	질소 섭취 < 질소 손실
성장 임신 질병의 회복기 신체 훈련(근육 증가) 성장호르몬, 인슐린, 남성호르몬 분비 증가나 투여	건강한 정상 성인	단백질 섭취 부족 에너지 섭취 부족 기아나 소화기 질병 발열, 화상, 감염, 수술 신장 질환(체단백질 손실 증가) 갑상선호르몬 분비 증가

질소 균형 = 질소 섭취량 − 질소 손실량

질소 섭취량 = 식이 단백질 섭취량(g)/6.25

질소 손실량 = 소변, 대변, 질소 배설량 + 불가피 질소 손실량

그림 4-11 **질소 균형**

4) 아미노산 대사

체내에 흡수된 아미노산은 체단백질로 합성되거나 에너지 공급이 충분치 않을 때는 체단백질이 아미노산으로 분해되어 에너지원으로 쓰이기도 한다. 아미노산의 분해는 간과 여러 조직에서 공복 시 또는 식사 후 매우 다양하게 진행된다. 대부분 아미노산의 이

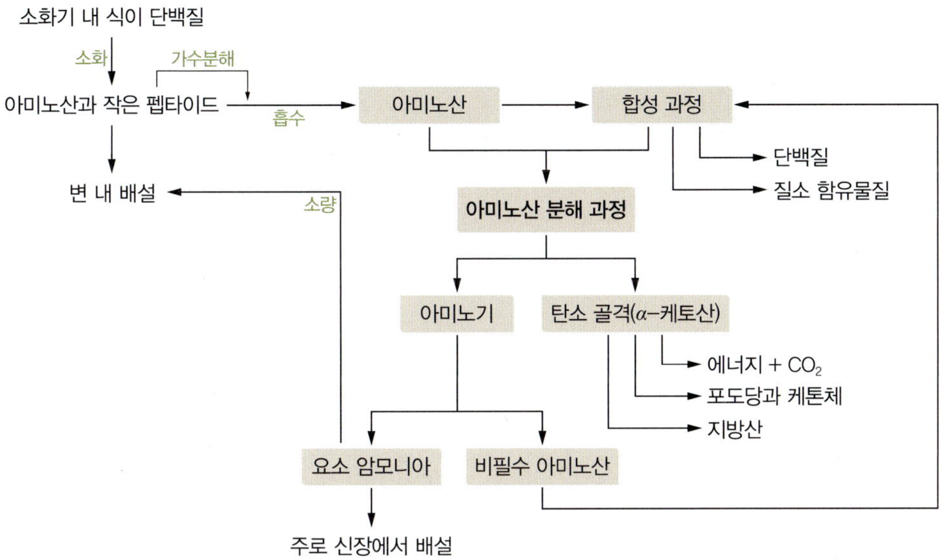

그림 4-12 **아미노산 대사**

단백질을 얼마나 섭취해야 할까?

Tip

『2015 한국인 영양소 섭취기준』에 따르면 성인의 단백질 평균필요량은 성별에 상관없이 질소 균형 실험 결과로부터 얻은 0.66 g/kg/일에 단백질 소화율을 보정한 0.73 g/kg/일을 질소 균형 유지를 위한 체중당 1일 필요량으로 정하였고, 권장섭취량은 평균필요량에 개인 간 변이 계수(12.5%)를 적용하여 설정하였다.[9]

성인(19~29세)의 단백질 평균필요량은 남자 50 g, 여자 45 g이고, 권장섭취량은 남자 65 g, 여자 55 g이다.

평균필요량 = 평균체중 × 0.73 g/kg/일

권장섭취량 = 평균체중 × 0.73 g/kg/일 × 1.25

= 평균체중 × 0.91 g/kg/일

한국인은 단백질을 얼마나 섭취하고 있을까?

'국민건강영양조사' 결과(2016)에 따르면 만 1세 이상에서 단백질 평균섭취량은 1일 1인당 71.8 g으로 1일 에너지 섭취량의 14.8%를 단백질로 섭취한다. 『2015 한국인 영양소 섭취기준』과 비교하여 모든 연령군에서 100% 이상 충분히 섭취하고 있으나, 그럼에도 부족하게 섭취하는 경우가 19.6% 존재한다. 단백질 전체 섭취량의 57%를 육류(21.4 g)와 곡류(19.3 g)를 통해 섭취하고 있으며, 단백질 섭취량이 가장 높은 연령은 19~29세이다.[10]

화 작용 첫 단계는 아미노기를 옮기거나 제거하는 반응이다. 아미노기 전이 반응과 탈아미노 반응에 의하여 아미노산으로부터 떨어져 나온 아미노기(NH_2)는 요소회로(urea cycle)를 거쳐 요소(urea)로 배설되고 나머지 α-케토산은 당질 대사 또는 지질 대사의 중간산물을 거쳐 아세틸 CoA(acetyl CoA)가 되어 TCA 회로(TCA cycle)로 보내진다. 아미노기 전이 반응과 탈아미노 반응은 체내에서 비필수아미노산 합성에도 관여한다(그림 4-12).

(1) 아미노기 전이 반응

아미노기 전이 반응(transamination)은 한 아미노산에서 떼어낸 아미노기($-NH_2$)가 다른 α-케토산으로 이동하여 새로운 아미노산과 새로운 α-케토산이 생성되는 반응이다(그림 4-13).

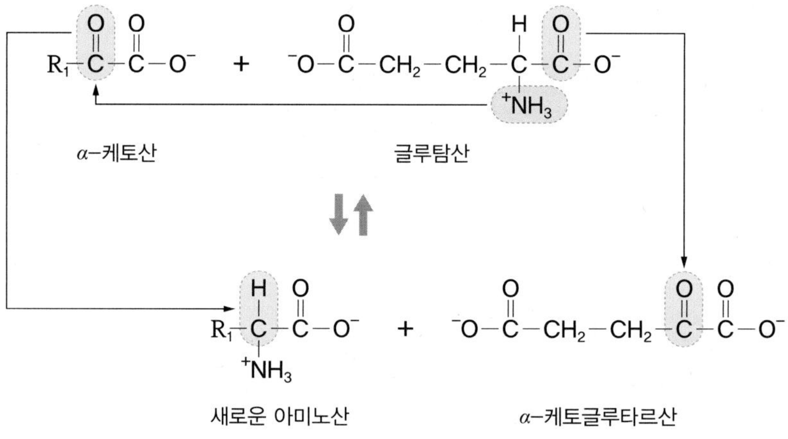

그림 4-13 아미노기 전이 반응

아미노기 전이는 아미노기 전이효소(aminotransaminase : AST 또는 ALT)에 의해서 일어나며 조효소로 피리독살인산(pyridoxal phosphate, PLP : 비타민 B_6)을 필요로 한다. AST(aspartate aminotransferases)는 아스파르트산에서 아미노기를 옮겨 옥살로아세트산과 다른 아미노산 생성에 관여하고, ALT(alanine aminotransferases)는 알라닌에서 아미노기를 α-케토산으로 옮겨 피루브산과 다른 아미노산(글루탐산) 생성을 위해 작용한다(그림 4-14).

아미노기 전이 반응을 통해 알라닌, 아르기닌, 아스파라긴, 아스파트산, 시스테인, 글

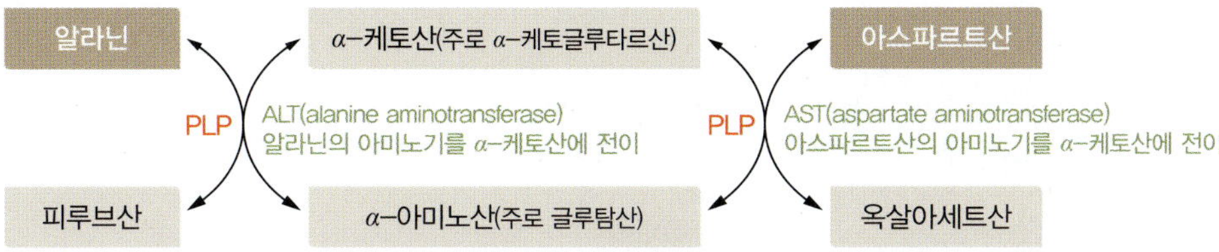

그림 4-14 아미노기 전이 반응과 작용효소

루탐산, 글루타민, 글리신, 프롤린, 세린, 티로신 등의 비필수아미노산이 간에서 합성된다.

(2) 탈아미노 반응

탈아미노 반응(deamination)은 아미노산의 아미노기가 제거되고 α-케토산과 암모니아를 생성하는 과정이다. 탄소 골격의 α-케토산은 에너지를 생성하거나 포도당, 지방산 생성에 사용된다. 이 반응에 탈수소효소가 관여하며 조효소로 피리독살인산을 필요로 한다(그림 4-15).

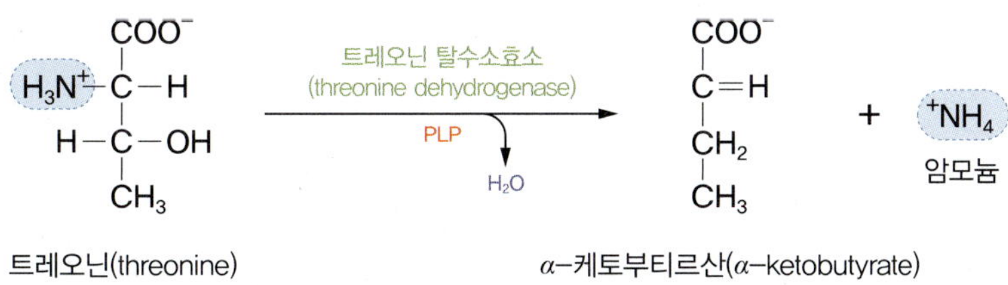

그림 4-15 탈아미노 반응

(3) 요소 생성과 질소 배설

섭취한 단백질은 체내에 필요한 만큼 대사되고 나머지 여분의 질소는 배설된다. 즉, 아미노산이 분해되어 탈아미노 반응에 의해 생성된 아미노기는 암모니아(NH_3)를 형성한다. 암모니아는 강한 알칼리성 세포 독성물질이므로 인체에서는 신속히 간에서 독성이 없는 요소로 전환하여 혈액으로 방출하는데 이 과정을 요소회로라고 한다(그림 4-16).

요소회로는 간에서 유리된 암모니아가 이산화탄소(CO_2)와 결합하여 카바모일인산(carbamoyl phosphate)을 거쳐 오르니틴(ornithine)과 반응하여 시트룰린(citrulline)이 되고, 이어 아스파르트산(aspartic acid)과 반응하여 아르기노숙신산, 아르기닌을 거쳐 요소

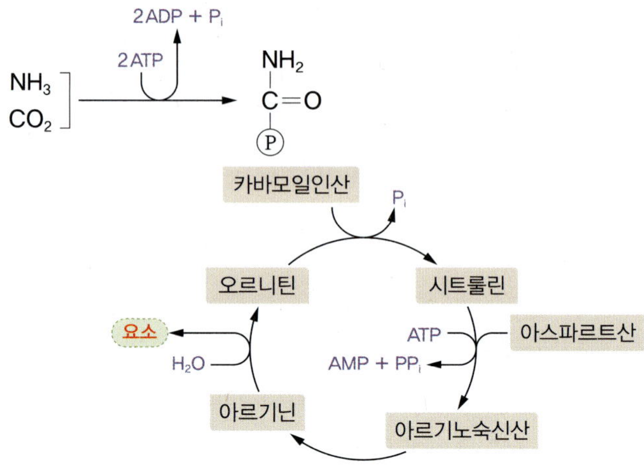

그림 4-16 **요소회로**

와 오르니틴으로 분해되는 과정이며 오르니틴회로(ornithine cycle)라고도 한다. 이렇게 생성된 요소는 콩팥을 통해 소변으로 배설된다. 여분 질소의 90%는 요소의 형태로 소변으로 배설되며 과잉의 단백질 섭취는 요소 합성을 증가시킨다.

소변으로 배설되는 질소

Tip

질소 함유 성분	소변을 통한 배설량(g)
요소	5~20
크레아틴	1~1.8
요산	0.3~1
암모니아	0.4~1

- 요산(uric acid) : 핵산의 구성 성분 중 퓨린 염기인 아데닌(adenine)과 구아닌(guanine)의 탈아미노 반응에 의해 생성, 소변을 통해 배설됨
- 크레아틴(creatine)과 크레아티닌(creatinine)
  - 크레아틴 : 아르기닌, 글리신, 메티오닌 등에 의해 간과 콩팥에서 합성된 후 혈액으로 방출되어 조직으로 이동
  - 크레아티닌 : 크레아틴이 근육으로 운반되고 크레아틴인산 형태로 저장. 크레아틴의 최종 분해산물이며 소변으로 배설되고 콩팥 능력 평가지표 및 근육량 평가지료로 사용

(4) 아미노산의 탄소 골격 대사

아미노산에서 아미노기를 제외하고 남는 부분을 탄소 골격 또는 α-케토산이라고 한다. 탄소 골격은 신체와 영양 상태에 따라 다른 경로를 통해 대사되어 이용된다(그림 4-17).

① 에너지 생성

식사를 통해 충분한 에너지 섭취가 되지 않았을 때 α-케토산은 완전히 산화되어 에너지를 생성한다.

② 포도당이나 케톤체 생성

아미노산은 포도당을 만드는 당원성(glycogenic) 아미노산과 케톤체를 만드는 케톤원성(ketogenic) 아미노산으로 분류된다.

당원성 아미노산은 탈아미노 반응 이후에 피루브산염(pyruvate)이나 TCA 회로(TCA cycle)의 중간 대사물로 분해되어 포도당을 만든다. 포도당이 부족한 경우 이들 아미노산이 포도당 신생합성 과정을 통해 포도당으로 만들어지므로 이들 아미노산을 '당원성 아미노산'이라 부른다. TCA 회로의 중간 대사물은 옥살로아세트산으로 전환되고 이것

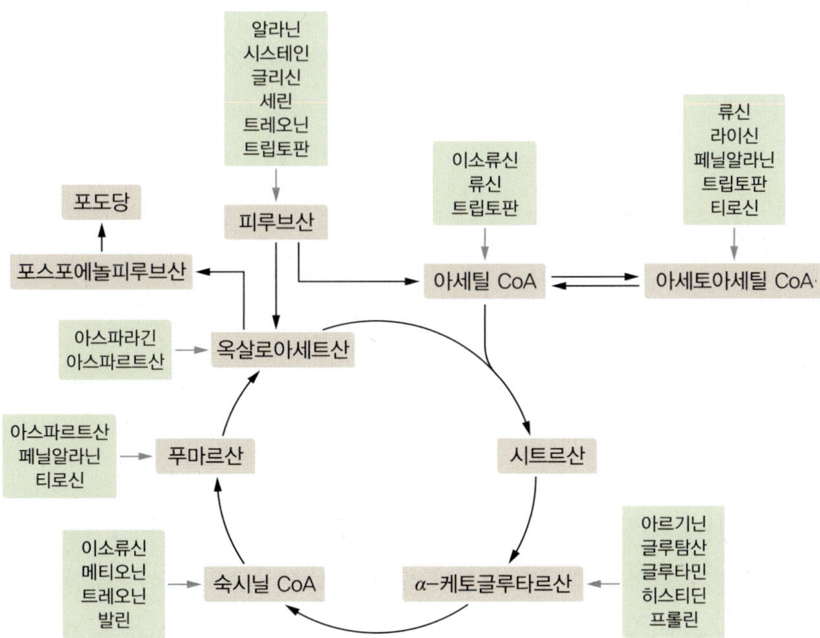

그림 4-17 아미노산의 탄소 골격 대사

이 포도당 신생합성의 재료가 된다. 당원성 아미노산의 종류는 알라닌, 시스테인, 글리신, 세린, 트레오닌, 트립토판, 아스파라긴, 아스파르트산, 페닐알라닌, 티로신, 이소류신, 메티오닌, 발린, 아르기닌, 글루탐산, 글루타민, 히스티딘, 프롤린 등이다.

케톤원성 아미노산은 에너지원이 부족할 때 일부 아미노산의 α-케토산이 아세토아세테이트와 같은 케톤체를 생성하거나 아세틸 CoA로 전환되어 이것이 아세토아세테이트로 전환되기도 한다. 혈당이 낮아지면 뇌와 근육세포는 아세토아세트산을 에너지원으로 사용할 수 있다.

직접 케톤체로 분해되는 아미노산은 류신, 라이신, 페닐알라닌, 트립토판, 티로신 등이며 아세틸 CoA로 전환되는 아미노산은 이소류신, 류신, 트립토판 등이다(표 4-6).

표 4-6 포도당 생성 및 케톤 생성 경로 아미노산

분류	아미노산의 종류
케톤 생성	류신, 라이신
포도당 및 케톤 생성	이소류신, 페닐알라닌, 티로신, 트립토판
포도당 생성	알라닌, 세린, 글리신, 시스테인, 아스파르트산, 아스파라긴, 글루탐산, 글루타민, 아르기닌, 히스티딘, 발린, 트레오닌, 메티오닌, 프롤린

아세틸 CoA를 생성하는 아미노산들은 콜레스테롤 합성에 이용될 수 있으며 과다한 에너지를 섭취했을 때에는 당원성 아미노산과 케톤원성 아미노산 모두 아세틸 CoA를 거쳐 지방산 합성에 이용된다.

(5) 주요 조직에서의 아미노산 대사

식후에 간은 50~65%의 아미노산을 문맥을 통해 흡수하여 필수아미노산의 주요 이화 장소가 되는데, 예외로 가지사슬아미노산은 근육이나 심장에서 더 많이 사용된다.

① 간

음식을 섭취함으로써 흡수된 아미노산은 간문맥을 거쳐 간으로 이동하여 체내의 필요에 따라 사용되며, 필요보다 과다한 양은 분해된다. 간에서 유리아미노산은 효소와 같은 단백질 합성과 혈청 단백질의 합성에 사용되고, 일부는 유리아미노산 형태로 혈액으로 이동하여 요소 합성에 이용되거나 체세포의 요구에 따라 대사량을 조절한다. 간에서는 방향족 아미노산을 비롯한 대부분의 아미노산 분해가 이루어지지만 예외적으로 가지사슬아미노산은 간에서 조절되지 않고 주로 근육에서 분해된다.

② 근육

류신, 이소류신, 발린 등의 가지사슬아미노산은 간에서 조절되지 못하고 근육, 지방, 콩팥, 뇌조직 등에서 대사된다. 특히 굶으면 가지사슬아미노산은 대부분 근육에서 대사되어 알라닌과 글루타민의 형태로 혈액으로 유리되어 간으로 운반된다. 알라닌은 혈액을 통해 간으로 이동하여 분해된 후 탄소 골격은 포도당 신생합성에 이용되고, 질소는 요소를 형성하거나 아미노기 전이 반응에 의해 다른 아미노산으로 전환된다. 글루타민은 장 세포에서 알라닌으로 전환된 후 간으로 이동하여, 탄소 골격은 포도당 신생합성에 사용되고 질소는 요소를 합성하거나 다른 아미노산 합성에 이용된다. 즉, 근육단백질 분해로 형성된 알라닌과 글루타민은 간으로 이동하여 간세포 내에서 포도당 신생합성 과정에 의해 포도당으로 전환되는 당신생의 급원이 된다. 이러한 과정을 포도당 알라닌회로(glucose-alanine cycle)라고 한다(그림 4-18).

따라서 공복이 길어지거나 과도한 운동을 하게 되면 체내 상당량의 근육단백질이 분해되어 아미노산을 방출하여 포도당-알라닌 회로를 통해 근육에서 질소를 제거하고, 간에 피루브산의 탄소 골격을 제공하여 포도당 신생합성으로 포도당을 생성하여 다시 근육으로 이동해 에너지로 사용된다.

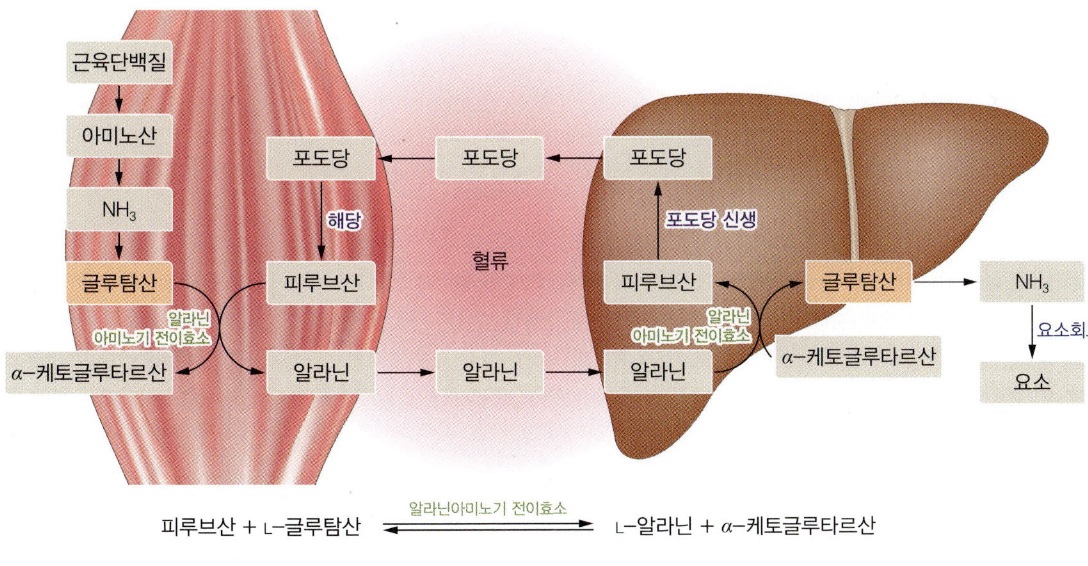

그림 4-18 주요 조직에서의 아미노산 대사 : 포도당-알라닌회로

(6) 비단백질 질소화합물 합성

아미노산의 일부는 인체에서 중요한 생리 기능을 가지는 비단백질(nonprotein) 질소화합물의 합성에 이용된다. 트립토판은 니아신의 전구물질이며, DNA와 RNA, 여러 조효소의 전구물질 등도 일부 아미노산으로부터 생성된다. 또한 신경전달물질(neurotransmitters)의 합성을 위해 아미노산을 이용한다. 예를 들면 트립토판은 수면과 식욕 조절 등에 중요한 세로토닌(serotonin)을 생성하고, 티로신은 노르에피네프린(norepinephrine)과 에피네프린(epinephrine)의 생성에 이용된다. 그 외에 티로신은 멜라닌색소를 합성하고 갑상선 호르몬(thyroxine)을 생성하여 대사 속도 조절에 중요한 역할을 한다.

선천성 단백질 대사 이상 *Tip*

선천적으로 체내에 특정 효소가 없거나 부족하여 정상적인 대사가 이루어지지 않는 유전 질환을 선천성 대사 이상이라고 한다. 선천성 단백질 대사 이상의 대표적인 예로 페닐케톤뇨증, 호모시스틴뇨증, 단풍당뇨증, 티로신혈증 등이 있다.

고페닐알라닌혈증

고페닐알라닌혈증(hyperphenylalaninemia) 중 하나가 페닐케톤뇨증(phenylketonuria, PKU)으로 신생아에서 발생 빈도가 높다. 페닐알라닌을 티로신으로 대사시키는 데 필요한 페닐알라닌 히드록시화효소의 결핍에 의한 대사 장애이다. PKU 경우 이 효소의 활성이 정상인의 2% 이하로, 페닐알라닌의 정상 수준이 2 mg/dL 이하인 것에 비하여 20 mg/dL로 상승한다. 따라서 체액에 페닐알라닌이 축적되고 혈액 내 페닐알라닌 농도가 상승하게 된다. 결과적으로 PKU 환자에게 티로신은 필수아미노산이 된다. 또한 과량의 페닐알라닌은 티로신 대사를 저해하여 멜라닌, 에피네프린, 티록신과 같은 티로신 대사물을 감소시킨다.

티로신 대사 장애

대표적인 선천성 티로신 장애인 티로신혈증(tyrosinemia)은 간의 효소인 *p*-hydroxy phenylpyruvate hydroxylase 부족으로 나타난다. 신생아의 0.5% 정도에 발생하며 미숙아의 경우 발생률이 더 높다. 이는 치료하지 않아도 일반적으로 3개월 이내에 사라진다. 페닐알라닌과 티로신의 양을 적게 섭취하는 것이 도움이 되는데 이는 식이 내 총 단백질 함량을 제한함으로써 가능하다.

단풍당뇨증

단풍당뇨증(maple syrup urine disease, MSUD)은 발린, 이소류신, 류신 등의 가지사슬아미노산(BCAAs) 대사 장애이다. 이들 아미노산의 산화적 탈탄산효소의 유전적 결함으로 BCAAs와 그 부산물인 α-케토산이 축적되어 영유아에서 심한 신경 증상을 나타내며, 치료하지 않으면 지적 장애, 신체적 불구, 사망을 유발하는 희귀 유전 질환이다. MSUD 신생아의 초기 치료는 가지사슬아미노산의 수치를 빨리 감소시키는 것이며, 이들 아미노산이 제한된 특수 분유를 수유해야 한다.

호모시스틴뇨증

호모시스틴뇨증(homocystinuria)은 메티오닌 대사에서 시스타티오닌 합성효소의 유전적 결핍에 의해 메티오닌과 호모시스틴이 체내에 축적되어 발생되는 선천성 대사 장애이다. 신생아기에 조기 진단과 치료로 지능 저하를 예방해야 한다. 메티오닌 함량이 낮은 특수 분유가 도움이 된다.

5) 단백질 합성

식품 단백질을 섭취하면 체내에서 아미노산으로 분해되며, 필요한 단백질을 합성하는 데 이용된다. 단백질을 합성하기 위해서는 모든 필수아미노산이 필요한 양만큼 있어야 한다. 비필수아미노산이 부족한 경우 세포는 혈액을 통해 간으로부터 그 아미노산을 만들어 단백질 합성을 계속하지만, 만일 필수아미노산이 부족하면 그 아미노산을 공급하지 못하여 단백질 합성을 중단하게 된다.

단백질 합성(protein synthesis)은 세포 내 리보솜(ribosome)에서 이루어지며 세포의 신호전달(cell signaling), 전사(transcription), 번역(translation)의 세 단계로 구분할 수 있다(그림 4-19).

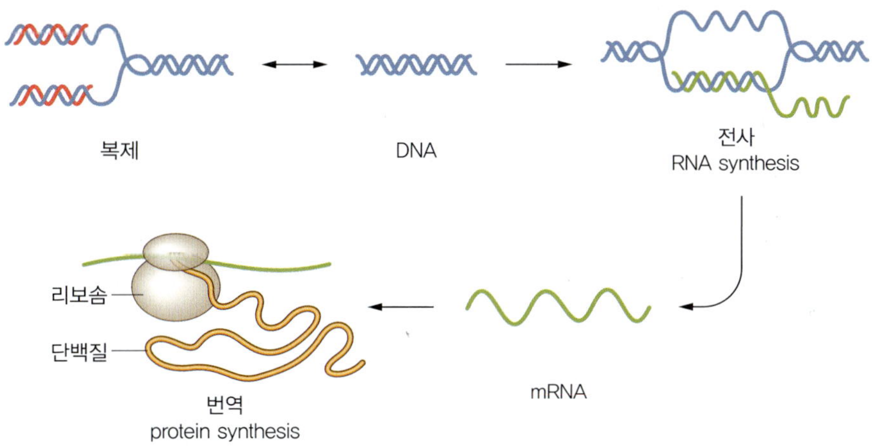

그림 4-19 단백질 합성

세포의 신호전달은 세포가 단백질을 만들도록 신호를 받아들여서 단백질 합성을 시작하는 첫 단계이다. 모든 세포핵에는 인체 단백질을 만들기 위한 DNA가 들어 있으며 특정 유전자가 '발현(expressed)'하게 된다. 영양소는 DNA 구조를 변화시키지 않지만, 유전자 발현에 영향을 미친다. 핵에 존재하는 유전 정보인 DNA의 두 가닥이 풀려서 전령 RNA(messenger ribonucleic acid, m-RNA)를 형성하게 된다. 전사는 핵 안에서 이루어지며 DNA에 있는 정보를 m-RNA로 복제하는 과정이 이루어진다. 새로 만들어진 m-RNA은 핵을 떠나 리보솜으로 이동하여 t-RNA가 운반해 주는 아미노산을 m-RNA의 정보에 따라 결합시키는 번역 단계를 거치게 된다.

즉, mRNA는 세포핵 내의 DNA에서 리보솜으로 제조 지시를 전달하며, tRNA는 올바른 순서로 아미노산을 모으고, 리보솜의 rRNA는 단백질 합성을 지시하게 된다. 활성화된 아미노산이 펩타이드결합으로 연결되어 폴리펩타이드를 형성한다. 새로 만들어진 폴리펩타이드는 리보솜에서 분리되고 t-RNA는 m-RNA 틀에서 분리되어 새로운 단백질을 합성할 준비한다.

기아와 체단백질 *Tip*

기아(starvation) 상태 또는 지속적으로 음식 섭취가 부족하면 단백질 번역에 필요한 mRNA 감소, 펩타이드결합 형성 속도 감소 등에 의해 단백질 합성이 감소하게 된다. 혈장단백질과 같은 단백질 전환이 빠른 단백질 합성은 정상의 30~40% 정도 감소하고 근육의 단백질 합성은 더 감소하게 된다.

기아 상태에서는 호르몬의 변화도 이루어진다. 인슐린 생성이 급격히 감소하여 단백질과 지방 합성에 필요한 세포에 영양소의 흡수가 저하된다. 반면 글루카곤, 카테콜아민, 글루코코르티코이드가 증가하여 지방세포로부터 지방산의 이동을 촉진하고 케톤 생성, 단백질 분해를 일으킨다.

4. 단백질의 생리적 기능

단백질은 체내에서 에너지 공급량이 충분한 경우, 체내의 중요 구성 성분, 수분 및 산·염기 평형 조절, 면역 기능과 효소 및 호르몬 합성, 영양소 운반, 포도당 생성 및 에너지 제공 등의 다양한 기능을 한다.

1) 체구성 성분 형성

건강한 성인의 경우 체중의 약 16%가 단백질로 이루어져 인체 내에서 단백질은 수분 다음으로 많은 부분을 차지하고 있으며, 모든 세포를 구성하고 신체조직의 성장과 유지에 중요하다. 단백질은 중요 체구성 성분인 근육, 피부, 뼈와 치아, 머리카락 등을 형성한다. 콜라겐은 근육과 인대를 구성하여 뼈와 치아 구조를 형성하고, 액틴(actin)과 미오신(myosin)은 근육의 수축과 이완에 작용하며 케라틴은 머리카락과 손톱 등을 구성한다. 따라서 조직 생성이 왕성한 성장기와 임신·수유기에는 많은 양의 단백질이 요구된다.

2) 산·염기 평형 유지

단백질은 아미노기(염기)와 카르복실기(산성기)를 모두 가지고 있는 양성 물질로 수소이온(H^+)을 주거나 받아 체액을 중성(pH 7.4)으로 일정하게 유지시키는 완충제(buffer)로 작용한다. 헤모글로빈은 혈액의 pH를 일정하게 유지하도록 완충 작용을 하는 대표적인 단백질이다.

3) 체수분 평형 유지

혈액 내 단백질은 분자 크기가 크므로 세포간질(intercellular)로 들어가지 못하고 혈액 내 단백질 농도에 따라 삼투압이 조절되어 체액의 이동이 결정된다. 혈장단백질인 알부민(albumin), 글로불린(globulin) 등은 모세혈관 내에 머무르면서 혈장 내 삼투압을 유지하여 수분을 혈관 내로 재이동시킴으로써 혈장과 세포 사이의 수분 평형을 유지한다. 따라서 단백질 섭취가 충분하지 않으면 혈액 중 알부민이 부족하여 혈장의 삼투압이 떨어지고, 수분이 조직으로 이동·잔류하여 부종(edema)이 생기게 된다(그림 4-20).

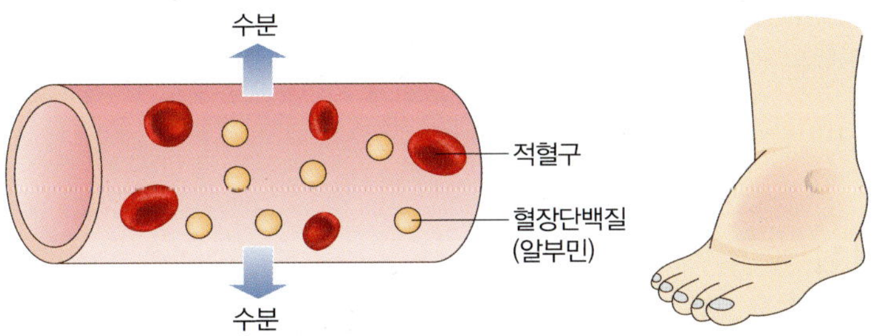

그림 4-20 수분 평형 조절
심한 단백질 결핍으로 체액이 혈관 내로 돌아오지 못하여 부종이 생기게 된다.

4) 효소 및 호르몬 합성

체내에는 수많은 화학 반응의 속도를 촉매하는 수천 가지 종류의 효소가 존재하는데 이들 효소는 모두 단백질이며, 대표적인 예로는 소화효소들을 들 수 있다.

또한 체내 특정 조직에서 다양한 호르몬이 합성된다. 체내 대사를 조절하는 인슐린, 글루카곤, 성장 호르몬 등은 단백질로 구성되며, 노르에피네프린과 에피네프린, 갑상선 호르몬 등이 티로신으로부터 합성된다.

5) 면역 기능

단백질은 세균이나 이물질에 의한 감염으로부터 생체 방어 작용을 하는 면역계(immune system)에서 중요한 기능을 한다. 항체(antibody)는 외부에서 침입하는 각종 세균으로부터 신체를 보호하는 물질이며, 단백질로 구성되어 있다. 항체는 항원(antigens)과 결합하여 각종 병원균을 제거함으로써 인체의 면역 작용에 관여한다. 특정 항원에 특정 항체가 결합하므로 항체의 종류는 매우 많아서 상당량의 단백질이 필요하다. 단백질 섭취가 충분할 때에 체내 항체 형성이 신속히 이루어져 적절한 면역 반응이 가능하여 병에 대한 저항력이 생긴다.

6) 영양소 운반 기능

체내에서 필요한 영양물질의 운반체들은 단백질로 구성되어 있다. 알부민과 글로불린과 같은 혈장단백질은 지질, 지용성 비타민, 무기질 등의 영양소를 혈액을 통해 필요한 조직으로 운반하는 역할을 한다. 지단백질(lipoproteins)은 혈액 내에서 지질 성분, 트랜스페린(transferrin)은 철 운반체로 작용한다.

7) 에너지와 포도당 급원

단백질 1 g은 약 4 kcal의 에너지를 발생한다. 그러나 간, 콩팥에서 암모니아 배설을 위해 요소를 합성하는 과정에서 에너지를 소모하므로 탄수화물이나 지질에 비해 비효율적인 에너지원이다. 에너지 섭취량이 부족하거나 과다한 운동 시에는 단백질이 분해되어 포도당 신생합성에 의해 포도당을 합성한다.

8) 생리활성물질의 합성

일부 아미노산은 인체 내의 중요한 생리활성물질 합성에 필요한 전구물질 역할을 한다.

단백질은 신경자극전달 체계에도 관여하여 트립토판, 티로신, 글루탐산 등은 신경전달물질의 전구물질로 이용된다. 트립토판에 의해 유도되는 세로토닌은 뇌 조직에서 합성되어 수면 작용을 증진시키는 신경전달물질이다.

글루타티온과 타우린은 체내 항산화 작용 및 산화환원 작용을 조절하는 물질로, 글루타티온은 글리신, 시스틴, 글루탐산 등에서 합성되고 타우린은 시스틴에서 합성된다.

5. 단백질의 질 평가

식품 단백질 중 양질의 단백질이란 체내에서 단백질 합성 효율이 높은 단백질들이다. 양질의 단백질은 인체가 필요로 하는 필수아미노산을 충분히 함유하고 있으며, 비필수 아미노산의 합성을 위한 충분한 질소를 제공하도록 여러 종류의 아미노산을 포함하고 있다. 또한 소화 흡수율이 높은 단백질이다.

완전단백질이면서 소화율(digestibility)이 높은 양질의 단백질 중 하나가 달걀 단백질이다. 달걀 단백질은 다른 식품에 들어 있는 단백질의 질을 비교하는 기준으로 이용되어 기준단백질(reference protein)이라고도 한다.

단백질 식품의 질은 여러 가지 방법에 의해 평가할 수 있는데 크게 생물학적 평가법과 화학적 평가법으로 구분할 수 있다.[1]

1) 생물학적 평가법

생물학적 평가법은 동물 또는 인체에 대한 실험적 근거 자료에 의하여 단백질의 질을 비교 평가하는 것으로 단백질 효율, 생물가, 단백질 실이용률 등이 있다.

(1) 단백질 효율

단백질 효율(protein efficiency ratio, PER)은 가장 간단하여 많이 사용하는 단백질의 질을 평가하는 방법이다. 성장하는 동물의 체중 증가에 기여하는 단백질의 영양가를 판정하는 방법으로, 체중 증가량을 단백질 섭취량으로 나눈 값이다.

일반적으로 체중 증가가 체단백질 보유량과 정비례한다는 가정하에 어린 쥐의 성장 정도를 측정한다. 주로 영아용 식품의 식품 표시 기준을 정하는 방법으로 이용된다.

$$\text{단백질 효율(PER)} = \frac{\text{일정 기간 동안의 체중 증가량(g)}}{\text{일정 기간 동안의 단백질 섭취량(g)}}$$

(2) 생물가

생물가(biological value, BV)는 질소 균형 실험을 기반으로 생체 내에 흡수된 질소가 얼마나 효율적으로 체단백질로 전환되었는지를 측정하는 것이다.

식품 중 달걀 단백질의 생물가가 가장 높으며 우유, 육류 등 동물성 단백질의 생물가가 상대적으로 높다. 생물가가 높을수록 양질의 단백질로 평가한다.

$$\text{생물가(BV)} = \frac{\text{체내에 남은 질소량}}{\text{체내로 흡수된 질소량}} \times 100$$
$$= \frac{\text{식품 질소량} - (\text{소변 질소량} + \text{대변 질소량})}{\text{식품 질소량} - \text{대변 질소량}} \times 100$$

(3) 단백질 실이용률

단백질 실이용률(net protein utilization, NPU)은 소화율을 고려하여 흡수된 질소량이 아닌 총 섭취한 질소량에 대한 체내에 남은 질소량의 백분율로, 생물가에 소화 흡수율을 곱한 값이다.

$$\text{단백질 실이용률(NPU)} = \frac{\text{체내 남은 질소량}}{\text{식이로 섭취한 질소량}} \times 100$$

2) 화학적 평가법

화학적 평가법은 식품 단백질의 아미노산 조성을 분석하고 이를 기준단백질의 아미노산 조성과 비교하는 것으로 화학가, 아미노산가 등이 있다.

(1) 화학가(아미노산가)

화학가(chemical score, CS)는 달걀 단백질과 같은 완전단백질의 아미노산 조성을 기준으로 하여, 평가하고자 하는 단백질의 아미노산 조성을 비교하는 것으로 아미노산가(amino acid score)라고도 한다. 달걀 단백질은 인체에 필요한 필수아미노산 함량에 가장 비슷하게 구성되어 있어 이를 기준으로 한다.

$$\text{화학가(CS)} = \frac{\text{평가 단백질 g당 제1 제한 아미노산의 mg}}{\text{기준 단백질의 g당 동일 아미노산의 mg}} \times 100$$

국제식량농업기구(FAO)와 세계보건기구(WHO)에서 인체의 단백질 필요량에 근거한 아미노산 필요량인 이상적 필수아미노산 표준 구성을 기준단백질로 제시하였고, 이 기준값으로 화학가를 계산한 것이 아미노산가이다. 아미노산가는 달걀이 가장 높고 그 다음은 육류, 우유의 순이다.[11]

(2) 소화율을 고려한 아미노산가

단백질의 소화율을 고려하여 아미노산가(protein digestibility corrected amino acid Score, PDCAAS)를 구하는 방법으로, 식품 단백질의 아미노산가를 100으로 나누고 소화율(보통 0.8~1.0)을 곱하여 계산한다. 미국식품의약국(FDA)은 PDCAAS를 대부분의 식품 단백질의 질을 판정하는 공식적인 방법으로 인정하고 있다.[12]

$$\text{PDCAAS} = \frac{\text{아미노산가}}{100} \times \text{소화율}$$

단백질의 질을 평가하는 여러 가지 방법은 모두 공통적인 한계를 가지고 있다. 즉, 잘 조정된 조건하에서 오로지 한 가지 단백질의 질만을 평가할 수 있다는 것이다. 실제로는 여러 가지 단백질을 혼합해서 섭취하고 있으며, 혼합 식사에서 단백질의 가치를 총체적으로 나타내 주지는 못한다.

Tip

밀단백질의 화학가와 아미노산가 계산

밀의 아미노산 함량과 기준 아미노산 함량의 비교

아미노산	아미노산 함량(g/100 g 단백질)		
	밀	달걀	FAO/WHO 기준
페닐알라닌 + 티로신	8.1	10.1	7.3
히스티딘	1.9	2.4	1.7
트립토판	1.2	1.6	1.1
류신	6.3	8.8	7.0
함황아미노산	3.5	5.5	2.6
이소류신	4.0	6.6	4.2
발린	4.3	7.4	4.8
트레오닌	2.7	5.0	3.5
라이신	2.4	6.4	5.1

*밀단백질의 제1 제한아미노산은 라이신이다.

$$\text{화학가} = \frac{2.4}{6.4} \times 100 = 38 \qquad \text{아미노산가} = \frac{2.4}{5.1} \times 100 = 47 \qquad \text{PDCAAS} = \frac{47}{100} \times 0.9 = 0.4$$

표 4-7 평가 방법에 따른 일부 단백질 식품의 질

식품	단백질 효율	생물가	단백질 실이용률	화학가
달걀	3.92	94	94	100
육류, 어류, 가금류	2.30~3.55	74~76	57~80	66~70
우유	3.09	85	82	60
밀가루	0.6~1.53	52~65	40	28~44
옥수수	1.12	60	51	41
대두	2.32	71	61	47
대두 이외 콩류	1.65	55	48	28~43

양질의 단백질 식품은 무엇이 있을까? *Tip*

양질의 단백질은 필수아미노산을 충분히 함유하는 완전단백질이다. 대표적인 단백질 급원 식품 중에서 완전단백질의 급원 식품은 동물성 육류(소고기, 돼지고기, 닭고기), 생선, 달걀, 우유 및 유제품(치즈, 요구르트) 등이 있다. 곡류, 견과류, 대두 등은 일부 필수아미노산이 양적으로 또는 부분적으로 부족한 급원 식품이므로, 필수아미노산의 부족을 예방하기 위해 완전단백질 급원 식품과 함께 섭취할 것을 권장한다.

6. 단백질의 섭취와 관련된 건강 문제

1) 단백질 섭취 부족

단백질 섭취가 장기간 부족하면 결핍 증상이 발생하는데, 특히 단백질과 함께 에너지 섭취가 부족하게 되면 단백질-에너지 영양불량(protein-energy malnutrition, PEM) 상태가 된다. 일반적으로 에너지 섭취가 부족하면 단백질 섭취도 부족하게 되어 단백질의 주요 기능인 체단백질 합성이 억제된다.

단백질-에너지 영양불량증은 주로 저개발국가의 어린이에게서 나타나는데, 성인의 경우 흡수불량증, 콩팥 및 간장 질환, 암, AIDS, 결핵 등으로 입원한 환자, 신경성 섭식 장애와 같은 질환에 의해 발생한다.[8] 심각한 PEM은 마라스무스(marasmus)와 콰시오커(kwashiorkor)와 같은 2종류의 영양불량 증세를 보인다(표 4-8).

(1) 마라스무스

마라스무스는 장기적인 식품 섭취 부족으로 인한 심한 기아 상태에서 발생한다. 단백질과 에너지가 모두 결핍 상태로, 극심한 체지방과 근육 소모가 동시에 발생하여 심하

표 4-8 마라스무스와 콰시오커 비교

특징	마라스무스	콰시오커
최고 발생 시기	2세 이하의 유아와 어린이	1~3세 어린이
원인	심한 단백질, 에너지, 비타민과 무기질의 부족	불충분한 에너지와 심한 단백질 부족, 감염
발생 속도	만성의 PEM	급성의 PEM
체중	극심한 감소	약간 감소
체구성 성분	체지방 손실과 함께 극심한 근육 소모	약간의 근육 소모, 일부 체지방 보유
성장	정상 체중의 60% 이하	정상 체중의 60~80%
부종	없음	있음
지방간	없음	지방간, 간비대
감정	불안, 무관심	무관심, 과민성, 우울
머리카락	건조, 가늘고 숱이 없으며 잘 빠짐	건조, 부서지고 잘 빠짐, 변색
피부	건조, 야위고 주름진	손상

게 마르게 된다. 어린이의 경우 성장이 정지되고 주름진 피부로 노인과 같은 모습이 된다.[8] 부종은 없으나 극도로 체중이 감소하고 무감각해지며 식욕이 없어진다.

(2) 콰시오커

콰시오커는 저개발국가에서 흔히 볼 수 있는 심각한 단백질 결핍증이다. 마라스무스와는 달리 혈장단백질의 부족으로 체액 균형이 깨지고 부종이 생기며 복강 내에 체액이 축적되어 복수(ascites)가 발생한다.[13] 이외에 감염, 성장 지연, 허약, 질병에 대한 민감도 증가 등이 주요 증세로 나타난다.[8]

2) 단백질 섭취 과잉

단백질을 과잉 섭취하는 경우 건강에 직접적으로 해를 미치는지는 명확하지 않지만, 고단백 식사가 비만 및 다른 여러 건강 위험에 대한 요인으로 작용한다.[14] 과잉의 단백질 섭취와 체지방 증가 사이에는 상관관계가 있으며[15], 일반적으로 단백질이 풍부한 식품은 지방 함량이 높아 동물성 단백질의 과잉 섭취는 체지방 축적으로 이어져 비만을 유발할 수 있다는 보고가 있다.[8]

콩팥에서는 단백질의 분해산물을 체외로 배설해야 하므로 과잉의 단백질 섭취는 콩팥에 부담을 주게 된다. 특히 콩팥 질환이나 당뇨병 환자에게 해로울 수 있다. 콩팥을 통

한 칼슘 배설이 증가하여 뼈의 무기질 손실을 가져와 골다공증을 일으킬 수 있다.[8]

동물성 단백질의 과잉 섭취는 일부 암 발생의 증가 요인으로도 작용하여,[16] 단백질 섭취량과 대장암 발생 사이에 상관관계가 있음이 알려져 있다.[17] 동물성 단백질은 포화지방이 많아 과잉 섭취하면 심장 질환을 일으킬 수 있다. 반면 콩 단백질은 혈청콜레스테롤이 높은 사람의 혈청 수준을 낮추고,[18] 비만, 당뇨병, 골격, 콩팥 질환에 대해 보호 작용을 한다.[19] 일부 연구에서 단기간에 고단백, 저탄수화물 식이요법의 이점을 제시하고 있으나, 무조건 과일이나 곡물의 섭취를 피하면 몸에 좋은 섬유질, 비타민, 무기질 및 기타 식물성 영양소를 놓치게 된다.[20]

단백질 영양과 질병

Tip

고단백 식품 선택은 건강에 중요한 영향을 미친다. 붉은색 및 가공된 고기 대신 생선, 닭고기, 콩 또는 견과류 등을 단백질 급원으로 섭취하면 여러 질병과 조기 사망의 위험이 줄어들 수 있다.[21~25]

심혈관 질환

하버드 공중보건 대학(Harvard Public Health School)이 실시한 연구에서 붉은 살코기의 정기적인 섭취는 심장 질환 및 뇌졸중의 위험 증가와 심혈관계 질환으로 인한 사망 위험과 관련이 있다고 밝혔다.[22,23,25] 적색 및 가공된 붉은 살코기 대신 가금류, 생선, 콩과 같은 식품으로 단백질을 섭취하면 그러한 위험은 줄어들 수 있다.

- 20년간 12만 명을 대상으로 한 간호사 건강 연구(Nurses' Health Study)에서 매일 3온스의 붉은 고기를 섭취하면 심혈관 질환에 의한 사망 위험이 13% 증가, 가공된 붉은 고기를 1온스 추가할 때마다 심혈관 질환으로 인한 사망 위험은 20% 증가한다고 하였다. 즉, 섭취하는 단백질의 양과 관련하여 건강한 급원의 고단백 식이를 섭취하는 것이 심장에 도움이 된다.
- 8만 명 이상의 여성을 대상으로 한 20년간 전향적 연구 결과, 식물성 지방과 고단백 저탄수화물 다이어트 식사를 한 사람들은 고탄수화물, 저지방 음식을 섭취한 저지방 다이어트식을 한 여성에 비해 심장 질환 위험이 30% 낮았다.[26] 그러나 동물성 지방이나 단백질이 많이 함유된 저탄수화물 식이는 그 효과가 나타나지 않았다.

당뇨병

당뇨병 위험에 관해서 단백질의 질은 단백질의 양보다 더 중요하다.[27] 붉은 살코기를 많이 섭취한 사람은 붉은 고기나 가공된 고기를 거의 먹지 않은 사람보다 제2형 당뇨병의 위험이 더 높다.[24]

- 연구 참여자가 붉은 고기 또는 가공된 붉은 고기 섭취를 하루에 추가로 제공할 때마다 당뇨병 위험은 각각 12%와 32% 증가하였고 견과류, 저지방 유제품, 전곡류 중 1회분을 매일 붉은 육류 대신 제공하면 2형 당뇨병 발병 위험이 16~35%가량 낮아진다고 하였다.

암

붉은 고기와 가공고기를 많이 먹는 것이 결장암의 발생 위험 증가와 관련이 있다는 연구가 있다.[21]

- 2014년 연구에 따르면 청소년기에 붉은 고기의 섭취가 많은 경우, 폐경 전 유방암 발병 위험이 높다고 한다.[28]
- 2015년 10월 세계보건기구(WHO)의 세계 암연구소(IARC)는 가공육 및 붉은 살코기의 다량 섭취는 '인체에 발암 가능성이 있음'이라고 발표하였다.[29]

골다공증

단백질이 소화되면서 산을 혈류로 방출하는데 이때 신체는 보통 칼슘 및 다른 완충제로 중화한다. 그러나 많은 양의 단백질을 섭취하면 많은 양의 칼슘이 필요해져 일부는 뼈에서 용출될 수도 있다.[30]

- 고단백 식이요법을 장기간 하게 되면 뼈가 약해질 수 있다. 예를 들어 '간호사 건강 연구'에서 단백질을 95 g 이상 섭취한 여성은 평균(하루 68 g 미만)의 양을 섭취한 여성과 비교했을 때 12년 동안 손목 골절의 발생 확률이 20% 높았다.[30] 그러나 일부 연구에서는 고단백 식이요법은 뼈의 무기질 밀도 증가와 뼈를 더 강하게 결합시킨다고 하였다.[31,32]

단백질과 체중 조절

하버드 공중보건 대학 연구원에서 20년 동안 남녀 12만 명을 대상으로 식이요법과 생활습관을 관찰 조사한 결과, 붉은색 및 가공된 고기를 많이 섭취한 사람은 체중 증가가 많았고 견과류를 많이 섭취한 경우는 체중 증가가 더 적었다.[28,33]

참고문헌

1. Vot D, Voet JG. (1995). *Biochemistry*. 2nd ed. New York: Wily.
2. Bunn HF. (1997). Pathogenesis and treatment of sickle cell disease. *NEJM* 337: 762–769.
3. Young VR. (1991). Soy protein in relation to human protein and amino acid nutrition. *J Am Diet Assoc* 91: 828–835.
4. ADA. (1993). *ADA Reports*. Position of the American Dietetic Association 93: 1317.
5. Guyton AC, Hall JE. (2000). *Textbook of Medical Physiology*. 10th ed. Philadelphia W.B.Saunders.
6. Berg JM, Tymoczko JL, Stryer L. (2002). *Biochemistry*, 5th ed. New York: W.H. Freeman.
7. Mathews DE. (1999). Proteins and amino acids. In: Shils ME, Olson JA, Shike M, Ross AC, eds. *Modern Nutrition in Health and Disease*, 9th ed. Philadelphia: Lippincott Williams & Wilkins.
8. Insel P, Turner RE, Ross D. (2006). *Discorvering Nutrition*, 2nd ed. Jones and Bartlett.
9. 보건복지부. (2015). 2015 한국인영양소섭취기준.
10. 보건복지부, 질병관리본부. (2016). 2016 국민건강통계 I - 국민건강영양조사 제7기 1차년도.
11. FAO. (1970). Amino Acid Content of Foods and Biological Data on Proteins. *FAO Nutrition Studies*, No.24, Rome.
12. FAO and Agriculture Organization. (1991). *Protein Quality Evaluation*: Report of the Joint FAO/WHO Expert Consultation.Rome: Food and Agriculture Organization FAO Food and Nutrition Paper.
13. Sizer F, Whitney E. (2006). *Nutrition concepts and controversies*, 10th ed. Wadsworth.
14. Young VR, Pellett PL. (1994). Plant proteins in relation to human protein and amino acid nutrition. *Am I Clin Nutr* 59: 1203S–1212S.
15. Institute of Medicine, Food and Nutrition Board. (2002). *Dietary Reference Intakes for Energy, Carbohydrates, Fiber, Fat, Fatty acids, Cholesterol, Protein, and Amion Acids*. Washington, DC: National Academy Press.
16. Norat T, Riboli E. (2001). Meat consumption and colorectal cancer: a review of epidemiologic evidence. *Nutr Rev* 59: 37–47.
17. Willett WC. (2005). Diet and cancer: an evolving picture. *JAMA* 293: 233–234.
18. Potter SM. (1998). Soy Protein and cardiovascular disease: The impact of bioactive components in soy. *Nutr Rev* 56: 231–235.
19. Friedman M, Brandon DL. (2001). Nutritional and health benefits of soy proteins. *J Agric Food Chem* 49: 1069–1086.
20. Skov AR, Toubro S, Bülow J, Krabbe K, Parving HH, Astrup A. (1999). Changes in renal function during weight loss induced by high vs low fat diets in overweight subjects. *Int J Obes Relat Metab Disord* 23: 1170–1177.
21. Food, Nutrition, Physical Activity, and the Prevention of Cancer: a Global Perspective. (2007). World Cancer Research Fund, American Institute for Cancer Research:

Washington, DC.

22. Adam M. Bernstein, Qi Sun, Frank B. Hu, Meir J. Stampfer, JoAnn E. Manson, Walter C. Willett. (2010). Major dietary protein sources and risk of coronary heart disease in women. *Circulation* 122(9): 876-883.

23. An Pan, Qi Sun, Adam M. Bernstein, Matthias B. Schulze, JoAnn E. Manson, Meir J. Stampfer, Walter C. Willett, Frank B. Hu. (2012). Red meat consumption and mortality: results from 2 prospective cohort studies. *Arch Intern Med* 172(7): 555-563.

24. An Pan, Qi Sun, Adam M Bernstein, Matthias B Schulze, JoAnn E Manson, Walter C Willett, Frank B Hu. (2011). Red meat consumption and risk of type 2 diabetes: 3 cohorts of US adults and an updated meta-analysis. *Am J Clin Nutr* 94(4): 1088-1096.

25. Bernstein AM, Pan A, Rexrode KM, Stampfer M, Hu FB, Mozaffarian D, Willett WC. (2012). Dietary protein sources and the risk of stroke in men and women. *Stroke* 43(3): 637-644.

26. Halton TL, Willett WC, Liu S, Manson JE, Albert CM, Rexrode K, Hu FB. (2006). Low-carbohydrate-diet score and the risk of coronary heart disease in women. *N Engl J Med* 355(19): 1991-2002.

27. Ley, S. H., Sun, Q., Willett, W. C., Eliassen, A. H., Wu, K., Pan, A., Hu, F. B. (2014). Associations between red meat intake and biomarkers of inflammation and glucose metabolism in women. *Am J Clin Nutr* February.

28. Farvid MS, Cho E, Chen WY, Eliassen AH, Willett WC. (2014). Adolescent meat intake and breast cancer risk. *Int J Cancer* 136: 1909-1920.

29. Bouvard V, Loomis D, Guyton KZ, Grosse Y, Ghissassi FE, Benbrahim-Tallaa L, Guha N1, Mattock H, Straif K. (2015). International Agency for Research on Cancer Monograph Working Group. Carcinogenicity of consumption of red and processed meat. *Lancet Oncol* doi 10.1016/S1470-2045(15)00444-1. [Epub ahead of print].

30. Feskanich D, Willett WC, Stampfer MJ, Colditz GA. (1996). Protein consumption and bone fractures in women. *Am J Epidemiol* 143(5): 472-479.

31. Kerstetter, J.E., A.M. Kenny, and K.L. Insogna. (2011). Dietary protein and skeletal health: a review of recent human research. *Curr Opin Lipido*l 22(1): 16-20.

32. Lawrence J. Appel, Frank M. Sacks, Vincent J. Carey, Eva Obarzanek, Janis F. Swain, Edgar R. Miller III, Paul R. Conlin, Thomas P. Erlinger, Bernard A. Rosner, Nancy M. Laranjo Jeanne Charleston, Phyllis McCarron, Louise M. Bishop. (2005). Effects of protein, monounsaturated fat, and carbohydrate intake on blood pressure and serum lipids: results of the Omni Heart randomized trial. *JAMA* 294(19): 2455-2464.

33. Dariush Mozaffarian, Tao Hao, Eric B. Rimm, Walter C. Willett, M.D., Frank B. Hu. (2011). Changes in diet and lifestyle and long-term weight gain in women and men. *N Engl J Med* 364(25): 2392-2404.

Energy Metabolism
Energy Metabolism
Energy Metabolism
Energy Metabolism

에너지 대사

CHAPTER 5 **Energy Metabolism**

1. 에너지 대사
2. 에너지 균형
3. 에너지 불균형
4. 알코올과 에너지

에너지는 인체가 활동하는 근원이 되는 힘을 말한다. 에너지의 근원은 태양에너지에서 오는 것으로 동식물이 이를 탄수화물, 단백질, 지질 등의 에너지 영양소로 저장하고, 인체는 식품이 가지고 있는 저장에너지를 공급받아 체내에서 사용하는 에너지 형태인 ATP(adenosine triphosphate)로 전환하여 생명을 유지하고 성장과 활동을 위한 다양한 대사에 활용하게 된다.

1. 에너지 대사

대사는 생명 현상을 유지하기 위해 인체 내에서 진행하는 모든 화학 반응을 의미한다. 에너지 대사는 세포가 영양소로부터 에너지를 얻어서 활용할 수 있도록 만드는 화학 반응으로, 에너지를 공급하기 위해서는 영양소가 어떻게 이용되는지에 대한 메커니즘을 이해하는 것이 중요하다.

우리가 섭취하는 식품 중의 탄수화물, 단백질, 지질은 고분자 물질로 소화 과정을 거쳐 탄수화물은 포도당, 단백질은 아미노산, 지질은 지방산과 모노글리세라이드로 체내 흡수되어 간으로 운반된 후 에너지 대사에 이용된다.

대사 과정에는 이화작용과 동화작용이 있다. 이화작용은 체내에서 고분자 물질을 간단한 저분자 물질로 만드는 분해 과정으로, 이때 에너지(ATP)가 생성되어 방출되며 방출된 에너지는 인체가 활동하는 데에 쓰인다. 그와 반대로 동화작용은 간단한 저분자 물질로부터 고분자 물질을 만드는 합성 과정으로 에너지를 필요로 하는데, 이 에너지는 이화작용에서 생성된 것을 사용한다.

탄수화물, 단백질, 지질의 에너지 대사경로는 그림 5-1과 같다. 이화작용의 대사 과정을 보면, 탄수화물(글리코겐)은 포도당의 해당 과정, 피루브산의 아세틸 CoA로의 전환, TCA 회로, 전자전달계 등의 주요 경로를 통해 에너지를 생성한다. 해당 과정은 포도당이 분해되어 피루브산으로 변화되는 과정으로 세포질에서 산소를 소모하지 않고 ATP를 생성하는 반면에, TCA 회로와 전자전달계는 미토콘드리아에서 이루어지는 과정으로 산소를 이용하여 해당 과정보다 더 많은 ATP를 생성한다. 단백질은 최종적으로 아미노산으로 분해되고, 아미노기 전이 반응과 탈아미노 반응에 의해 남겨진 아미노산의 탄소골격은 피루브산, 아세틸 CoA, TCA 회로의 중간물질 대사경로 등으로 들어가서 ATP를 생성한다. 지질은 중성지방이 지방산과 글리세롤로 분해된 후 지방산은 β-산화에 의해

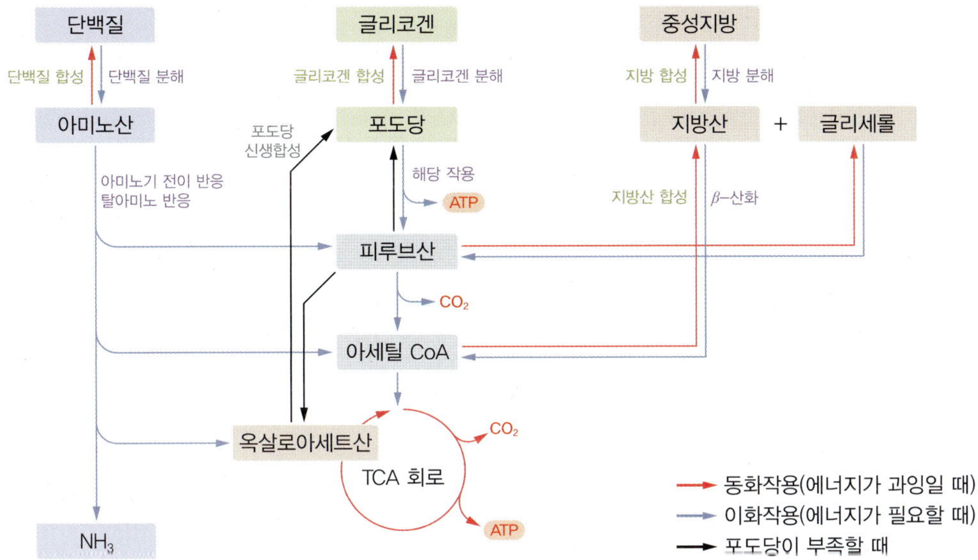

그림 5-1 **탄수화물, 단백질, 지방의 에너지 대사경로**

아세틸 CoA를 거쳐 TCA 회로로 들어가서 ATP를 생성한다.

동화작용의 대사 과정을 보면 아미노산, 포도당, 지방산은 각각 단백질, 글리코겐, 중성지방으로 전환된다. 또한 아미노산은 TCA 회로나 탄수화물, 지질의 중간 대사물을 통해 포도당과 지방산을 생성하고, 포도당도 글리세롤과 아세틸 CoA에서 지방산을 합성하여 지방을 생성한다. TCA 회로의 중간 대사물은 아미노기 전이 반응에 의해 아미노산으로 전환되어 단백질 합성에 이용된다. 동화작용은 단지 이화작용을 거꾸로 진행하는 것은 아니며, 화합물을 분해하는 이화작용은 화합물을 합성하는 동화작용과 전혀 다르다. 동화작용은 주로 세포질에서 일어나는 데 비해 이화작용은 주로 미토콘드리아에서 일어난다. 반응 장소가 다른 것은 동화작용과 이화작용의 경로가 동시에 일어날 수 있다는 면에서 매우 중요하다.

인체에 에너지가 필요할 때에 세포는 탄수화물, 지방, 단백질, 알코올 등을 분해하여 에너지를 생성한다. 그러나 에너지를 필요량보다 과잉으로 섭취하면 이화작용보다 동화작용이 활성화되어 에너지의 저장 형태인 글리코겐과 중성지방으로 전환된다. 동화작용은 영양소의 섭취가 불균형할 때에 부족한 영양소의 합성경로가 되며 특히 포도당이 필요할 경우에 포도당 신생합성(gluconeogenesis)을 통해 포도당을 합성한다. 체내에서 일어나는 에너지 대사 과정에는 여러 효소의 조효소와 촉매인자를 필요로 한다. 이러한

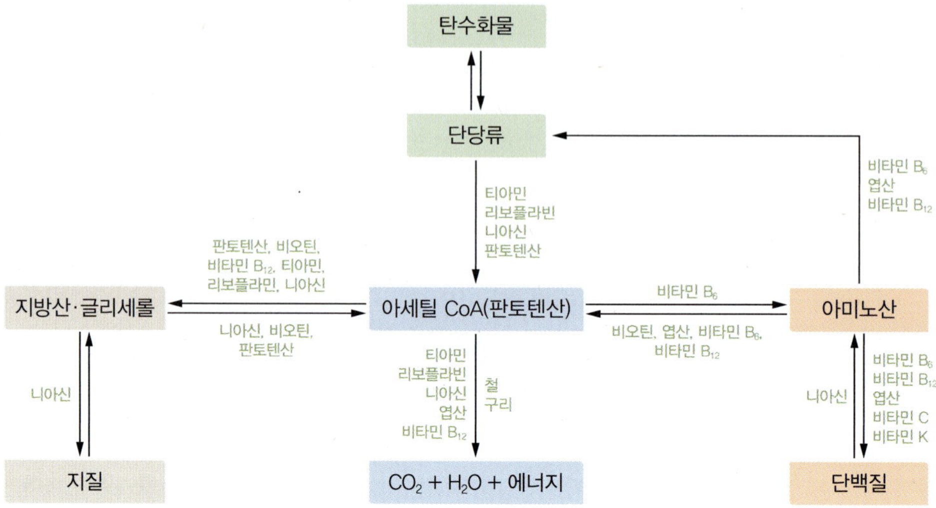

그림 5-2 에너지 대사와 관련된 비타민과 무기질

역할을 담당하는 영양소는 비타민과 무기질로서 그림 5-2와 같다.

1) 섭식 상태에서의 에너지 대사

식사 후 소장에서는 소화 과정에 의해 포도당, 아미노산, 지방산 등의 농도가 증가하고, 수용성 물질인 포도당, 아미노산이 흡수되어 간문맥으로 들어가면 췌장에서 인슐린의 분비가 증가한다. 인슐린 분비의 증가는 동화작용의 대사경로를 촉진하여 각 기관과 조직에서 글리코겐, 단백질, 지방산, 중성지방을 합성한다.

섭식 상태에서 포도당은 인체의 주요 에너지 급원이며, 이 시기에 산소가 충분하면 대부분 해당 작용과 TCA 회로 및 전자전달계를 통해 ATP를 생성하게 된다. 지방조직에서는 중성지방의 합성이 증가하고, 근육조직에서도 포도당의 유입이 증가하여 글리코겐과 단백질의 합성이 증가한다.

체내의 여러 기관과 조직에서 진행되는 에너지 대사는 그림 5-3과 같다.

적혈구는 미토콘드리아를 가지고 있지 않기 때문에 지방산이나 포도당을 호기 상태에서 산화시켜 에너지를 생성할 수 없으며 혐기 상태에서 포도당만이 젖산을 생성한다. 중추신경계는 포도당이나 지방산을 저장에너지로 전환시키는 대사경로가 없어서 글리코겐을 생성할 수 없으며 중성지방으로도 저장할 수 없다. 따라서 중추신경계는 즉시 포도당을 완전히 산화시켜 에너지를 생성하게 된다.

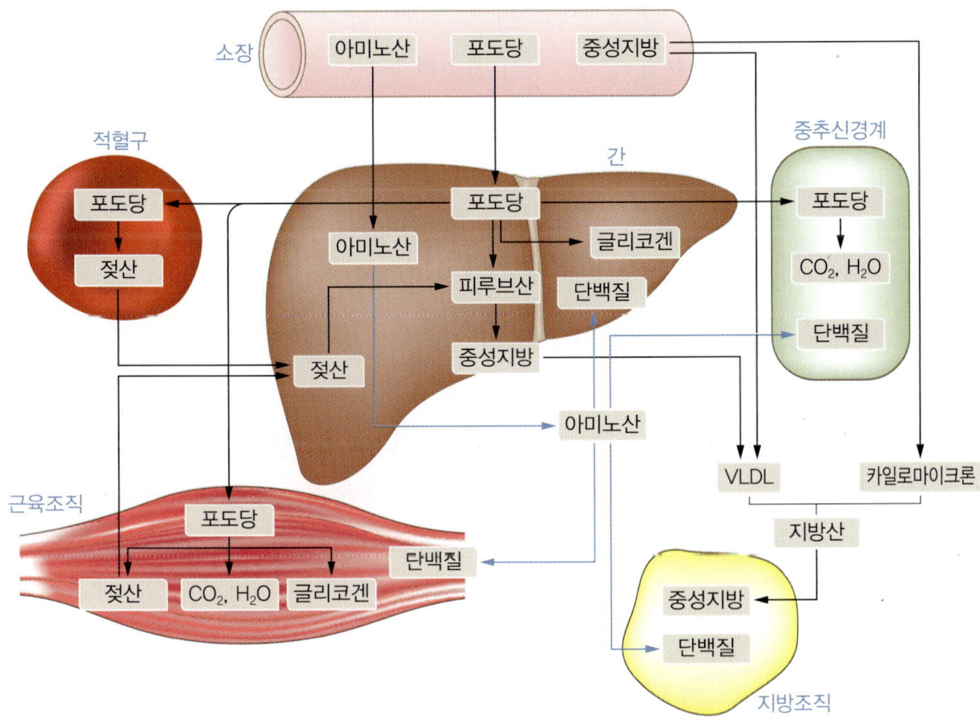

그림 5-3 섭식 상태에서의 에너지 대사

간에서는 포도당이 바로 글리코겐으로 전환되어 저장될 수 있다. 간의 글리코겐은 문맥을 통해 간으로 들어온 식이성 포도당으로부터 생성되는 것과, 말초조직에서 간으로 되돌아온 포도당 신생의 전구물질(피루브산, 알라닌, 젖산)들로부터 간접적으로 생성된 것이다. 포도당이나 포도당 신생의 전구물질들이 간의 글리코겐 저장 능력을 초과할 정도로 많아지면 과잉의 포도당은 다양한 방법으로 대사된다. 그중 과잉의 포도당이 지방산으로 전환되는 것은 중요한 의미가 있다. 왜냐하면 카일로마이크론과 VLDL이 지단백질 가수분해효소에 의해서 분해되어 유리된 지방산은 지방조직에 저장되어 식후 또는 금식 기간 동안 대부분의 체조직에서 필요로 하는 에너지의 연료로 제공되기 때문이다. 포도당이 지방산으로 전환되는 경우는 에너지 섭취량이 에너지 소비량을 초과하였을 때만 이루어진다.

2) 금식 상태에서의 에너지 대사

식후 몇 시간이 지나면 더 이상 섭취한 포도당이나 다른 영양소들로부터 직접 에너지를 얻을 수 없게 된다. 혈액 내 포도당과 아미노산의 농도는 감소하고 18~48시간 이상 금식이 지속되면 낮은 혈당으로 췌장에서의 인슐린 분비가 감소하고 글루카곤의 분비는 증가한다.

단기간의 금식 상태에서는 저장된 글리코겐이 분해되어 생성된 에너지를 주로 사용한다. 제한된 글리코겐 저장분을 모두 사용하면, 비탄수화물 급원으로부터 포도당 신생합성 과정을 거쳐서 포도당을 합성하여 중추신경계와 적혈구에 우선적으로 공급한다. 적혈구와 근육에서 형성되어 방출된 젖산과 근육에서 간으로 회수된 알라닌은 피루브산으로 전환되어 포도당 신생의 전구물질로 이용된다(그림 5-4).

그러나 금식 상태가 장기간 지속되면 인체는 체지방을 분해하여 에너지를 공급한다. 혈중 글루카곤 농도의 증가로 지방조직에서는 저장된 중성지방이 분해되어 지방산과 글리세롤의 유출이 증가하고 지방산의 산화가 급속도로 진행되어 아세틸 CoA가 다량 생

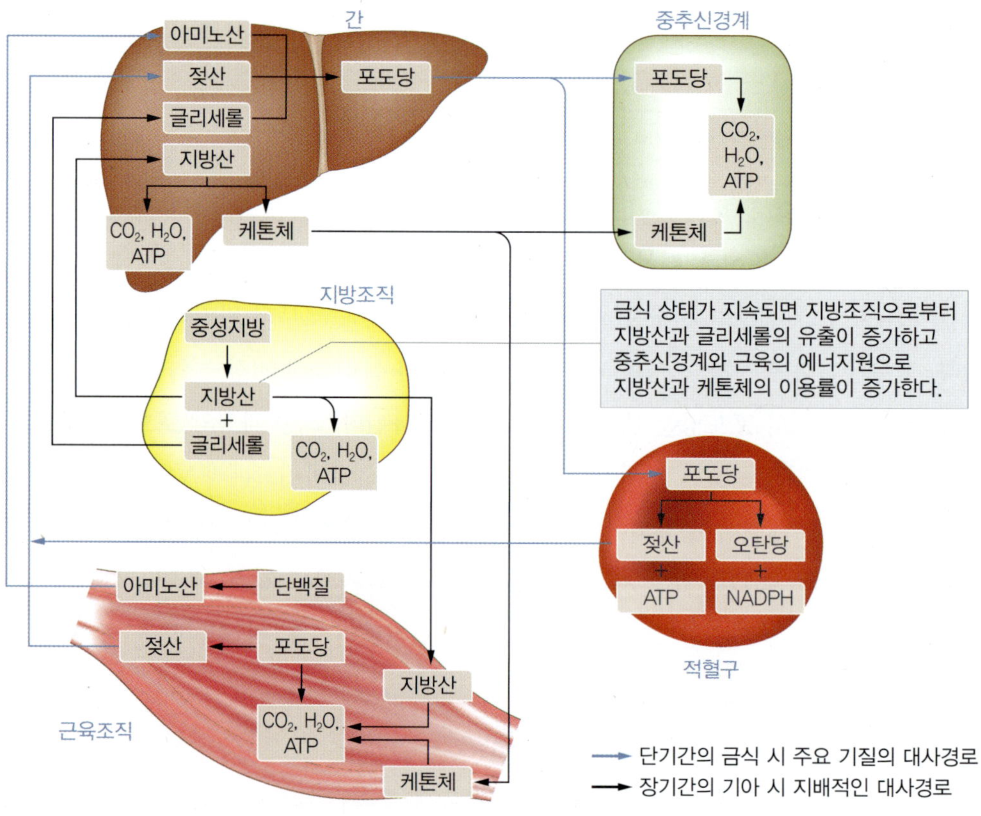

그림 5-4 금식과 기아 시 조직과 기관에서의 에너지 대사

성된다. 탄수화물로부터 공급되는 옥살로아세트산의 부족으로 TCA 회로로 들어가지 못한 아세틸 CoA는 간에서 케톤체를 합성한다.

케톤체는 장기간의 기아 상태에서 중추신경계와 근육에서 주요 에너지 급원으로 사용된다. 특히, 뇌 조직에서 에너지 생성을 위해 케톤체를 사용하는 것은 생존을 위해 매우 중요하다. 뇌가 케톤체를 사용하면 포도당이 다른 조직에서 사용될 수 있도록 해주어 포도당 신생합성에 전적으로 의존할 필요가 없게 되므로 근육조직을 보호하게 된다. 그러나 저장된 지방을 다 사용하면, 결국 근육의 단백질을 분해하여 포도당과 에너지 생성을 위해 사용하게 되므로 심각한 결과를 가져오게 된다. 적혈구는 장기간의 기아 상태에서도 지방산이나 케톤체를 에너지 급원으로 사용하지 않고 에너지 생성을 위해 오직 포도당만을 사용한다. 이는 적혈구에는 지방산이나 케톤체를 대사하여 에너지를 생성하는 미토콘드리아가 없기 때문이다.

2. 에너지 균형

인체가 필요로 하는 에너지는 식품이 함유하고 있는 영양소 중 탄수화물, 단백질, 지질로부터 공급되거나 알코올 섭취를 통해서 공급될 수도 있다. 음식의 섭취를 통해 에너지를 체내로 공급하는 것을 에너지 섭취라 하고, 신체의 성장 및 유지, 근육 활동, 체온 조절 등을 위하여 인체가 에너지를 소비하는 것은 에너지 소비라고 한다. 우리의 인체는 섭취하는 에너지와 소비되는 에너지가 균형을 이루면서 건강을 유지하고 있다.

1) 에너지 섭취

(1) 식품의 에너지와 대사에너지

식품에 포함된 열량 영양소인 탄수화물, 단백질, 지질과 알코올에 저장되어 있는 에너지는 소화와 흡수 과정을 거쳐 체내로 들어온 후 대사되어 체내에서 이용되는 화학에너지인 ATP로 전환된다. 식품 중의 탄수화물, 단백질, 지질과 알코올은 각각 1 g당 4 kcal, 4 kcal, 9 kcal, 7 kcal의 에너지를 내는데 이를 식품의 생리적 열량가 또는 대사에너지라고 한다.

생리적 열량가는 폭발 열량계(bomb calorimeter)를 이용하여 실제로 식품의 연소열을 측정하여 계산한 총열량가보다 약간 작은데, 그 이유는 식품의 에너지가 인체 내 소화 과정에서 완전히 소화되어 흡수되지 못하고 손실되기 때문이다. 일반적으로 생리적 열량가는 표 5-1에서 보는 바와 같이 총열량가로부터 각 영양소의 소화율을 고려하여 계산하며, 단백질은 체내에서 에너지원으로 이용될 때 질소가 요소의 형태로 소변으로 배설되기 때문에 단백질 1 g당 요소 합성에 소모되는 에너지의 양인 1.25 kcal를 빼고 계산한다.

대사에너지의 50% 정도는 이화작용이나 열로 발산되어 체온 유지에 이용되고, 10% 정도는 영양소의 소화, 흡수, 분해, 저장 등에 사용된다. 그러므로 실제로 체내에서 이용되고 저장되는 에너지의 양은 식품 에너지의 약 20~45% 정도이다.

표 5-1 에너지 영양소의 총열량가와 생리적 열량가의 비교

영양소	총열량가(kcal/g)	소화율	에너지 손실(kcal/g)	생리적 열량가[3](kcal/g)
탄수화물	4.15	0.98		4
지질	9.45	0.95		9
단백질	5.65	0.92	1.25[1]	4
알코올	7.1	1	0.1[2]	7

[1] 단백질 1 g당 요소로 배설되는 에너지 손실
[2] 호흡으로 배설되는 양
[3] 총열량가×소화율－에너지 손실

인체는 식품으로부터 얻은 에너지를 이용하여 신체 기능을 유지하고 근육 운동에 사용하지만 과잉의 에너지를 섭취하면 여분의 에너지를 체내에 저장한다. 포도당은 간이나 근육조직에서 먼저 글리코겐으로 전환되어 저장되고 여분의 포도당, 아미노산, 지방산, 그리고 과잉 섭취한 알코올은 모두 지방으로 전환되어 저장된다. 반면에 에너지 섭취량이 부족할 경우에는 저장되었던 글리코겐이 포도당으로 분해되어 이용되며, 지방조직에 저장된 지방은 지방산과 글리세롤로, 체단백질은 아미노산으로 분해되어 에너지로 이용된다.

(2) 에너지 섭취와 조절

인체는 에너지 섭취량의 변화에 따라 에너지 소비량을 조절하는 메커니즘이 있다. 뇌에서는 식품 섭취량과 체내 에너지 저장량에 대한 정보를 전달받아 단기적 또는 장기적으로 에너지 균형을 맞추기 위해 에너지 섭취량과 소비량을 조절한다.

공복감(hunger feeling)은 생리적으로 음식물을 섭취하고 싶은 욕구를 말하며, 포만감(satiety)은 음식 섭취 후의 공복감 해소를 의미한다. 공복감과 포만감은 시상하부(hypothalamus)에 있는 섭식중추와 포만중추에 의해 조절된다. 이들 중추는 뇌에서 생산되는 신경펩타이드(neuropeptide), 위장관, 지방조직에서 보내는 신경 전달, 호르몬 등에 의해 영향을 받는다. 위장관에서 나오는 신경이나 호르몬 신호는 단기적 식품 섭취 조절에 관여하므로 식품 섭취 전후에 발생하여 식사를 개시 또는 종결시킨다. 즉, 식품을 섭취하면 위장은 팽창하고 혈액으로 흡수된 영양소의 농도가 증가하여 그 변화를 뇌에 전달하면 공복감과 포만감을 조절하는 신경펩타이드를 뇌에서 분비하여 식품 섭취를 조절한다.

건강한 식행동은 공복감에 의해 먹고 포만감에 따라 멈추는 것이다. 그러나 이러한 생리적 신호가 아닌 심리적 신호를 따르는 경우가 있는데 이를 식욕(appetite)이라고 한다. 식욕은 식품에 대한 갈망이나 욕구를 뜻하며 식품 섭취를 결정하는 중요한 요인으로 작용한다. 음식의 외관, 향기, 맛뿐만 아니라 불안, 공포, 스트레스 등의 감정 상태가 식욕을 좌우하여 배고프지 않은 데도 특정한 음식을 먹고 싶어 하는 욕구를 일으킬 수 있다.[1,2]

① 섭식중추와 포만중추

섭식중추(feeding center)는 시상하부의 복외측 핵에 존재하며, 이곳을 자극하면 음식물을 섭취하게 된다. 포만중추(satiety center)는 시상하부의 복내측 핵에 존재하며, 이 중추를 자극하면 더 이상의 음식 섭취를 억제한다. 만약 이 부분이 파괴되면 비만이 되어도 계속 음식물을 섭취하게 된다. 이들 두 중추는 음식물 섭취의 신경성 조절에 있어서 길항적으로 작용하여 서로 균형을 이룰 때 정상적인 음식 섭취가 이루어진다.

② 위장관 호르몬과 펩타이드

그렐린(ghrelin)은 공복 시 위에서 분비되는 호르몬으로 식욕을 촉진하고 식품의 섭취를 증가시킨다. 그렐린은 신경펩타이드 Y를 증가시키는데, 신경펩타이드 Y는 소화기관과 시상하부에서 합성되어 음식 섭취를 자극하는 펩타이드이다. 신경펩타이드 Y는 갈색지방을 통한 발열 반응을 감소시켜 체내의 에너지를 저장하려는 방향으로 작용한다.

콜레시스토키닌(cholecystokinin, CCK)은 지질이나 단백질을 섭취하면 소장에서 분비되는 호르몬이다. 소화효소를 함유한 췌장액과 담낭을 수축하여 담즙을 분비시키는 한편, 포만중추를 자극하여 포만감을 느끼고 먹는 것을 멈추게 한다.

③ 인슐린

인슐린(insulin)은 식후 혈당이 상승하면 췌장에서 분비가 증가되며, 포만중추를 자극하여 식욕과 음식 섭취를 억제하는 작용을 한다. 그러나 탄수화물의 과잉 섭취로 인한 혈당의 급등은 인슐린의 과잉 분비를 초래하고 저혈당을 유발하여 오히려 공복중추를 자극하여 섭식이 일어나도록 한다.

④ 렙틴

렙틴(leptin)은 체지방조직에 지방 저장량이 증가함에 따라 생성 분비되어 포만감을 증가시키는 역할을 하는 단백질 호르몬이다. 렙틴은 시상하부에 영향을 미쳐 식욕을 저하시키고 저장 지방의 소모를 촉진하는 것으로 알려져 있다. 에너지 섭취가 증가하면 백색지방의 렙틴 생성이 증가되어 식품 섭취를 억제하고 갈색지방의 열 발생이 증가하여 포도당이 지방으로 저장되는 것을 억제하는 항비만 요인으로 작용한다.

⑤ 신경전달물질

신경전달물질(neurotransmitter)과 같이 신경계의 일부 물질도 포만감에 관여하는데, 그중 히스타민과 세로토닌을 들 수 있다. 뇌의 시상하부에서 히스타민의 농도는 식욕과 밀접한 관계가 있어서 히스타민의 농도가 저하되면 식욕이 항진되는 것으로 알려져 있다.

우울증이나 불안한 상태의 사람 뇌는 세로토닌이라는 신경전달물질이 적은데, 이때 식욕이 증진되어 식품의 섭취를 증가시키는 조절인자로 작용하기도 한다. 특히, 탄수화물 섭취와 가장 관련이 있는 것으로 알려져 있다. 세로토닌은 트립토판으로부터 합성되므로 적절한 단백질 섭취와 햇볕이 많은 곳에서 운동을 하면 세로토닌을 증가시켜 식욕을 떨어뜨리는 효과를 얻을 수 있다.

⑥ 자율신경계

자율신경계는 교감신경과 부교감신경이 있다. 교감신경이 흥분하면 아드레날린이 분비되어 심박수나 혈압을 상승시켜 인체를 활동적으로 만드는 대신 소화 흡수와 관련된 운동 및 분비는 억제된다. 부교감신경은 아세틸콜린을 분비하여 휴식과 안정을 유지하는 역할을 하는데, 특히 소화액의 분비와 소화운동을 왕성하게 하여 식욕을 증진시킨다.

⑦ 식품의 형태

단백질 식품은 지질이나 탄수화물 식품보다 더 많은 포만감을 느끼게 한다. 섬유소와 수분을 많이 함유한 식품들도 포만감을 높여 주는데, 섬유소는 위에서의 배출 속도를 느리게 하여 포만감을 주는가 하면, 수분을 함유하여 그 양을 증가시켜 포만감을 증진시키는 것으로 생각된다.[3]

일반적으로 액상 식품은 고형 식품보다 포만감을 덜 느끼게 한다. 비슷한 양의 탄수화물이 함유된 액상 또는 고형의 간식을 섭취하게 하고 그 이후 섭취하는 식품의 양을 살펴보면 액상의 간식을 선택한 쪽이 더 많았다. 그러나 액상 형태임에도 불구하고 수프는 비교적 높은 포만감을 나타낸다.[4,5]

식사 속도가 빠르고 씹는 횟수가 적을수록 소화·흡수 속도가 느려 혈당 상승이 느리게 일어나므로 섭식중추는 자극되고 포만중추는 억제되어 계속 섭식을 하게 된다. 음식을 먹어 포만중추가 자극되기까지는 최소 20분이 소요되므로 천천히 오래 씹을수록 포만감을 느끼게 된다.

2) 에너지 소비

인체에서 소비되는 에너지를 1일 총에너지 소비량이라고 하며 기초대사량, 활동대사량, 식품 이용을 위한 에너지 소비량, 그리고 적응대사량으로 구성된다.

(1) 기초대사량(휴식대사량)

기초대사량(basal energy expenditure, BEE) 또는 휴식대사량(resting energy expenditure, REE)은 인체가 근육 활동이 전혀 없는 휴식 상태에서 호흡, 심장 박동, 체내의 항상성 유지, 신경 기능, 그리고 혈액 순환과 같이 생명을 유지하는 데 필요한 최소한의 에너지로 1일 총에너지 소비량의 60~70%를 차지한다.[6]

기초대사량은 충분한 수면을 취하고 잠에서 깨어나 누운 안정 상태에서 측정한다. 식사 후 12~14시간이 경과하여 식품을 이용한 에너지 소비의 영향이 배제된 공복 상태여야 하며, 심리적·신체적 스트레스가 전혀 없는 쾌적한 상태에서 측정되어야 한다. 이러한 조건을 맞추기 어렵기 때문에 주로 휴식대사량을 측정한다. 휴식대사량은 식후 몇 시간이 지난 후 편안한 자세로 앉거나 누워 있는 상태에서 측정하므로 기초대사량에 비해서는 약간 크지만 그 차이가 매우 적으므로 기초대사량과 휴식대사량은 같은 의미로

사용한다.[1]

① 기초대사량에 영향을 주는 요인

기초대사량은 체격 및 신체 조성에 영향을 가장 많이 받으며 그 외에도 성별, 연령, 호르몬, 임신, 체온, 환경 온도 등에 따라 차이가 있다(표 5-2).

표 5-2 기초대사량에 영향을 주는 요인

요인	기초대사량에 대한 영향
① 연령	성장기 이후에는 나이에 따라 감소하여 노년기에 가장 낮음
② 성별	체중이 같을 때에 기초대사량은 남자가 여자보다 높음
③ 체표면적	체표면적이 크면 피부를 통해 발산되는 에너지의 양이 증가
④ 체온	체온이 높아지면 기초대사량이 증가
⑤ 호르몬	갑상선 호르몬, 성장 호르몬, 아드레날린은 기초대사량을 증가시킴
⑥ 임신·수유기	임신기와 수유기에는 기초대사량이 증가하고, 월경 직전에도 상승
⑦ 에너지 제한	단식이나 기아로 인한 영양소 공급 부족은 기초대사량을 감소시킴
⑧ 수면	수면 시 기초대사량은 10% 정도 감소
⑨ 스트레스	스트레스를 받으면 기초대사량은 증가
⑩ 흡연	니코틴은 기초대사량을 증가시킴

근육이나 심장과 같은 제지방조직(lean body mass)들은 활발한 대사 활동으로 기초대사량의 약 70~80%에 해당하는 에너지를 소비하지만 지방조직에서 에너지 소비량은 적다. 그러므로 체중이 같더라도 근육의 양이 많은 사람은 체지방량이 많은 사람보다 기초대사량이 더 크다. 일반적으로 남자가 여자보다 기초대사량이 높은데 이는 남자가 여자보다 체격이 더 크고 단위 체중당 근육조직이 많고 지방조직은 적기 때문이다.

유아는 성인에 비해서 기초대사량이 높은데, 이는 대사량이 높은 뇌나 간과 같은 기관들이 체중에서 차지하는 상대적 비율이 크기 때문이다. 따라서 기초대사량은 연령에 따라 변하고 생후 수개월 동안에 가장 높다가 서서히 감소하고 사춘기에 다시 증가한다.

② 기초대사량 산출법

기초대사량은 성별, 연령, 체격에 따라 차이를 보인다. 성인의 기초대사량을 구하는 가장 간단한 방법은 체중으로 산출하는 것이며 해리스-베네딕트 공식을 이용하기도 한다. 최근의 '한국인 영양소 섭취기준'에서 20세 이상 성인의 기초대사량을 산출할 때는 표

표 5-3 기초대사량 산출 방법

종류	산출 방법
체중으로 산출하는 법	남 : 1 kcal/kg/h × 체중(kg) × 24시간 여 : 0.9 kcal/kg/h × 체중(kg) × 24시간
해리스-베네딕트 공식(10세 이상을 대상)	남 : 66.5 + [13.5 × 체중(kg)] + [5.0 × 신장(cm)] − (6.8 × 나이) 여 : 665.1 + [9.6 × 체중(kg)] + [1.8 × 신장(cm)] − (4.7 × 나이)
'한국인 영양소 섭취기준'에서 사용한 공식	남 : 204 − (4 × 나이) + [450.5 × 신장(m)] + [11.69 × 체중(kg)] 여 : 255 − (2.35 × 나이) + [361.6 × 신장(m)] + [9.39 × 체중(kg)]

5-3의 공식을 이용하였다.

(2) 활동대사량

활동대사량은 단순히 운동이나 스포츠 활동뿐만 아니라 일상의 모든 근육 활동으로 소비되는 에너지를 말한다. 활동대사량으로 소비되는 에너지는 1일 총에너지 소비량의 15~30%를 차지하는데 활동의 강도, 활동시간, 체중과 체구성 성분에 의해 영향을 받으며 근육이 많을수록 에너지 소비량은 많다. 각 활동별 에너지 소비량을 표 5-4에 나

표 5-4 신체 활동의 종류별 에너지 소비량

신체 활동의 종류	에너지 소비량(kcal/kg/시간)
식사, 앉아 있기	0.4
세면, 화장하기	0.5
운전	0.5
사무직 업무	0.6
버스나 지하철에서 서 있기	1.0
세탁(세탁기 사용)	1.2
요리하기	1.6
보통 속도로 걷기	2.1
육아	2.3
자전거타기	2.6
빠르게 걷기	3.5
에어로빅 댄스	4.0
계단 오르기	6.5
조깅	8.5

자료 : 일본 후생성. (1990). 일본인의 영양소모량. 제4차 개정

타내었다. 이 표를 이용하여 24시간 동안의 신체 활동에 대한 활동대사량을 계산할 수 있다.

공부와 같은 정신 활동은 거의 에너지를 소비하지 않는다. 그러나 만약 마음을 졸이면서 공부하거나 무의식적으로 근육을 수축하여 꼿꼿한 자세를 유지하는 경우는 상당한 양의 에너지를 소비할 수도 있다. 이와 같이 운동 이외의 다른 활동으로 에너지가 소비되는 것을 '비운동성 활동대사량(nonexercise activity thermogenesis, NEAT)'이라고 한다.[7,8]

(3) 식품 이용을 위한 에너지 소비량

식품 섭취에 따른 영양소의 소화와 흡수, 운반, 대사, 저장 등의 과정에 소비되는 에너지로 이 과정에서 열도 발생하므로 식이성 발열 효과(thermic effect of food, TEF)라고도 한다. 식사 후 1시간이 지난 후에 가장 높으며 주로 에너지가 열로 발산되므로 체온 상승의 효과가 있다. 식품 이용을 위한 에너지 소비량은 영양소별로 차이가 있는데 지질은 흡수, 분해, 저장 과정이 비교적 쉽게 이루어지므로 영양소 가운데 3~4%로 가장 적고, 탄수화물은 5~10%, 단백질은 20~30%로 가장 많다. 단백질이 식품 이용을 위한 에너지 소비량이 많은 이유는 아미노산의 흡수, 체단백질 합성, 요소 합성, 포도당 신생합성 등과 같은 복잡한 대사 과정을 거치기 때문이다. 일상적인 혼합 식사의 경우, 식이성 발열 효과는 1일 총에너지 소비량의 약 10% 정도를 차지한다. 강한 향신료를 사용한 음식을 먹거나 과식을 하면 열의 발생이 증가할 수도 있고, 비만이나 불규칙한 식습관에 의해서 감소될 수도 있다.[9,10]

(4) 적응대사량

적응대사량(adaptive thermogenesis, AT)은 인체가 큰 환경 변화에 적응하는 데 필요한 에너지이다. 추운 환경에 있거나 지나치게 과식을 했을 때, 상처를 입었을 때와 같은 스트레스에 의해 열 발생으로 소비되는 에너지를 말한다. 예를 들어 추운 온도에 노출되면 근육은 떨림 현상을 통해 열을 발생시킴으로써 체온을 유지하는 항상성 메커니즘이 작동하는데, 이때 필요로 하는 에너지가 적응대사량에 해당한다. 또한 사람들이 과식을 하더라도 섭취량에 비례하여 체중이 증가하지 않는 이유가 적응대사량으로 소비되는 에너지 때문이라 여겨진다. 적응대사량은 1일 총에너지 소비량의 약 7% 정도이지만 실제

1일 에너지 필요량을 계산할 때는 포함시키지 않는다.

3) 에너지 소비량의 측정

총에너지 소비량을 평가하는 일은 비용이 많이 들고 고도의 전문성이 요구된다. 직접 또는 간접적으로 열량을 측정하는 방법이나 계산 공식을 이용하는 방법 등 여러 가지 평가법이 개발되었다.

(1) 직접 열량 측정법

인체가 소비하는 에너지를 직접적으로 측정하는 방법으로, 열량계 안에서 실험 대상자가 활동하는 동안 발생되는 열을 측정한다. 식품의 에너지를 측정하는 폭발 열량계의 원리와 같다. 이 방법으로 인체 에너지 대사량을 측정하기 위해서는 특수한 시설과 장치가 필요하고 비용이 많이 들어 최근에는 거의 사용하지 않는다.

(2) 간접 열량 측정법

간접 열량 측정법은 호흡 가스 측정기를 이용하여 5~10분간 활동 시 소비하는 산소의 양과 배출되는 이산화탄소의 양을 측정하여 에너지 소비량을 간접적으로 계산하는 방법이다. 즉, 호흡계수(respiratory quotient, RQ)를 계산한 후 열량 영양소의 산화에 의해 에너지가 얼마나 방출되었는지를 산출하는 방법이다.

$$\text{호흡계수(RQ)} = \frac{\text{생성된 } CO_2\text{의 양}}{\text{소비된 } O_2\text{의 양}}$$

호흡계수는 산화되는 영양소에 따라 그 값이 다른데 탄수화물만 연소될 때 RQ값이 1.0이고, 지질만일 경우는 0.7이다. 단백질은 원소 조성이 일정하지 않고 소변으로 배설

갈색지방조직과 적응대사량 Tip

갈색지방조직은 동물이 동면에서 깨어날 때, 추위에 노출되었을 때에 열 생산을 위해 활성화되는 지방조직이다. 인체 내에는 등이나 견갑골, 겨드랑이에 주로 존재하며 성인에 비해 신생아에게 더 많이 존재하는데 이는 떨림에 의한 열 생산이 발달하지 않은 신생아가 추위에 노출되었을 때에 열을 발산하여 체온을 유지할 수 있도록 한다. 갈색지방세포의 미토콘드리아는 백색지방세포의 미토콘드리아와는 달리 짝풀림 단백질이란 것이 있어서 영양소의 산화에서 나온 에너지를 ATP로 전환하지 않고 열로 발산하여 체온을 상승시키는 원인이 된다. 비만의 경우에는 갈색지방조직이 발달하지 못하여 열 생산이 증가하지 못하고, 결과적으로 에너지 소비가 정상인에 비하여 적다.

되는 요소로 인한 에너지 손실이 있어 정확하게 계산하기는 어렵지만 0.8 정도로 추정한다. 따라서 열량 영양소의 호흡계수는 0.7~1.0이며, 1.0에 가까울수록 탄수화물의 산화(섭취)가 많은 것이고 0.7에 가까울수록 지질의 산화(섭취)가 많은 것이다. 일반적인 식사와 같은 혼합식의 경우는 보통 0.85 정도이다. 임상적으로 호흡계수가 0.8보다 적으면 에너지 섭취가 부족하여 체지방이 분해되거나 유산소운동을 하는 경우이고, 0.7보다 적으면 오랜 기간 굶은 상태이거나 저탄수화물 식사를 하는 경우이며, 1 이상이면 체내에서 지방이 합성되고 있다는 것을 의미한다.

(3) 이중표시 수분 방법

이중표시 수분 방법은 안정된 동위원소로 표시된 수소(^2H)와 산소(^{18}O)를 포함하는 이중표시 수분을 경구로 섭취시킨 후 2주 동안 체내 수분(소변, 타액, 혈청)을 수시로 채취하여 분석하는 방법이다. 산소(^{18}O)가 체외로 배설되는 경로는 호기의 CO_2와 소변, 땀, 호흡 중의 H_2O를 통하는 데 반해, 수소(H_2)의 경우는 CO_2로는 배출되지 않으므로 O_2 소비량과 CO_2 생성량을 추정하여 에너지 소비량을 산출하는 것이 가능하다. 이중표시 수분 방법은 동위원소와 기기의 비용이 비싸고 기술적인 전문성이 요구되는 어려움이 있지만, 정확도가 매우 우수하며 활동에 제한을 받지 않고 측정할 수 있다는 장점이 있다.

4) 1일 에너지 소비량의 산출

1일 에너지 소비량은 다음과 같은 방법으로 계산할 수 있다.

$$\text{에너지 소비량} = \text{기초대사량} + \text{활동대사량} + \text{식이성 발열 효과}$$

5) 한국인의 에너지 섭취기준

에너지를 과잉 섭취하면 체중 증가가 나타난다. 그 결과 여러 가지 만성질환의 발생 위험이 높아지므로, 필요량에 안전율을 고려하여 더해 주는 다른 영양소들의 섭취기준과는 달리 에너지 섭취기준은 에너지 필요추정량(estimated energy requirements, EERs)이라는 용어를 사용한다. 에너지 섭취기준으로 권장섭취량을 적용하면 필요량을 초과하여 비만을 초래할 수 있기 때문이다.

(예) 성인 여자의 1일 에너지 소비량 산출

나이 : 24세,　　체중 : 56 kg,　　신장 : 163 cm

1일 활동의 종류와 시간

잠자기	8시간	세면, 화장하기	1시간
사무직 업무	8시간	요리하기	1시간
식사	1시간	보통 속도로 걷기	1시간
휴식	2시간	운전하기	2시간

기초대사량 계산(표 5-3 참조)

0.9 kcal × 56 kg × 24시간 = 1,209.6 kcal

활동대사량 계산(표 5-4 참조)

사무직 업무	0.6 × 56 kg × 8시간 = 268.8 kcal
식사	0.4 × 56 kg × 1시간 = 22.4 kcal
휴식(앉아 있기)	0.4 × 56 kg × 2시간 = 44.8 kcal
세면, 화장	0.5 × 56 kg × 1시간 = 28 kcal
요리하기	1.6 × 56 kg × 1시간 = 89.6 kcal
보통 속도로 걷기	2.1 × 56 kg × 1시간 = 117.6 kcal
운전하기	0.5 × 56 kg × 2시간 = 56 kcal
합계	627.2 kcal

식이성 발열 효과 계산

- 기초대사량 + 활동대사량 = 1,209.6 kcal + 627.2 kcal = 1,836.8 kcal
- 식이성 발열 효과 = 1,836.8 kcal × 10% = 183.7 kcal

1일 총 에너지 소비량 계산

기초대사량 + 활동대사량 + 식이성 발열 효과
= 1,209.6 kcal + 627.2 kcal + 183.7kcal
= 2,020.5 kcal

개인의 에너지 필요량을 측정하는 것은 기술적 문제 등 제약이 따르므로 대개의 경우 연령, 신장, 체중, 신체 활동 수준을 반영한 산출 공식을 이용하여 추정하고 있다. 한국 성인 남녀의 에너지 필요추정량은 이중표시 수분 방법을 사용하여 산출한 공식을 사용하였다.

성인남자 : 662 − (9.53 × 연령) + PA* × 〔15.91 × 체중(kg) + 539.6 × 신장(m)〕

성인여자 : 354 − (6.91 × 연령) + PA* × 〔9.36 × 체중(kg) + 726 × 신장(m)〕

*PA : 신체 활동 수준 계수

신체 활동에 따른 에너지 소비량은 활동의 정도에 따라 매우 다르므로 신체 활동 수준은 4단계로 구분하여 적용하였다(표 5-5). 신체 활동 수준이란 총에너지 소비량을 기초대사량으로 나눈 값으로 비활동적, 저활동적, 활동적, 매우 활동적으로 구분된다. 비활동적 수준은 입원 환자 등 활동이 극히 제한된 사람들의 활동 수준에 해당하며, 대부분의 시간을 앉아서 업무를 하는 일반 사무직 종사자들은 대부분 저활동적 수준에 해당한다. 한국 성인의 신체 활동 수준은 특수 노동자와 운동선수를 제외한 대부분이 1.6 미만의 저활동적 수준에 해당되므로 신체 활동 계수는 1.11과 1.12를 적용하여 산출하였다. 영유아, 아동 및 청소년의 에너지 필요추정량은 에너지 소비량과 성장에 따른 추가 필요량을 더하여 산정하였으며, 각 연령군별로 다른 산출 공식을 적용하였다.

표 5-5 에너지 필요추정량 산출 공식에 적용되는 신체 활동 수준별 계수

신체 활동 단계	신체 활동 수준	신체 활동 단계별 계수(PA)			
		아동 및 청소년		성 인	
		남	여	남	여
비활동적	1.00~1.39	1.00	1.00	1.00	1.00
저활동적	1.40~1.59	1.13	1.16	1.11	1.12
활동적	1.60~1.89	1.26	1.31	1.25	1.27
매우 활동적	1.90~2.50	1.42	1.56	1.48	1.45

『2015년 한국인 영양소 섭취기준』의 성별, 연령별, 체위 기준에 따른 에너지 섭취기준은 표 5-6과 같다.

에너지 필요추정량은 단체급식에서 에너지 제공량의 적절성 여부를 판단하는 기준으

표 5-6 연령, 체위 기준과 에너지 섭취기준

연령		신장(cm)	체중(kg)	에너지 필요추정량(kcal/day)
영아	0~5(개월)	60.3	6.2	550
	6~11	72.2	8.9	700
유아	1~2(세)	86.4	12.5	1,000
	3~5	105.4	17.4	1,400
남자	6~8	126.4	26.5	1,700
	9~11	142.9	38.2	2,100
	12~14	163.5	52.9	2,500
	15~18	173.3	63.1	2,700
	19~29	174.8	68.7	2,600
	30~49	172.0	66.6	2,400
	50~64	168.4	63.8	2,200
	65~74	164.9	61.2	2,000
	75 이상	163.3	60.0	2,000
여자	6~8	125.0	25.0	1,500
	9~11	142.9	35.7	1,800
	12~14	158.1	48.5	2,000
	15~18	160.9	53.1	2,000
	19~29	161.5	56.1	2,100
	30~49	159.0	54.4	1,900
	50~64	155.4	51.9	1,800
	65~74	152.1	49.7	1,600
	75 이상	147.1	46.5	1,600
임신부				+0/340/450*
수유부				+320

*임신부는 1/3분기, 2/3분기, 3/3분기로 구분
자료 : 보건복지부. (2015). 2015년 한국인 영양소 섭취기준

로 활용하기 위하여 제시된 것이다. 에너지 필요량은 성별과 연령은 물론 체중, 신장 및 신체 활동 수준에 따라 매우 다르게 결정되므로 영양상담 시에는 개인별 에너지 필요추정량을 계산하여 적절한 식사 계획과 평가에 적용하는 것을 권장한다.

3. 에너지 불균형

에너지 균형이란 에너지 섭취량이 에너지 소비량과 일치하는 상태를 말하며, 에너지 균형 상태에 있는 성인은 일정한 체중을 유지한다. 에너지 소비량보다 더 많은 양의 에너지를 음식으로 섭취하면 여분의 에너지는 체지방(주요 에너지 저장고)과 글리코겐(단기간의 에너지 저장고)으로 저장되어 체중이 증가한다(양의 에너지 균형, positive energy balance). 반면에 인체가 필요로 하는 것보다 적은 양의 에너지를 섭취하면 인체는 부족한 에너지를 보충하기 위해 저장된 글리코겐과 체지방을 소모하게 되므로 체중은 감소한다(음의 에너지 균형, negative energy balance). 즉, 영양 결핍에 의한 저체중이나 영양 과잉으로 인한 비만은 에너지의 불균형에서 발생하는 것으로 여러 가지 건강상의 문제를 일으킨다. 따라서 에너지 균형을 통해 적정한 체중을 유지하는 것은 매우 중요하다.

1) 비만

(1) 비만의 판정

비만(obesity)은 단순히 체중이 많이 나가는 것이 아니라 체지방이 과다한 경우를 말한다. 평소 섭취하는 에너지가 소비하는 에너지에 비해 많으면 남은 에너지가 체지방으로 전환되어 체내에 과다하게 축적되어 비만이 된다.

비만 판정에는 신장과 체중을 이용한 신체지수를 사용하는 방법, 체지방량을 측정하는 방법, 그리고 체지방의 분포를 조사하는 방법 등이 있다.

① 체중에 의한 판정

신체지수를 이용하면 간단하게 비만을 판정할 수 있다. 신장을 기준으로 이상체중을 설정하고 현재의 체중이 이상체중을 20% 이상 초과하면 비만으로 판정하고, ±10% 범위 안에 포함되면 정상체중, 10~20%이면 과체중이라 판정한다.

체질량 지수(body mass index, BMI)는 가장 널리 이용되는 신장-체중 지수로, 케틀레 지수(Quetelet's Index)라고도 한다. 대부분의 사람에게서 체지방량과 높은 상관관계를 나타내므로 간편하게 비만을 판정하는 지표로 많이 활용되고 있다. 체질량 지수를 계산하는 방법과 그에 따른 비만 판정 방법은 표 5-7과 같다. 서구와 우리나라의 체질량 지수에 의한 비만 판정 기준이 다른 것은 우리나라를 포함한 아시아-태평양 사람들이 서구인에 비해 더 적은 체질량 지수로도 비만으로 인한 질병을 일으키기 때문이다.

표 5-7 체질량 지수에 의한 성인의 비만 판정

계산 방법	BMI(kg/m²)		분류
	WHO	대한비만학회	
$BMI = \frac{체중(kg)}{신장(m)^2}$	18.5~24.9	18.5~22.9	정상
	25.0~29.9	23.0~24.9	비만 전 단계
	30.0~34.9	25.0~29.9	1단계 비만
	35.0~39.0	30.0~34.9	2단계 고도비만
	≥40.0	≥35.0	3단계 초고도비만

자료 : 대한비만학회. (2018). 비만치료지침(아시아-태평양 지역 기준)

체질량 지수는 비만 정도를 평가하는 데 있어서 대체로 정확하지만 근육이 많은 경우나 신장이 작은 경우에는 체지방량에 비해 높은 값이 나오고, 남녀 간의 차이가 없다는 단점이 있다. 예를 들어 운동선수는 근육 양이 많으므로 지방이 많지 않아도 체질량 지수가 높게 나오는 문제가 있다. 따라서 비만이나 과체중을 진단하기 위해서는 체질량 지수뿐만 아니라 체구성 성분과 지방 분포를 측정할 수 있는 다른 방법을 함께 사용하는 것이 바람직하다.

체질량 지수는 비만과 관련된 여러 가지 질병의 발생과 그로 인한 사망률과도 밀접한 관계가 있다(그림 5-5). 체질량 지수 20~25 사이에서 사망률이 가장 낮으며, 심장병, 당뇨병, 암 등에 의한 사망률은 체질량 지수 30 이상에서 급격히 증가하는 반면에 20 미만인

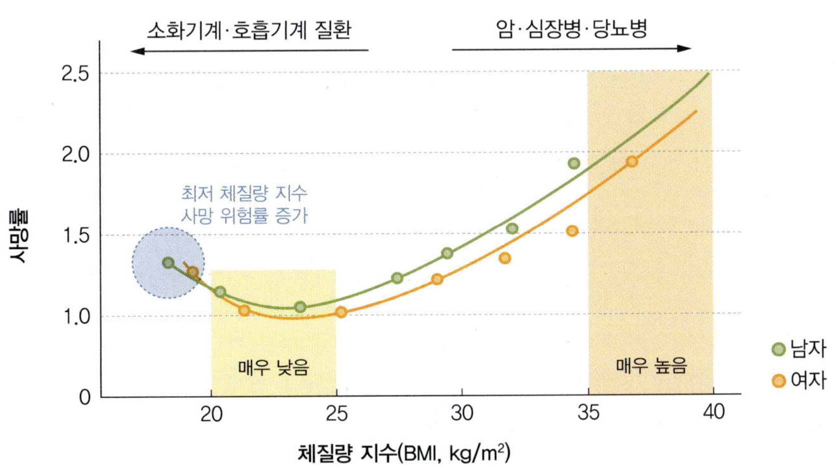

그림 5-5 체질량 지수와 사망 위험률

자료 : Lee RD, Nieman DC. (2007). Nutritional assessment.

저체중이나 쇠약한 상태에서는 소화기계나 호흡기계 질병에 의한 사망률이 높아진다.

② 체조성에 의한 판정

우리 몸은 크게 체지방량(fat mass)과 제지방량(fat-free mass, FFM)으로 구분할 수 있다. 체지방량은 지방조직과 기타 조직에서 용매로 추출될 수 있는 지질을 의미하고, 그 나머지는 제지방량으로 수분, 근육, 체액, 뼈 등으로 구성된다. 제지방량(FFM)을 lean body mass(LBM)로도 사용하는 데 조금 차이는 있다. 제지방량(FFM)에는 지질이 전혀 없지만 LBM에는 세포막의 구조적 성분이나 신경계에 포함된 소량의 지질을 포함한다.

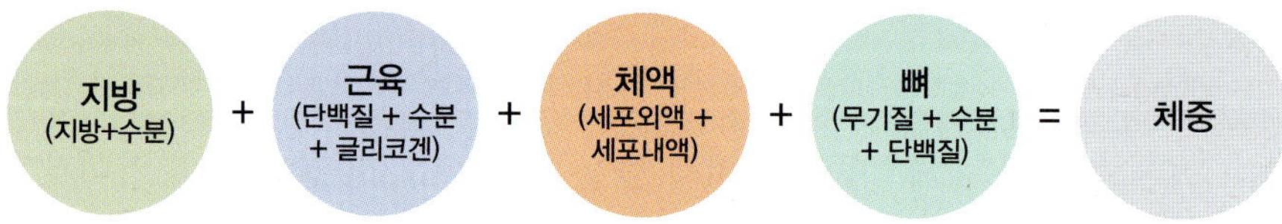

그림 5-6 **체중의 구성 성분**

체조성은 비만 판정의 지표로 때로는 체지방량과 제지방량의 비율로 표시하지만 주로 체지방량으로 나타낸다. 체지방은 피부 바로 아래에 있는 피하지방(subcutaneous fat)과 내부 장기 주변을 둘러싸고 있는 내장지방(visceral fat)의 형태로 존재한다. 성인 여자의 경우 체지방량은 전체 체중의 20~25% 정도를 차지하고, 남자의 경우는 12~18% 정도이다. 체지방량이 남자 25% 이상, 여자 30% 이상이면 비만으로 간주한다. 체지방량을 판정하는 방법은 다음과 같다.

- 피부두겹집기(skinfold measurements) : 피하지방을 측정하는 가장 간단한 방법은 피부의 두 겹 두께를 측정하는 것이다. 캘리퍼와 같이 작은 도구를 사용하므로 측정 방법은 간단하고 빠르며 경제적이다. 정확하게 측정하면 수중 체중 측정법과 상관성이 높다. 그러나 체지방의 50%가 피하에 존재한다는 가정하에 이루어지므로 개인별로 체지방 분포가 다를 경우 정밀도에 영향을 미칠 수 있으며, 측정자에 따라 큰 오차가 발생하는 단점이 있다.
- 수중 체중 측정법(underwater weighing) : 물속에서 숨을 내쉰 후에 체중을 측정하는 방법으로 정확도가 매우 높은 방법이다. 지방조직은 근육조직보다 밀도가 낮기 때문에 체지방이 많은 사람은 체지방이 적은 같은 체중의 사람보다 물속에서 체중이 적게 나간다.

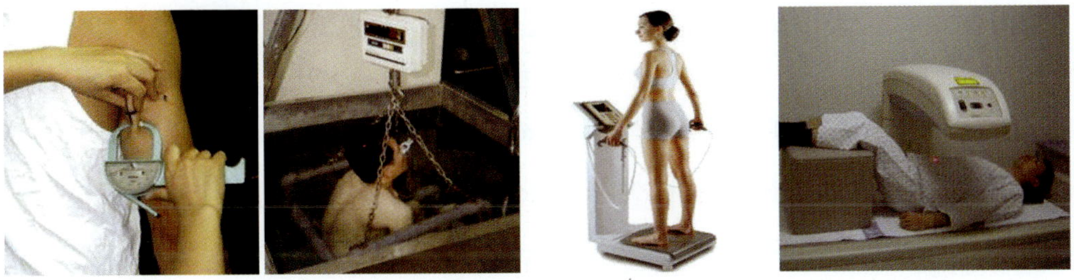

피부두겹집기 수중 체중 측정법 생체전기 저항법 DEXA

그림 5-7 체지방량을 판정하는 방법

자료 : 피부두겹집기(©www.sportsmedicine.re.kr); 수중 체중 측정법(©www.sportsmedicine.re.kr); 생체전기 저항법(©Biospace.Co., Ltd); DEXA(©www.sportsmedicine.re.kr)

- 생체전기 저항법(bioelectrical impedance, BIA) : 손과 발에 전극을 붙이고 약한 전류를 통과시켜서 체성분 구조에 따라 전기 전도성이 다른 것을 이용하여 체지방량을 측정하는 방법이다. 근육조직은 수분 함량이 많기 때문에 전류가 잘 전도되지만 지방조직은 수분 함량이 적어서 전류가 잘 전도되지 않는다. 그러므로 체중이 같은 사람이더라도 지방이 많을수록 전류의 흐름에 대한 저항이 크다. 이 방법은 비교적 정확하고 사용이 편리하여 임상에서 체조성을 평가하는 데 가장 많이 사용된다.
- 이중에너지방사선흡수법(dual energy X-ray absorptiometry, DEXA) : 적은 양의 X선을 신체에 통과시킴으로써 총 체지방량, 지방 분포, 그리고 골밀도까지 측정할 수 있는 방법이다. DEXA는 안전하고 사용이 간편하며 정확도, 재현도, 정밀도가 모두 높은 장점이 있지만, 장비의 비용이 비싸고 기기를 작동하기 위해 전문가가 필요하다는 단점이 있다.

③ 체지방 분포에 의한 판정

체지방의 분포 상태는 비만 및 건강과의 관련성이 크므로 매우 중요한 의미를 가진다. 신체 내 어디에 분포되어 있는가는 체지방량을 측정하는 것보다 중요하다. 즉, 체지방량은 정상에 해당되더라도 체지방이 신체 중심부에 과도하게 축적되는 복부비만의 경우는 비만 관련 질병의 발생 위험을 높이기 때문이다.

흡연, 알코올, 운동 정도가 신체의 체지방 분포에 영향을 끼치는 것으로 보고되었다. 담배를 피우는 사람은 담배를 피우지 않는 사람보다 체중이 적을 수도 있지만 허리둘레 측정값이 더 큰 것으로 보고되어, 흡연이 체지방 분포에 직접적으로 영향을 끼친다는 이론이 제기되고 있다. 또한 많은 양의 알코올 섭취는 복부비만과 양의 상관관계가 있으며, 많은 신체 활동은 음의 상관관계가 있다고 한다.[11] 체지방 분포는 허리와 엉덩이둘레를 측정하거나 컴퓨터 단층촬영법을 이용하여 판정한다.

- 허리-엉덩이 둘레비(waist-hip ratio, WHR) : 허리둘레를 엉덩이둘레로 나눈 값으로, 이 비율이 클수록 복부에 지방이 많다는 것을 의미한다. 체중 과다로 인한 질환은 체지방량보다는 체지방 분포에 따른 복부비만에 의해 더 영향을 받는다는 점이 알려지면서 비만 판정에 많이 사용하는 방법이다. 허리-엉덩이 둘레비가 남자 0.95 이상, 여자 0.85 이상이면 복부비만으로 판정한다. 그러나 비만하지 않아도 엉덩이둘레가 작은 사람과 비만하면서 엉덩이둘레가 큰 사람의 값이 상대적으로 비슷해지는 등 허리둘레의 변화나 내장지방량의 변화를 적절히 반영하지 못하는 단점이 있다.
- 허리둘레(waist circumference, WC) : 허리둘레는 허리-엉덩이 둘레비보다 복부비만 정도를 더 잘 반영해 주어 최근에는 허리둘레 자체가 복부비만 평가에 유용하게 사용되고 있다. 그러나 내장지방량보다는 전체 지방량의 영향을 더 크게 받기 때문에 비만 정도가 심해질수록 내장지방량을 잘 반영하지 못하는 단점이 있다. 우리나라의 『비만 치료지침』에 의하면 허리둘레가 남자 90 cm(35인치) 이상, 여자 85 cm(33.5인치) 이상일 때 복부비만에 해당되며, 여자의 경우 80 cm(32인치) 이상일 때에도 질병 발생의 위험이 증가하는 것으로 알려져 있다.
- 컴퓨터 단층촬영법(computed tomography, CT) : 컴퓨터 단층촬영법은 복부비만에서 피하지방과 내장지방을 구분하여 보여 주므로 내장지방형 비만을 확인하기 위해 사용하는 방법이다. 컴퓨터 단층촬영으로 복부지방을 내장지방과 피하지방으로 구분하여 측정한 후 그 면적의 비가 0.4 이상이면 내장지방형 복부비만, 0.4 미만이면 피하지방형 복부비만으로 분류하며, 내장지방형 복부비만이 건강상 더 위험하다. 정확한 판정이 필요할 때 이용하는데 절단면의 제한과 비용 문제, 방사선 노출 등의 단점이 있다.

(2) 비만의 분류

비만은 원인, 발생 시기, 지방조직의 형태, 지방의 분포와 위치 등에 따라 다음과 같이 분류할 수 있다.

표 5-8 비만의 종류

구분	비만의 종류
원인	단순비만, 증후성 비만
발생 시기	소아비만, 성인비만
지방조직 형태	지방세포 증식형 비만, 지방세포 비대형 비만
지방 분포	남성형 비만(상체비만, 사과형 비만)
	여성형 비만(하체비만, 서양배형 비만)
지방 위치	내장지방형 비만, 피하지방형 비만

① 원인에 따른 분류

비만은 원인에 따라 단순비만과 증후성 비만으로 분류한다. 단순비만은 특별한 질병에 의해 발생하는 것이 아니라 과식과 신체 활동 부족으로 발생하며 비만한 사람의 약 95%가 여기에 속한다. 증후성 비만은 유전 및 선천성 장애, 내분비 질환 등의 원인 질환에 의해 발생하는 것으로 이차성 비만이라고도 한다.

② 발생 시기에 따른 분류

비만이 발생되는 시기에 따라 소아비만과 성인비만으로 분류한다. 소아비만은 성장이 빠르게 이루어지는 소아기에 비만이 발생하는 것으로 지방세포 수가 급격히 늘어남과 동시에 지방세포의 크기도 커진다. 소아비만이 가장 많이 나타나는 시기는 영아기, 5~6세, 사춘기이다. 소아비만은 성인비만으로 이행될 가능성이 높다.

성인비만은 나이가 들면서 기초대사량이 낮아져 에너지 소비량이 감소하여 체지방이 축적됨으로써 발생된다. 성인비만은 지방세포 수는 늘어나지 않고 지방세포 크기가 커진 상태이므로 체중 조절에 따른 체중 감량의 성공률이 높다.

③ 지방조직의 형태에 따른 분류

지방조직의 형태에 따라서는 지방세포 증식형 비만과 지방세포 비대형 비만으로 구분한다. 지방세포 증식형 비만은 지방세포의 수와 크기가 증가해 발생한 비만이며, 주로 소아비만이 이에 해당된다. 지방세포 비대형 비만은 지방세포의 크기가 증가해 발생한 비만으로 성인비만의 대부분을 차지한다. 지방세포의 수는 생후 1년간 급속히 증가한 후 감소하다가 사춘기에 집중적으로 다시 증가하며, 성인기 이후에는 지방세포의 크기가 비대해진다.

④ **지방 분포에 따른 분류**

사과형 비만은 남자에게서 흔히 볼 수 있어 남성형 비만(android obesity)이라고도 하는데 지방이 주로 복부 부위에 분포하는 상체비만에 속한다. 남자는 특징적으로 지방이 복부에 저장되는데 이는 남성 호르몬인 테스토스테론의 영향을 받기 때문이다. 반면에 여자에 흔하여 여성형 비만(gynoid obesity)이라고도 부르는 서양배형 비만은 지방이 주로 엉덩이와 허벅지에 분포하는 하체비만이다. 이는 여성 호르몬인 에스트로겐과 프로게스테론이 관여하기 때문이다(그림 5-8). 그러나 폐경 후 여성은 에스트로겐의 급격한 감소와 노화로 체지방이 복부로 이동하여 사과형의 지방 분포를 보이는 경우도 많다. 과도한 복부지방은 유방암 위험을 증가시킬 수 있다고 보고된 바 있다.[12]

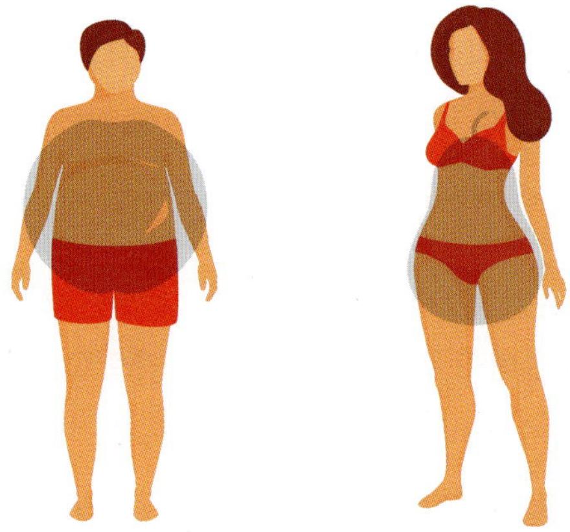

그림 5-8 상체비만과 하체비만

일반적으로 상체비만이 하체비만보다 관상동맥 질환, 뇌졸중, 고혈압, 당뇨병 등의 발생 위험이 더 높다. 복부의 지방세포는 더 크고 지방으로의 전환 속도가 더 빠르며 호르몬에 더 반응을 잘한다. 복부지방의 분해물은 문맥을 통해 간으로 가서 인슐린 저항성을 일으키고 중성지방 합성을 증가시키며 VLDL 합성을 증가시킨다.

⑤ **지방 위치에 따른 분류**

컴퓨터 단층촬영 결과, 체지방이 복강 내 장기 주위에 주로 있으면 내장지방형 비만으로, 복벽에 주로 있으면 피하지방형 비만으로 분류한다. 복부의 내장지방은 복부 피하지방보다 지방 분해효소 활성이 높아 유리지방산의 방출을 증가시키고 간에서 중성지방의 합성을 증가시켜 혈액의 중성지방과 LDL-콜레스테롤 함량을 높인다. 복부비만의 합병증은 대개 내장지방형 비만에서 야기되며 당뇨병, 심혈관 질환, 고지혈증 등 대사성 질환에 대한 발생 위험을 높인다.

(3) 비만과 건강 문제

과체중 또는 비만은 현대인의 주요 사망원인 질환인 암, 심혈관계 질환 등의 발생과 관련되어 있으며 평균수명을 단축시킨다는 점에서 더욱 문제가 된다. 비만이 질병 발생에 미치는 영향은 비만의 발생 시기가 이를수록 크기 때문에 생애 초기부터 건강한 체중을 갖기 위한 노력이 필요하다.

① 비만과 관련된 질환의 발생 위험

체중 과다인 사람은 말초혈관에서 저항이 증가하고 콩팥 기능의 변화로 건강한 사람에 비해 고혈압 발생률이 2~6배가량 더 증가한다. 비만의 경우에는 혈중 지질 농도에 변화를 가져와 동맥경화증과 심혈관 질환의 발생 위험이 증가한다.[13] 또한, 비만은 인슐린 저항을 증가시켜 체세포가 포도당을 이용하는 능력을 감소시키므로 비만한 사람, 특히 복부비만인 사람에게서 제2형 당뇨병이 발생할 확률이 3배나 높다.

비만이 암의 위험을 증가시킨다는 보고도 있는데, 비만에 기여하는 식품 섭취의 형태(고지방, 고에너지, 섬유소와 과일, 채소 등의 낮은 섭취)가 암 발생에도 기여하는 것으로 생각된다. 이외에도 수면 시 호흡 곤란, 뼈와 관절의 질환, 통풍, 담낭 질환 등이 비만과 관련이 있는 건강 문제로 지적되고 있다(표 5-9).

표 5-9 비만과 관련된 질환의 발생 위험

매우 높음(위험 ≥ 3배)	중등도(위험 2~3배)	약간 높음(위험 1~2배 미만)
인슐린 비의존성 당뇨병	관상동맥성 심장 질환	암(유방암, 대장암)
이상지질혈증	고혈압	생식 호르몬 이상
인슐린 저항(당뇨병)	뇌졸증	다낭성 난소 증후군
담낭 질환	골관절염	불임
수면무호흡증	고뇨산증, 통풍	허리 통증

자료 : 대한비만학회, 2013

② 대사증후군

대사증후군(metabolic syndrome)은 진단 기준(표 5-10)에서 제시하는 위험인자 항목 중 3가지 이상이 해당하는 경우를 말한다. 그중 비만과 연관된 인슐린 저항성이 가장 중요한 인자로 인정받고 있는데 우리나라 성인의 30% 정도가 대사증후군에 해당된다. 대사성 증후군의 경우는 심혈관 질환과 당뇨병의 발생 위험이 3배 이상 증가하여 사망률이 높아진다. 생활습관을 교정하여 위험인자를 줄이면 합병증을 예방할 수 있으므로 운동과 식습관 교정을 통하여 복부비만을 치료하는 것이 중요하다.

표 5-10 대사증후군의 진단기준

항목	기준
허리둘레	남자 90 cm 이상, 여자 85 cm 이상
혈압	130/85 mmHg 이상 또는 고혈압 약제 복용자
중성지방	150 mg/dL 이상 또는 이상지질혈증 관련 약제 복용자
HDL 콜레스테롤	남자 40 mg/dL 미만, 여자 50 mg/dL 미만 또는 이상지질혈증 관련 약제 복용자
공복혈당	공복 혈장포도당 100 mg/dL 이상 또는 당뇨병 관련 약제 복용자

2) 저체중

저체중(underweight)은 건강 체중보다 20% 이상 적거나 체질량 지수 18.5 미만을 기준으로, 건강에 나쁜 영향을 끼칠 정도로 체중이 적게 나가는 것을 의미한다. 따라서 단순히 날씬한 사람에게는 이 말을 쓰지 않는다.

저체중의 원인은 에너지 섭취 부족에 의한 것이지만 배고픔, 식욕, 포만감과 같은 정상적인 생체 반응의 변화라든가 식품의 흡수와 이용 불량, 과도한 신체 활동, 소모성 질환(암, 갑상선기능항진증), 대사적 또는 유전적 요인들, 스트레스, 알코올과 약물 남용 등이 원인이 될 수 있다. 만약 저체중이 영양 결핍 때문이라면 피로감에서부터 병에 대한 저항력 손상에 이르기까지 영양소 결핍에 따른 여러 가지 건강 문제를 유발할 수 있다.

저체중을 극복하기 위해 체중을 증가시키는 방법은 에너지 소비보다 에너지 섭취를 더 많이 하는 것이다. 건강한 체중 증가를 위해서는 고에너지 식사와 함께 운동을 병행하는 것이 이상적이다. 고에너지 식사는 식사량 증가로 위에 부담이 될 수 있으므로 에너지 밀도가 높은 식품과 음료로 구성된 식사를 소량씩 자주 섭취하는 것이 좋다.

3) 섭식 장애

섭식 장애(eating disorders)는 마른 몸매에 대한 강한 욕구로 인해 음식을 계속 거부하거나 약을 먹어서 부적절한 체중 조절을 하는 등 극단적인 다이어트에 비정상적으로 집착하는 질환이다. 섭식 장애는 불규칙한 식사 습관, 폭식, 음식에 대한 조절 능력의 상실, 음식에 대한 과도한 집착, 영양 결핍 상태인 데도 음식 섭취를 거부하는 등의 식사 행동의 장애를 특징으로 한다.

섭식 장애는 신경성 식욕 부진증, 신경성 폭식증, 마구 먹기 장애로 분류하는데, 그중에서 신경성 식욕 부진증과 신경성 폭식증이 가장 많이 알려져 있다(표 5-11).

표 5-11 섭식 장애의 분류, 정의, 증상

분류	거식증(anorexia nervosa, AN)	폭식증(bulimia nervosa, BN)	마구 먹기 장애(binge-eating disorder)
정의	• 날씬한 몸매에 대한 집착이 매우 심해 극도로 수척해질 때까지 굶는 심리적 장애	• 폭식과 고의로 장을 비우는 일을 교대로 반복하는 섭식 장애	• 다이어트 실패 경험이 있는 사람에게서 주로 발생
증상	• 정상 체중을 유지하는 것에 대한 거부감(이상체중보다 15% 이상 저하) • 저체중임에도 불구하고 체중 증가, 비만에 대한 극심한 두려움이 있음 • 체중과 체형을 보는 방식이 왜곡되고, 체중과 체형이 자기 평가에 지나친 영향을 미침 • 생리 주기의 이상 또는 3개월 이상의 지속적인 무월경	• 통제 불가능한 폭식 • 폭식 후 고의적인 구토 유발, 하제 및 이뇨제의 남용이나 과도한 운동, 금식 및 극도의 식사 절제 • 3개월 동안 주 2회 이상의 폭식과 그에 따른 보상적 제거 행동 • 외모, 체중에 대한 불만족	• 식사를 제한하는 유형이나 장시간 계속해서 먹는 유형으로 구분되며, 폭식 후에 인위적으로 장을 비우는 행동을 하지 않는 것이 폭식증과의 차이
치료법	• 환자가 거부감이 들지 않고 식사에 적응할 수 있도록 하여 표준체중으로 회복한 후 잘못된 식행동의 원인을 찾을 수 있도록 정신과 치료 병행 필요	• 영양교육과 함께 자신을 인정하도록 하는 정신과 치료 병행	• 식사 섭취 조절 능력을 가질 수 있도록 생리적으로 배고플 때만 먹는 학습을 시킴
입원이 필요한 식이 장애 환자의 기준	• 심각한 영양불량(정상체중의 75% 이하) • 조절 불가능한 거식증 • 저혈압, 저체온, 중증 서맥 등의 생리학적 이상 • 영양 결핍으로 인한 급성합병증(실신, 발작, 심부전) • 급성 정신병적 응급 상태(자살 시도, 정신병 증상)	• 탈수 상태 • 심장부정맥 • 급성의 식이 거절	

자료 : 식생활정보센터(www.dietnet.or.kr)

(1) 신경성 식욕부진증

흔히 '거식증'이라고 하는 신경성 식욕부진(anorexia nervosa)은 정상체중 유지 거부, 체중 증가와 비만에 대한 극심한 두려움, 무월경, 환자 스스로 체중 감소를 유발하거나 의도적으로 지속시키려는 특징을 가지고 있어 종종 기아 상태에 이르는 식행동 장애이다. 이들은 정서적으로 불안정하고 공격적이며, 비판적이고 우울하며 가족과 친구들로부터 자신을 격리시킨다. 주요 증상으로는 극심한 체중과 체지방의 감소, 체온과 맥박수의 감소, 철 결핍성 빈혈, 백혈구 수의 감소, 탈모, 변비, 혈중 칼륨 농도 감소 등과 같은 신체 증상이 나타난다.

(2) 신경성 폭식증

신경성 폭식증(bulimia nervosa)은 한번에 집중적으로 많은 양의 음식을 폭식하고 배가 부른데도 먹는 것을 멈출 수 없는 느낌을 가지며, 음식을 얼마나 먹어야 할지 조절할 수 없는 상태를 의미한다. 또한 폭식으로 인한 체중의 증가를 막기 위해 다시 장을 비우려 인위적인 구토, 하제 사용, 과다한 운동 등을 반복하게 된다. 이와 같이 절식과 폭식을 번갈아하는 것은 인체의 생리적, 생화학적 균형을 교란시킬 뿐만 아니라 계속되는 구토로 식도와 위장의 파열, 입·식도·후두 점막의 부식, 치아 에나멜의 손상 등이 나타난다. 심리적 타격도 심각하여 폭식증의 저변에 깔려 있는 자긍심의 부족, 다이어트를 지속하지 못한 데서 오는 죄책감, 극단적인 절망감 등으로 자살 충동을 느끼기도 한다. 거식증과 달리 폭식증은 자신의 행동에 문제가 있다는 것을 인정하는 것이 특징이다.

(3) 마구 먹기 장애

마구 먹기 장애(binge-eating disorder)는 거식증이나 폭식증보다 훨씬 흔한 장애이며, 반복되는 다이어트 실패를 경험한 적 있는 사람에게서 주로 나타난다. 마구 먹기 장애가 폭식증과 다른 점은 폭식 후에 인위적으로 장을 비우는 보상적 제거 행동을 하지 않는다는 것과, 비만인 사람에게서 더 자주 발견된다는 점이다. 이들은 문제가 생기면 그것을 극복하지 못하고 음식에 눈을 돌리게 되어 음식에 대한 통제력을 잃게 된다. 따라서 욕구 불만과 같은 심리적, 정신적 변화는 음식 섭취에 중요한 조절인자가 되고 있다. 표 5-12는 마구 먹기 장애를 판정하는 데 기준이 되는 문항을 제시하고 있다.

표 5-12 마구 먹기 장애의 판정 기준

판정 기준	아래 ①번 문항을 "예"라고 응답하고, ②~⑥번 문항 중 3개를 충족하는 경우
항목	① 일정 시간 동안 다른 사람들이 먹는 양보다 훨씬 많은 양의 음식을 한꺼번에 빨리 먹어치우면서 음식 먹는 행동을 그만둘 수 없다고 느끼거나 먹는 양을 스스로 조절하지 못한다고 느낀 적이 있다. ② 다른 사람들에 비해 식사 속도가 매우 빠르다. ③ 배가 너무 불러서 불편해질 때까지 먹는다. ④ 배고픔을 느끼지 않을 때에도 많은 양의 음식을 먹는다. ⑤ 많이 먹는 것이 부끄러워서 혼자 먹을 때가 있다. ⑥ 많이 먹고 난 후 죄책감을 느끼거나 우울해 한 적이 있다.

자료 : Diagnostic and Statistical Manual of Mental Disorders, 4th ed. (DSM-IV-TR). (1994). Washington, DC: American Psychiatric Association Press

4. 알코올과 에너지

알코올(alcohol)은 일반적으로 에탄올을 말하며 에탄올은 효모가 당을 발효하는 과정에서 이산화탄소와 함께 생성된다. 알코올은 체내에서 에너지를 발생시키지만 인체에 필수적인 기능은 하지 않으며 체내에 알코올 형태로 저장되지 않으므로 영양소라고 할 수는 없다. 음식과 술에 들어 있는 알코올은 탄수화물, 지질, 단백질처럼 체내에서 대사하여 1 g당 7 kcal의 에너지를 발생시킨다. 맥주는 4~6%, 와인은 8~14%, 소주는 20~25%, 위스키는 35~45%의 알코올을 함유하고 있으며, 각 술의 1잔은 약 12 g의 알코올을 함유하며 이를 1회 섭취량(표준 잔)이라고 한다.

에너지 이외에는 다른 영양소를 거의 함유하지 않아 영양가가 없어서 빈 열량 식품

표 5-13 술의 종류와 알코올 함량

분류	종류	알코올 도수(%)	표준 잔 1잔(mL)	표준 잔 1잔당 알코올 함량(g)
발효주	막걸리	6	200	12
	맥주	4.5	270	12.2
	포도주	12	100	12
증류주	소주	20	60	12
	청주	16	80	12.8
	위스키	40	30	12.9
혼성주	인삼주	28	45	12.6
	매실주	15	80	12

자료 : 김선효 외. (2017). 식생활과 건강. 파워북

(empty calorie food)이라고 부른다. 항산화물질을 함유하고 있는 와인의 경우는 심장병 발생 위험을 줄이는 것으로 알려져 있어서 건강에 도움을 주지만, 알코올은 체내 대부분의 장기에 영향을 미치며 특히 과음은 지방간을 비롯한 여러 질병의 원인이 된다.

1) 알코올 대사

알코올은 분자량이 작아서 별도의 소화 과정을 거치지 않고 단순확산에 의해 혈액으로 쉽게 흡수되는데, 일부는 위에서 흡수되고 대부분(80%)이 소장에서 흡수된다. 알코올의 흡수 속도는 여러 요인에 의해 영향을 받는다. 공복에 마시면 더 빨리 흡수되고 위에 음식물이 있으면 알코올을 희석하고 위 배출을 지연시킬 수 있기 때문에 흡수 속도가 느려진다. 일단 흡수된 알코올은 혈액으로 들어가 체내를 순환하게 되는데, 혈액에 있는 알코올의 양을 혈중 알코올 농도라 하고 혈액 100 mL에 들어 있는 알코올의 양(g)을 퍼센트(%)로 나타낸다.

한 잔의 알코올음료를 마시면 20분 내에 혈중 알코올 농도가 상승하는데 계속해서 많은 양의 알코올을 섭취하면 알코올은 혈액에 축적되고 알코올의 대사 속도는 흡수 속도

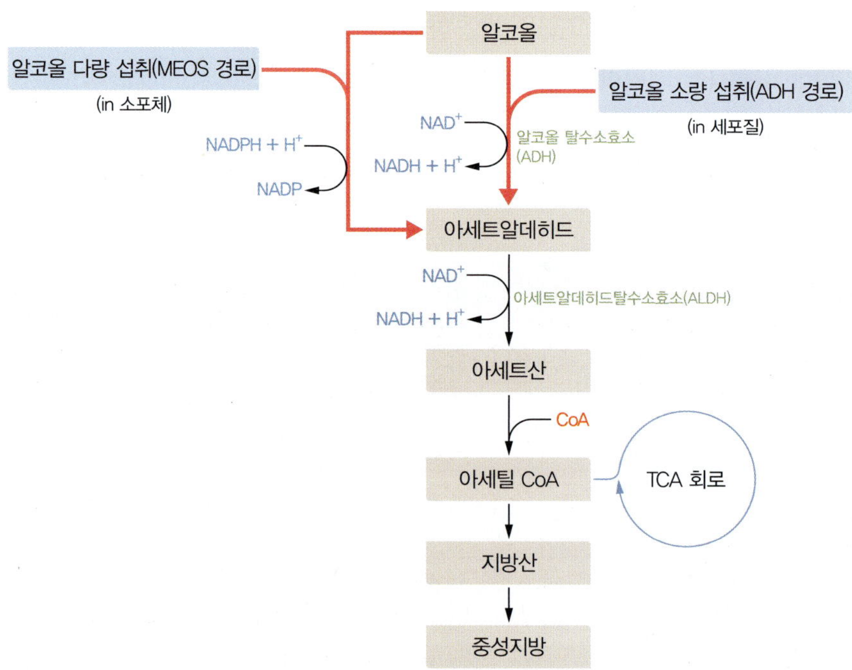

그림 5-9 알코올의 대사

보다 늦어지게 되어 독성이 나타난다. 흡수된 알코올은 문맥을 거쳐 간으로 운반되어 간에서 대부분 대사된다. 알코올을 대사하는 효소는 성별에 따라 차이가 있다. 여자는 남자에 비해 알코올 분해효소의 활성이 낮아서 알코올을 대사시키기 어려우며, 알코올과 관련된 건강 문제가 더 쉽게 발생하는 원인이 되기도 한다.

알코올 대사에는 알코올 탈수소효소(alcohol dehydrogenase, ADH)에 의한 대사경로와 마이크로솜 에탄올 산화계(microsomal ethanol-oxidizing system, MEOS)에 의한 대사경로가 있다.

(1) 알코올 탈수소효소에 의한 대사

알코올 대사는 다른 열량 영양소들의 대사보다 우선적으로 처리되는데, 알코올을 소량으로 적당히 마셨을 때에는 간의 세포질에 있는 알코올 탈수소효소에 의해 알코올이 아세트알데히드(acetaldehyde)로 산화된다. 그림 5-9에서 보는 바와 같이 알코올 탈수소효소는 알코올을 아세트알데히드로 전환시키고 $NADH+H^+$를 생산한다. 아세트알데히드는 아세트알데히드 탈수소효소(acetaldehyde dehydrogenase, ALDH)에 의해 아세트산으로 전환된다. 이 반응에는 수소이온을 이동시키기 위한 NAD^+가 필요하며 이것은 $NADH+H^+$를 형성한다. 아세트산은 코엔자임 A(CoA)와 결합하여 아세틸 CoA를 형성하며 이때 아세틸 CoA 합성효소가 필요하다. 아세틸 CoA는 TCA 회로로 들어가서 에너지를 생성한다.

전환되지 못하고 체내에 축적된 아세트알데히드는 독성물질로 숙취의 원인이 되어 두통을 일으키거나 안면 홍조, 심계 항진, 메스꺼움, 구토 등을 유발하고 소화기 점막에 손상을 입히기도 한다.

생성된 아세트산은 아세틸 CoA로 전환하여 에너지를 발생하고, 여분의 나머지는 지방산 합성과 체지방을 증가시켜 지방간을 유발하게 된다.

숙취 *Tip*

숙취는 술 마신 후 몇 시간 후에 혈액 내 알코올 수준이 떨어지는 시점에 나타나기 시작하는 염증 작용이다. 원인 물질인 아세트알데히드는 두통과 구강 건조, 위통과 구토를 일으키며 구토와 설사 등으로 인해 체액 손실과 전해질 불균형이 나타난다. 숙취를 줄이는 방법으로 알코올을 섭취하기 전에 충분한 음식을 먹으면 알코올 흡수 시간을 지연시켜서 인체가 알코올 처리하는 데 충분한 시간을 갖게 된다. 또한 알코올 섭취 후 죽이나 무알코올음료를 마시면 저혈당이나 탈수를 일부 예방할 수 있다.

(2) 마이크로솜 에탄올 산화계에 의한 대사

알코올을 만성적으로 다량 섭취한 경우에는 마이크로솜 에탄올 산화계라는 다른 경로에 의해 알코올이 대사된다. 이러한 메커니즘은 혈중 알코올 농도가 위험할 정도로 증가되는 것을 예방하는 데 도움이 된다. 또한 MEOS는 알코올 이외의 약물이나 이물질 등의 해독 작용에도 관여한다.

ADH 경로가 세포질에서 일어난다면 MEOS 경로는 마이크로솜(microsome) 안에서 일어나는데, 마이크로솜은 작은 구형의 낭으로 소포체 안에 있다. MEOS 경로에 의해 알코올이 산화되는 경우에는 NADH가 생성되지 않고, 산소를 이용하여 조효소인 NADPH를 소모하게 되므로 에너지가 발생되는 대신 오히려 소모하게 된다. 또한 MEOS 경로에 의해 대사될 때에 알코올로부터 생성된 에너지는 체내 에너지로 공급하기보다는 열로 손실되는 경우가 많아서 실제로 과음을 하여 에너지를 많이 섭취함에도 체중은 감소하기도 하는 이유가 된다.

2) 알코올과 영양

알코올과 영양소 간의 상호 작용은 상당량의 알코올 섭취로 인해 다른 식품의 섭취가 감소되는 상태에서부터 문제가 된다. 알코올로부터의 열량 섭취는 다른 식품으로부터의 열량 섭취뿐만 아니라 미량영양소의 섭취도 감소시켜 영양불량을 초래하고, 영양소의

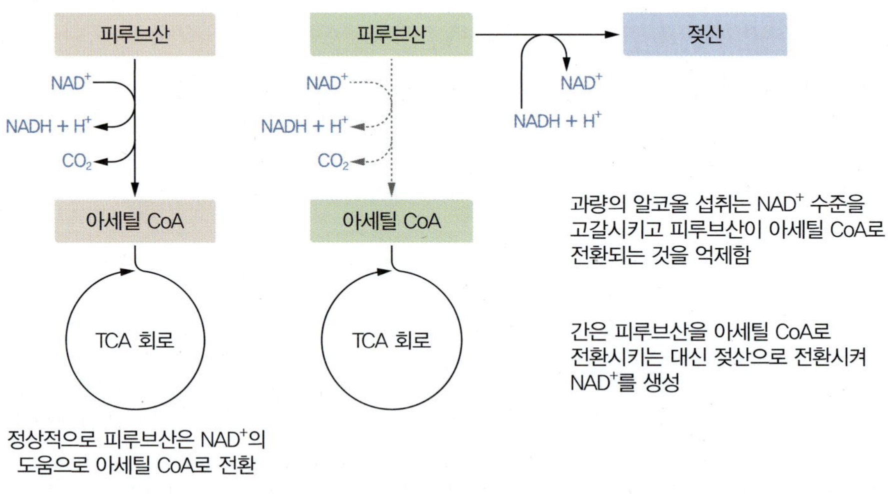

그림 5-10 알코올의 대사와 에너지 생성

흡수 장애와 알코올 자체의 독성으로 영양소의 대사에 변화를 가져온다.

(1) 열량 영양소

과량의 알코올 섭취는 NAD^+ 수준을 고갈시키고 피루브산이 아세틸 CoA로 전환되는 것을 억제한다. 간은 피루브산을 아세틸 CoA로 전환시키는 대신에 젖산으로, TCA 회로 내의 옥살로아세트산(oxaloacetate)을 말산(malate)으로 전환시키며 NAD^+를 생성한다. 이런 피루브산이나 옥살로아세트산의 부족은 포도당 신생 과정을 저해하여 공복 시 알코올을 섭취하면 저혈당을 초래할 수 있다.

혈액 내 젖산의 농도가 상승하면 혈액의 pH를 떨어뜨리고 소변으로 요산을 배설시키는 능력이 감소한다. 요산은 퓨린의 대사산물로 혈액 내 농도가 높아지면 통풍을 발생시킬 수 있다.

알코올은 아미노산 흡수를 방해하는 것으로 알려져 있고, 간에서 알부민 합성을 감소시켜 혈장알부민 농도 저하로 인한 부종이 나타날 수 있다.

지질은 산화되어 아세틸 CoA를 생성하여 에너지를 내는데, 알코올과 지질을 함께 섭취하면 알코올이 산화되어 우선적으로 에너지원으로 사용되므로 지방은 완전히 산화되지 못하고 케톤체를 생성한다. 또한 간에서 지방산의 분해를 억제하고 중성지방의 합성을 촉진시켜 결과적으로 지방간을 유발하기도 한다.

(2) 비타민

알코올 중독자는 흡수 불량, 소변으로의 배설 증가, 부적절한 식사로 인해 비타민의 섭취가 부족하여 결핍증을 일으킬 수 있다. 비타민 A와 비타민 D, 비타민 B군과 엽산은 알코올 중독자에게 흔히 부족하기 쉬운 영양소들이다.

일반적으로 알코올 중독자들은 수용성 비타민인 티아민, 리보플라빈, 엽산, 비타민 C 등의 결핍증이 흔한 것으로 알려져 있다. 그중 베르니케-코르사코프 증후군(Wernicke-Korsakoff syndrome, WKS)은 티아민 결핍으로 생기는 신경학적 장애로 정신적 혼란, 우울증, 기억력 상실 등의 증상을 보인다. 엽산의 결핍은 영양소의 흡수 불량, 빈혈 그리고 신경 손상을 유발하여 영양불량을 더욱 악화시킨다. 비타민 C의 전형적인 결핍증인 괴혈병도 알코올 중독자에게서 쉽게 볼 수 있다.

알코올로 인한 지방의 흡수 불량과 대사 이상은 지용성 비타민의 결핍을 가져온다. 알코올성 간질환이 생긴 경우에는 간의 비타민 A 저장량과 혈액의 비타민 A 농도가 감소한다. 비타민 A는 시력 보호에 중요하며 특히 야간에 더 중요한 역할을 한다. 비타민 A의 한 형태인 레티놀(retinol)은 체내에서 야간 시력에 중요한 레티날(retinal)로 전환되는데 이때 알코올 대사에 관여했던 효소 알코올 탈수소효소(ADH)를 필요로 한다. 그런데 과음을 하는 경우에 ADH는 알코올 대사에 더 선호적으로 사용되므로 적은 양의 레티날이 합성되어 시력에 문제를 일으킬 수 있다.[14]

만성 음주는 비타민 D의 손실을 증가시킴으로써 비타민 D의 결핍을 초래할 수 있는데, 이는 알코올 중독자에게서 골절 빈도가 높은 현상과 관련이 있다. 또한 혈액 응고인자인 비타민 K의 결핍으로 출혈과 빈혈의 위험성이 증가한다.[15]

(3) 무기질

알코올은 칼슘과 뼈의 대사에 영향을 미친다. 급성 음주는 일시적으로 부갑상선 호르몬의 결핍을 초래하여 소변 내 칼슘 배설을 증가시켜서 체내 칼슘 손실을 가져온다. 반면에 만성 과음은 칼슘 대사와 밀접한 비타민 D 대사를 저해하여 칼슘의 흡수를 방해하고 뼈의 형성을 저해하여 골절의 위험을 높인다.

알코올 중독자는 여러 무기질의 섭취가 부족하고, 콩팥에서의 재흡수는 감소되며 배설은 증가하게 되어 무기질의 결핍이 나타날 수 있다. 마그네슘이 결핍되는 경우에는 부정맥이 나타날 수 있으며, 알코올 탈수소효소의 구조적 성분인 아연의 결핍은 알코올 대사를 저해하여 해독 작용을 방해할 수 있다.

3) 알코올과 건강 문제

적당한 양의 알코올 섭취는 HDL-콜레스테롤을 높이고, 혈전 생성을 감소시켜 심혈관 질환의 발생 위험을 감소시킨다고 알려져 왔다. 그러나 만성적인 음주와 과음은 유병률과 사망률을 높이는 다양한 신체 변화를 일으킨다. 만성적인 음주는 면역 체계 및 신경계에도 분명한 손상을 일으키며, 감염 및 신경계의 합병증이 발생할 위험도 높인다. 또한 알코올 중독자는 식사를 잘하지 않기 때문에 영양실조도 많고 간, 위, 췌장 등의 약화로 영양소의 흡수와 대사에도 장애를 일으킨다.

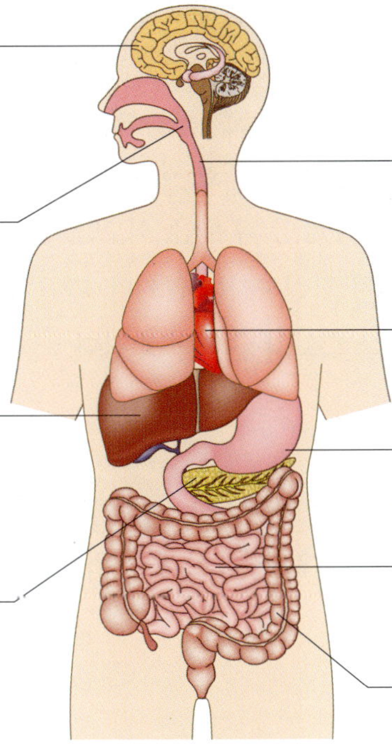

그림 5-11 알코올이 인체에 미치는 영향
자료 : 보건복지부, 국립암센터, 대한의학회

(1) 간 질환

장기간의 알코올 섭취는 간의 NADH/NAD 비율이 증가하여 알코올 분해로 생성된 아세틸 CoA가 TCA 회로로 들어가 산화되기보다는 지방산 합성에 이용된다. 이로 인해 지방의 합성이 증가하여 간에 지방을 축적시킴으로써 지방간을 유발한다. 과량의 알코올 섭취는 염증 작용을 일으켜 알코올성 간염을 가져오기도 한다. 알코올성 지방간과 간염은 간경변증이나 간암으로 발전하게 된다.

(2) 심혈관계 질환

하루 한두 잔 정도의 음주는 심혈관계 질환으로 인한 사망률을 줄여 준다. 이는 적당량의 음주가 혈중 HDL-콜레스테롤을 상승시키기 때문이나 알코올의 혈액 응고 방지 효과나 포도주에 포함된 항산화물질의 효과 등과도 관련이 있을 것으로 생각된다. 반면에 만성적인 음주는 고지혈증을 유발하고 관상동맥을 수축시키며, 지질의 과산화를 초래하여 이로 인한 심혈관계 질환의 위험을 높인다. 또한 알코올의 섭취는 에피네프린,

레닌, 알도스테론 등 호르몬의 분비를 유발하여 혈압을 상승시킨다.

(3) 암

알코올 분해 대사산물인 아세트알데히드는 숙취뿐 아니라 암 발생과도 연관이 있다. 알코올 섭취와 관련된 암으로는 구강암, 후두암, 식도암, 간암, 대장암, 직장암, 유방암 등이 있다. 알코올이 발암물질인지 확실하지는 않지만, 다른 화학물질이 암을 유발시키는 작용을 증진시키는 보조 발암물질로 작용하는 것 같다.

(4) 소화기계

과량의 알코올을 장기간 섭취하면 알코올과 중간 대사산물인 아세트알데히드가 소화기계의 점막을 손상시켜 설사, 식도염, 연하곤란증, 위염 등을 일으키며, 영양소의 흡수 장애로 영양불량증을 초래한다.

태아 알코올 증후군(fetal alcohol syndrome, FAS) *Tip*

임신부가 음주를 하면 태아 기형을 초래한다는 많은 과학적 증거가 제시되고 있다. 알코올이 태반을 통과하면 태아의 혈중 알코올 농도는 임신부의 혈중 알코올 농도와 같다. 태아는 간이 아직 발달되지 않아서 임신부보다 훨씬 느린 속도로 알코올이 분해된다. 이렇게 더딘 해독 과정으로 태아는 쉽게 알코올 독성에 과도하게 노출되어 지적 장애와 같은 현상이 일어나기 쉽다. 그 밖에도 저체중아 출산, 얼굴의 기형(작은 머리, 눈과 눈 사이 간격이 넓음)과 심장 관련 문제가 발생할 수도 있다. 이러한 영향을 태아 알코올 증후군이라고 한다.

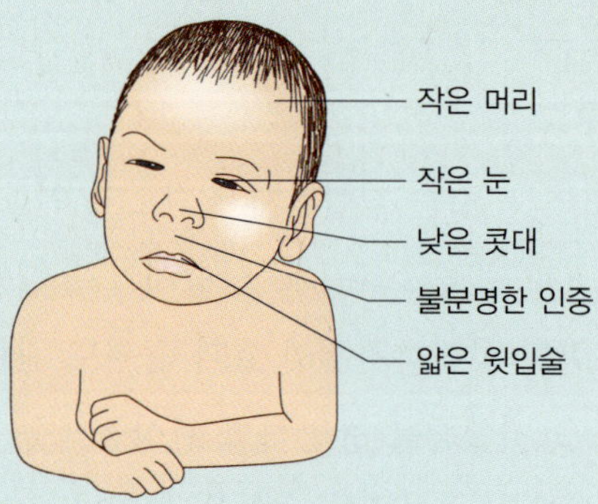

참고 문헌

1. Insel P, Turner RE, Ross D. (2006). *Discovering Nutrition*. Jones and Bartlett. pp. 272-315.

2. Sizer F, Whitney E. (2006). *Nutrition: Concepts and Controversies*. Thomson Wadsworth. pp. 311-358.

3. Burton-Freeman B. (2000). Dietary fiber and energy regulation. *J. Nutr.* 130: 272S-275S.

4. Di Meglio DP, Matters RD. (2000). Liquid versus solid carbohydrate:effects on food intake .and body weight. *Int J Obes*. 24: 794-800.

5. Matters R. (2004). Soup and satiety. *Physiol Behav.* 83: 739-747.

6. Institute of Medicine, Food and Nutrition Board. (2002). *Dietary Reference intake for Energy, Carbohydrate, Fiber, Fatty Acids, Cholesterol, Protein, and Amino Acids*. National Academies Press, Washington, D.C.

7. Levine JA, Eberhardt NL, Jensen MD. (1999). Role of nonexercise activity thermogenesis in resistance to fat gain in humans. *Science* 283: 212-214.

8. Levine JA, Eberhardt NL, Jensen MD. (2004). Nonexercise activity thermogenesis (NEAT): environment and biology. *Am J Physiol Endo crinol Metab* 286: E675-E685.

9. De Jonge L, Bray GA. (2002). The thermic effect of food is reduced in obesity. *Nutr Rev* 60: 295-297.

10. Farshchi HR, Taylor MA, Macdonald IA. (2004). Decreased thermic effect of food after an irregular compared with a regular meal pattern in healthy lean women. *Int J Obesity* 28: 653-660.

11. Breslow RA, Smothers BA. (2005). Drinking patterns and body mass index in never smokers. *Am J Epidem* 161: 368-376.

12. Ziegler RG. (1997). Anthropometry and breast cancer. *J Nutr* 127(suppl 5): 924S-928S.

13. Blackburn GL. (1995). Effects of weight loss on weight-related risk factors. In: Brownell KD, Fairburn CG, eds. *Eating Disorders and Obesity*, Guilford. NY. pp. 406-410.

14. Seitz HK, Oneta CM.Op.cit; and Wang XD. (1999). Chronic alcohol intake interferes with retinoid metabolism and signaling. *Nutr Rev.* 57: 51-59.

15. Feinman L, Lieber CS. (1999). Nutrition and diet in alcoholism. In: Shils ME, Olson JA, Shike M,eds. *Modern Nutrition in Health and Disease*. 8th ed. Philadelphia: Lippincott Williams & Wilkins; 1523-15.

Fat Soluble Vitamin
Fat Soluble Vitamin
Fat Soluble Vitamin
Fat Soluble Vitamin

지용성 비타민

CHAPTER 6 **Fat Soluble Vitamin**

1. 비타민 A
2. 비타민 D
3. 비타민 E
4. 비타민 K

비타민은 에너지 공급원은 아니지만 체내 열량 대사 조절에 관여하며 정상적인 체내 기능, 성장 및 신체의 건강 유지에 반드시 필요한 미량의 유기화합물이다. 비타민은 벤젠이나 에테르와 같은 유기용매와 물에 대한 용해도에 따라 지용성 비타민(fat soluble vitamin)과 수용성 비타민(water soluble vitamin)으로 분류한다. 지용성 비타민에는 비타민 A, D, E, K가 있으며, 수용성 비타민에는 비타민 B군과 C가 있다(표 6-1).

표 6-1 비타민의 종류

종류			비타민 작용을 나타내는 물질
지용성 비타민		비타민 A	레티놀(retinol), 레티날(retinal), 레티노산(retinoic acid), 비타민 A의 전구물질인 베타카로틴(beta-carotene)
		비타민 D	콜레칼시페롤(cholecalciferol), 에르고칼시페롤(ergocalciferol)
		비타민 E	토코페롤(tocopherol), 토코트라이에놀(tocotrienol)
		비타민 K	필로퀴논(phylloquinone), 메나퀴논(menaquinone), 메나디온(menadione)
수용성 비타민	비타민 B군	비타민 B_1	티아민(thiamin)
		비타민 B_2	리보플라빈(riboflavin)
		니아신(niacin)	니코틴산(nicotinic acid), 니코틴아미드(nicotine amide)
		판토텐산	판토텐산(pantothenic acid)
		비오틴	비오틴(biotin)
		비타민 B_6	피리독신(pyridoxin), 피리독살(pyridoxal), 피리독사민(pyridoxamin)
		엽산	엽산(folic acid), 폴리글루타밀폴라신(polyglutamyl folacine)
		비타민 B_{12}	코발라민(cobalamin)
		비타민 C	아스코르빈산(ascorbic acid), 디히드로아스코르빈산(dehydroascorbic acid)

수용성 비타민은 과량 섭취해도 체내에 저장되지 않고 소변으로 배설되므로 필요량은 매일 식사를 통하여 섭취해야 한다. 반면에 지용성 비타민은 과량 섭취하면 체내에 축적되므로 독성이 나타날 수 있다. 비타민은 신체에 미량 필요하며 섭취가 부족하면 비타민의 종류에 따라 독특한 결핍 증상이 나타난다(표 6-2).

비타민은 스스로 에너지를 생성하지 않으나 열량 영양소로부터 에너지를 생산하는 효소의 활동과 세포 증식을 돕는다. 비타민은 종류에 따라 체내에서 다른 역할을 수행하며 인체의 특정 효소에 의해 형태가 활성형으로 전환된다. 한편, 비타민은 유기물질이므로 파괴될 수 있으며, 산화 분해되면 그들의 역할을 수행할 수 없게 된다. 특히 수용성 비타민인 티아민, 리보플라빈, 비타민 C는 쉽게 파괴되므로 저장과 조리 시에 주의해

표 6-2 지용성 비타민과 수용성 비타민의 일반적 특성 비교

구분	지용성 비타민	수용성 비타민
성질	기름과 유기용매에 녹음	물에 녹음
구성 성분	C, H, O	C, H, O, N 외에 경우에 따라 황(S), 코발트(Co) 함유
흡수, 대사	림프로 먼저 들어간 후 혈류로 흡수되며 운반 단백질이 필요. 지방세포에 축적됨	혈류로 직접 흡수되고 혈액 내에서 자유로이 수송되며 체액에서 자유로이 순환됨
필요량	결핍 증세가 서서히 나타나므로 필요량을 매일 공급하지 않아도 됨. 1주~1달 간격으로 주기적인 복용이 필요	필요량을 매일 공급하지 않으면 결핍 증세가 빨리 나타남
결핍증	서서히 나타남	쉽게 나타남
독성	보충제로 필요량 이상 섭취하면 간과 지방조직에 저장되어 체외로 쉽게 배설되지 않으므로 독성이 나타날 수 있음	필요량 이상 섭취해도 체내에 저장되지 않고 쉽게 소변으로 배설되므로 독성 수준에 도달하기 어려움

야 한다.

비타민의 양을 나타내는 단위는 비타민의 분리, 정제가 가능해지면서 비타민별로 국제단위(international unit, IU)를 정하여 그램 단위와 함께 사용되고 있으며, 영양소에 따라 생물학적 활성이 다른 여러 형태의 이성질체나 전구물질이 존재하면 기준이 되는 활성형으로 전환되는 비율을 고려하여 이들 이성질체나 전구물질로부터 전환될 수 있는 양을 모두 합하여 당량(equivalent) 단위를 사용한다.

1. 비타민 A

비타민 A는 최초로 발견된 지용성 비타민으로 비교적 식품 중에 널리 분포되어 있음에도 전 세계적으로, 특히 개발도상국 빈곤 계층의 성장기 아동에게 가장 문제가 되는 영양소이다. 세계보건기구(WHO)는 약 300만 명의 어린이가 비타민 A 결핍증을 가지고 있는 것으로 추정하고 있다. 비타민 A는 동물성 급원으로 식품 중에 레티닐 에스터의 형태로 존재하며 간, 생선 간유, 우유와 유제품, 달걀 등에 풍부하게 함유되어 있다. 녹황색 채소와 과일 등 식물성 식품에는 비타민 A의 전구물질인 카로티노이드가 다량 함유되어 있다. 비타민 A의 단위는 레티놀 활성당량(retinol activity equivalent, μg RAE)으로 나타낸다. 우리나라 사람의 비타민 A 섭취 형태는 주로 카로티노이드이며, 카로티노이드가 비타민 A로 바뀌는 생체 전환율은 다음과 같이 적용된다.[1]

1 μg 레티놀 활성당량(retinol activity equivalent, μg RAE)
= 1 μg (트랜스) 레티놀(all-trans-retinol)
= 2 μg (트랜스) β-카로틴 보충제(supplemental all-trans-β-carotene)
= 12 μg 식이 (트랜스) β-카로틴(dietary all-trans-β-carotene)
= 24 μg 기타 식이 비타민 A 전구물질 카로티노이드(other dietary provitamin A carotenoids)

1) 구조와 성질

비타민 A는 비타민 A 구조를 지닌 화합물의 활성형인 레티노이드(retinoids)와 불활성형인 카로티노이드(carotenoid)를 총칭하는 일반명이다. 비타민 A의 활성형을 통틀어 레티노이드라고 하는 비타민 A의 기본 구조를 가진 화합물을 말하며 레티놀(retinol), 레티날(retinal), 레티노산(retinoic acid)이 대표적인 형태이다(그림 6-1). 이들 중 레티놀의 효력

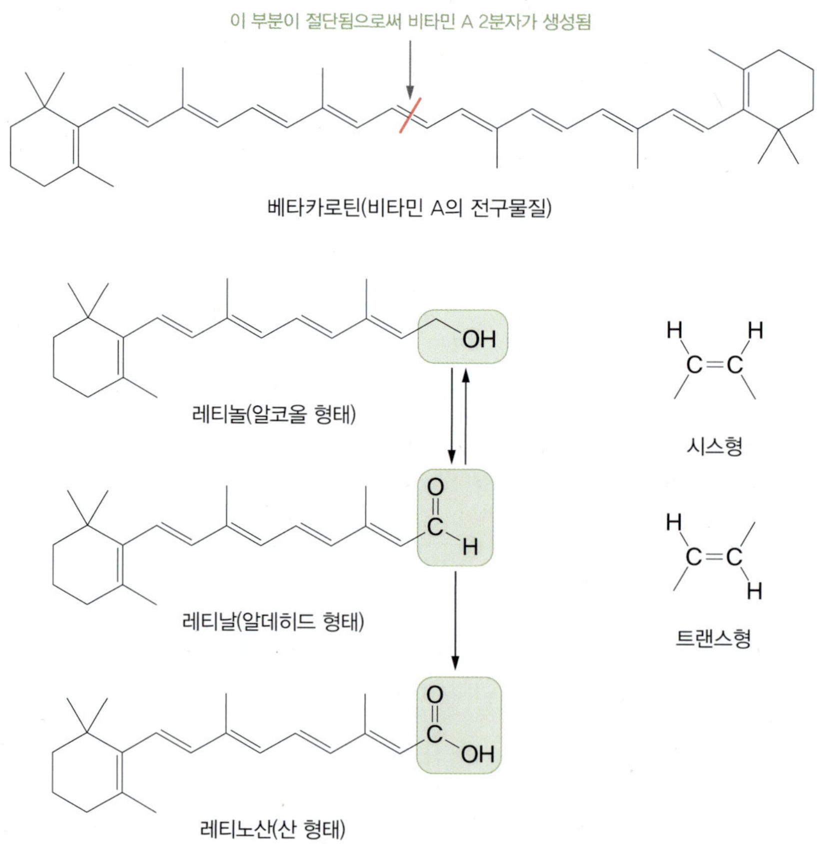

그림 6-1 비타민 A의 종류와 형태

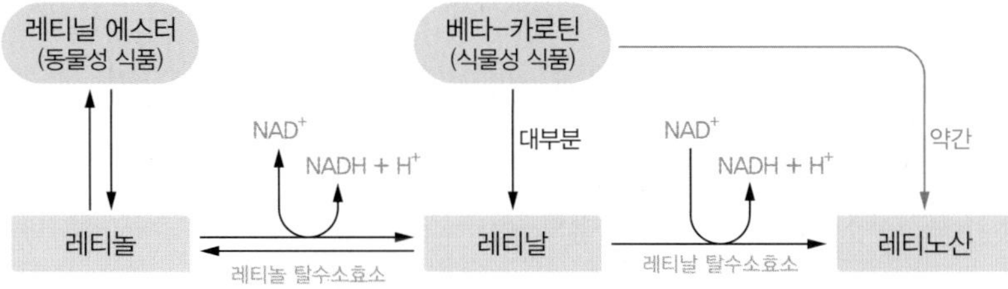

그림 6-2 비타민 A의 상호 전환

이 가장 강하며, 체내에서 레티날로부터 합성될 수도 있고 상호 전환도 가능하다. 레티날은 레티노산으로 전환될 수 있지만 일단 레티노산 형태로 되면 더 이상 전환되지 않는다(그림 6-2). 비타민 A 분자의 꼬리는 시스(*cis*) 또는 트랜스(*trans*)의 구조를 가지며, 이에 따라 레티노이드의 기능이 결정된다. 동물성 식품 내에 함유되어 있는 비타민 A는 대부분 레티닐 에스터(retinyl ester) 형태이며, 체내에서도 이러한 형태로 저장된다.

카로티노이드는 식물성 식품에 들어 있는 노란색에서 주홍색 색소 성분을 총칭한다. 식물성 식품에는 600종 이상의 카로티노이드가 있다. 카로티노이드는 비타민 A로 전환될 수 있는 것과 없는 것의 두 가지로 분류되는데, 비타민 A로 전환될 수 있는 카로티노이드를 비타민 A 전구물질 카로티노이드라고 하며 알파-카로틴, 베타-카로틴, 감마-카로틴 등이 있다. 이 중 베타-카로틴은 천연 카로티노이드 중 비타민 A의 활성이 가장 높으며 식품 중에 가장 흔하게 존재한다. 베타-카로틴은 구조적으로 2분자의 비타민 A가 결합된 것과 같은 모습을 하고 있으며 체내에서 두 분자의 레티날로 나누어질 수 있다. 비타민 A로 전환될 수 없는 카로티노이드는 비전구물질 카로티노이드라고 하며 라이코펜(lycopene), 아스타잔틴(astaxanthin), 루테인(lutein) 등이 있다. 이와 같은 비전구물질 카로티노이드는 비타민으로 구분하지 않고 파이토케미컬(phytochemical)이라고 하며 파이토케미컬을 함유하고 있는 식품을 기능성 식품이라고 한다.

비타민 A는 열, 산, 알칼리에는 안정하나 산소와 광선, 특히 자외선에 의해 쉽게 분해되고 이중결합이 많아 산화가 잘 일어나며 산화되면 효력이 사라진다.

2) 소화, 흡수와 대사

섭취한 동물성 식품의 비타민 A인 레티닐 에스터와 식물성 식품의 카로티노이드는 위에서 펩신의 작용으로 단백질과 분리되고, 소장에서는 단백질 분해효소의 작용으로 분리된다. 위에서 단백질과 분리된 카로티노이드와 레티닐 에스터는 가수분해효소와 에스테레이즈, 리페이즈의 작용으로 지방산과 분리되어 유리형 카로티노이드와 유리형 레티놀이 된 후에 지방산과 인지질, 모노글리세롤, 콜레스테롤과 결합하여 담즙에 의해 미셀(micelle) 형태로 되어 소장 점막세포 내로 흡수된다. 흡수된 레티놀은 장 점막세포에서 긴사슬지방산과 다시 에스터화하여 카일로마이크론을 형성한 후 림프계로 들어간다. 흉관을 거쳐 정맥으로 들어간 후 레티놀 에스터는 카일로마이크론 잔여물에 거의 남아 있으면서 간으로 운반되어 대사되고 저장된다. 식사로 섭취한 카로티노이드는 소장에서 분해효소에 의해 레티날로 분해되고, 동물성 식품으로 섭취한 레티날과 합쳐진다. 분해되지 않은 카로티노이드 분자도 카일로마이크론에 섞여 간으로 이동해서 레티날로 전환되어 저장되거나, 지방조직에 카로티노이드 그대로 저장될 수도 있다.

정상적인 식사를 하는 건강한 사람의 비타민 A 흡수율은 80% 이상이다. 카로티노이드의 흡수율은 비타민 A의 절반 정도에 불과하며, 식사 내 카로티노이드 함량이 증가하면 그 흡수율은 상대적으로 감소한다. 간에서 혈류로 나갈 때는 간에서 합성한 레티놀 결합 단백질(retinol binding protein, RBP)과 결합하여 이동하는데, 카로티노이드는 초저밀도 지단백질(VLDL)에 의해 혈액으로 나가서 전체 조직으로 운반된다(그림 6-3). 베타-카로틴은 소장과 간에서 레티놀로 전환되고 베타-카로틴이 카로티노이드 이산화효소(carotenoid dioxygenase)에 의해 레틴알데히드(retinaldehyde)로 전환된다.

혈액에 있는 비타민 A의 형태는 주로 레티놀 결합 단백질과 결합한 레티놀이며, 약간의 레티닐 에스터와 레티노산이 있다.

간에 저장된 레티닐 에스터는 레티놀로 전환된 후 레티놀 결합 단백질과 1:1로 결합

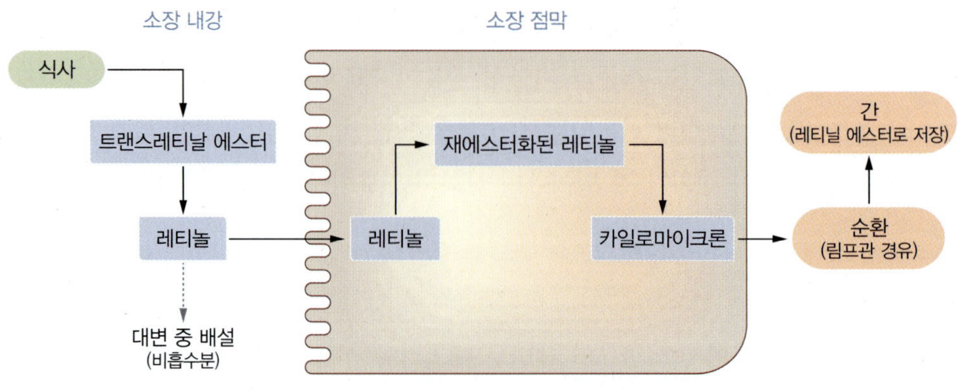

그림 6-3 비타민 A의 흡수, 대사 과정

하여 간에서 유리되어 각 조직으로 이동한다. 레티놀 결합 단백질과 결합하지 않은 레티놀 양이 많으면 조직으로 운반되어 독성이 나타난다.

비타민 A는 쉽게 배설되지 않으나 일부 비타민 A가 소변으로 배설된다. 세포 내에 들어간 비타민 A는 핵 속의 레티노이드 수용체에 의해 DNA에 결합하여 mRNA로 형성되고, 이로 인한 체단백질 생성을 조절한다. 즉, DNA에 대한 레티노이드 반응 유전자의 활성을 조절함으로써 세포 작용을 조정한다.[2]

3) 생리적 기능

비타민 A는 시각 회로에 필수적이며 상피세포의 건강 유지, 정상적인 세포의 성장과 발달에 관여한다. 또한 면역세포 생성에 중요한 역할을 한다.

(1) 시각회로

비타민 A는 암적응에 관여하는 로돕신 회로에 필요하다. 빛이 눈으로 들어오면 각막을 지나 망막(retina)에 도달하게 된다. 망막에는 명암과 어두운 곳에서 형태를 감지하는 간상세포(rod cell)와 밝은 빛과 색깔을 감지하는 원추세포(cone cell)가 있다. 간상세포는 로돕신(rhodopsin) 색소를, 원추세포는 요돕신(iodopsin) 색소를 함유하고 있다. 간상세포에서 *cis*-레티날(비타민 A의 형태)과 단백질인 옵신(opsin)이 결합하여 로돕신을 합성함으로써 어두운 곳에서 사물을 구별할 수 있게 된다. 로돕신은 밝은 빛에 의해 *cis*-레티날과 옵신으로 분리가 되고 *cis*-레티날은 *trans*-레티날로 전환된다. 로돕신이 재합성되기 위해서는 *trans*-레티놀은 *cis*-레티놀로 전환된 후 다시 옵신과 결합해야 한다. 이때 *trans*-레티놀은 *cis*-레티놀로 100% 전환되지 않고 일부는 레티노산으로 대사되어 로돕신을 합성할 수 없게 된다(그림 6-4). 따라서 비타민 A 섭취가 부족하여 손실된 양을 보충하지 못하면 로돕신이 충분히 합성되지 못하여 어두운 곳에서 적응하여 보는 것이 어려운 야맹증(night blindness)이 나타난다.

비타민 A가 부족하면 밝은 빛에 노출된 후에 시력 회복 시간이 지연될 수도 있다. 즉, 플래시를 이용하여 사진을 촬영할 때 시력 회복이 지연되는 것을 느낄 수 있는데 이는 밝은 빛에 노출될 때 로돕신의 분리로 망막의 한 지점이 표백되기 때문이다. 비타민 A가 부족하면 표백된 시간이 지속된다.

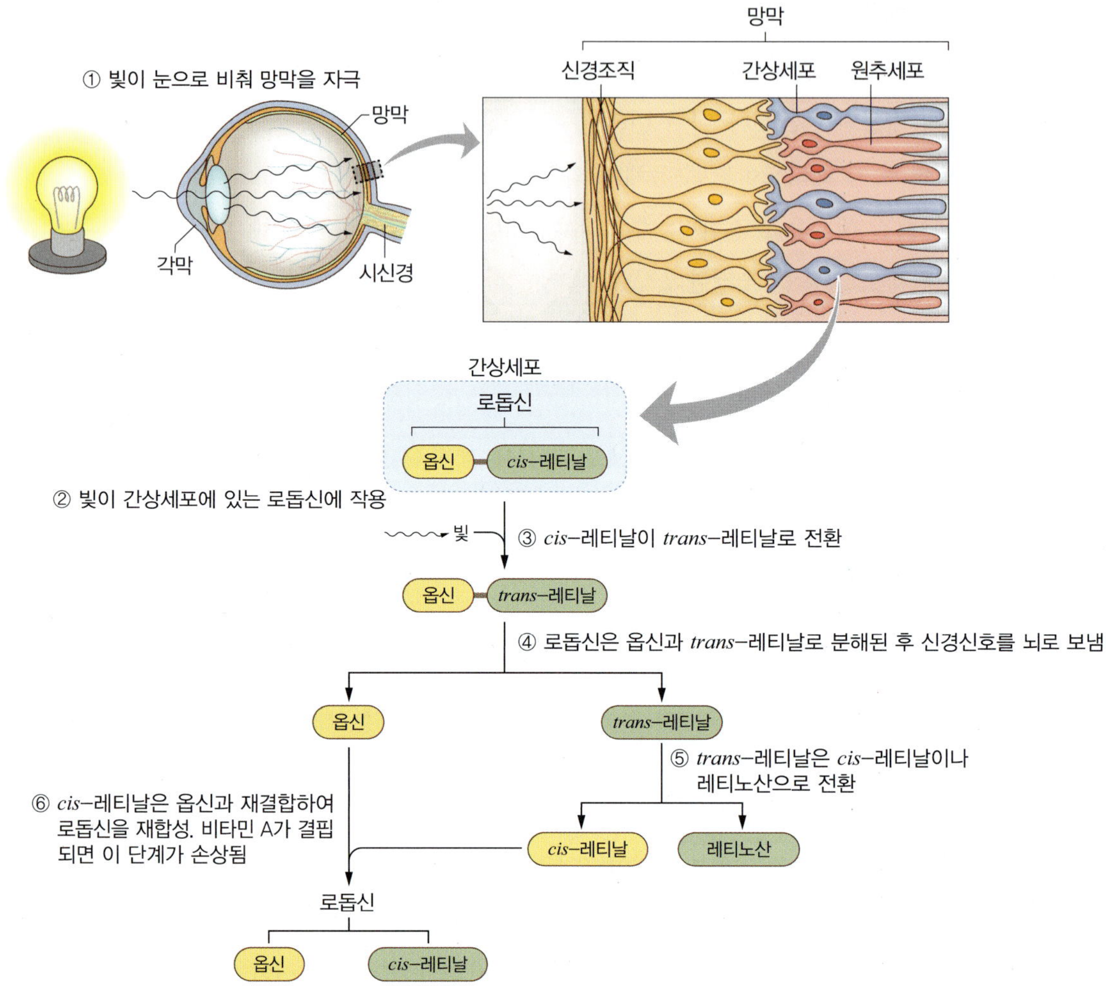

그림 6-4 비타민 A와 시각

(2) 세포의 분화와 상피조직 유지

비타민 A는 레티노산의 형태로 정상적인 세포 분화에 관여하며, 세포 DNA의 수용체에 반응하여 줄기세포가 분화된 성숙한 세포로 전환할 수 있게 한다. 또한, 비타민 A는 점액을 합성, 분비하는 점막세포의 분화에 관여하므로 상피세포의 구조를 유지하는 데 필요하다. 비타민 A가 부족하면 점액 분비 저하로 각막의 상피세포나 피부, 장 점막세포의 각질화(keratinization)가 진행된다. 또한, 비타민 A는 생식기관의 점막을 건강하게 유지시킴으로써 정상적인 생식 기능을 돕는다.

(3) 면역 기능

비타민 A는 면역세포(immune cell) 생성에 관여함으로써 질병에 대한 면역력을 증진시켜 질병의 감염을 막는다.[3]

(4) 치아와 골격의 정상적인 성장과 발달

비타민 A는 골격 형성에 관여하는 조골세포와 골격의 분해에 관여하는 파골세포의 형성과 대사 과정에 관여하므로 결핍되면 성장이 지연된다. 또한, 치아 에나멜 모세포의 정상적인 발달과 기능 유지에도 필요하다.

(5) 항산화 및 항암 작용

카로티노이드 중 베타-카로틴과 라이코펜은 활성산소를 제거하는 항산화제로 항암효과가 있다. 베타-카로틴이 풍부한 과일과 채소의 섭취는 폐암의 발생 위험률을 감소시키고, 라이코펜이 풍부하게 함유된 토마토의 섭취는 전립선암 발생 위험률을 감소시키는 것으로 확인되었다.

4) 비타민 A 섭취와 관련된 건강 문제

(1) 결핍증

전 세계적으로 개발도상국가 또는 저개발국가의 어린이들 대부분에게서 심각한 단백질-에너지 영양불량 상태나 지방 섭취의 부족 등을 볼 수 있다. 단백질 결핍은 레티놀 결합 단백질의 수준을 감소시키고, 지방 섭취 부족 및 지방 흡수 장애 시 비타민 A의 흡수를 저해하므로 체내 비타민 A의 결핍증이 나타난다. 간질 환자, 알코올 중독자의 경우 간 손상으로 인해 비타민 A를 간에 충분히 저장할 수 없으므로 비타민 A 결핍증이 나타난다. 이외에 만성 설사, 지방 흡수 불량, 지방 흡수를 저해하는 약물 복용 시 비타민 A의 흡수에 지장을 주므로 결핍증이 나타날 수 있다.

비타민 A 결핍의 초기 증세로는 식욕 감퇴, 성장 정지, 모든 조직의 감염에 대한 저항력 감소 등이 나타난다. 야맹증도 비타민 A 결핍의 초기 증상이다. 비타민 A의 결핍이 장기간 지속되면 점액 분비가 감소되어 결막건조증(xerophthalmia)과, 떨어져 나간 세포들이 결막 가장자리에 축적되는 비토반점(Bitot's spots)으로 발전되어 각막에 손상이 발생한다(그림 6-5). 심각한 경우 각막 궤양(ulceration)과 각막연화증(keratomalacia)이 될

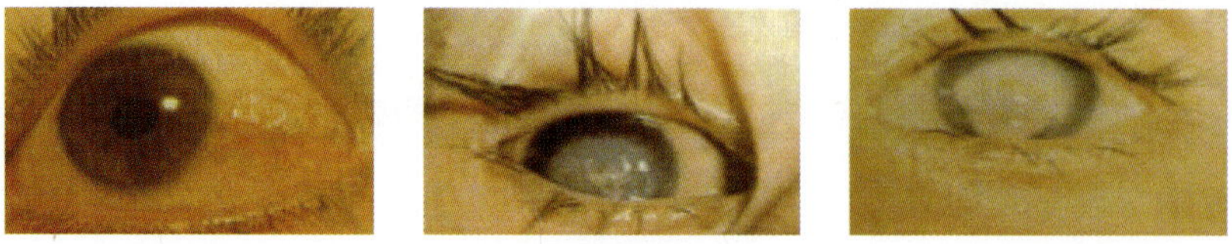

결막건조증 각막연화증 심한 각막연화증(실명 단계)

그림 6-5 **비타민 A 결핍으로 인한 안질환**

그림 6-6 **비타민 A 결핍으로 인한 모낭각화증**

수 있으며, 더 심해지면 실명도 가능하다. 또한 피부의 표면이 건조하고 거칠어져 목 안쪽, 팔다리 바깥부분, 복부 등에 닭살과 같은 모낭각화증(follicular hyperkeratosis)이 나타난다. 세포의 성장과 분화에 필수적인 비타민 A가 결핍되면 뼈와 치아의 성장과 발달에 영향을 주어 성장 지연 현상이 나타난다(그림 6-6). 또한 T 림프구의 숫자를 감소시켜 면역력을 저하시킨다.[4]

우리나라 성인의 비타민 A 권장섭취량은 남자(19~29세)의 경우 800 μgRAE/일이며, 여자(19~49세)는 650 μgRAE/일이고, 노인(65세 이상)은 남녀 각각 700 μgRAE/일과 550 μgRAE/일이다. 비타민 A는 과량 섭취하면 독성을 나타내므로 성인(19세 이상)의 경우 상한섭취량은 3,000 μgRAE/일로 책정되어 있다.[5]

라이코펜(lycopene)

Tip

라이코펜은 토마토에 있는 붉은 색소로 베타-카로틴과 달리 비타민 A로 전환되지는 못하나 전립선암의 발생 위험을 감소시키는 것으로 보고되고 있다. 식사로 섭취한 카로티노이드는 피부에 축적되어 피부조직의 항산화 능력을 증가시켜 자외선 관련 피부 질환으로부터 피부를 보호해 준다. 특히, 라이코펜은 자외선에 노출되었을 때 베타-카로틴보다 더 빨리 산화되므로 피부에서 베타-카로틴보다 더 강력한 항산화제로 작용한다.

(2) 과잉증

비타민 A의 과잉증은 흔하지 않으나 영양 보충제로 1일 상한섭취량인 3,000 μgRAE 이상 과잉 섭취하면 독성 증세가 나타난다. 비타민 A의 독성은 여러 증상으로 나타나는데 복부 통증, 탈모, 관절 통증, 성장 정지, 뼈와 근육의 통증, 월경 중지, 메스꺼움, 설사, 발진, 간 손상으로 인한 황달과 비장 비대 등이 있다. 과량 복용의 초기 증세로 식욕 상실, 시력 저하, 성장 지연(어린이), 두통, 피부 가려움증이 나타난다. 임신 중에 권장량의 3~4배 이상의 비타민 A 보충제를 만성적으로 과량 복용하면 태아의 구개 파열, 심장 이상, 중추신경계 이상 등을 지닌 기형아를 출산할 확률이 높다.

카로티노이드를 과잉 섭취하면 카로티노이드 색소가 피하지방조직에 축적되어 피부가 노랗게 되는 고카로틴혈증(hypercarotenemia)이 나타난다. 이러한 증상은 건강에 해를 주지 않으며 베타-카로틴 함유 식품의 섭취를 줄이면 몇 개월 후에 정상적인 피부색으로 되돌아온다. 최근 과량의 카로티노이드 보충제 섭취는 폐암을 유발할 수 있다는 보고가 있어서 카로티노이드를 보충제 형태로 섭취하는 것은 바람직하지 않으며, 카로티노이드를 함유한 다양한 종류의 과일과 채소의 섭취를 권장한다.

2. 비타민 D

비타민 D는 자외선이 피부에 닿으면 피하조직 내에 있는 콜레스테롤로부터 생성된 전구물질이 비타민 D로 전환된다. 비타민 D는 햇빛에 의해 체내 필요량을 모두 합성할 수 있다. 햇빛을 매일 충분히 받으면 식품으로 비타민 D를 전혀 섭취하지 않아도 되나, 햇빛을 충분히 쐬지 못하는 사람들은 반드시 식품을 통해 비타민 D를 충분히 섭취해야 한다. 실제로 비타민 D의 함량이 높은 자연 식품은 그리 많지 않다. 기름기 많은 생선(참다랑어, 정어리 등)과 비타민 D를 강화한 식품(우유, 시리얼)은 비타민 D의 좋은 급원 식품이다. 비타민 D를 합성하기 위해 필요한 햇빛의 노출 정도는 피부색, 연령, 시간, 계절, 지역 등에 따라 다르다. 보통은 손, 얼굴, 팔 등의 부위를 일주일에 2~3회씩 화상 입을 정도의 25% 수준의 강도로 노출하도록 권장하고 있다. 그러나 피부색이 진할수록 비타민 D의 합성량이 낮으므로 피부색이 진한 경우 권장량의 5배 정도로 노출시간을 늘려야 한다. 비타민 D의 합성량은 나이가 들면 감소되어 70세가 되면 약 70% 정도로 감소된다.

1) 구조와 성질

비타민 D는 4개의 고리를 가지는 스테로이드의 고리가 하나 열린 세코스테로이드(secosteroid)에 속한다. 비타민 D는 두 종류로 비타민 D_2(에르고칼시페롤, ergocalciferol)와 비타민 D_3(콜레칼시페롤, cholecalciferol)가 있다(그림 6-7). 비타민 D_2는 식물성 식품에 함유된 형태로 에르고스테롤(ergosterol)로부터 햇빛 또는 자외선에 의해 생성되며, 비타민 D_3는 동물성 급원으로 동물의 피부에 있는 7-디히드로콜레스테롤(7-dehydrocholesterol)이 햇빛 또는 자외선에 노출될 때 합성된다.

비타민 D는 무색의 결정체로 가열 및 산화에는 매우 안정하지만 알칼리에는 불안정하여 쉽게 분해되고 산성에서는 서서히 분해된다.

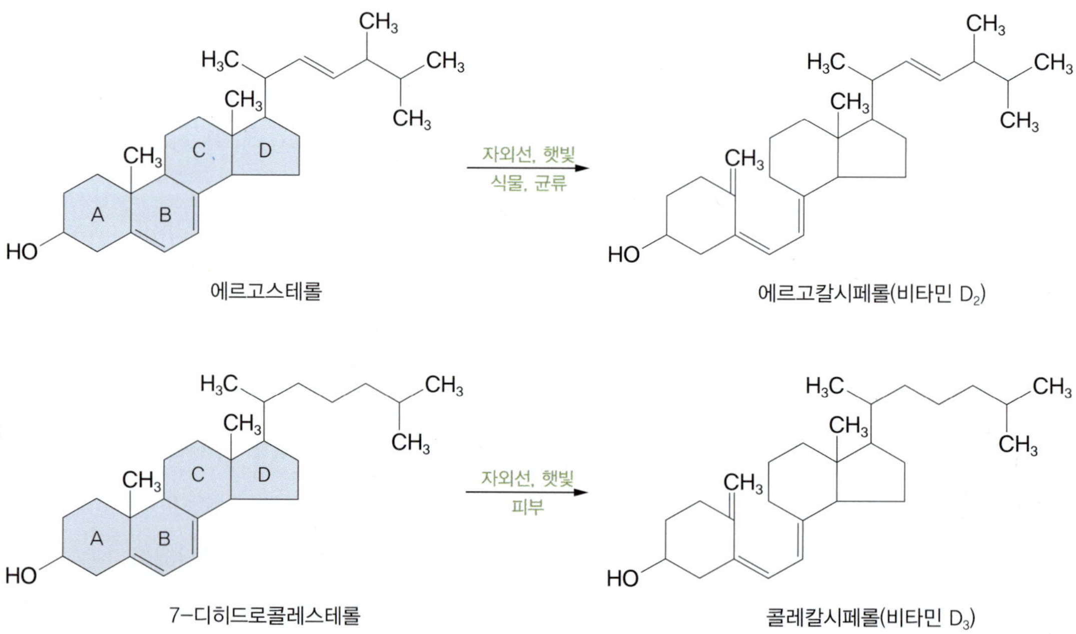

그림 6-7 비타민 D의 구조

2) 소화, 흡수 및 대사

식사로 섭취한 비타민 D는 비타민 A의 소화, 흡수 과정과 유사한데 담즙의 도움을 받아 미셀을 형성하고 소장에서 흡수된다. 소장에서 흡수된 비타민 D는 카일로마이크론의 형태로 림프관을 통해 혈액순환계로 가서 간으로 운반된다. 반면 자외선에 의해 피부에서 합성된 비타민 D는 순환계로 직접 흡수된 후 간으로 이동한다.

비타민 D는 활성화되기 위해 간과 콩팥에서 수산화(hydroxylation) 반응이 이루어져야 한다. 간으로 운반된 비타민 D는 간에서 비타민의 25번 탄소 위치가 수산화되어 25-OH-비타민 D_3로 전환되어 수 주간 혈액 속을 순환한 후 콩팥에서 비타민 D의 활성형태인 1,25-$(OH)_2$-비타민 D_3(칼시트라이올, calcitriol)로 전환되어 체내에서 호르몬과 같은 역할을 한다(그림 6-8). 순환계로 들어간 비타민 D는 간에 저장되었다가 필요한 경우 사용되거나 간에서 25-OH-비타민 D_3로 전환된다. 혈중 칼슘 농도가 낮아지면 부갑상선 호르몬(parathyroid hormone, PTH)의 분비가 촉진된다. 분비된 부갑상선 호르몬은 콩

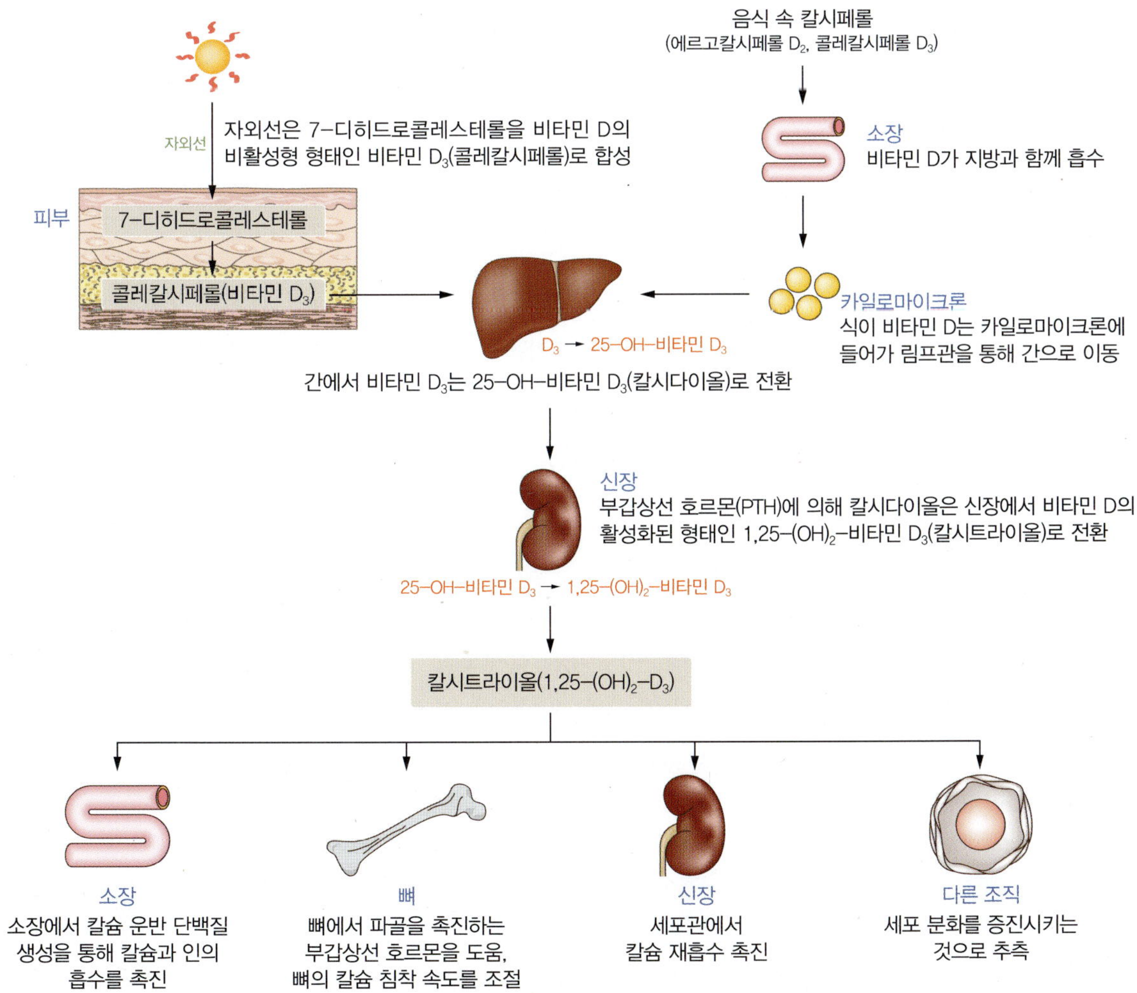

그림 6-8 비타민 D의 소화, 흡수, 대사

팥에서 1,25-$(OH)_2$-비타민 D_3의 형성을 증가시킨다(그림 6-8). 비타민 D는 체내에서 이용된 후 주로 담즙을 통해 대변으로 배설되며 소변으로도 소량 배설된다. 콩팥병 환자의 경우 활성형 비타민 D의 농도가 낮으므로 정기적으로 비타민 D를 섭취해야 한다.[6]

3) 생리적 기능

(1) 칼슘의 항상성 유지

활성형인 비타민 D〔1,25-$(OH)_2$-비타민 D_3, 칼시트라이올〕는 혈액 내 칼슘의 수준을 정상 범위 내에 있도록 유지시켜 주는 역할을 한다. 혈액 내 칼슘 농도가 감소하면 부갑상선 호르몬(PTH)이 분비되어 콩팥에서 칼슘의 재흡수를 증가시키고 콩팥에서 1,25-$(OH)_2$-비타민 D_3의 생성이 촉진된다. 생성된 1,25-$(OH)_2$-비타민 D_3는 소장에서 칼슘과 인의 흡수를 촉진하고 콩팥에서 칼슘의 배설을 감소시키며, 뼈에서의 칼슘 방출을 촉진시켜 혈액 내 칼슘 농도를 높인다. 혈액 내 칼슘 농도가 일정 수준을 초과하면 갑상선에서 칼시토닌(calcitonin)이 분비되어 칼슘을 다시 뼈로 이동시킨다. 이러한 방식에 의해 혈액 내 칼슘 농도가 항상 일정한 수준(calcium homeostasis)을 유지하게 된다. 혈액 내 칼슘은 1,25-$(OH)_2$-비타민 D_3, 부갑상선 호르몬, 칼시토닌에 의해 일정한 수준을 유지한다. 비타민 D는 소장에서 칼슘과 인의 축적을 증가시켜 정상적인 골격 형성에 중요한 역할을 하고, 뼈의 파골세포를 통해 혈액으로 칼슘을 용출시키는 탈석회화 과정을 촉진하여 새로운 골격 형성에 필요한 칼슘과 인을 공급한다.[6]

(2) 세포 분화

비타민 D는 세포핵에서 유전자 발현을 활성화 또는 저해함으로써 세포 분화를 조절한다. 예를 들면, 비타민 D는 미성숙한 골세포를 성숙한 골수세포로, 소장 내 상피세포를 성숙한 적혈구로 분화시키는 데 관여한다. 또한 비타민 D는 암세포 분화에 영향을 주어 유방, 피부, 전립선 등의 암 발생을 예방하는 데 도움을 준다고 보고되어 있다.[7]

4) 비타민 D 섭취와 관련된 건강 문제

(1) 결핍증

비타민 D의 결핍증은 구루병(rickets), 골연화증(osteomalacia), 골다공증(osteoporosis) 등이 있다. 비타민 D가 부족한 경우 골격이 정상적으로 석회화되지 못해 체중을 견딜

수 없는 무른 뼈가 형성되어 다리가 휘어지게 되는데, 이러한 현상이 어린이에게 발생했을 때 구루병이라고 한다(그림 6-9). 구루병인 어린이는 골격이 제대로 형성되지 못하고 머리, 관절, 흉곽이 커지며 골반 형성이 잘되지 않는다. 성인에게 발생하는 구루병은 골연화증이라 하며 척추, 엉덩이, 기타 뼈에 골절이 쉽게 일어난다. 칼슘의 섭취가 부족하고 햇빛을 거의 받지 않은 출산 경험이 많은 여성에게서 자주 발생한다. 비타민 D의 흡수나 활성과 관련된 기관에 질병이 있는 경우 골연화증의 발생 위험이 높다. 골연화증인 경우 뼈의 총량은 정상이나 기질의 석회화가 감소하여 뼈의 조성이 비정상적으로 된다.

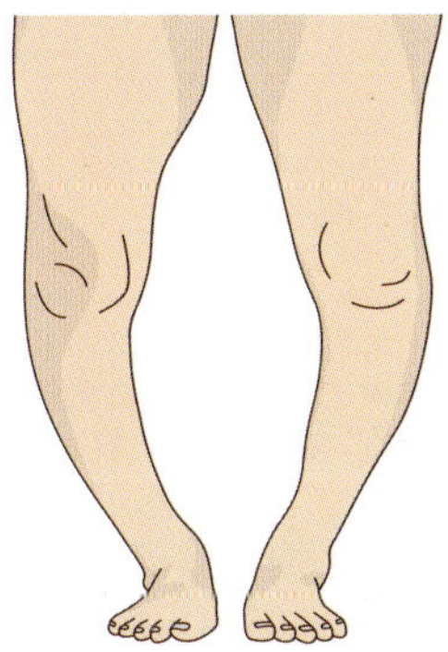

그림 6-9 구루병

골다공증은 중년기 이후 특히, 폐경 후 여성에 자주 발생하며 골연화증과 증세가 비슷하다. 골연화증과의 차이점은 골다공증은 골밀도가 감소하므로 뼈의 조성은 정상이지만 뼈의 총량이 감소하는 것이다. 노인의 경우 노화로 인한 퇴행성 질환이 많아 햇빛에 노출이 제한되어 성인에 비하여 피부에서의 비타민 D_3의 합성 능력이 절반밖에 되지 않으며, 콩팥에서 1,25-$(OH)_2$-비타민 D로의 전환이 효율적이지 못하므로 비타민 D 결핍증이 발생할 위험률이 높다.[8] 이외의 비타민 D 결핍 증상으로는 혈액 내 칼슘 농도 저하로 근육 경련이 발생할 수 있다.

비타민 D는 자외선에 의해 피부에 존재하는 전구물질로부터 합성이 가능하므로 1일 충분 섭취량으로 성인 남녀 모두 10 μg을 권장하고 있다. 비타민 D의 과잉 섭취는 고칼슘혈증을 일으킬 수 있으므로 성인의 상한섭취량은 100 μg/일로 설정하고 있다.[5]

(2) 과잉증

비타민 D의 독성은 햇빛에 노출되는 정도로는 나타나지 않는다. 다만, 부갑상선 기능저하증을 치료하기 위해 비타민 D를 과잉 투여하거나 고용량의 비타민 D 보충제를 복용할 때에 나타날 수 있다. 『2015 한국인 영양소 섭취기준』에서 19세 이상 성인의 1일 상한섭취량은 100 μg으로 정하고 있으며 비타민 D 권장량의 5배 이상을 장기적으로 복용하면 과잉 증세가 나타난다. 고비타민 D혈증은 고칼슘혈증(혈중 칼슘의 농도가 12 mg/dL 이상), 고칼슘뇨증, 콩팥, 심장, 폐, 혈관의 연조직에 칼슘 축적, 콩팥 결석 등을 발생시킬 수 있다. 이외의 비타민 D 과잉 증세로는 심각한 우울증, 메스꺼움, 구토, 식욕 상실이 나타난다.

3. 비타민 E

비타민 E는 '토코페롤(tocopherol)'이라고도 하는데 그 어원은 그리스어로 '자손을 낳는다(to bear offspring)'라는 의미이며, 항불임인자(antisterility factor)이다. 오늘날 비타민 E는 심혈관 질환과 같은 만성질환 발생 위험을 감소시키는 것으로 알려져 있다.

비타민 E는 불포화지방산이 많이 함유된 식품에 주로 분포되어 있다. 식품 내에 있는 여러 형태의 비타민 E의 활성도는 알파-토코페롤당량(α-tocopherol equivalent, α-TE)으로 환산하여 mg으로 표시한다. 식품 내 비타민 E의 함량은 불포화지방산과 밀접한 관계가 있으며 많은 양의 다가불포화지방산을 섭취하는 사람들은 지질과산화를 방지하기 위해 비타민 E를 더 많이 섭취해야 한다. 다행히 비타민 E와 다가불포화지방산은 같은 식품 중에 함께 있다. 비타민 E의 주요 급원으로서 영양 밀도가 높은 식품은 식물성 기름으로 대두, 곡류 배아, 밀배아, 종자류에 많이 함유되어 있으며, 육류, 가금류, 생선, 달걀 등에도 소량 들어 있다.

1) 구조와 성질

비타민 E는 서로 다른 생물학적 활성을 갖는 α, β, γ, δ 형태의 토코페롤과 토코트라이에놀(tocotrienol)을 총칭하는 8가지의 천연화합물로 구성되어 있다. 구조는 메틸기의 위치와 가지의 불포화도에 따라 구분한다. 이 중 생물학적 활성이 가장 높은 비타민은 알파-토코페롤(α-tocopherol)이다(그림 6-10). 비타민 E는 열과 산에는 안정하나 공기 중

토코페롤

메틸기	명명
$R_1 \cdot R_2 \cdot R_3$	α–tocopherol(α–T)
$R_1 \cdot R_3$	β–tocopherol(β–T)
$R_2 \cdot R_3$	γ–tocopherol(γ–T)
R_3	δ–tocopherol(δ–T)

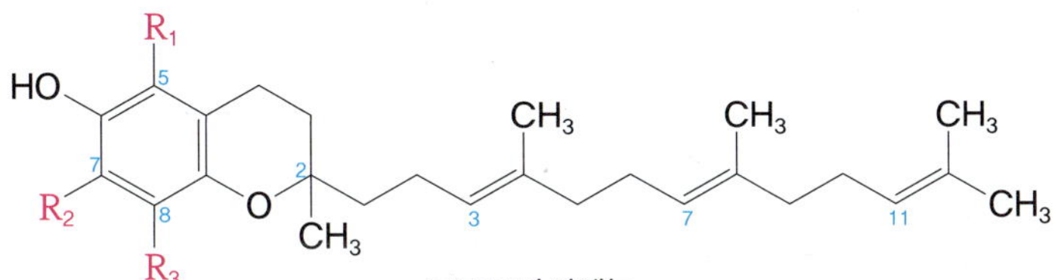

토코트라이에놀

메틸기	명명
$R_1 \cdot R_2 \cdot R_3$	α–tocotrienol(α–T–3)
$R_1 \cdot R_3$	β–tocotrienol(β–T–3)
$R_2 \cdot R_3$	γ–tocotrienol(γ–T–3)
R_3	δ–tocotrienol(δ–T–3)

그림 6-10 비타민 E의 구조

의 산소와 결합하여 산화되기 쉬우며, 특히 자외선에 의해 쉽게 파괴된다.

2) 소화, 흡수 및 대사

식사로 섭취한 비타민 E의 소화 흡수 과정은 지질이나 지용성 비타민들의 소화 흡수 과정과 유사하다. 비타민 E는 소장에서 담즙의 도움을 받아 유화되고 효소에 의해 소화된 후 카일로마이크론의 형태로 림프관으로 이동한 후 혈액순환계로 가서 간으로 이동한다. 비타민 E의 흡수 정도는 식사의 지질 총흡수율에 따라 달라지는데 일반적으로 체내에서 평균 30~50% 정도 흡수되며 비타민 E의 섭취량이 증가할수록 흡수율은 감소된다.

비타민 E는 간과 지방조직, 골격근육에 저장되나 결국은 인지질과 관련된 세포막에 존재한다. 실제적으로 모든 조직이 소량의 비타민 E를 함유함으로써 그들의 세포막을 보호한다. 비타민 E는 퀴논(quinone)으로 산화되어 주로 담즙을 통해 대변으로 배설되고 소량의 대사물은 소변으로 배설된다. 일부는 장관에서의 흡수율이 낮아서 대변으로 배설되기도 한다.

3) 생리적 기능

(1) 항산화 작용

인체에서 비타민 E의 가장 중요한 작용은 항산화 역할이다. 비타민 E는 자신이 산화되면서 다른 물질의 산화를 막기 때문에 산화제의 공격으로부터 다른 분자나 세포를 보호한다. 비타민 E는 세포막 인지질의 다가불포화지방산을 보호하고 혈장 지단백질에서 유리라디칼(free radical)이 형성되면 유리라디칼의 생성과 연쇄 반응을 차단하여 지질의 과산화를 방지하여 세포막을 안정화시킨다. 또한 비타민 C에 의해 환원되어 재사용

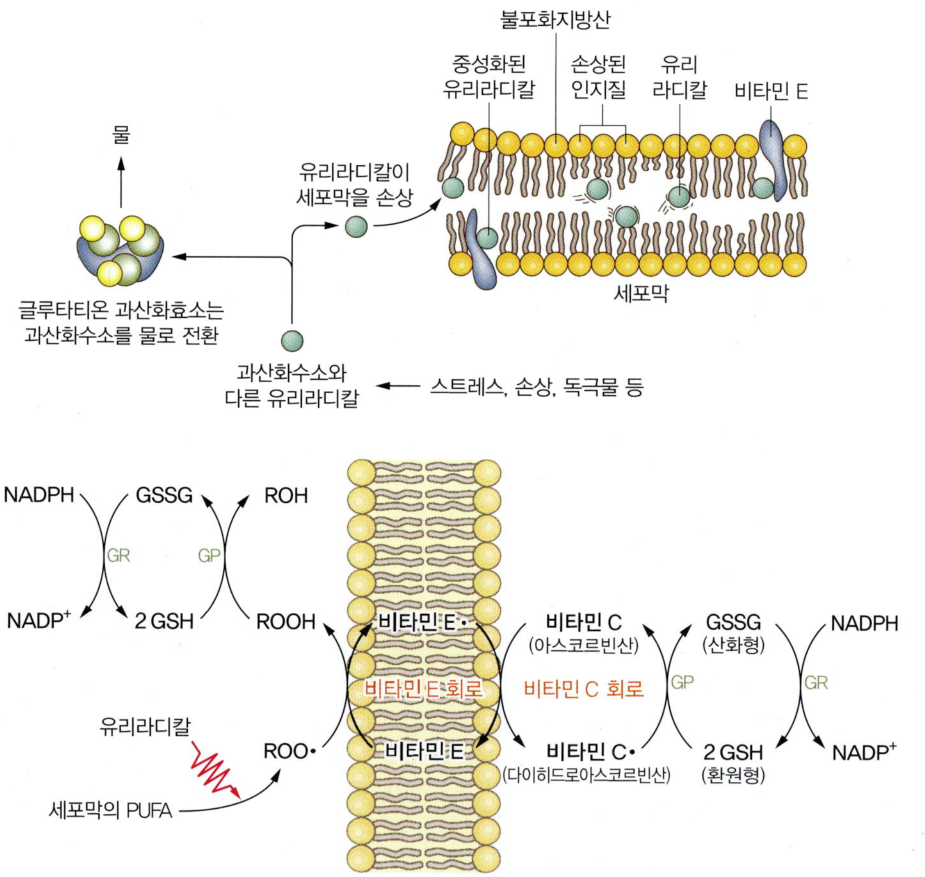

PUFA : 다가불포화지방산　ROO• : 과산화기 라디칼　GP : 글루타티온 과산화효소
ROOH : 과산화지질　GSH : 글루타티온(환원형)　GR : 글루타티온 환원효소
ROH : 세포막 지질　GSSG : 글루타티온(산화형)

그림 6-11 비타민 E에 의한 세포막 보호와 항산화 체계에서 비타민 E, 비타민 C, 글루타티온의 상호 관계

될 수 있으며 글루타티온과 같은 다른 항산화제와 함께 세포막의 과산화 반응을 억제한다(그림 6-11). 이와 같이 항산화성 영양소는 암을 일으키는 유리라디칼의 손상으로부터 DNA를 보호하므로 비타민 E가 암을 예방 또는 치료할 수 있다고 보고되어 있다. 그럼에도 비타민 E의 함량이 높은 식사는 암 발생 위험을 감소시키지만 비타민 E 자체가 이러한 질병의 발생 위험을 감소시킨다는 증거는 없다. 이는 비타민 E가 암으로부터 신체를 보호하는 다른 식사 성분과 상호 작용을 하기 때문이다.[9,10]

(2) 심혈관 질환의 예방

비타민 E는 아라키돈산의 대사 과정에서 프로스타노이드 생성에 작용하는 효소인 지질산화효소(lipoxygenase)와 고리산소화효소(cyclooxygenase) 반응에 양쪽성(biphasic) 작용으로 트롬복산과 프로스타글란딘의 합성에 관여하여 혈소판과 백혈구에서 지질산화효소의 활성에 영향을 준다. 즉, 프로스타글란딘의 생성을 촉진하거나 억제하여 혈소판의 응집을 감소시켜 혈관을 이완함으로써 심혈관계 질환의 발병을 억제하는 등 만성질환의 예방에 관여한다.

(3) 기타

동물실험에서 비타민 E가 생식 기능에 관여하며 불임을 예방하는 효과가 있다고 보고되었으나, 사람에게는 아직까지 이러한 효과가 관찰되지 않고 있다.

4) 비타민 E 섭취와 관련된 건강 문제

(1) 결핍증

비타민 E가 결핍되면 적혈구의 세포막이 유리라디칼에 의해 손상되어 적혈구가 파괴되어 용혈 현상이 발생할 수 있다. 따라서 미숙아의 경우 용혈성 빈혈(hemolytic anemia)이 발생할 수 있으므로 출생 후 수일 내에 비타민 E를 투여하여 사전에 방지해야 한다. 또한 비타민 E의 결핍은 신경근육계의 기능 저하로 근육 조정과 반사 능력 상실, 시력과 언어 구사력 손상을 초래한다. 지질 흡수가 불량한 환자나 유전적 결함이 있는 사람, 비타민 E가 불충분한 조제식을 먹는 유아를 제외하고는 건강한 성인에게서 비타민 E가 결핍되는 경우는 드물다. 그 밖에 흡연은 폐 속의 비타민 E를 파괴시키므로 흡연자의 경우 비타민 E가 결핍될 우려가 있다.[11]

우리나라 1일 성인 남녀(19~49세)의 비타민 E 충분섭취량은 12 mg α-TE/일이며, 성인 남녀의 비타민 E 상한섭취량은 540 mg α-TE/일이다.[5]

(2) 과잉증

비타민 E는 비타민 A, 비타민 D와 비교할 때 상대적으로 독성이 낮다. 비타민 E는 식품으로 과잉 섭취하는 경우는 드물지만 보충제의 형태로 과량 섭취할 경우 혈중 중성지방의 증가, 갑상선 호르몬의 저하, 구토감과 심한 설사, 두통, 피로감, 흐린 시력, 발한과 맥박이 증가하여 문제가 될 수 있다. 고용량의 비타민 E 보충제를 항응고제나 아스피린과 같이 복용하면 비타민 K의 혈액 응고 작용을 방해하므로 지혈이 지연될 수 있다.

4. 비타민 K

비타민 K는 혈액 응고 과정에 필수적인 역할을 담당한다. 비타민 K와 혈액 응고와의 관계를 처음으로 밝힌 덴마크 학자는 덴마크어로 응고인 'koagulation'의 첫 자를 따서 비타민 K라고 명명하였다.

비타민 K는 식품 중에 광범위하게 분포되어 있을 뿐만 아니라 인간의 장관, 특히 공장과 회장 부분에서 박테리아에 의해 합성된다. 비타민 K가 풍부한 식품으로는 간, 녹색 채소(시금치, 브로콜리), 양배추과에 속하는 채소류, 낫토, 녹차가 있다.[5]

1) 구조와 성질

비타민 K에는 K_1, K_2, K_3의 세 가지 형태가 있다(그림 6-12). 비타민 K_1의 화학명은 필로퀴논(phylloquinone)이며 식물성 급원인 녹색채소 잎에 함유되어 있다. 비타민 K_2의 화학명은 메나퀴논(menaquinone)으로 장내 세균에 의해 합성되고 동물성 식품에도 함유되어 있으며 비타민 K_1의 75% 활성을 가지고 있다. 비타민 K_3는 메나디온(menadione)이라 불리는데 자연계에 존재하지 않고 실험실에서 인공적으로 합성되며 K_1과 K_2보다 2배의 활성을 가지고 있다.

비타민 K는 산화, 알칼리, 산, 광선에 의하여 쉽게 파괴되나 열과 습기에는 비교적 안정하다.

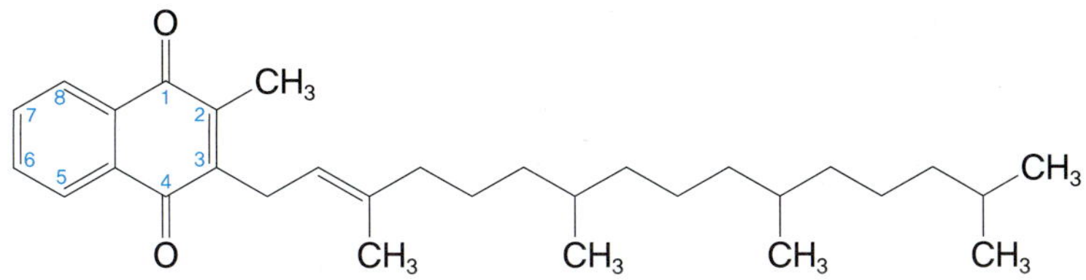

비타민 K_1(phylloquinone) : 녹색 채소

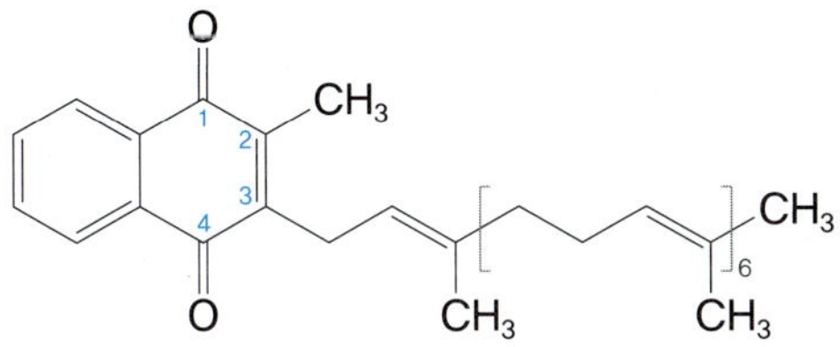

비타민 K_2(menaquinone) : 세균, 동물성

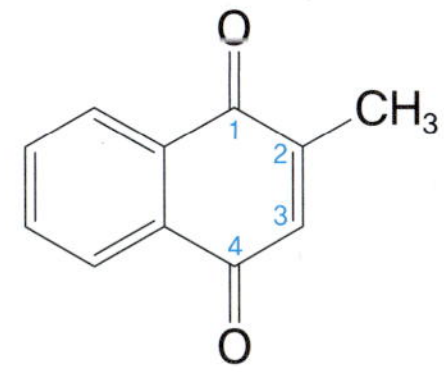

비타민 K_3(menadione) : 합성품

그림 6-12 비타민 K의 구조

2) 소화, 흡수 및 대사

비타민 K는 종류에 따라 흡수되는 방식에 차이가 있다. 필로퀴논과 메나퀴논은 다른 지용성 비타민과 같이 담즙의 도움을 받아 소장에서 흡수되고, 합성형인 메나디온은 수용성이므로 담즙의 도움 없이 흡수된다.

필로퀴논은 소장, 특히 공장에서 흡수되는 반면에 메나퀴논은 회장의 말단과 결장 부위에서 흡수된다. 대장에서 박테리아에 의해 합성된 메나퀴논 또한 상당량이 장내로 흡수되는 것으로 알려져 있지만 그 정도는 사람에 따라 다르다. 인공적으로 합성된 메나디온은 소장 말단에서 흡수된다. 흡수된 비타민 K는 카일로마이크론의 일부가 되어 림프계를 통해 간으로 간다. 비타민 K는 간에 저장되나 전환 속도가 빨라 체내 풀(pool)의 크기가 매우 작으며, 다른 지용성 비타민에 비해 저장량이 적은 편이다. 비타민 K는 주로 담즙을 통해 대변으로 배설되고 소량의 대사물은 소변으로 배설된다.[12]

3) 생리적 기능

출혈 후 혈액 응고가 일어나 지혈이 되는 일련의 반응 과정에는 여러 단백질이 필요하다. 혈액 응고 과정에 관여하는 몇 개의 혈액 응고인자들은 간에서 불활성형 단백질의 형태로 합성되므로 활성화되기 위해서는 비타민 K가 반드시 필요하다.[11] 즉, 간에서 불

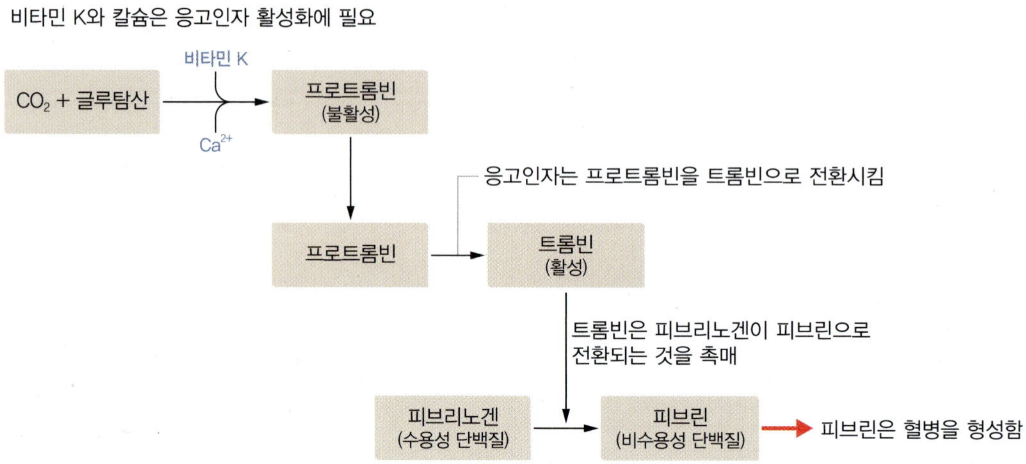

그림 6-13 비타민 K와 혈액 응고

활성형의 프로트롬빈은 비타민 K의 작용으로 γ-카르복실화 반응이 일어나 프로트롬빈으로 전환되어 혈액으로 나온다. 프로트롬빈은 칼슘과 트롬보키네이즈(thrombo-kinase)에 의해 트롬빈(thrombin)으로 활성화된다. 트롬빈은 혈액 중의 피브리노겐(fibrinogen)에 작용하여 피브린(fibrin)으로 전환되어 혈액 응고에 관여한다(그림 6-13). 피브린은 물에 녹지 않는 단백질로 거미줄 같은 혈병을 만들어 출혈을 막는다.

또한, 비타민 K는 뼈 단백질인 오스테오칼신(osteocalcin)의 카르복실화(carboxylation)에 관여함으로써 뼈의 형성을 돕는다. 따라서 혈중 비타민 K의 수준이 낮으면 뼈가 쉽게 골절된다. 최근 비타민 K를 많이 함유한 식품의 섭취가 엉덩이 골절 감소와 관련이 있다는 보고가 있는데, 비타민 K가 뼈를 튼튼하게 하는지 여부는 향후 추가 연구가 필요하다.

4) 비타민 K 섭취와 관련된 건강 문제

(1) 결핍증

비타민 K는 장내 세균에 의해 생성되기도 하고 식품 중에 널리 분포되어 있으므로 결핍증은 거의 나타나지 않는다. 다만, 담즙 생산이 불가능한 경우, 설사 등으로 지방 흡수가 안 되는 경우, 항생제 복용으로 장내 세균이 박멸되어 비타민 K가 합성되지 않는 경우 등에는 비타민 K의 결핍증인 출혈성 질환이 발생한다. 특히, 신생아는 장이 무균 상태로 장내에 비타민 K 생성 세균이 서식하기까지 수 주가 소요되므로 인체 내 비타민 K의 부족으로 신생아 출혈이 일어날 수 있다. 따라서 신생아 출혈을 방지하기 위해 출생 시 비타민 K(필로퀴논)를 경구 또는 근육주사로 투여한다.[13]

비타민 K의 섭취기준은 모든 연령층에 대해 충분섭취량만 설정되어 있고 평균필요량, 권장섭취량, 상한섭취량은 설정되어 있지 않다.[5]

(2) 과잉증

비타민 K는 다른 지용성 비타민들보다 신속하게 체외로 배설되므로 식품 형태로 비타민 K를 섭취한 경우 과잉증은 거의 나타나지 않는다. 따라서 비타민 K에 대해서는 상한섭취량이 설정되어 있지 않다. 그러나 합성한 메나디온을 과량 섭취한 경우에는 적혈구의 용혈, 황달, 뇌 손상 등이 나타날 수 있다.

참고 문헌

1. Harrison E. Mechanisms of digestion and absorption of dietary vitamin A. (2005). *Ann Rev Nutr* 25: 87-103.
2. Jacob RA, Burri BJ. (1996). Oxidative damage and defense. *Am J Clin Nutr* 63: 958S.
3. Semba RD. (1998). The role of vitamin A and related retinoids in immune function. *Nutr Rev* 56: S38-S48.
4. Kataja-Tumola MK et all. (2010). Effect of alpha-tocopherol and beta-carotene supplementation on macrovascular complications and total mortality from diabetes: results of the ATBC study. *Ann Med* 42: 178-186.
5. 보건복지부. (2015). 2015 한국인영양소 섭취기준. pp 239-358.
6. Eastell R, Riggs BL.(1997). Vitamin D and osteoporosis. In: Feldman D, Glorieux FN, Pida JW, eds. *Vitamin D.* San Diego: Academic Press. 695-711.
7. Bikle DD. (2004). Vitamin D and skin cancer. *J Nutr* 134: 3472S-3478S.
8. Eastell R, Riggs BL. (2000). Vitamin D and osteoporosis. In: Feldman D, Glorieux FH, Piek JW, eds. *Op. cit.* 695-711; and Chapuy M-C, Meunier PJ. *Vitamin D, insufficiency in adults and the elderly.* In: Feldman D, Glorieux FH, Piek JW, eds. *Op. cit.* 679-693.
9. Jialal I, Traber M, Devaraj S. (2001). Is there a vitamin E paradox? *Curr Opin Lipidol* 12: 49-53.
10. Kline K, Yu W, Sanders BG. (2004). Vitamin E and breast cancer. *J Nut* 134: 3458S-3462S.
11. Horwitt MK. (2001). Critique of the requirement for vitamin E. *Am J Clin Nutr* 73: 1003-1005.
12. Niemeier A, Kassem M, Toedter K. (2005). Expression of LRP1 by human osteoblasts: a mechanism for the delivery of lipoproteins and vitamin K(1) to bone. *J Bone Miner Res* 20: 283-293.
13. Sokoll LJ, Booth SL, O'Brien ME. (1997). Changes in serum osteocalcin, plasma phylloquinone, and urinary g-carboxyglutamic acid in response to altered intakes of dietary phylloquinone in human subjects. *Am J Clin Nutr* 65: 779-784.

수용성 비타민

CHAPTER 7 **Water Soluble Vitamin**

1. 비타민 B 복합체
2. 비타민 C

수용성 비타민에는 비타민 B 복합체와 비타민 C가 있다. 비타민 B의 경우 처음에는 한 가지 물질이라고 생각했지만, 여러 연구를 통하여 한 개가 아니라 몇 가지 화합물질이 합쳐진 것임을 알게 되었다. 이에 명칭을 B 복합체라 하고, 각각을 구별하기 위하여 알파벳 B에 번호를 붙여 이름을 지었다. 비타민 B 복합체는 티아민, 리보플라빈, 니아신, 판토텐산, 비오틴, 비타민 B_6, 엽산, 비타민 B_{12}의 8가지로 구성된다.

수용성 비타민의 일반적 특성은 다음과 같다. 대부분의 수용성 비타민은 식품 중에서 단백질과 결합되어 있는데, 단백질과 분리된 후에 소장에서 흡수되며 일부는 위에서 흡수되기도 한다. 섭취량에 따라 많을 때는 단순확산, 소량일 때는 능동수송에 의해 흡수된다. 흡수된 후에는 혈액을 통해 간으로 이동되며, 대부분 조효소의 구성 성분으로 작용한다. 비타민 B 복합체의 조효소형은 표 7-1과 같다.

표 7-1 비타민 B군의 조효소형

비타민 B군	조효소형
티아민(Thiamin)	thiamin pyrophosphate(TPP)
리보플라빈(Riboflavin)	flavin mononucleotide(FMN) flavin adenine dinucleotide(FAD)
니아신(Niacin), 니코틴산(Nicotinic acid)	nicotinamide adenine dinucleotide(NAD) nicotinamide adenine dinucleotide phosphate(NADP)
판토텐산(Pantothenic acid)	coenzyme A(CoA) acyl carrier protein(ACP)
비오틴(Biotin)	biocytin
피리독신(Pyridoxine)	pyridoxal phosphate(PLP) pyridoxamine phosphate(PMP)
엽산(Folate)	tetrahydrofolate(THF)
비타민 B_{12}(Vitamin B_{12})	methylcobalamin, 5-deoxyadenosylcobalamin

비타민 B 복합체는 조효소로서 체내 대사가 정상적으로 이루어질 수 있도록 돕는 역할을 수행한다. 조효소는 불활성형 단백질인 아포효소(apoenzyme)와 결합하여 완전효소(holoenzyme)를 형성하여 대사 과정을 진행시키는 역할을 한다(그림 7-1).

비타민 B 복합체는 흡수된 후 조효소 형태로 에너지 대사와 여러 가지 다양한 반응에 관여한다. 즉, 티아민, 리보플라빈, 니아신, 판토텐산, 비오틴은 에너지 대사 과정에 관여하며, 비타민 B_6는 단백질 대사에, 엽산과 비타민 B_{12}는 조혈 작용에 관여한다. 비타민

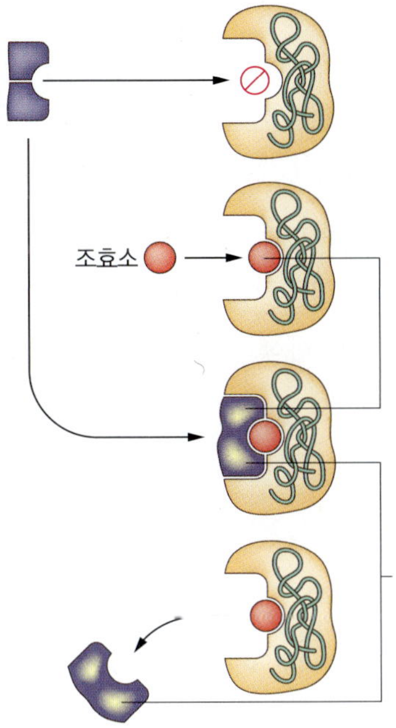

그림 7-1 **효소와 조효소의 상호 작용**

B_6는 단백질 대사, 즉 아미노산 대사에 관여하는 효소의 조효소로 작용한다. 엽산과 비타민 B_{12}는 세포 증식, 분화에 관여하여 조혈 작용, 즉 적혈구 세포 형성에 관여한다. 이들 비타민은 소화관 내막세포와 같이 빨리 교체되는 세포들의 증식에 특히 중요하다.[1] 반면에 비타민 C는 조효소로서의 역할을 하지 않고, 체내에서 중요한 기능을 담당하는 화합물을 합성하는 데 관여한다.

수용성 비타민은 지용성 비타민에 비해 열, 알칼리에 쉽게 파괴되고, 조리수에 용출되기 쉬우므로 조리할 때 유의해야 한다. 손실을 줄이기 위한 조리법은 삶기보다는 찌거나 볶는 방법이 좋으며, 물을 사용할 때도 최소한의 물로 하는 것이 좋다.

수용성 비타민은 곡물, 육류, 우유와 유제품, 채소, 과일 등 식물성 식품과 동물성 식품에 모두 존재하는데, 비타민 C는 과일과 채소에, 비타민 B_{12}는 동물성 식품에만 함유되어 있다.

과잉 섭취된 수용성 비타민은 거의 소변으로 배설되고 체내에 저장되는 양이 적으므로 결핍이 발생하지 않도록 꾸준히 섭취하는 것이 중요하다.

1. 비타민 B 복합체

1) 티아민

티아민(thiamin)은 비타민의 개념이 생기고 필요성이 제기된 20세기 초에 항각기병 인자로 알려졌다. 각기병은 중국에서 오래전부터 기록되어 온 병이지만 19세기까지 그 원인을 밝히지 못했다. 1885년 일본인 해군 장교 다카키(K. Takaki)는 식사에 원인이 있다고 여겨 육류, 우유와 같은 동물성 식품과 전곡류를 식사에 포함시켜 치료 효과를 얻었고, 1800년대 후반 독일의 의사 에이크만(C. Eijkman)은 도정된 쌀을 먹인 닭에서 사람의 각기병과 비슷한 다발성 신경염 증세가 나타나는 질병을 사료에 쌀기울을 첨가하여 치료하였다. 1912년 풍크(C. Funk)는 쌀겨에서 이 물질을 분리해 내는데, 이것이 항각기병 인자인 '티아민'이다.

티아민은 대부분의 식품에 함유되어 있으며, 돼지고기와 콩류가 가장 우수한 급원 식품이고 이외에 밀 배아, 건조 효모, 해바라기씨, 통보리, 현미, 잡곡류 등도 좋은 급원 식품이다. 특히 곡류의 껍질 부분에 많이 함유되어 있으므로 도정 과정을 많이 거친 백미에는 티아민의 함량이 적다.

(1) 구조와 성질

티아민은 질소를 함유한 피리미딘(pyrimidine) 고리와 황(S)을 함유하는 티아졸 고리(thiazole ring)가 메틸렌기에 연결된 구조를 가지고 있어서 Thio-amin, 즉 티아민이라 부르게 되었다. 티아민은 체내에서 조효소인 티아민 피로인산염(thiamin pyrophosphate, TPP) 형태로 여러 가지 대사 과정에 관여한다. 티아민과 그 조효소형의 구조는 그림 7-2와 같다.

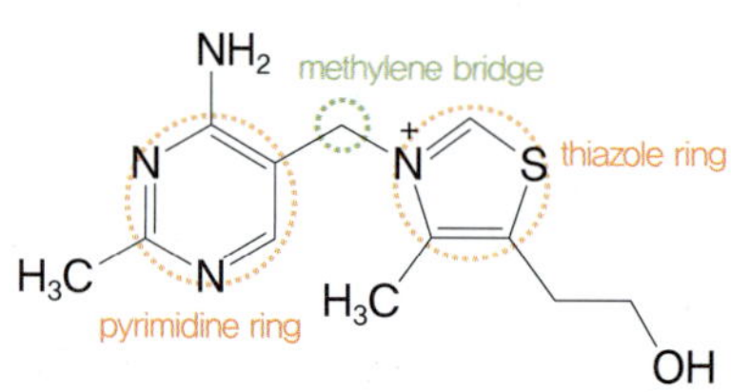

티아민의 구조

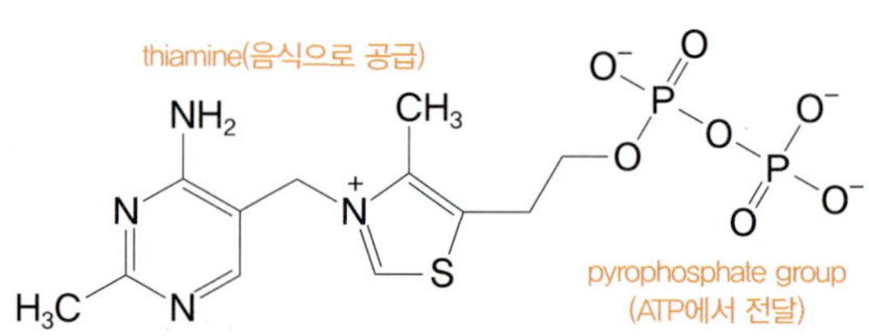

TPP의 구조

그림 7-2 **티아민과 TPP의 구조**

티아민의 두 고리와 메틸렌기 사이의 결합은 열과 알칼리에 의해 쉽게 파괴된다. 그러므로 가열 조리 시 파괴를 최소화할 수 있도록 유의해야 한다. 또한 채소를 삶을 때 중탄산나트륨(식소다)을 넣으면 채소의 색깔은 선명해지지만 티아민은 파괴되므로 바람직하지 않다.

(2) 흡수와 대사

티아민의 흡수는 섭취량에 따라 달라지는데 소량 섭취하면 능동운반, 다량을 섭취하면 확산에 의해 흡수되며, 이는 소장 상부인 공장에서 이루어진다. 또한 함께 먹는 음식에 의해서도 흡수가 영향을 받는다. 날 생선에는 티아미네이즈(thiaminase)가 함유되어 있어 흡수에 방해를 받으며, 탄닌, 클로로겐산, 카페인산 등과 같은 페놀화합물이 포함된 커피, 녹차, 블루베리, 애기양배추 등의 식품과 함께 먹을 때도 방해된다. 하지만 비타민 C, 시트르산 등이 있으면 흡수가 잘된다.

흡수된 티아민은 장 점막세포 내에서 티아민인산화효소(thiamin kinase)에 의해 인산기와 결합하여 활성 조효소형인 티아민 피로인산(TPP)으로 전환된다. 이후 간문맥을 통해 간으로 이동한 후 일반 순환계로 들어가 각 조직으로 운반되어 저장된다. 주로 근육, 심장, 간, 뇌, 콩팥에 TPP의 형태로 저장되는데, 저장되는 양은 극히 소량(25~30 mg)이어서 식사를 통해 지속적으로 제공받아야 한다. 필요량 이상을 섭취한 경우 소변으로 배설된다.

(3) 생리적 기능

티아민은 인산과 결합하여 조효소인 TPP의 형태로 에너지 대사와 오탄당 인산경로에서 조효소 역할을 수행한다. 즉, TPP는 탈탄산효소(decarboxylase)의 조효소로 탄수화물 대사와 가지사슬아미노산(발린, 류신, 이소류신)의 대사에서 이산화탄소(CO_2)를 제거하는 산화적 탈카르복실 반응(decarboxylation)에 관여한다(그림 7-3). 또한, 조효소 기능과는 별개로 신경자극전달에 관여한다.

① 에너지 대사에서 조효소로 작용

티아민은 이산화탄소를 제거하는 반응(decarboxylation)을 통해 에너지 대사에 관여한다. TCA 회로에 들어가기 전 피루브산(탄소 3개)에서 탄소 한 개를 제거하여 탄소 2개인 아세틸 CoA(acetyl coenzymeA)로 전환하는 과정과, TCA 회로의 중간대사 물질인 알파-

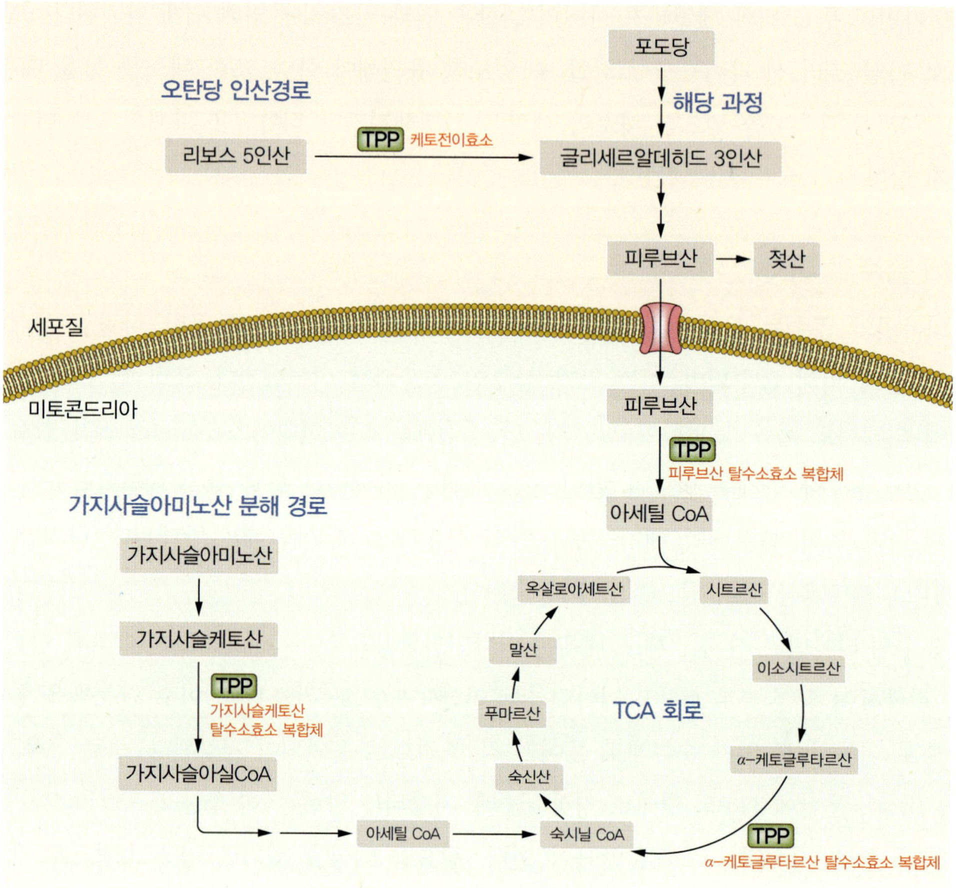

그림 7-3 **TPP가 관여하는 대사**

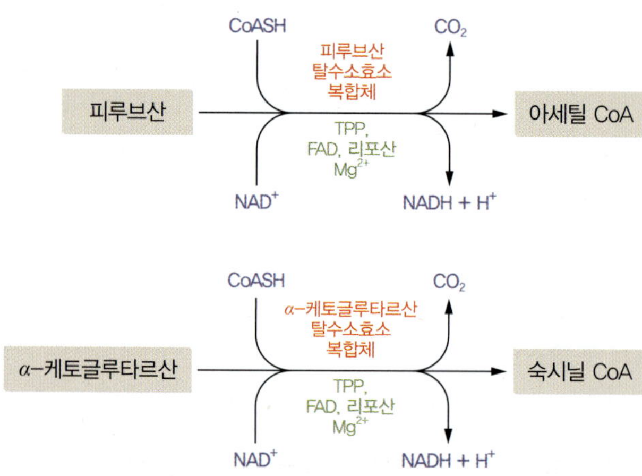

그림 7-4 **TPP가 관여하는 탈카르복실 과정**

케토글루타르산(α-ketoglutarate)을 숙시닐 CoA(succinyl CoA)로 전환하는 과정에 관여한다(그림 7-4).

② 오탄당 인산경로

TPP는 오탄당 인산경로(pentose phosphate pathway)에서 케톨기 전이효소(transketolase)의 조효소로 작용하는데, 이 과정에서 지방산 합성에 필수적인 NADPH가 생성된다.

③ 신경 기능

티아민은 신경전달물질인 아세틸콜린 합성 과정에 관여하여 신경자극전달에 관여한다. 이 과정은 티아민 부족으로 인한 말초신경계 이상과 관계가 있다.

(4) 티아민 섭취와 관련된 건강 문제

티아민은 체내 저장량이 적고 합성도 되지 않으므로 섭취가 부족하면 결핍증이 나타난다. 예전에는 도정된 쌀을 주식으로 섭취하는 곳에서 많이 발생하였으나 최근에는 빈곤층 또는 알코올 중독자들이 충분한 양을 섭취하지 못할 경우 발생하고 있다.

티아민이 결핍되면 뇌와 신경세포의 주요 에너지원인 포도당이 정상적으로 대사되지 않아 포도당의 중간대사 물질이 혈액과 조직 내에 축적되어 결핍증이 발생하게 된다. 결핍 초기에는 식욕 감퇴, 피로, 체중 감소, 정신적 장애 등의 증세로 시작하여, 동물에서는 다발성 신경염, 사람에게서는 각기병(beriberi)으로 진행된다.

각기병은 건성 각기(dry beriberi), 습성 각기(wet beriberi), 급성 각기(acute beriberi), 뇌성 각기(cerebral beriberi)의 4가지 유형으로 구분할 수 있다. 건성 각기는 신경의 무감각, 특히 말초신경 마비가 대표 증상으로 주로 노년기에 발생한다. 다리 근육이 약해지고 위축되어 통증, 무릎반사 소실, 보행 곤란이 나타난다. 결과적으로 마르고 쇠약해지며 쉽게 피로해 한다. 만성 감염증으로 사망에 이르기도 한다(그림 7-5). 습성 각기는 팔, 다리에 심한 부종이 나타난다. 심해지면 심장 비대, 호흡계에 문제가 생겨서 심부전이 발생하기도 한다(그림 7-6). 급성 각기는 영아기에 발생하므로 '영아성 각기병'이라고도 한다. 티아민이 결핍된 모유를 수유하는 2~6개월 사이의 영아에게서 발생한다. 구토, 경련, 비정상적인 소화관 팽창, 설사 등의 증상이 나타나며, 맥박이 빨라지고 심박 정지가 일어날 수도 있다. 뇌성 각기병은 베르니케-코르사코프 증후군 또는 알코올성 건망 증후군이라고도 한다. 알코올은 티아민의 흡수를 감소시키고 배설은 증가시킨다. 또한, 알코올 중독으로 간이 손상되면 간에서 티아민이 TPP로 전환되는 것이 감소될 수 있다.

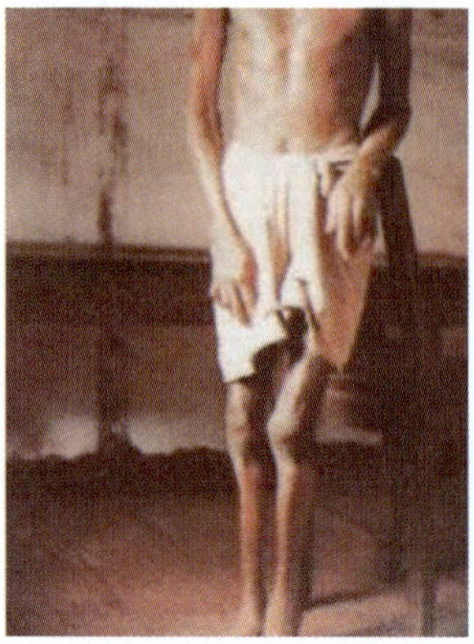

그림 7-5 **건성 각기**

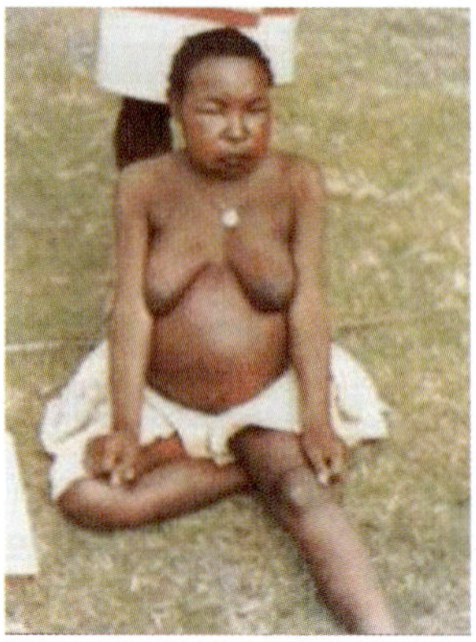

그림 7-6 **습성 각기**

뇌성 각기의 증상은 눈 근육 마비, 불수의적인 눈의 움직임, 손발 운동 실조증, 뇌장애로 정신 혼란과 기억 상실 등이 나타난다.

티아민은 에너지 대사에 필수적이므로 에너지와 탄수화물의 섭취량이 많아질수록 필요량도 증가한다. 식사에서 탄수화물로 섭취하는 에너지의 비율 외에도 성별, 신체의 크기, 임신, 수유 여부에 따라서도 티아민의 요구량은 달라진다. 평균필요량은 성인 남자는 1일 1.0 mg, 성인 여자는 1일 0.9 mg이며, 1일 권장섭취량은 개인차를 고려하여 평균필요량의 120% 수준인 남자 1.2 mg, 여자 1.1 mg으로 설정되어 있다.

열량 1,000 kcal당 티아민 0.5 mg이 권장되지만, 저칼로리 식사(low calorie diet)를 할 때에도 1일 섭취량은 1 mg 이상으로 유지하는 것이 좋다. 또한 에너지의 대부분을 빈열량 식품(empty calorie foods)인 설탕이나 술로 섭취할 때는 티아민 결핍을 조심해야 한다.[2]

2) 리보플라빈

리보플라빈(riboflavin, 비타민 B_2)과 티아민은 같은 비타민으로 간주되었으나, 항각기병 인자가 가열에 의해 없어진 후에도 성장을 촉진하는 기능은 남아 있는 것이 알려져서 인지되었다. 1917년 열에 안정한 그 물질을 비타민 B_2라 하였고, 1933년 쿤(Kuhn) 등은 우유에서 황색을 띤 물질을 추출하여 '리보플라빈'이라 명명하였다. 플라빈은 라틴어로 노란색이란 의미이다. 리보플라빈은 다양한 식품에 함유되어 있지만 주요 급원 식품은 동물성 식품이다. 우유와 요구르트, 치즈와 같은 유제품이 대표적인 급원 식품이며,[3] 육류, 달걀, 간, 강화곡류 등에도 많이 들어 있다. 그 외에 아스파라거스, 브로콜리 같은 짙은 녹색 잎채소에 풍부하게 함유되어 있으며, 흰색(우유와 유제품), 적색(육류, 생선, 가금류) 식품에도 들어 있다.

(1) 구조와 성질

리보플라빈은 3개의 6각 고리가 연결된 구조로, 중간 고리에 리비톨(ribitol)이 결합되어 있다. 리보플라빈은 인산화된 후 조효소로 생체활성을 지니게 되는데, 그 형태는 플

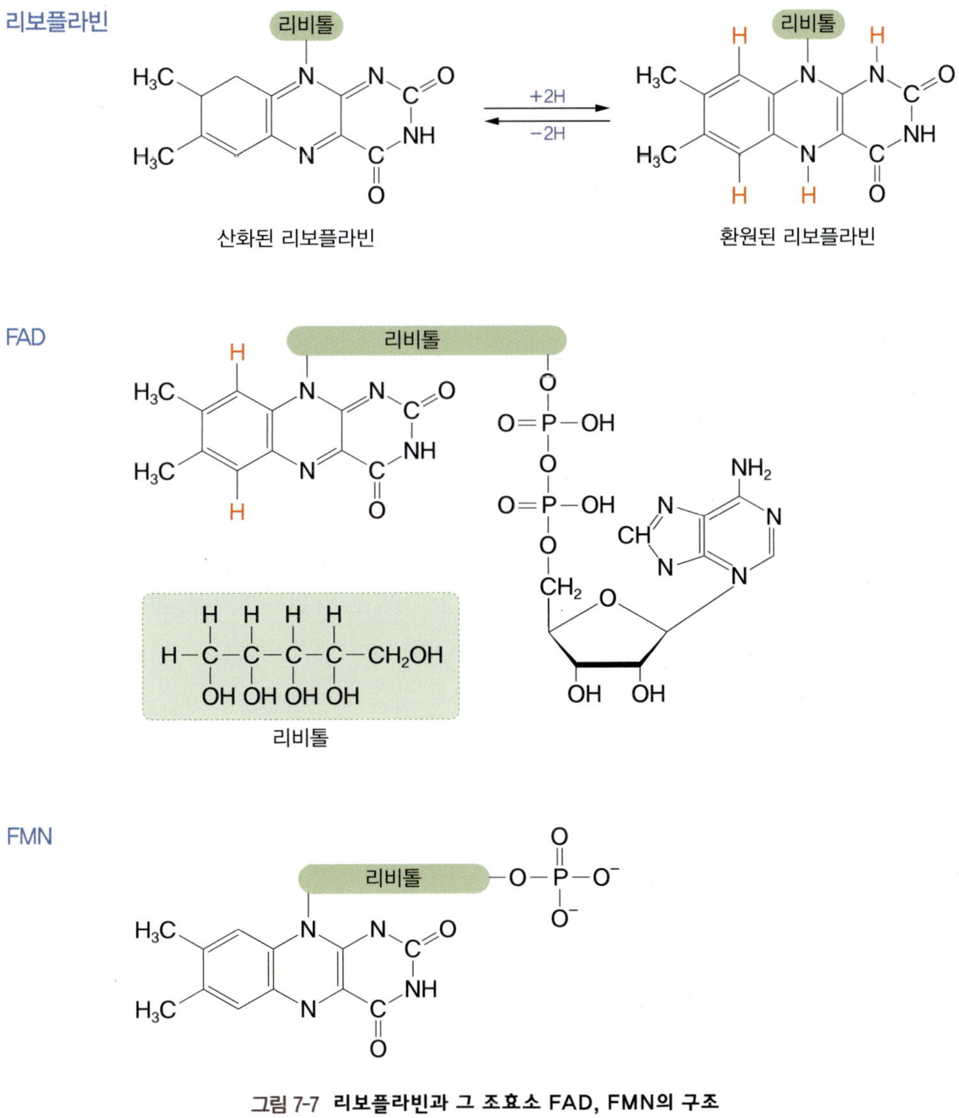

그림 7-7 **리보플라빈과 그 조효소 FAD, FMN의 구조**

라빈모노뉴클레오타이드(flavin mononucleotide, FMN)와 플라빈아데닌다이뉴클레오타이드(flavin adenine dinucleotide, FAD)이다(그림 7-7). 리보플라빈은 전자를 쉽게 얻거나 잃을 수 있는 구조로 산화형 또는 환원형으로 존재하며, 체내의 산화-환원 반응에서 촉매 역할을 한다. 또한, 수용성이지만 물에 잘 녹지 않으며, 열에 안정하나 빛에는 쉽게 파괴된다. 특히 우유가 햇빛에 노출되면 손실이 크므로 불투명한 포장재에 담아 유통된다.

(2) 흡수와 대사

식품 중의 리보플라빈은 유리 리보플라빈, 또는 FMN, FAD의 조효소 형태로 들어 있다. FMN, FAD는 소장의 단백질 분해효소나 인산 분해효소에 의해 리보플라빈으로 유리된 후 섭취량에 따라 능동수송 또는 확산에 흡수된다. 섭취량이 많을 때는 단순확산, 적을 때는 능동수송에 의해 흡수된다.

흡수된 리보플라빈은 장 점막세포 내에서 인산화되어 FMN을 형성한 후 문맥을 통해 간으로 이동하며, 간에서 FMN은 FAD로 전환되어 간, 콩팥, 심장 등의 조직에 저장되는데 저장량은 많지 않다. 과잉의 리보플라빈은 소변으로 배설되는데 소변으로 배설될 때에 밝은 노란색에서 조금 더 밝은 오렌지빛이 도는 노란색을 띤다.

(3) 기능

리보플라빈의 조효소 FMN과 FAD는 에너지 생성 과정의 TCA 회로와 지방산의 β-산화 과정 등 체내 여러 대사 과정에서 산화·환원 반응에 관여한다. FAD는 TCA 회로에서 숙신산이 푸마르산으로 전환되는 과정에서 $FADH_2$로 환원되며, 미토콘드리아에 수소를 전달하여 ATP를 생성하게 한다. FMN도 수소와 전자를 받아들여 $FMNH_2$로 전환되어 전자 전달 과정에 관여한다. 또한 포도당의 호기적 산화 과정과 지방산 분해 과정에서도 FAD 형태로 작용하여 아세틸 CoA로 전환되는 과정에 관여한다.

이외에도 트립토판이 니아신으로 전환되는 과정, 엽산, 비타민 B_6 활성화 반응 및 비타민 K 합성 과정 등에 중요한 역할을 한다. 또한 글루타티온 환원효소의 조효소로 지

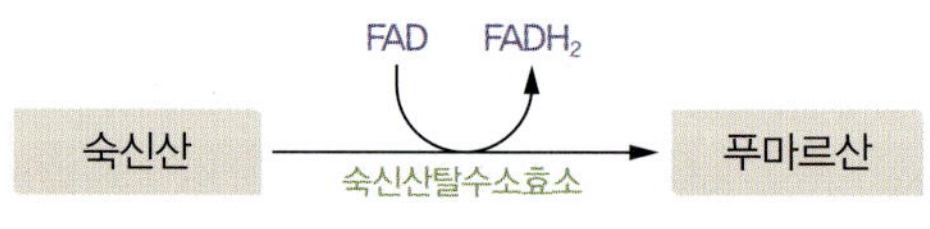

그림 7-8 FAD의 환원

방의 과산화물 생성을 억제하는 데 관여한다. 산화된 글루타티온을 환원형으로 전환시키는 글루타티온 환원효소의 활성 유지에 관여하여 항산화 기능을 가진다.

(4) 리보플라빈 섭취와 관련된 건강 문제

리보플라빈의 결핍은 단독으로 발생하기보다는 니아신, 비타민 B_6, 판토텐산 등 다른 영양소의 결핍과 더불어 발생하는데 장기간의 섭취 부족 또는 알코올 중독 등의 경우 발생한다. 결핍 증세로는 코와 눈 주변의 피부염증, 혀의 염증이 생기는 구순염과 입가의 균열인 구각염, 혀 부풀림(설염), 두통, 각막의 충혈, 빛에 대한 과민증 등이 있다(그림 7-9).[3]

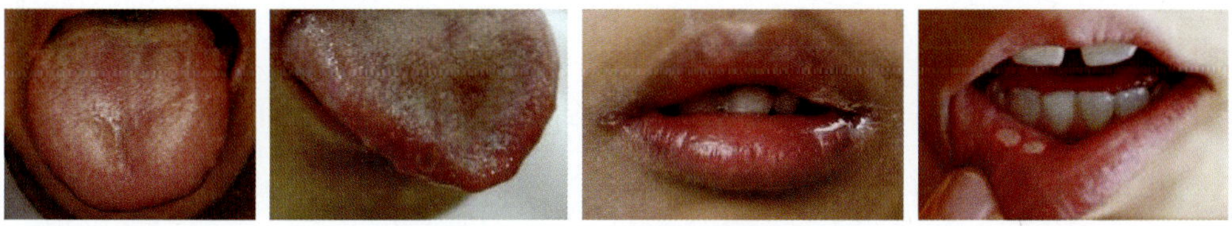

정상 설염 구각염 구순염

그림 7-9 리보플라빈의 결핍증

리보플라빈의 섭취기준은 1세 이상의 연령층에서 평균필요량, 권장섭취량이 설정되어 있으며, 상한섭취량은 설정되어 있지 않다. 영아는 충분섭취량이 설정되어 있다. 리보플라빈의 영양 상태를 판정하는 지표인 적혈구 글루타티온 환원효소의 활성계수를 허용 수준인 1.2 이하로 유지하는 수준을 감안한 성인 남자의 평균필요량은 1.3 mg, 여자는 1.0 mg이며, 변이계수를 10%로 하여 평균필요량의 120%인 남자 1.5 mg, 여자 1.2 mg가 권장섭취량으로 설정되었다. 임신기와 수유기에 에너지 필요량이 증가하므로 0.4 mg을 더하여 권장량이 설정되었다.

3) 니아신

니아신(niacin, B_3)은 티아민처럼 질병 발생과 관련하여 알려진 비타민이다. 펠라그라는 1900년대 초기 옥수수를 주식으로 먹었던 미국의 남동부 지역에서 흔하게 발병하였으며, 1915년 골드버거(J. Goldberger)는 죄수들에게 주로 식물성 식품으로 구성된 식사를 제공한 결과 펠라그라 증세가 나타남을 발견하였고, 1937년 엘베헴(C. Elvehjem)이 니코틴산을 분리하여 펠라그라를 치유하였다. 또한, 1945년 크렐(Krehl)은 트립토판이 니코틴산과 같은 활성을 가진다는 사실을 밝혀내어 아미노산과 비타민과의 관계를 알아내었다. 이 물질을 1940년대 초반에 니아신이라 명명하였다.

니아신은 육류, 육류 부속물, 닭고기, 칠면조 고기, 생선, 달걀, 우유 등의 식품에 풍부하게 함유되어 있다. 그 외 전곡, 강화 시리얼, 견과류, 아스파라거스, 버섯 등에도 함유되어 있다.

(1) 구조와 성질

니아신은 니코틴산(nicotinic acid), 니코틴아미드(nicotinamide) 및 생리활성이 있는 유도체를 포함하는 일반적 명칭으로, 카르복실기(−COOH) 또는 아미드기(−NH_2)를 가지는데 그 구조는 그림 7-10과 같다.

니아신은 냄새가 없는 흰색 결정 물질로, 물과 알코올에 잘 용해된다. 산, 알칼리, 빛, 열, 산소에 비교적 강하여 비타민 B 복합체 중에서 가장 안정한 화합물이다.

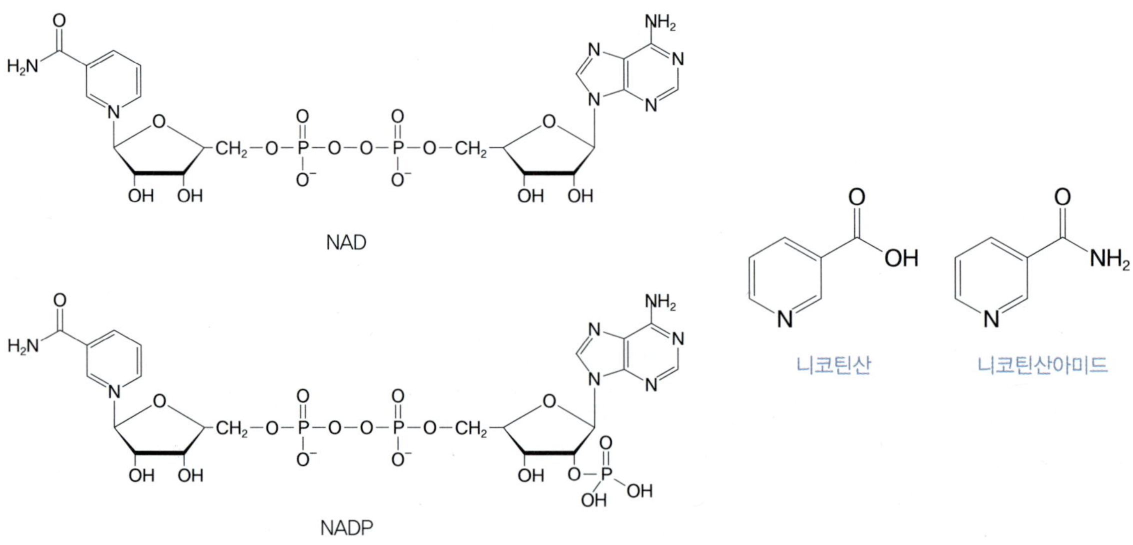

그림 7-10 니아신의 2가지 형태와 NAD와 NADP의 구조

(2) 흡수와 대사

식품 중의 니아신은 NAD, NADP의 형태로 존재한다. 소화 과정에서 니아신으로 유리된 후 흡수되는데, 위에서 흡수되기도 하지만 대부분 소장에서 흡수된다. 소량 섭취 시

나트륨 펌프 또는 촉진확산에 의해 흡수된다. 다량 섭취하였을 때는 수동확산에 의해 흡수된다. 흡수된 니아신은 간에서 NAD와 NADP로 전환되어 각 조직으로 이동하여 간장, 콩팥, 뇌 등에 소량 저장되며, 여분의 니아신은 *N*-메틸니코틴아미드와 *N*-메틸피리딘으로 전환되어 소변으로 배설된다.

니아신은 간과 콩팥에서 아미노산인 트립토판으로부터 합성되므로 트립토판이 풍부한 식품을 통해 일부가 충당될 수 있다. 하지만 체내 합성량이 적으므로, 니아신 형태로 섭취해야 한다. 식품 중의 트립토판 60 mg이 니아신 1 mg으로 전환되는데, 이때 티아민, 리보플라빈, 피리독신(B_6) 등이 필요하다. 니아신 섭취량은 니아신과 니아신으로 전환되는 트립토판의 양을 고려하여 니아신 당량(niacin equivalent, NE)으로 나타낸다.

트립토판 60 mg —(리보플라빈, 철 / 비타민 B_6)→ 니아신 1 mg

니아신 섭취량(NE) = mg 니아신 + mg 트립토판 / 60

(3) 생리적 기능

NAD와 NADP는 탈수소효소의 조효소로, 세포 내 많은 산화·환원 반응에 관여하는데, 특히 에너지 발생 과정에서 수소를 받아들이거나 내보내는 일을 한다. NAD와 NADP의 기능은 각기 다르며, 대사 과정 중에서 NADH와 NADPH로 각각 환원된다. NAD는 해당 과정에서 포도당이 피루브산으로 전환되는 과정, 피루브산이 아세틸 CoA로 전환되는 과정, TCA 회로에서 시트르산이 α-케토글루타르산, α-케토글루타르산이 숙시닐 CoA, 말산이 옥살로아세트산으로 전화되는 과정에 관여한다. 또한 혐기적 조건 하에서는 피루브산이 젖산으로 전환되는 과정에 참여한다(그림 7-11).

이외에도 NAD는 지방산의 β-산화, 아미노산의 탈아미노 반응과 알코올 산화 반응에 관여한다. 알코올 산화 반응에서 NAD가 관여하는 알코올 탈수소효소(alcohol dehydrogenase)는 알코올을 아세트알데히드로 전환시키며 그 결과로 NADH가 생성된다. 다량의 NADH가 생성되면 체지방 합성이 증가된다.

에탄올 + NAD^+ —(알코올 탈수소효소 alcohol dehydrogenase)→ 아세트알데히드 + NADH + H^+

오탄당 인산경로를 통해 생성되는 NADP는 NADPH로 환원된 후 지방산과 스테로이

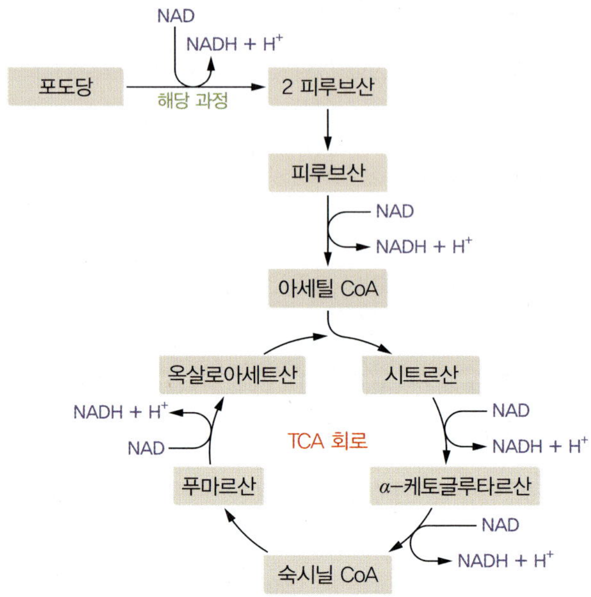

그림 7-11 NAD가 관여하는 대사 과정

드 합성, 콜레스테롤 합성, 아미노산의 분해와 합성에 관여하며, 비타민 C와 엽산의 대사에도 필요하다.

또한, 니아신은 조효소 역할 외에도 DNA의 유지, 복제, 수선에 관여하며, 단백질 합성, 포도당 항상성 및 콜레스테롤 대사에도 중요한 기능을 한다.

(4) 니아신 섭취와 관련된 건강 문제

① 결핍증

니아신은 NAD와 NADP로 체내의 거의 모든 대사 과정에 관여하므로 니아신 결핍은 신체 전반에 걸친 장애를 일으킨다. 니아신 결핍증인 펠라그라는 4D 증상으로 대표되며, 갈라지고 거친 피부, 햇빛에 노출되는 얼굴, 손, 팔, 다리 등의 피부에 나타나는 고도의 색소 침착 등이 특징이다. 4D란 피부염(dermatitis), 설사(diarrhea), 치매(dementia) 그리고 초기에 치료하지 않으면 죽음(death)에 이르게 되는 증상을 의미한다. 혀와 입에서부터 위장까지의 염증, 빈혈, 구토 등이 발생하며, 피부는 붉게 부어오르고 거칠어지면서 갈라진다. 설사는 위장의 염증에 기인하며, 치매는 어지러움, 정신 혼돈, 기억 상실, 환각, 환청 등의 증상이 나타나고 심해지면 사망에 이른다.

식물성 식품에 존재하는 니아신은 니아신-단백질 복합체를 형성하고 있어 흡수가 잘

되지 않는다. 이러한 경우 석회수(lime water)나 베이킹소다와 같은 알칼리성 물질로 처리하면 단백질이 분리되어 흡수율이 올라간다. 멕시코에서는 또르띠아를 만들 때에 옥수수가루를 석회수에 담가 두었다가 만들기 때문에 결핍증이 드물다.

② 과잉증

니아신은 수용성 비타민이지만 다량 복용하면 과잉 증세가 나타난다. 고지혈증 치료에서 다량의 니코틴산을 사용함으로써 LDL은 낮추고 HDL을 상승시키는 효과를 얻을 수 있지만, 부작용으로 모세혈관이 확장되고 따끔거리는 증세를 보이는 니아신 홍조(niacin flush)가 나타난다. 이외에도 두통, 시력 혼란, 피부 가려움, 소화기 장애, 불규칙한 심장 박동, 간장 손상 등의 증세가 나타난다. 니코틴산을 장기간 다량 섭취하면 간염의 위험이 증가하고 위궤양을 유발할 수 있으므로, 의사의 처방 없이는 혈청콜레스테롤을 낮추기 위해 섭취해서는 안 된다.

니아신의 섭취기준은 니아신과 니아신으로 전환되는 트립토판을 고려하여 니아신 당량(niacin equivalent, NE)으로 표시한다. 한국인 성인의 1일 평균필요량은 남자 12 mgNE, 여자 11 mgNE이며, 권장섭취량은 남자 16 mgNE, 여자 14 mgNE이다. 에너지 섭취량이 감소하더라도 권장섭취량이 13 mgNE 이하가 되지 않도록 해야 한다. 임신기와 수유기 때는 에너지 필요량이 증가되므로 니아신의 생리적 요구량도 증가하여 임신부의 경우 1일 4 mgNE를 추가하고, 수유부는 3 mgNE를 추가하도록 권장한다.

4) 판토텐산

판토텐산(pantothenic acid)의 'Pantos'란 모든 곳(from every side)을 뜻하는 그리스어 'pantothen'에서 유래하였다. 그 의미대로 거의 모든 식품에 함유되어 있으므로 부족한 경우는 드물다. 식품 중의 판토텐산은 고온, 건조, 냉동 시 쉽게 파괴되고, 산·알칼리 용액에서 안정하지 않으므로 조리나 가공 과정에서 함량이나 이용률의 손실이 크다.

판토텐산은 어원에서 알 수 있듯이 곡류, 고기·생선·달걀·콩류, 채소류 등 거의 대부분의 식품에 함유되어 있으나, 과일류와 우유 및 유제품에는 소량 함유되어 있다. 곡류의 경우 쌀보다는 잡곡에, 정제된 곡류보다는 전곡 형태의 곡류에 판토텐산의 함유량이 많다. 채소류 중에서는 송이버섯, 팽이버섯, 목이버섯 같은 버섯류와, 콜리플라워, 브로콜리 같은 화채류에 많이 함유되어 있으며, 육류 중에서도 돼지고기와 닭·오리·꿩 같은 조류의 고기에 풍부하게 들어 있다. 식품 중에 함유되어 있는 판토텐산의 생체 이용률은 평균 50% 정도이다.

(1) 구조와 성질

판토텐산은 1933년 윌리엄스(Williams)에 의해 발견되었으며, 그 구조는 β-알라닌(alanine)과 다이히드록실릭산(dihydroxylic acid)의 복합물이다. 체내에서 판토텐산은 코엔자임 A(CoA)와 아실기 운반 단백질(acyl carrier protein, ACP)의 구성 성분이다. CoA는 판토텐산에 ADP, 시스테인이 결합하여 형성된다(그림 7-12).

판토텐산은 수용성으로 습열 조리와 중성 용액 중에서는 안정적이지만 건열과 산·알칼리에서는 비교적 불안정한 성질을 갖고 있다.

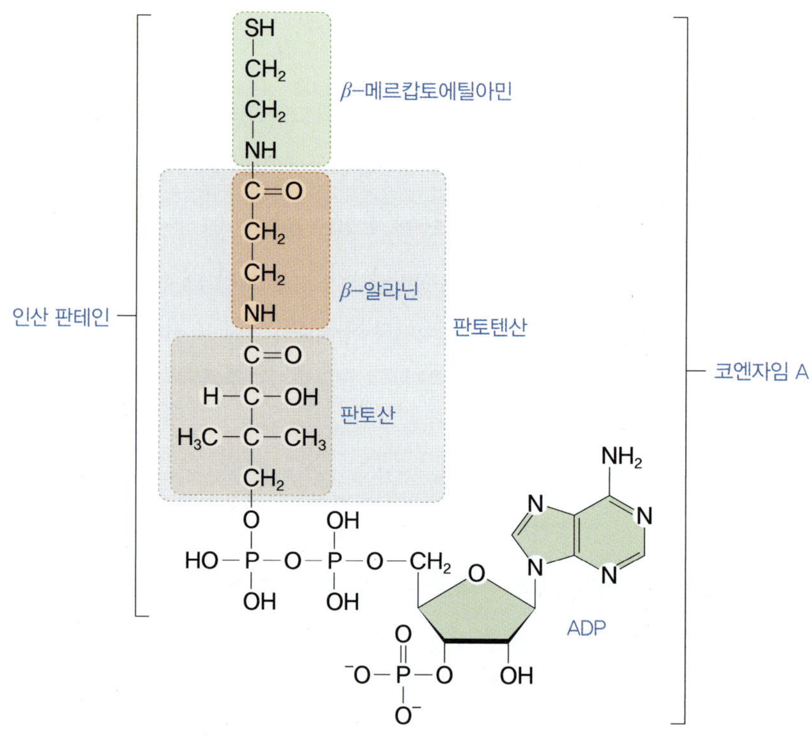

그림 7-12 판토텐산과 CoA의 구조

(2) 소화, 흡수, 대사

식품 중 판토텐산은 유리형(free)과 결합형(bound)으로 존재하는데, 약 85%가 CoA의 구성 성분으로 결합하고 있다. 판토텐산은 소장에서 가수분해효소에 의해 유리된 후 능동수송이나 단순확산에 의해 소장의 점막을 통하여 흡수되어 간으로 운반되고, 조직으로 이동하여 인산화 반응에 의해 CoA로 전환된다. 그 전환 과정은 그림 7-14와 같다. 즉, CoA는 4′-phosphopantothenic acid로 가수분해되고, 탈인산화 반응을 통해 4′-phosphopantothenyl cysteine으로 전환되며, 탈카르복실 과정을 거쳐 4′-phosphopantetheine으로, 다시 탈인산화 반응을 통해 디포스포 CoA(dephospho coenzyme A)

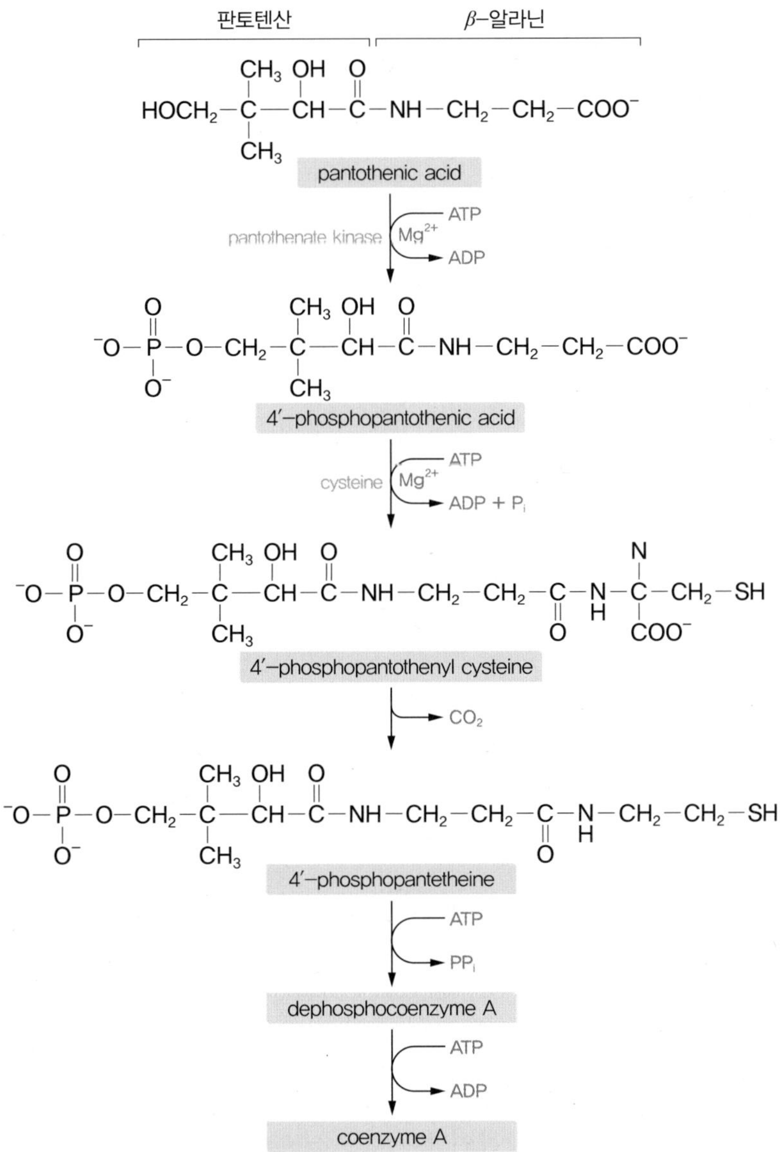

그림 7-13 CoA의 합성 과정

를 거쳐 CoA로 합성된다(그림 7-13).

판토텐산은 적혈구에서 CoA 형태로, 혈장 내에서는 유리 형태의 판토텐산으로 존재한다. 판토텐산은 모든 조직에 존재하는데 특히 간, 콩팥, 부신, 뇌 등의 조직에 많다. 체내 저장은 거의 되지 않으며 과량의 판토텐산은 배설된다. 주로 소변으로 그대로 배설되고 대변으로는 소량만 배출되는데, 소변을 통해 보통 하루에 약 1~8 mg 배설한다.

(3) 생리 기능

판토텐산은 CoA와 아실 운반 단백질(ACP)의 구성 성분으로, 에너지 대사와 여러 생체 성분의 생산을 위한 합성 반응을 포함한 영양소의 대사에 광범위하게 관여한다. 즉, 탄수화물, 지질, 단백질 분해 과정에서 에너지(ATP)가 생성되는 데 관여한다. 그리고 아실 운반 단백질로 지방산, 콜레스테롤 및 스테로이드 호르몬의 합성에 관여하며, 신경전달물질인 아세틸콜린과 헴(heme) 합성 등 체내 대사의 여러 반응에 관여한다(그림 7-14).

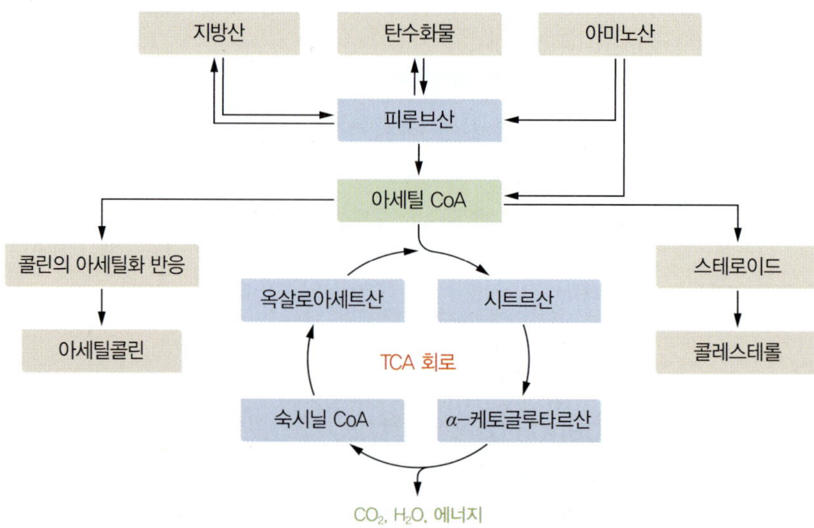

그림 7-14 아세틸 CoA의 체내 대사 기능

① 에너지 생성

판토텐산은 CoA의 구성 성분으로 에너지를 생산하는 영양소인 탄수화물, 지질, 단백질의 분해 과정에서 ATP 생성에 관여한다. CoA는 아세틸기의 운반체로 피루브산에서 아세틸 CoA를 형성하여 옥살로아세트산(oxaloacetic acid)과 결합하여 시트르산(citric acid)을 형성하여 TCA 회로가 시작될 수 있도록 한다. 지질과 일부 단백질도 아세틸 CoA의 형태로 TCA 회로를 거쳐 전자전달계로 들어가 그곳에서 ATP를 형성하게 된다. 그러므로 아세틸 CoA는 에너지의 전환 반응에서 중심적 위치에 있다고 할 수 있다.

② 아세틸콜린의 합성

판토텐산은 아세틸기 운반체인 CoA의 형태로 아세틸 CoA와 콜린을 결합시켜 신경자극전달물질인 아세틸콜린(acetylcholine) 합성에 관여한다.

③ 지방산, 콜레스테롤, 스테로이드 호르몬 합성

판토텐산은 아실기 운반 단백질(ACP)의 구성 성분으로, 지방산 합성, 콜레스테롤과 다른 스테로이드화합물의 합성에 관여한다.

지질 대사에서 CoA는 콜레스테롤, 담즙산염, 케톤체, 지방산, 그리고 스테로이드 호르몬의 합성에서도 중요한 역할을 한다. CoA는 아세트산과 결합하여 아세틸 CoA를 만들고, 이산화탄소와 결합하여 말로닐 CoA를 생성하여 지방산을 합성한다.

④ 헴 합성

판토텐산은 TCA 회로 내에서 α-케토글루타르산에서 숙시닐 CoA를 생성하여, 헴의 구성 성분인 포르피린 고리를 합성하는 데 관여한다. 그러므로 판토텐산이 부족하면 빈혈이 발생할 수 있다.

(4) 판토텐산 섭취와 관련된 건강 문제

판토텐산은 장내 세균에 의해서 합성되므로 임상적으로 사람에게서 판토텐산 결핍증은 보고된 바 없다. 하지만 판토텐산 결핍 식이를 제공한 실험에서 9주 이후에 무관심, 피로, 두통, 불면증, 구토, 허약, 과민, 손의 쑤심, 복통 등의 증세가 나타났다. 제2차 세계대전 때 판토텐산이 심하게 결핍되었던 포로들에게서 발의 통증과 정신 신경 증세가 발생하였는데 이를 타는 듯한 발 증후군(burning feet syndrome)이라 하며, 발가락이 마비되고 발에 화상을 입은 듯한 느낌의 증상이 나타난다.

판토텐산 결핍증은 다양한 영양소의 결핍과 함께 발생하는 경우가 더 많은 것으로 보이며, 알코올 중독자, 당뇨 환자, 궤양성 대장염 환자에게서도 가끔 나타나는데 이 환자들의 경우 판토텐산의 이용률은 낮고 소변으로의 배설량은 많다.

판토텐산은 충분한 자료가 부족하여 평균필요량을 산정할 수 없어서 권장섭취량 대신 충분섭취량이 설정되어 있다. 한국인 성인 남녀 모두 5 mg/일을 권장하며 노인도 동일한 수준으로 권장한다. 임신기에는 하루에 1 mg, 수유기에는 2 mg을 추가 권장한다.

5) 비오틴

비오틴(biotin)은 1920년대 '생난백 상해(egg white injury)'에 대한 연구를 통해 알려졌으며, '비오스 II(bios II)', '비타민 H', '코엔자임 R(coenzyme R)'의 3가지 물질로 알려졌다. 1931년 센트 죄르지(Szent-Györgyi)는 간에서 생난백 상해의 치료 물질을 찾아내었다. 비오틴은 다른 비타민 B 복합체에 비해 잘 알려져 있지 않으나 포도당 신생과 TCA 회로를 통한 ATP 생성에 관여하는 등 그 체내 기능은 대단히 중요하다.

식품 중 비오틴 함량에 대한 자료는 거의 없으나 콜리플라워, 쇠간, 콩팥, 땅콩 등의 견과류, 콩류, 난황, 효모, 치즈 등이 좋은 급원이며, 과일과 육류들은 함량이 낮아 좋은 급원이 되지 못한다.

생난백에 있는 당단백질(glycoprotein)인 아비딘은 비오틴과 불가역적으로 결합하는데 이로 인해 비오틴의 흡수가 방해된다. 하지만 비오틴은 열에 불안정하기 때문에 조리한 달걀로 섭취하면 비오틴의 흡수를 방해하지 않는다. 달걀을 조리하여 먹으면 달걀노른자는 비오틴의 좋은 급원이 된다.

(1) 구조와 성질

비오틴은 황을 함유하는 비타민으로 비오틴과 비오시틴(biocytin)의 형태가 있다(그림 7-15). 비오시틴은 비오틴에 단백질이 결합된 형태로 라이신(lysine)과 결합되어 있으며 식품 중에 존재하는 주된 형태이다.

비오틴과 비오시틴은 모두 공기, 빛, 열에 비교적 안정하나 자외선에 의해 서서히 파괴된다. 동물조직 내에 단백질과 결합되어 있는 비오시틴은 지용성이지만, 유리 상태로 식물조직 내에 함유되어 있는 비오틴은 수용성이다.

생난백 상해(egg white injury) **Tip**

날달걀을 먹인 쥐에서 탈모, 피부염과 여러 가지 신경 근육계에 이상이 생기는 증상으로, 생달걀흰자의 아비딘(avidin)이라는 단백질이 비오틴과 결합하여 흡수를 저해하여 나타난다. 건강한 성인의 경우 매일 12~24개의 생달걀을 1달 또는 1년 이상 섭취해야 발생하므로 실생활에서 일어나는 경우는 극히 드물다. 아비딘은 가열하면 불활성화되므로 조리하여 먹으면 문제없다.

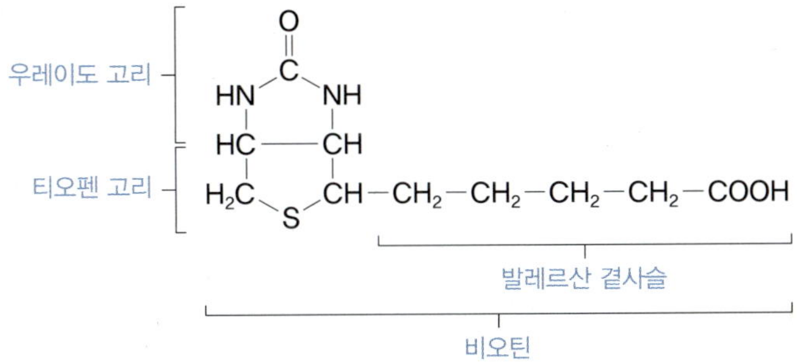

그림 7-15 **비오틴의 구조**

(2) 소화, 흡수, 대사

식품 중의 비오틴은 조효소 또는 유리형으로 단백질과 결합되어 존재하며, 소장 내 단백질 분해효소와 비오틴 분해효소(biotinidase)에 의해 유리 형태의 비오딘이 된 후에 흡수된다. 섭취량이 많을 때는 단순확산으로, 적을 때는 나트륨 의존성 능동수송에 의해 흡수된다.[5] 흡수된 비오틴은 카르복실화효소가 많은 조직에 주로 분포한다. 상당량의 비오틴이 대장에서 합성되지만 합성된 비오틴은 사람의 비오틴 요구를 전부 충족할 수는 없다. 실제로 소변으로 배설되는 비오틴은 섭취량에 비해 적지만, 대변으로 배설되는 양은 섭취량의 2.5~5배로 전체 배설량이 섭취량보다 많다. 이것으로 비오틴은 장내 미생물에 의해 상당량 합성됨을 알 수 있다. 또한 알코올에 의해서 비오틴의 흡수가 저해된다. 비오틴은 근육, 간, 그리고 뇌에 소량이 저장된다.

(3) 생리적 기능

비오틴은 다른 B군 비타민과 같이 많은 반응에서 조효소로 작용한다. 비오틴은 이산화탄소를 기질에 첨가하는 카르복실화(carboxylation) 반응에 관여하여 아미노산으로부터 당의 전환(포도당 신생합성)을 포함한 아미노산 대사, 지방산 합성, 지방산으로부터 에너지 생성과 DNA 합성 등의 기능을 한다.[6] 또한, 카르복실기 전이효소와 탈탄산효소의 조효소로도 작용한다. 표 7-2에 비오틴을 조효소로 활용하는 카르복실화효소들과 그 반응에 대해 나타내었다.

표 7-2 비오틴을 조효소로 활용하는 카르복실화효소와 그 반응

효소	반응
피루브산 카르복실화효소 (pyruvate carboxylase)	• 포도당 신생합성에서 피루브산을 포도당으로 전환하는 경로의 첫 반응 • TCA 회로를 위한 옥살로아세트산(oxaloacetate) 공급 반응
아세틸 CoA 카르복실화효소 (acetylCoA carboxylase)	• 지방산 합성 과정의 첫 반응으로 말로닐 CoA로 전환하는 반응
프로피오닐CoA 카르복실화효소 (propionyl CoA carboxylase)	• 프로피오네이트를 메틸말로닐 CoA(methylmalonyl CoA)로 전환하는 반응
베타-메틸크로토닐 CoA 카르복실화효소 (β-methylcronyl CoA carboxylase)	• 류신과 이소프레노이드 화합물의 분해 반응

① 옥살로아세트산의 생성 : 카르복실화 반응

비오틴을 필요로 하는 피루브산 카르복실화효소(pyruvate carboxylase)는 피루브산에 이산화탄소를 첨가하여 옥살로아세트산을 형성하는 카르복실화 반응에 참여하는데, 이 반응은 포도당 신생합성(gluconeogenesis)의 첫 반응이다(그림 7-16).

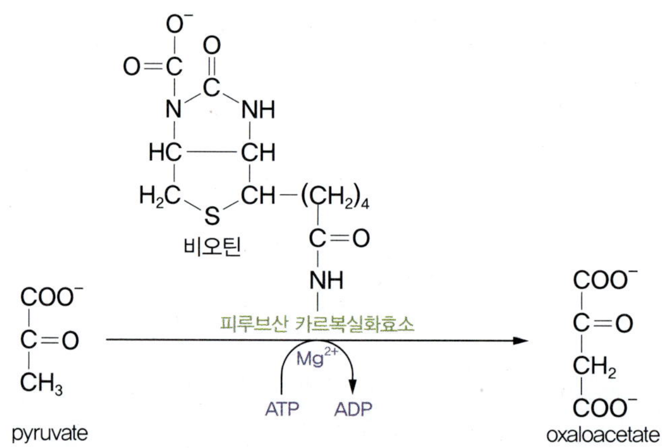

그림 7-16 피루브산에서 옥살로아세트산 합성 시의 비오틴 역할

② 말로닐 CoA의 생성

아세틸 CoA 카르복실화효소(acetyl CoA carboxylase)는 지방산 생합성 과정의 주요 조절효소로서 그 첫 단계 반응에서 아세틸 CoA에 카르복실기를 더하여 말로닐 CoA를 생성한다.

③ 프로피오닐 CoA 카르복실화효소

프로피오닐 CoA 카르복실화효소(propionyl-CoA carboxylase)는 이소류신, 트레오닌, 메티오닌의 이화 작용을 위하여 필요하다. 프로피오닐 CoA는 몇몇 생선에서 발견되는 홀수지방산의 β-산화물이며, 프로피오닐 CoA 카르복실화효소는 프로피오닐 CoA를 D-메틸말로닐 CoA를 거쳐 숙시닐 CoA로 전환하여 TCA 회로에 들어가도록 하는데 이 반응에는 ATP와 Mg^{2+}이 필요하다(그림 7-17). 프로피오닐 CoA 카르복실화효소의 활성이 부족하거나 불완전하면 프로피오닐 CoA의 축적을 특징으로 하는 유전 결함인 피로피온산혈증(propionic acidemia)을 일으키는데 그 후에 대체 대사경로로 이동한다. 이 대체 경로를 통해 3-히드록시프로피온산(3-hydroxypropionic acid, 3HPA)과 메틸시트르산(methylcitrate, MCA)이 생산되며, 소변을 통한 배설이 증가된다.

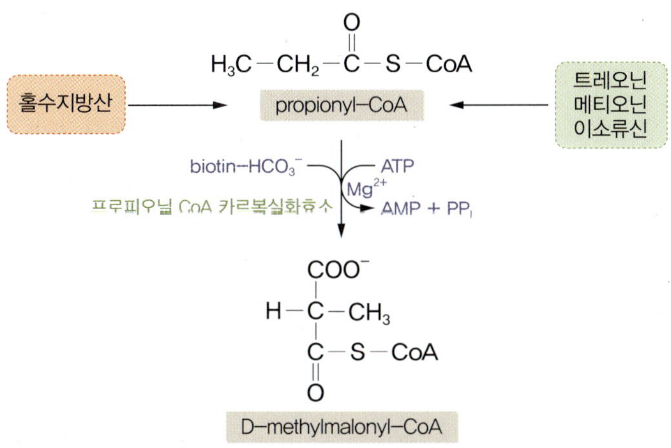

그림 7-17 **프로피오닐 CoA의 산화에서 비오틴의 역할**

④ 베타-메틸크로토닐 CoA 카르복실화효소

베타-메틸크로토닐 CoA 카르복실화효소(β-methylcrotonyl-CoA carboxylase)는 류신(leucine)의 이화 작용에서 중요하다. 류신은 이화 작용 과정에서 ATP, Mg^{2+} 존재하에 카르복실화되어 베타-메틸크로토닐 CoA를 형성한다. 계속 이화하여 아세토아세트산(acetoacetate)과 아세틸 CoA를 생성한다. 대체 회로(alternate pathway)를 통해 3-히드록시이소발레르산(3-hydroxyisovaleric acid, 3-HIA), 3-메틸크로토닐글리신(3-methylcrotonylglycine, 3MCG)과 이소발레리글리신(isovaleryglycine, IVG)이 생산되고, 소변으로 배출되는 양이 증가한다. 3-HIA는 증가하고 비오틴의 농도가 감소하는 것은 비오틴 결핍증의 지표가 된다.

(4) 비오틴 섭취와 관련된 건강 문제

비오틴은 장내 박테리아에 의해 합성되고, 식품에도 널리 함유되어 있기 때문에 사람에게서 결핍증은 흔하지 않다. 그럼에도 비오틴 결핍이 나타나는 것은 비오틴 함량이 낮은 식사를 하거나 유전적 결함으로 영아에게서 비오틴 분해효소가 부족한 경우, 장기간 정맥주사를 통한 영양 지원을 받는 경우 등이다. 이때 영아에게서 나타나는 증상은 초기 탈모, 발진, 성장 지연으로 시작되어 경련과 기타 신경적 문제로까지 발전한다.[7] 가장 두드러진 피부의 증상은 눈, 코, 입 주위에 나타나는 붉은 피부 발진이고 이외에 거식증, 메스꺼움, 탈모증과 근육통이 발생한다. 결핍 초기에 비오틴 보충제를 매일 섭취하면 증세가 없어지지만 치료하지 않고 방치하면 혼수와 사망에 이르기도 한다. 결핍증을 치료하기 위하여 비오틴을 매일 10 mg까지 사용한다.

일부 과량의 생난백을 섭취한 사람 중에 비오틴의 흡수가 저해되어 결핍증으로 발전할 수도 있다. 또한 염증성 장 질환이나 만성 알코올 중독자와 같이 소화관의 이상으로 비오틴 흡수가 저해되어 일어날 수도 있으며, 임신 중 일부 여성에서 저하가 나타나기도 한다.

비오틴은 대장의 장내 박테리아에 의해 합성되기도 하지만 식품에 널리 분포하므로 식품을 다양하게 섭취하면 결핍증을 막을 수 있다. 사람의 경우 성인 남녀의 비오틴 1일 충분섭취량으로 30 μg을 권장하고 있으며, 노인과 임신부도 동일 수준이면 충분한 것으로 여겨진다. 다만, 수유기에는 하루 5 μg을 추가로 섭취할 것을 권장한다. 비오틴은 장내 박테리아에 의해 합성되지만 얼마나 흡수되는지는 알려지지 않았으며, 비교적 독성이 없으므로 많은 양을 장기간 섭취해도 해롭지 않다.

6) 비타민 B_6

비타민 B_6(pyridoxine)는 쥐의 피부염을 치료하는 과정에서 쿤(Kuhn)과 센트 죄르지에 의해 1934년 분리되었으며 1939년 그 구조가 밝혀졌다. 비타민 B_6는 6개의 형태로 존재하며, 조효소 형태로 아미노산 반응을 비롯하여 헴, 니아신, 신경전달물질, 스테로이드 호르몬의 합성, 지질 및 핵산 대사 등 체내에서 100개 이상의 반응에 관여한다.

비타민 B_6는 주로 동물의 근육조직에 저장되므로 육류, 생선류, 가금류 등이 가장 좋은 급원 식품이다. 이외에 현미, 콩류(병아리콩), 귀리, 밀의 배아, 밀겨, 전곡, 말린 과일, 종실류, 해바라기씨, 감자, 견과류, 바나나와 시금치 등의 채소들도 좋은 급원이다.

(1) 구조와 성질

비타민 B_6의 기능을 가지고 자연계에 존재하는 물질은 피리독신(pyridoxine, PN 또는 pyridoxol), 피리독살(pyridoxal, PL), 피리독사민(pyridoxamine, PM)의 3가지 형태가 있으며 서로 쉽게 전환된다. 인산 결합체인 피리독살인산(pyridoxal phosphate, PLP), 피리독사민인산(pyridoxamine phosphate, PMP), 피리독신인산(pyridoxine phosphate, PNP)으로도 존재한다(그림 7-18). PLP, PMP와 PNP는 비타민 B_6의 조효소로 단백질 대사에 관여하며, 그중 가장 활성이 강력하고 여러 생체 대사에 관여하는 조효소는 피리독살 인산(PLP)이다.

비타민 B_6는 산성에서는 열에 안정하지만 알칼리에서는 열에 불안정하며, 자외선 조사로 쉽게 분해되어 기능을 상실하게 된다. 또한 고온으로 가열하면 파괴되므로 조제분유를 고온 살균으로 처리할 때 유의해야 한다.

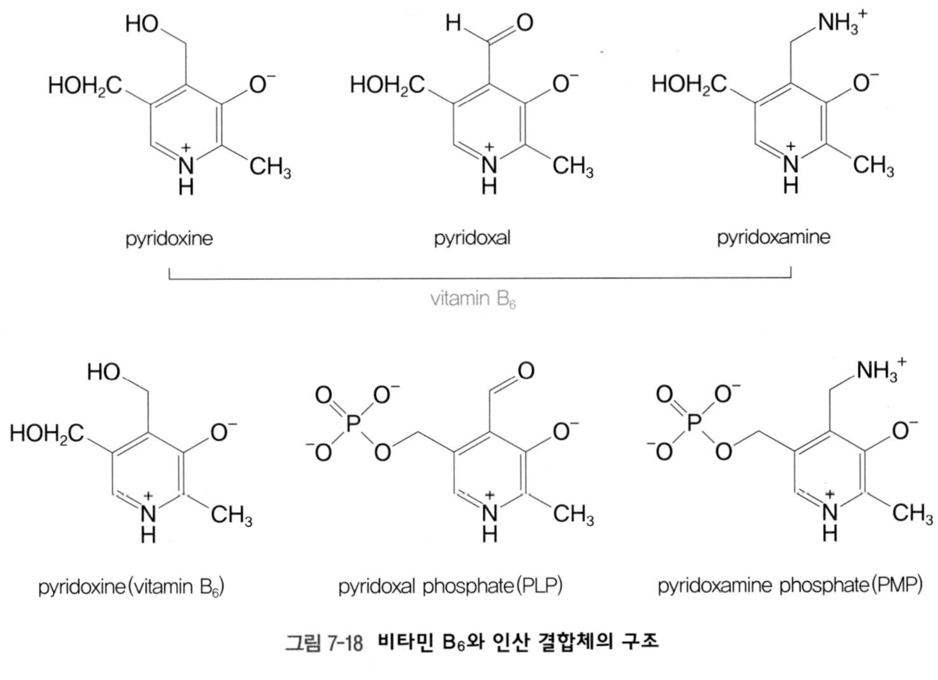

그림 7-18 **비타민 B_6와 인산 결합체의 구조**

(2) 흡수, 대사

동물성 식품에서는 PL 또는 PLP로 단백질과 결합한 형태로, 식물성 식품에서는 PN, PM이 당과 결합한 형태로 존재한다. 식품 중의 비타민 B_6는 흡수되기 전에 소장 내에서 인산 분해효소에 의해 인산기가 제거된 후 소장 상부에서 단순확산에 의해 흡수되어 간으로 운반된다. 간에서 피리독신은 PLP로 전환된 후 주로 근육에 저장되며, 근육에서는 PLP의 2/3 정도가 글리코겐 인산화효소(glycogen phosphorylase)와 결합되어 있다. 비타민 B_6는 간과 콩팥에서 대사적으로 불활성형인 4-피리독신산(4-pyridoxic acid)으로 전환되어 소변으로 배설되며, 소량은 피리독신, 피리독살, 피리독사민 형태로 배설된다.[8]

(3) 생리 기능

비타민 B_6는 조효소형 PLP로서 서로 다른 많은 효소 반응에서 조효소의 기능을 한다(그림 7-19).

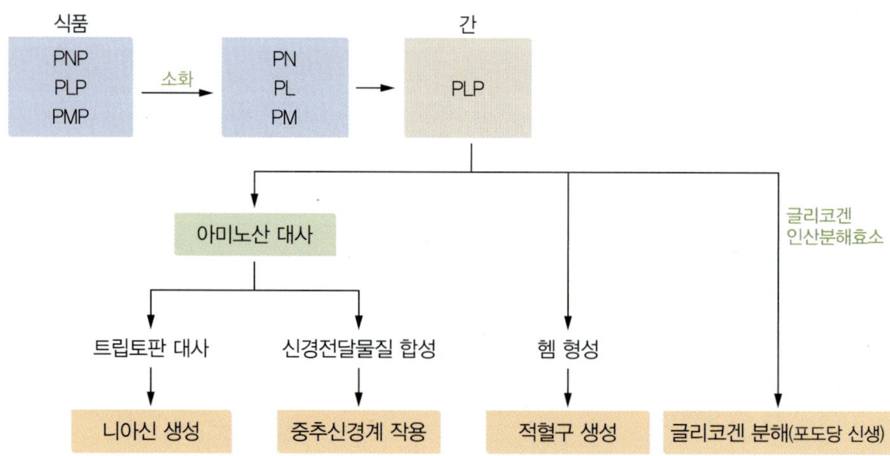

그림 7-19 PLP가 조효소로 참여하는 체내 대사

① 아미노산, 단백질 대사

비타민 B_6의 활성 조효소 형태인 PLP는 단백질과 아미노산 대사에 필수적인 물질로 아미노기 전이 반응, 탈카르복실 반응, 유황 전이 반응 등 거의 모든 아미노산 대사 반응에 작용한다.

아미노기 전이 반응(transamination)은 특정 아미노산으로부터 α-케토산에 아미노기를 전달하여 새 아미노산을 합성하는 반응이다. 조효소인 PLP의 형태로 아미노기 전이효소(transaminase)를 활성화하는데, 피루브산이 글루탐산(glutamate)의 아미노기를 받아들여 아미노산인 알라닌(alanine)이 되고 그 아미노산인 글루탐산은 아미노기를 잃어서 케토산인 α-케토글루타르산(α-ketoglutarate)이 된다.

그림 7-20 비타민 B_6가 관여하는 아미노기 전이 반응

또한 비타민 B_6는 아미노산의 카르복실기(-COOH)를 떼어 내는 탈카르복실 반응의 조효소로 작용한다. 트립토판으로부터 세로토닌 합성, 티로신에서 도파민과 노르에피네프린의 합성, 히스티딘(histidine)으로부터 히스타민(histamine)의 합성, 그리고 글루탐산으로부터 GABA(γ-amino butyric acid)의 합성 등 신경전달물질을 합성하는 데 필요하다. 그리고 PLP는 세린, 호모세린, 트레오닌의 탈아미노 반응에도 관여하며, 호모시스테인(homocysteine)의 시스테인(cysteine)으로의 전환, 트립토판이 니아신으로 전환되는 유황 전이 반응(transsulfuration)에도 관여한다.

② 당질과 지질 대사

비타민 B_6는 글리코겐 분해 과정에 관여하는 글리코겐 인산화효소(glycogen phosphorylase)의 조효소로 작용하여 포도당으로 분해시켜서 혈당 농도를 유지하는 데 도움을 준다. 또 아미노기를 전달하고 남은 아미노산의 탄소 골격으로부터 포도당이 생성되는 포도당 신생합성에 관여한다.

또한, PLP는 필수지방산인 리놀레산(linoleic acid)에서 아라키돈산(arachidonic acid)으로 전환하는 데에도 관여한다.

③ 헤모글로빈의 합성

비타민 B_6는 적혈구에서 산소 운반에 필요한 헤모글로빈의 포르피린 고리 구조 형성에 중요한 역할을 한다. 그러므로 비타민 B_6가 결핍되면 철분 결핍 증세와 같은 소적혈구성 저색소성 빈혈이 나타난다. 또 백혈구 등 면역세포 형성에도 필수적이다.

④ 니아신 합성

비타민 B_6는 트립토판이 니아신으로 전환되는 과정에서 조효소로 작용한다. 이 반응은 비타민 B_6의 영양 상태를 평가하는 데도 이용된다.

⑤ 신경전달물질의 합성

PLP는 주요 신경전달물질〔serotonin, γ-aminobutyric acid(GABA), dopamin(DOPA), norepinephrine, epinephrine〕 합성에 관여한다. 결핍되면 우울증, 두통, 혼란, 메스꺼움, 구토, 경기와 같은 뇌신경 장애가 발생한다. 이와 같이 신경전달물질의 합성에 관여함을 근거로 하여 비타민 B_6가 월경전증후군에 도움이 될 것이라 여겨지고 있다.

(4) 비타민 B_6 섭취와 관계되는 건강 문제

① 결핍증

비타민 B_6가 결핍되면 피부염, 빈혈(소적혈구성 저색소성 빈혈), 구각염, 구내염, 간질성 혼수, 설염, 근육 경련, 말초신경 장애, 메스꺼움, 현기증, 우울증, 신경과민, 비정상적 뇌파, 콩팥 결석, 심해지면 전신 경련을 포함한 신경 장애가 나타날 수 있다. 비타민 B_6 결핍의 위험성이 높은 사람으로는 경구피임약 복용자, 일부 노인, 만성 알코올 의존자, 고단백 식사, 간질환, 결핵 치료제나 류머티스 관절염 치료제를 장기간 복용하는 사람들을 들 수 있다.

② 과잉증

비타민 B_6의 과잉증은 흔하지 않다. 다만, 비타민 B_6를 월경전증후군의 치료 목적으로 과잉 복용하면 신경 장애, 관절 경직 및 걷기 이상 등의 보행 장애와 손발 저림 증세가 나타난다.

한국인 성인의 비타민 B_6 권장섭취량은 남자 1.5 mg/일, 여자 1.4 mg/일이다. 피리독신의 과잉 섭취는 신경 장애를 초래하므로 성인의 경우에 상한섭취량을 100 mg/일로 설정하고 있다.

일반적으로 동물성 식품의 비타민 B_6가 식물성 식품의 비타민 B_6보다 더 쉽게 흡수된다. 비타민 B_6는 도정 과정에서 손실되므로 정제, 가공된 음식을 주로 먹는 사람들에서 결핍증이 나타날 수 있다.

7) 엽산

엽산(folate, folic acid)은 1930년대에 거대적아구성 빈혈을 앓는 임신부에게 이스트 농축물 또는 간 추출물로 치료하는 과정에서 새로운 성장인자로 발견되었다. 1941년 미첼(Mitchell)과 그 동료들은 식물의 잎에 많다는 뜻에서 엽산이라고 하였다. 엽산은 DNA 합성과 세포분열 시 필요하므로 성장과 혈구 형성에 꼭 필요한 영양소이며, 비타민 B_{12}와 유사한 점이 많다.

엽산은 간과 조리하지 않은 신선한 과일과 채소에 풍부하다. 한국인이 상용하는 식품 중 엽산의 함량이 높은 식품으로는 대두, 녹두 등의 콩류, 버섯, 브로콜리, 아스파라거스, 순무와 상추 등의 채소류, 마른 김, 다시마 등의 해조류, 김치 등이 있다.

엽산은 조리에 의해 손실되므로 생식품은 조리한 식품보다 엽산의 양이 많다. 열, 산화, 그리고 자외선에 노출되면 파괴되므로 가공과 조리에 의해 50~80% 정도 감소된다. 그러므로 엽산이 많은 식품을 생것으로, 또는 조리 후 가능한 한 빨리 섭취하면 비타민의 손실을 최소화할 수 있다.

(1) 구조와 성질

엽산은 프테린 화합물로 그림 7-21과 같이 프테리딘(pteridine), 파라-아미노벤조산(para-amino-benzoic acid), 글루탐산(glutamic acid)이 결합된 수용성의 황갈색 결정체이다. 인간을 비롯한 동물의 세포는 엽산의 구조 중 파라-아미노벤조산을 합성하지 못하므로 반드시 식품을 통해 섭취해야 한다. 엽산의 가장 단순한 형태인 '폴산(folic acid)'은 합성된 것이며, 비타민 보충제의 원료로 이용된다. 반면에 자연계의 엽산은 환원형이다. 엽산의 조효소형은 테트라히드로엽산(tetrahydro folic acid, THF)이며 프테리딘 핵의 5,6,7,8 탄소에 수소가 결합되어 있는 환원형 구조이다. 글루탐산의 γ-카르복실기를 포함하는 펩타이드결합으로 이루어진 엽산의 형태를 폴릴폴리글루탐산($H_4PteGlu_n$)이라 하는데, 식품 내의 엽산은 글루탐산 3~11개가 결합되어 있는 폴리글루탐산 형태이다. 이 형태의 카르복실산은 음전하를 띠고 있어 세포막을 쉽게 통과하지 못하여 세포 내 엽산 보유를 돕는다.

(2) 흡수와 대사

식품 중의 엽산은 폴리글루탐산형(polyglutamate form)이다. 소장 점막세포의 γ-글루

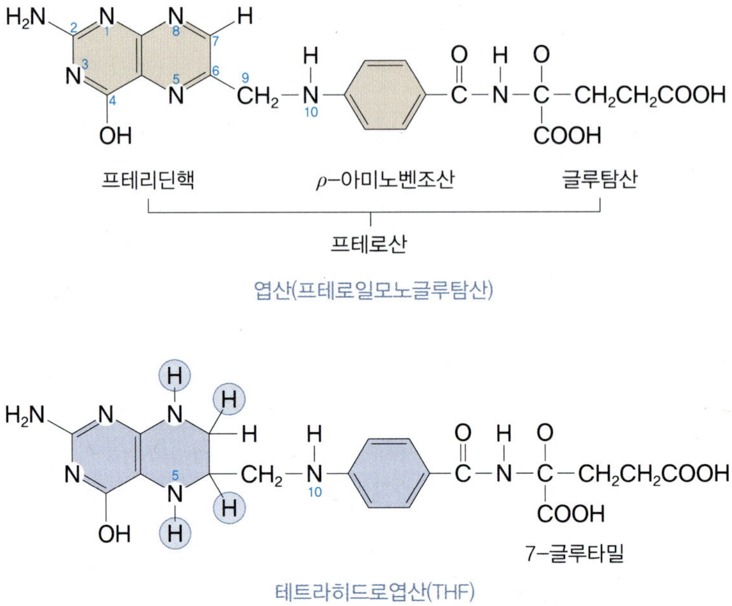

그림 7-21 **엽산과 그 조효소(THF)의 구조**

타밀 카르복시펩티데이즈는 폴리글루탐산형을 모노글루탐산형으로 가수분해하여 흡수를 돕는다. 만성적으로 알코올을 과량 섭취하면 이 효소의 활성이 저하되어 엽산의 흡수가 저하된다. 흡수된 후 장 점막에서 4개의 수소가 결합하여 환원형의 THF로 전환되어 간과 다른 체세포로 운반되고, 그곳에서 다시 폴리글루탐산형으로 전환되어 저장된다. 체내 엽산의 반 이상은 주로 간에 저장되며 저장된 엽산은 필요하면 모노글루탐산형으로 다시 가수분해되어 조직으로 이동하며, 폴리글루탐산형으로 전환되어 저장되거나 조효소로 이용된다.

흡수는 주로 능동수송에 의해 이루어지지만 다량 섭취 시 단순확산으로 흡수된다. 곡류 등 자연식품 중 엽산의 평균 흡수율은 약 50% 정도이고, 강화식품 속의 엽산은 85%, 보충제로는 공복 시에 100%, 다른 식품과 함께 섭취하면 다소 떨어진 85% 정도 흡수된다. 알코올은 엽산의 흡수를 방해하고, 소변을 통한 엽산 배설량을 증가시키며 엽산의 장간순환도 방해한다. 이렇듯 엽산의 흡수율은 급원 식품의 종류 또는 함께 섭취하는 식품에 영향을 받는다. 과잉의 엽산은 대부분 담즙으로 분비되며, 장간순환에 의해 재흡수되거나 대변으로 배설된다.

(3) 생리 기능

엽산은 핵산 합성과 아미노산 대사에서 단일탄소(single carbon unit) 전이 반응의 조효소로 작용하며 조효소 형태로 DNA 합성 작용에 관여하여 성장인자, 항빈혈인자로 작용한다. 엽산의 조효소형은 테트라히드로엽산이다.

이외에도 뇌의 신경전달물질, 글리신에서 세린의 합성 등의 반응에도 조효소로 작용하며, 이들 대사 과정 중에서 조효소의 활성을 위해서 비타민 C, 비타민 B_{12}, 비타민 B_6 등이 필요하다.

① 퓨린과 피리미딘 염기의 합성

엽산의 가장 중요한 반응은 DNA의 염기인 퓨린(purine)과 피리미딘 합성 과정에 관여하는 것이다. 즉, THF는 단일탄소 메틸렌기($-CH_2-$)를 디옥시우리딜산(deoxyuridylic acid, dUMP)으로 전이시켜서 세포 복제에 필수적인 티미딜산(thymidylate, dTMP)을 형성시키는 데 관여하여 DNA 합성과 세포 분열, 아미노산 대사, 적혈구의 성숙 등에 중요한 역할을 한다.[9]

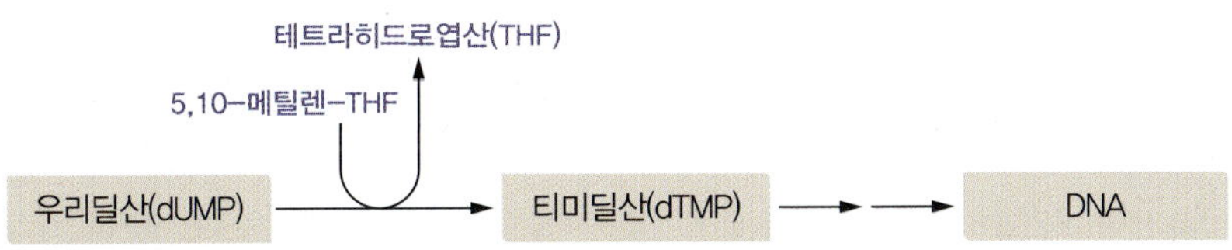

② 메티오닌 합성

엽산의 조효소인 메틸 THF는 호모시스테인에 메틸기를 전하여 메티오닌이 합성하는 데 관여하는데, 이 반응은 엽산과 비타민 B_{12}를 동시에 필요로 한다(그림 7-22). 이 반응을 통해 체내 메티오닌이 유지되고, 호모시스테인이 과다하게 축적되는 것을 방지할 수 있다.

호모시스테인의 혈중 농도가 낮아지면 심장마비의 위험이 줄어든다. 호모시스테인혈증은 심혈관계 질환, 신경관 손상, 인지 능력 감퇴 등의 위험인자로 알려져 있다.

(4) 엽산의 섭취와 관련된 건강 문제

엽산은 세포 합성에 필수적이어서 세포 분열이 왕성한 성장기, 임신기, 수유기에 필요량이 증가하며, 장 세포(enterocytes)와 적혈구 같이 수명이 짧은 세포의 합성은 엽산이

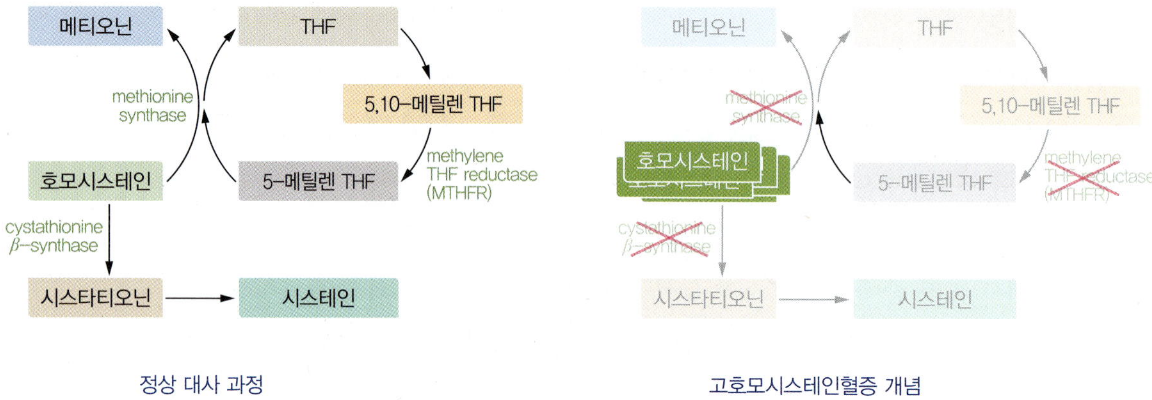

그림 7-22 **호모시스테인 생성과 심장병과의 관계**

부적절하면 특히 영향을 받는다. 그러므로 엽산이 부족하면 세포 분열에 이상이 생기며, 단백질 손상, 적혈구 손상, 위장관 세포 손상, 그리고 거대적아구성 빈혈과 같은 임상적 결핍 증세가 나타난다. 엽산은 성장뿐 아니라 혈구 형성을 위해 필요하므로 엽산의 영양 상태를 양호하게 유지해야 한다.

① 결핍증

엽산의 결핍은 엽산 섭취가 부적절하거나 흡수가 손상되었을 때, 또는 요구량이 비정상적으로 높거나 세포 증식이 빨라지는 경우 등에 발생할 수 있다. 특히 노인, 알코올 중독자 등은 흡수가 부족하여 결핍증이 나타날 수 있으므로 유의해야 한다. 엽산과 비타민 B_{12}의 결핍 증세는 유사한 점이 많은데, 그 이유는 DNA 합성 과정과 세포 분열에 이 두 비타민이 모두 필요하고 생화학적으로 상호 연관되어 있기 때문이다.

- 거대적아구성 빈혈 : 엽산은 핵산 합성에 필요한 퓨린과 피리미딘 형성에 필수적인 조효소로 작용하는 것으로, 엽산이 결핍되면 빠른 속도로 대사되는 골수 내의 적혈구가 새로운 DNA를 형성할 수 없기 때문에 성숙한 적혈구로 분열되지 못하게 된다. 이러한 비정상적 세포들은 RNA를 계속 형성하고 단백질과 새로운 세포를 구성하는 다른 세포 구성체들의 합성을 증가시키기 때문에 그 크기가 점점 더 커지게 되며, 헤모글로빈의 합성도 증대된다. 한편, 그 세포들이 분열하는 시기가 되면 정상적인 분열을 위한 DNA의 양도 부족하게 되어 그 세포들은 골수에서 미성숙한 형태인 거대적아구(megaloblast)의 상태로 남게 된다. 거대적아구는 정상적으로 성숙한 적혈구와는 달리 크기가 크며 핵을 보유하고 있다. 이러한 거대적아구

들이 혈류로 들어가면 대적혈구(macrocyte)라고 하는데 이것이 거대적아구성 빈혈(megaloblastic anemia) 또는 대적혈구성 빈혈(macrocytic anemia)을 일으킨다(그림 7-23). 거대적아구성 빈혈의 증상으로는 피로, 설사, 혀의 쓰림, 짜증, 망각, 호흡 단축 등이 있다.

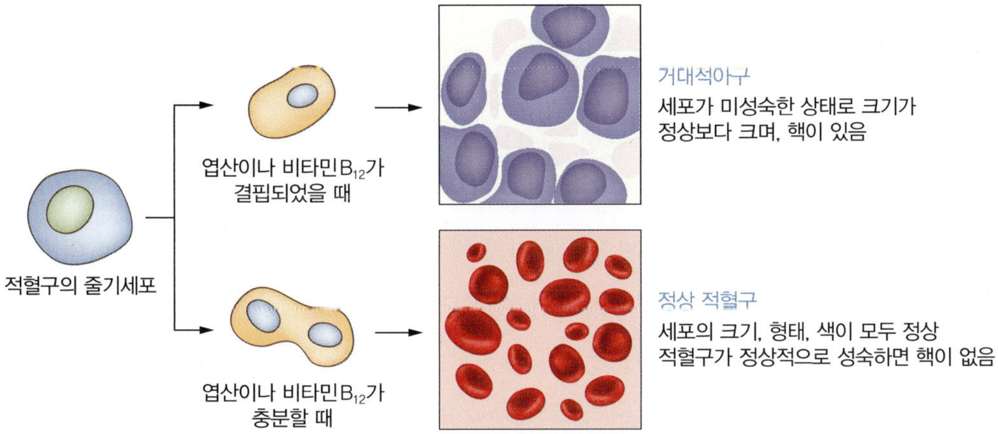

그림 7-23 거대적아구성 빈혈

- 신경관 결손 : 임신 초기에 엽산이 결핍되면 태아의 신경관 결손(neural tube defect, NTD)이 발생할 수 있다. 초기 태아(embryo)의 등쪽 신경조직이 뇌, 척수, 말초 신경으로 분화되는 과정에서 척추 뼈가 척수를 둘러싸는데, 이 과정에 이상이 생기면

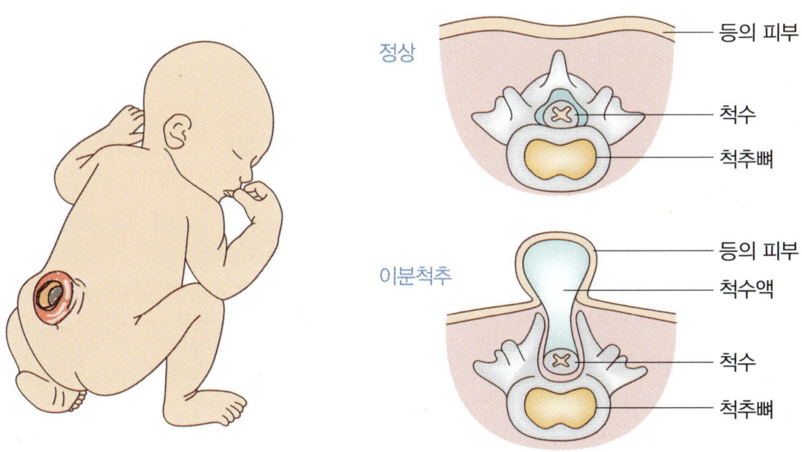

그림 7-24 이분척추

신경관 결손이 발생하게 된다. 신경관 결손은 뇌와 척수에 이상이 생기는 질병으로, 가장 심한 경우는 무뇌증(anencephaly)으로 출생 직후 바로 사망한다. 가장 빈번하게 나타나는 증상은 이분척추(spina bifida)이며, 추골궁이 완전히 닫히지 못하는 기형(그림 7-24)으로 마비(paralysis), 실금(incontinence), 뇌수종(hydrocephalus), 학습 장애(learning disabilities) 등의 증상이 나타날 수 있다. 임신 초기에 충분한 엽산을 공급하면 신경관 결손의 위험을 줄일 수 있으므로 엽산은 가임기의 모든 여자에게 반드시 필요한 영양소이다. 신경관 폐쇄는 수태 후 21일에 시작되어 28일에 완료되는데 이 시기에 대부분의 여자는 자신이 임신했는지 인지하지 못하기 때문에 임신 전의 엽산 영양 상태가 중요하다.[10]

- 심혈관계 질환 : 엽산이 결핍되면 혈장의 호모시스테인의 농도가 올라가게 되고 그로 인해 심장혈관계 질환의 위험도 높아지므로, 엽산의 영양 상태 유지에 유의해야 한다.[11] 호모시스테인을 낮은 농도로 유지할 수 있도록 엽산을 섭취해야 할 뿐만 아니라 비타민 B_{12}, 비타민 B_6의 보충도 도움이 된다.

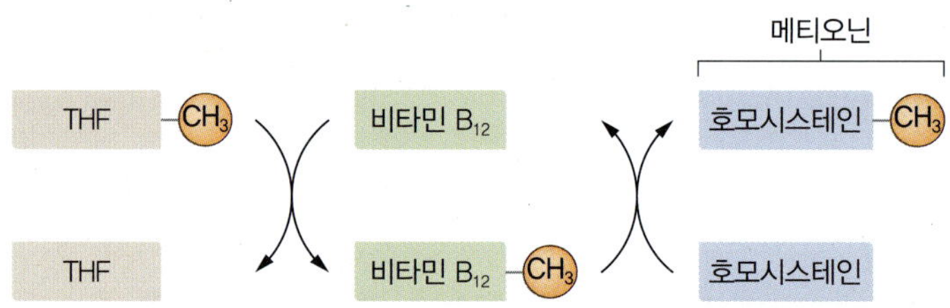

엽산의 섭취기준은 1세 이상 모든 연령층에 평균필요량, 권장 섭취량, 상한섭취량이 설정되었으며, 영아는 충분섭취량만 설정되었다.

식이 엽산 당량(dietary folate equivalent, DFE)

Tip

1 μg DFE = 1 μg 식품 중 엽산
= 0.5 μg 빈속에 섭취한 보충제 중의 엽산
= 0.6 μg 강화식품 또는 식품과 함께 섭취한 보충제 중의 엽산

따라서, 섭취한 식이 엽산 당량은 다음과 같이 계산할 수 있다.

μg DFEs = (식품 중의 엽산 μg) + (1.7 × 강화식품 또는 식품과 함께 섭취한 보충제 중의 엽산 μg) + (2.0 × 빈속에 섭취한 보충제 중의 엽산 μg)

엽산의 흡수율은 천연식품 또는 합성 여부에 따라 다르다. 보충제 또는 강화식품 중의 엽산은 거의 100% 흡수되지만 식품으로는 1/2~2/3 정도만 흡수된다. 이러한 차이를 고려하여 식이 엽산 당량(dietary folate equivalent, DFE)이라는 단위를 섭취기준에서 사용하고 있다.

적혈구 엽산, 혈장 호모시스테인, 혈청 엽산 등의 혈중 농도를 정상으로 유지하는 데 필요한 엽산의 성인 남녀의 1일 평균필요량은 320 μgDFE이며, 1일 권장섭취량은 평균필요량의 120%인 400 μgDFE이다. 임신 상태나 엽산의 결핍 상태에서는 엽산의 다량 섭취가 필요하지만, 엽산을 경구투여하거나 식품에 첨가할 경우에는 1일 상한섭취량인 1,000 μgDFE를 초과하지 않도록 해야 한다. 태아의 선천적 결손(birth defects) 위험을 줄이기 위해 '한국인 영양소 섭취기준'에서 임신부는 200 μgDFE를 추가로 섭취할 것을 권장하고 있다. 하지만 FDA에서는 임신하지 않은 성인의 경우에 처방전이 필요 없는 비타민 보충제의 엽산 양을 400 μg으로 제한하고 있다. 이는 과다한 합성형 엽산 섭취로 인해 비타민 B_{12}의 결핍을 감지하지 못할 수 있기 때문이다.

8) 비타민 B_{12}

비타민 B_{12}(cyanocobalamin)는 가장 마지막으로 발견된 비타민이며, 동물성 식품에만 함유되어 있다.[12] 유기비료의 미생물(microorganism)에 감염되거나 콩류의 경우 뿌리결절에 있는 질소고정 박테리아에 의해 비타민 B_{12}가 소량 함유되어 있을 수는 있지만 식물성 식품에는 거의 함유되어 있지 않다. 따라서 채식주의자는 건강 유지를 위하여 비타민 B_{12}를 보충 섭취하는 것이 필요할 수 있다.

비타민 B_{12}의 가장 좋은 급원은 육류와 육류 제품, 조류, 대구와 연어 등의 생선, 조개와 굴 등의 패류, 그리고 난류 등이다. 1일 1회 섭취 분량당 함량이 높은 식품으로는 오징어, 굴, 꽁치, 건멸치, 고등어, 생파래, 김, 소고기, 우유, 돼지고기 등이 있다. 비타민 B_{12}는 장내 세균에 의해 일부 합성된다. 식물은 비타민 B_{12}를 합성하지 못하지만 남조류(blue-green algae)는 종종 식물성 급원이 되기도 한다. 그러나 식물성 코발라민은 불활성 형태이다. 매일 우유와 달걀을 먹는 채식주의자는 결핍을 우려하지 않아도 되지만, 철저한 채식주의자는 강화 시리얼, 강화 대두 제품, 기타 비타민 B_{12} 강화식품들을 급원식품으로 이용하는 것이 바람직하다.

(1) 구조와 성질

비타민 B_{12}는 헤모글로빈의 포피린(porphyrin)과 유사한 고리 구조인 코린 고리(corrin ring)의 중앙에 코발트(Co)가 결합되어 있어 코발라민(cobalamin)이라고 한다. 코발트 원자 위치에 사이아노기(−CN), 히드록시기(−OH), 나이트로기(−NO_2), 메틸기(−CH_3) 등이 결합될 수 있다(그림 7-25). 활성이 있는 비타민 B_{12}의 조효소 형태는 메틸코발라민(methylcobalamin)과 5-디옥시아데노실코발라민(5-deoxyadenosylcobalamin)으로 혈장과 조직에 존재한다.

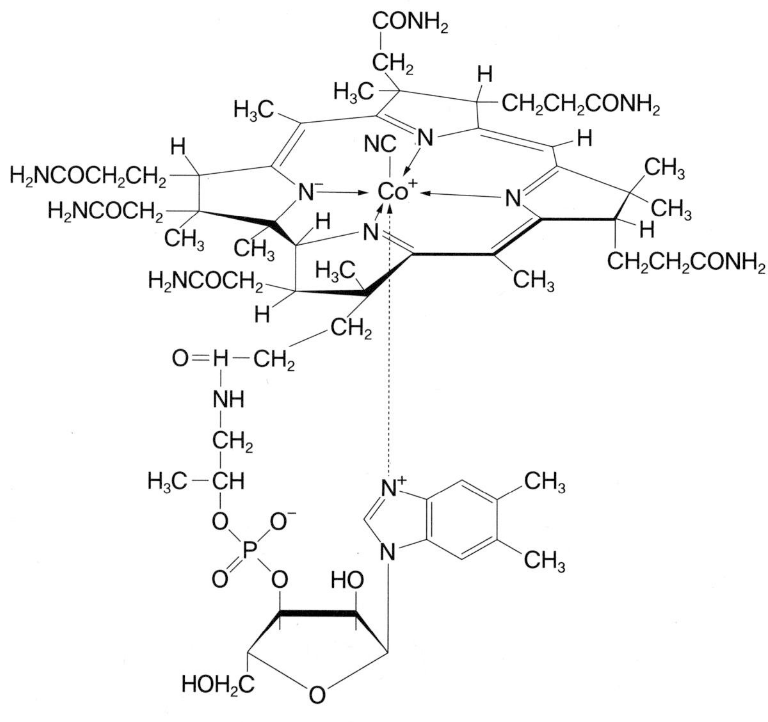

그림 7-25 **비타민 B_{12}의 구조**

비타민 B_{12}는 짙고 붉은 바늘 같은 결정형으로 물에 용해되고 열에 안정하나 빛 또는 강한 산과 알칼리 용액에서 파괴된다. 조리 과정에서 손실은 적은 편이다.

(2) 소화, 흡수, 대사

비타민 B_{12}의 소화는 입에서 시작하여 소장에서 흡수되기까지 여러 단계의 복잡한 과정을 거친다. 식품 중의 비타민 B_{12}는 단백질과 결합되어 있으며 흡수되기 전에 분해된다. 이 단백질은 위산과 펩신에 의해 가수분해되어 비타민 B_{12}가 유리되고, 유리된 비타민 B_{12}는 타액선(침샘)에서 분비된 R단백질과 결합하여 내적 인자-비타민 B_{12} 복합체를 형성하여 회장으로 이동한다.[13] 내적 인자란 위산과 함께 위의 벽세포에서 분비되는 당단백질로, 비타민 B_{12}의 흡수 부위인 회장까지 안전하게 도달하도록 보호하여 비타민 B_{12}의 흡수를 증진시키는 물질이다. 식품 중의 비타민 B_{12}는 소장 마지막 부분인 회장에서 내적 인자와 분리된 후 칼슘 존재하에 수용체와 결합하여 흡수된다. 흡수된 비타민 B_{12}는 트랜스코발라민과 결합하여 간, 골수 등의 조직으로 운반된다(그림 7-26). 다른 수용성 비타민과는 달리 비타민 B_{12}는 간에 저장된다.

비타민 B_{12}의 흡수율은 신체 요구량에 따라 다르지만 대체로 섭취한 식품의 약 15~70% 정도가 흡수되고, 흡수 과정에 문제가 있는 경우에는 2% 미만으로 매우 낮아진다. 비타민 B_{12}는 담즙을 통해 하루 평균 약 1.4 μg(1~10 μg/일) 정도 지속적으로 분

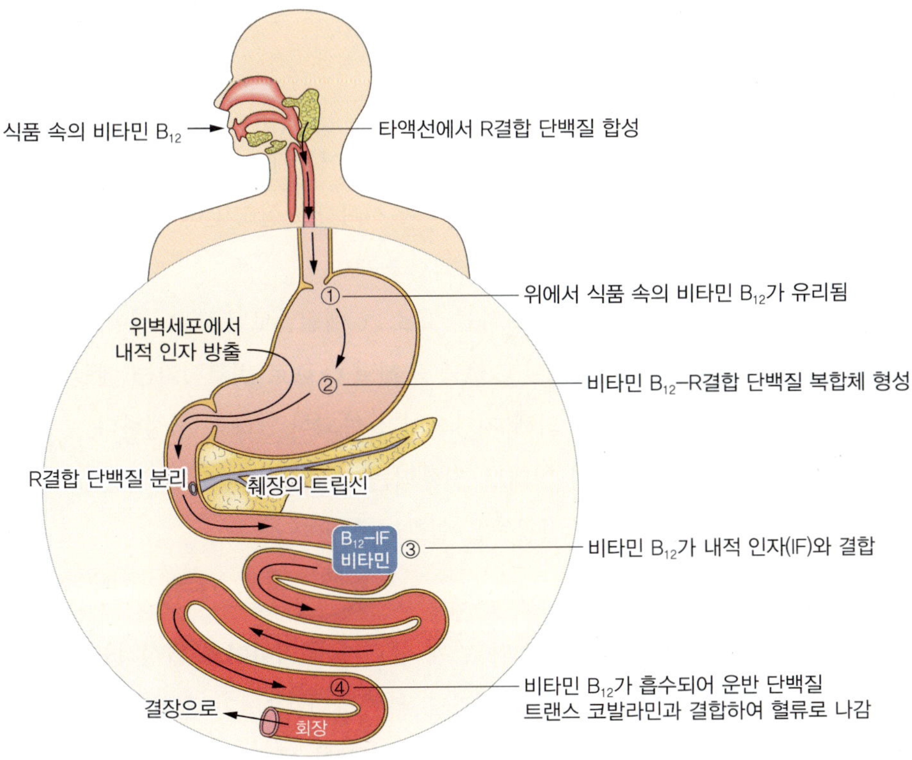

그림 7-26 **비타민 B_{12}의 흡수 과정**

비되며 이 중 약 50% 정도는 장간순환(enterohepatic circulation) 과정에서 재흡수된다. 비타민 B_{12}의 장간순환 과정도 비타민 B_{12}를 체내에 보유하는 데 중요한 역할을 한다.

비타민 B_{12}의 흡수를 방해하는 조건은 R단백질, 췌장 단백질 분해효소(pancreatic protease), 내적 인자의 합성이 부족할 때, 내적 인자와 비타민 B_{12}의 복합체가 회장 세포의 수용체에 잘 결합되지 못하는 경우, 소장 또는 위 점막세포의 절제수술 등으로 내적 인자가 부족할 때에도 방해를 받아 결핍의 위험이 증가한다. 비타민 B_{12} 보충제를 복용하는 경우 권장량의 약 300배 정도 다량의 보충제를 매주 복용해야 한다. 비타민 B_{12}는 다른 수용성 비타민과 다르게 체내에 꽤 오랜 시간, 즉 수년간 유지, 저장될 수 있으므로 결핍증이 나타나기까지 3~5년이 걸릴 수도 있다.

비타민 B_{12}는 주로 대변으로 배설되는데, 이는 흡수되지 않은 식품 속의 비타민 B_{12}와 담즙, 대장 내 박테리아에 의해 합성된 것, 위장관 분비물 등에서 유래한 것들이다. 비타민 B_{12}는 일단 흡수되어 혈액으로 들어가면 수송 단백질과 결합하는데 결합될 수 있는 한계 용량(binding capacity)보다 많으면 소변으로 배설된다. 대변과 소변을 통한 1일 체외 배설량은 체내 저장이 감소하면 함께 감소하는 것으로 알려져 있다.

(3) 생리 기능

비타민 B_{12}는 단일 탄소 단위(single carbon unit)의 이동과 세포 분열 시 필수적인 역할을 한다. 비타민 B_{12}의 조효소 형태는 5-디옥시아데노실코발라민(5-deoxyadenosyl cobalamin)과 메틸코발라민의 2가지가 있다(그림 7-27).

5-디옥시아데노실코발라민을 필요로 하는 효소는 메틸말로닐 CoA 전이효소(methyl-malonyl-Co A mutase)이며, 메틸말로닐 CoA를 숙시닐 CoA로 변환시키는 메틸 전이효소의 조효소로 작용한다. 이 반응에 의해 지방산이 산화되어 열량을 생성한다.

또한 비타민 B_{12}는 엽산이 활성 형태로 전환되는 데 필수적이므로 엽산이 부족하지 않아 비타민 B_{12}가 부족하면 엽산 결핍증을 일으키게 된다.

① 세포의 분열과 성장에 관여

비타민 B_{12}의 조효소는 엽산 조효소와 함께 퓨린과 피리미딘을 합성하는 데 관여한다. 엽산이나 비타민 B_{12} 중 어느 한 가지라도 부족하면 DNA가 정상적으로 합성되지 못하므로 세포 분열이 제대로 이루어지지 않아 지속적인 세포 증식이 필요한 적혈구 생성에 장애가 생기게 된다.

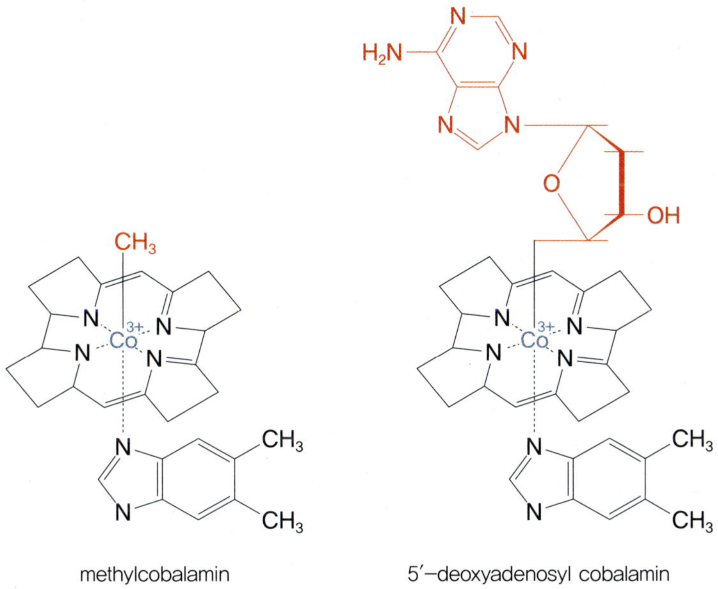

그림 7-27 **비타민 B_{12}의 조효소의 종류와 구조**

② 메티오닌의 합성

비타민 B_{12}의 조효소 반응 중 중요한 반응이 호모시스테인에서 메티오닌으로 전환되는 반응이다. 그림 7-28과 같이 엽산의 조효소 형태인 메틸 THF의 메틸기를 호모시스테인으로 옮겨 주어 메티오닌을 생성한다. 이 과정은 엽산과 비타민 B_{12}가 상호 연관된 것으로 혈액 내 호모시스테인의 수준을 감소시켜 심장 질환의 위험을 줄이는 매우 중요한 과정이다.

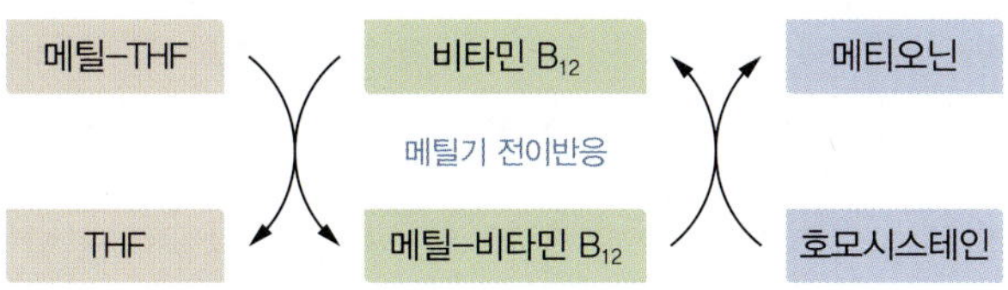

그림 7-28 **엽산, 비타민 B_{12}, B_6 대사**

③ 신경세포의 유지

비타민 B_{12}는 신경섬유의 절연체 역할을 하는 수초(미엘린, myelin)를 형성하고 유지시키는 데 필요하다. 비타민 B_{12}가 결핍되면 수초가 손상되는데, 특히 척수신경의 신경섬유를 감싸는 수초가 파손된 경우가 많다. 이러한 수초의 파괴는 척수신경을 퇴화시켜

감각 기능 손실, 보행 이상, 마비 및 정신 질환을 일으키고 결국 마비를 초래하여 사망에 이르는 원인이 된다.

(4) 섭취와 관련된 건강 문제

섭취기준은 우리나라 사람을 대상으로 한 연구가 부족하여 미국/캐나다의 섭취기준을 참고로 하여 설정되었다. 적절한 혈청 비타민 B_{12}를 유지하는 데 필요한 성인 남녀의 1일 평균필요량은 2 μg이며, 1일 권장섭취량은 2.4 μg이다. 상한섭취량은 설정되어 있지 않다. 50세 이상에서도 권장량은 성인과 같아 2.4 μg이기는 하지만 위산과 내적 인자 분비 능력이 저하될 수 있으므로 비타민 B_{12}가 첨가된 시리얼 같은 강화식품이나 보충제를 섭취할 것을 권장한다.

비타민 B_{12}는 간에 2년 이상 충분히 저장되며, 12년 이상 결핍 증세가 나타나지 않는다. 그러므로 결핍증은 비타민 B_{12}의 섭취 부족이라기보다는 부적절한 면역 반응으로 인해 위 내벽세포들이 공격을 받아 파괴되어 비타민 B_{12} 흡수에 필요한 인자 생산이 감소함으로써 비타민 B_{12} 결핍으로 발전하게 된다.[14]

① 악성 빈혈

비타민 B_{12}가 부족하면 엽산 조효소(THF)가 작용하지 못해 핵산 합성이 방해를 받아 정상 적혈구 생성에 차질이 생김으로써 이차적 결핍을 초래하여 거대적아구성 빈혈을 유발하게 된다. 그러므로 비타민 B_{12} 결핍에 의한 악성 빈혈은 엽산 결핍증과 같은 거대적아구성 빈혈이다(그림 7-23 참조). 하지만 비타민 B_{12} 부족에 의한 빈혈은 신경세포들이 돌이킬 수 없이 파괴되는 것이기 때문에 이를 엽산으로만 치료하면 신경세포 손상으로 인한 퇴화는 지속된다. 이 퇴화는 비타민 B_{12}를 공급해도 회복되지 않으므로 거대적아구성 빈혈의 경우 치료 이전에 정확한 원인을 파악하는 것이 중요하다. 이외에도 신경장애로 인한 다리 마비, 감각 이상, 집중력 상실, 치매 등의 정신 질환도 나타난다.

또한 유전적 결함이 없는 사람이라도 수년에 걸쳐 오랫동안 채식만 하면 섭취량이 부족해지면서 악성 빈혈(pernicious anemia)이 생길 수 있다. 뿐만 아니라 채식을 하는 모체가 비타민 B_{12}를 섭취하지 않고 모유 수유를 할 경우 아이에게 장기적인 신경 문제의 위험에 놓이게 할 수 있다. 단순히 빈혈만의 문제가 아니라 두뇌 성장 발달이 지연되고, 척수 퇴화, 지적 능력의 발달 부진 등 신경계 장애가 나타날 수 있기 때문이다. 그러므로 엄격한 채식주의자(vegan)는 반드시 강화식품이나 보충제를 통해 비타민 B_{12}를 공급받아야 한다.

② 신경 손상

비타민 B_{12}는 신경세포의 미엘린 형성에도 관여하므로 결핍되면 신경 자극이 제대로 전달되지 못한다. 이로 인해 신경과 근육은 점진적으로 마비를 일으키는데 사지에서 시작하여 신체 전반으로 확대된다.

2. 비타민 C

비타민 C는 1928년에 분리된 후 1933년에 그 구조가 밝혀졌으며, 아스코르빈산(ascorbic acid)이라 명명하였는데 이는 항괴혈성 인자(anti-scorbutic factor)라는 의미이다. 수용성 비타민으로 식물과 동물에 널리 분포하며 모든 생물체의 생명 유지에 필수적인 영양소이다. 비타민 C는 대부분의 동물 체내에서 포도당으로부터 합성되는데, 사람을 포함하는 영장류, 기니피그, 조류, 박쥐, 어류 등의 일부 동물은 포도당에서 비타민 C로 전환되는 최종 단계의 효소인 글로노락톤 산화효소(gulonolactone oxidase)가 없어 비타민 C를 합성하지 못하므로 식품을 통해 공급받아야 한다.

비타민 C는 식물성 식품에만 함유되어 있으며, 전부는 아니지만 대부분의 과일과 채소에 비타민 C 함량이 높다. 비타민 C 함량이 높은 식품은 감귤류, 토마토, 강화주스, 브로콜리, 딸기, 키위, 양배추, 녹색채소, 고추와 감자 등이다.

1) 구조와 성질

비타민 C는 여섯 개의 탄소로 이루어진 간단한 화합물로 단당류의 구조와 유사하다. 식품 중의 비타민 C는 대부분 환원형인 아스코르빈산인데, 산화형인 디히드로아스코르빈산(dehydroascorbic acid)으로도 소량 존재한다(그림 7-29). 이 두 형태는 서로 상호 전환되면서 생리적 기능을 수행한다. 인체 내에서도 환원형과 산화형이 비타민 C 활성을 갖는 물질로 존재하며, 이들은 상호 전환되면서 괴혈병을 치료하는 효력을 지닌다. 이 두 가지 형태의 비타민 C는 체내에서 항산화제 기능을 가지는 환원제이기 때문에 산화에 매우 민감하다.

비타민 C는 산성 용액에서는 안정하나 열, 빛, 산화 그리고 알칼리성 용액에서 쉽게 파괴되는데 산소 존재하에 가열하면 분해 속도는 온도에 비례해 빨라진다. 그러므로 식

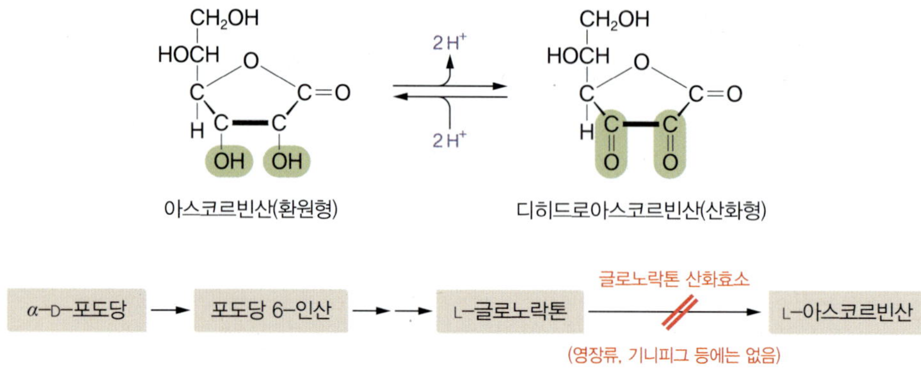

그림 7-29 **비타민 C의 구조와 형성 과정**

품을 조리하거나 저장하게 되면 비타민 C의 함량이 감소할 수 있다.

2) 흡수와 대사

비타민 C는 주로 능동수송에 의해 소장의 공장 부위에서 흡수되며, 일부는 단순확산에 의해서 흡수된다. 흡수율은 비타민 C 섭취량에 따라 변화하는데 소량 섭취할 경우에는 빠른 속도로 흡수되지만 과량 섭취하게 되면 오히려 흡수율은 떨어진다. 즉, 하루 섭취량이 30 mg 이하일 때는 모두 흡수하지만, 30~120 mg일 때는 80~90% 정도를 흡수한다. 섭취량이 증가함에 따라 흡수율은 계속 떨어져서 6,000 mg 섭취하면 약 20%까지 감소한다. 아연, 구리, 철 함량이 높은 식품 중에 함유되어 있는 비타민 C는 흡수율이 낮으며, 펙틴 함량이 높은 식물성 식품 중의 비타민 C도 잘 흡수되지 않는 것으로 알려져 있다. 그 이유는 이들 물질이 흡수를 방해하거나 흡수되기 전 비타민 C를 산화시키기 때문인 것으로 추정하고 있다.

흡수된 비타민 C는 혈액을 통해 조직으로 운반되어 부신피질, 뇌하수체, 수정체, 뇌, 백혈구 등에 비타민 C 함량이 가장 높으며, 그 다음으로 간, 지라, 폐, 췌장, 심장, 콩팥과 근육이다.

비타민 C는 사용된 후에 분해산물이 소변으로 배설되는데 섭취량이 100 mg/일 정도로 보통 수준일 때는 대부분 옥살산으로 전환되어 소변으로 배설되며, 만일 다량의 비타민 C를 섭취했을 때는 대사되지 않고 상당량이 그대로 배설된다.

환원형의 아스코르빈산과 산화형인 디히드로아스코르빈산은 상호 가역적인 활성 형태이지만, 디히드로아스코르빈산이 더 산화되면 다이케토글론산(diketogulonic acid)으로 전환되는데 이것은 생리활성이 없으며 옥살산(oxalic acid)이나 다른 L-트레온산(L-threonic acid)으로 분해된 후 소변으로 배설된다.

3) 비타민 C의 기능

비타민 C는 비타민 B군과 달리 조효소로 작용하지는 않지만 체내 여러 반응에서 중요한 역할을 한다. 가장 중요한 기능은 수소이온 또는 전자를 공여함으로써 자신은 산화되고 다른 물질의 산화를 방지하거나 방해하는 항산화제(antioxidant)로서의 역할이다. 수용성 환경에서 강력한 환원제로 작용하는 비타민 C는 산화 형태의 철이온(Fe^{3+})에 전자를 주어서 환원 형태의 철이온(Fe^{2+})으로 환원시킨다. 신체에 중요한 식품의 많은 성분들은 산화에 의해 변하거나 파괴될 수 있으며 비타민 C는 이러한 파괴로부터 이들 성분을 보호할 수 있다. 이외에도 비타민 C는 콜라겐 형성, 도파민·노르에피네프린·세로토닌 등의 신경전달물질 합성, 카르니틴과 스테로이드 합성, 철의 흡수, 면역 기능, 상처 회복과 엽산, 아미노산, 뉴클레오타이드, 콜레스테롤, 포도당 대사 등에 관여한다.

(1) 항산화 작용

비타민 C는 비타민 E처럼 세포의 대사 과정에서 생성되는 유리라디칼(자유기)를 제거하여 세포의 산화적 손상을 방어하는 역할을 한다.[15] 이러한 항산화 작용으로 식도암, 구강암, 위암 등의 암을 예방하고, 심장 질환 및 기타 만성질환의 위험을 줄일 수 있다. 지질의 과산화를 방지하므로 비타민 E 절약 작용에도 관여한다.

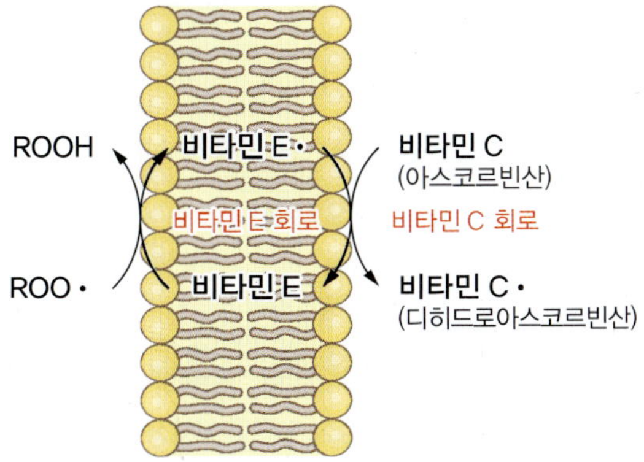

그림 7-30 **비타민 C의 항산화 작용**

(2) 콜라겐의 합성

비타민 C는 콜라겐의 합성에 필수적이다. 콜라겐은 인체 내에서 결합조직을 강하게 하는 섬유상 단백질이며, 골격의 유기질을 구성하는 중요한 단백질로 전체 체단백질의 1/3을 차지하고 있다. 피부, 뼈, 힘줄(건), 연골과 치아의 주된 단백질이며, 상처 회복에도 중요한 역할을 한다. 이들은 아미노산인 프롤린과 라이신의 수산화 반응에 의해 히드록시프롤린(hydroxyproline), 히드록시라이신(hydroxylysine)을 형성하는데, 이 과정에 비타민 C가 결핍되면 수산화 반응이 일어나지 못해 콜라겐이 정상적으로 형성되지 못

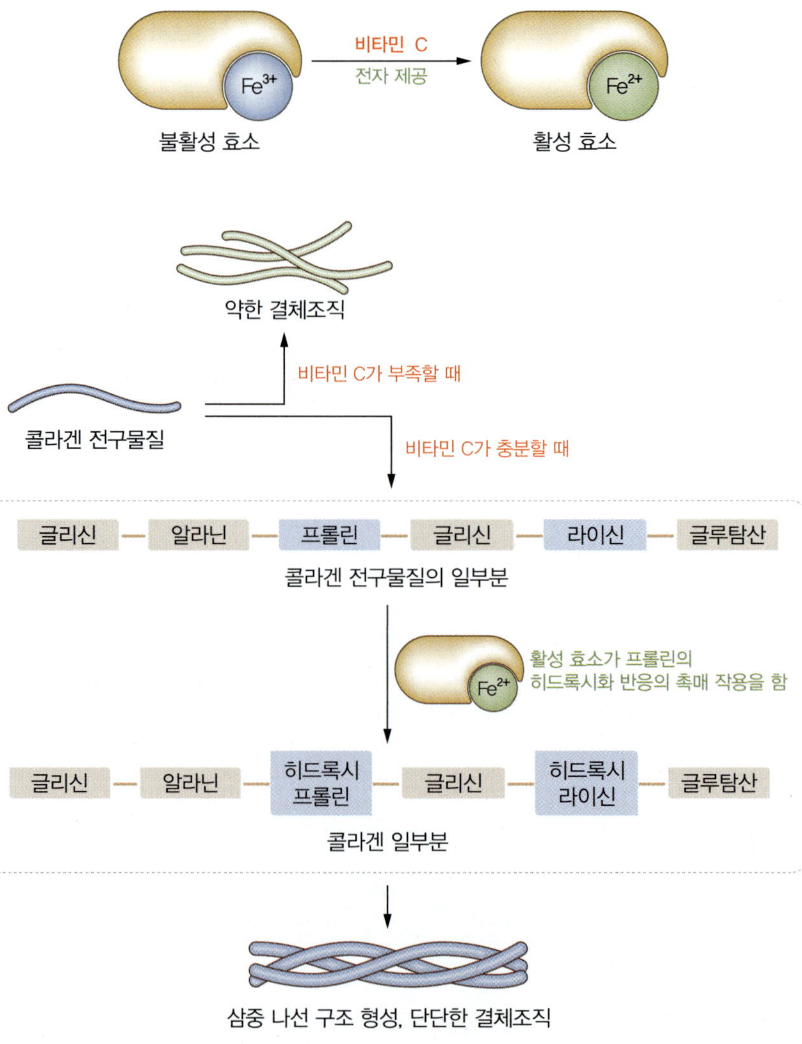

그림 7-31 콜라겐 분자에서 비타민 C의 역할

한다. 콜라겐 합성에서 비타민 C의 역할은 프롤린에 수산기를 전해 주는 수산화효소(hydroxylase)의 철분을 환원형인 Fe^{2+}으로 유지시키는 것이다.

(3) 카르니티닌 생합성

카르니틴(carnitine)은 지방산을 세포질로부터 산화 장소인 미토콘드리아로 이동하는 데 필요한 수송화합물로, 지방산이 산화되어 에너지를 생성하는 지방 대사에 반드시 필요하다. 특히 이 반응은 근육조직에서 중요하다. 카르니틴은 라이신과 메티오닌으로부터 합성되는데 이때 비타민 C와 철이 필요하다. L-아스코르빈산의 결핍은 카르니틴의 형성 과정에 장애를 주므로 혈액에 중성지방의 누적이나 신체적 피로 및 무력감으로 나타난다.

(4) 철, 칼슘의 흡수

식품에 함유되어 있는 비헴철의 대부분은 산화형인 제2철(Fe^{3+})의 형태로 존재하는데, 제1철(Fe^{2+})의 형태로 환원되어야 소장에서 잘 흡수된다. 비타민 C는 Fe^{3+}를 Fe^{2+}로 환원시킴으로써 철의 흡수를 돕는다. 또한 장내에서 칼슘(Ca)이 불용성 염을 형성하는 것을 방지함으로써 칼슘의 흡수도 돕는다.

(5) 면역 기능

비타민 C는 면역계에서 중요한 역할을 한다. 비타민 C 함량이 높은 세포로 면역 작용을 할 때 유리라디칼로 인한 세포의 손상을 방어하여 면역 기능을 높인다. 이외에도 항균, 림프구 증식, 자연살해세포 활성 등 면역 반응에 관여하며 화학적 해독 작용에도 관여한다. 그러므로 질병 상태나 특정 약품을 복용할 때 비타민 C의 필요량이 증가한다. 다만, 필요량 이상을 섭취한다고 해서 면역 작용이 더 향상되지는 않는다. 면역에 대한 비타민 C의 중요성에 근거하여 감기를 예방하거나 치료한다고 여겨왔으나 몇몇 연구에서 감기의 고통과 기간을 다소 줄여 주는 정도라는 결과가 있었다.

이외에 갑상선 호르몬인 티록신(thyroxine)의 합성, 스테로이드 호르몬인 코르티코스테로이드(corticosteroid)와 알도스테론(aldosterone)의 합성, 담즙산 생성에 관여하며, 피부에 멜라닌 색소 생성을 억제한다. 또한 엽산의 활성화 및 유지, 신경전달물질 세로토닌과 DNA 분자의 한 부분으로 여러 필수적인 성분을 만드는 데도 필요로 한다.

4) 비타민 C 섭취와 관련된 건강 문제

비타민 C의 필요량은 비타민 C의 생체 이용률, 흡연 여부, 다른 영양소와의 상호 작용에 따라 좌우된다. 백혈구 중의 비타민 C 수준이 체내 저장량을 반영하는 지표이므로, 비타민 C의 섭취기준은 백혈구 중의 비타민 C 농도를 적정 수준으로 유지할 수 있는 양을 근거로 한다. 설정된 비타민 C의 남녀 1일 평균필요량은 75 mg이며, 변이계수를 고려한 권장섭취량은 100 mg이다. 한국인 성인의 비타민 C 상한섭취량은 1일 2,000 mg으로 설정하였다. 흡연자, 알코올 중독자, 저소득층, 노년층, 스트레스, 수술 환자 등이나 약물 복용할 때에 특히 결핍되기 쉬우므로 이러한 경우 비타민 C를 충분히 섭취해야 한다. 임신기에는 모체 혈액의 비타민 C 농도가 증가되어 태아에게 이동하므로 이를 보충하기 위해서 하루 10 mg을 추가로 권장한다. 수유기에는 모유로 분비되는 비타민 C를 고려하여 하루에 40 mg을 추가 권장한다.

(1) 결핍증

비타민 C를 장기간 섭취하지 못하면 콜라겐 합성이 정상적으로 이루어지지 못해 결합조직에 변화가 발생하여 괴혈병(scurvy)이 발생한다. 초기에는 구조적으로 안정된 콜라겐이 생성되지 못해서 잇몸 출혈, 피하 모세혈관의 출혈, 동맥 내 동맥경화성 플라크 침착 등의 증세가 나타난다. 결핍이 장기간 지속되면 본격적인 괴혈병 증세로 심한 피하출혈, 점상 출혈, 심장근육 등 근육의 퇴화, 거칠고 건조한 피부, 상처 치유 지연, 뼈의 재형성 억제, 치아 탈락, 빈혈, 설사, 감염증, 그리고 히스테리나 우울증 같은 심리적 문제도 나타난다. 괴혈병을 가진 영아는 허벅지와 다리에 통증과 부종이 나타나며, 짜증이 심하고 창백하며 발열, 구토, 체중 감소 등이 일어난다. 치아와 잇몸이 부풀고 물러지며 뼈의 발달이 비정상적으로 되나 비타민 C를 투여하면 증세를 호전시킬 수 있다.

괴혈병은 선진국에서는 알코올중독자나 심하게 제한된 식사를 하는 경우를 제외하고는 흔하지 않으며 비타민 C 보충으로 쉽게 호전된다. 1일 약 100 mg이면 5일 이내에 치유되는데 이 정도의 양은 식사에 비타민 C가 풍부한 식품을 사용하면 쉽게 섭취할 수 있다.

(2) 과잉증

식품을 섭취하는 것으로는 유해한 영향이 나타나지 않지만 강화식품이나 보충제로 과량의 비타민 C를 섭취할 경우 과잉증이 나타날 수 있다. 즉, 매일 2,000 mg 이상의 비타민 C를 섭취하면 메스꺼움, 구토, 복부 팽만감, 위염, 삼투성 설사(osmotic diarrhea) 등의 증상을 보이며, 콩팥의 상태에 따라 과잉의 비타민 C는 콩팥 결석을 일으키기도 한다.

다량의 비타민 C를 복용하다가 갑자기 중단한 사람에게서 반사성 괴혈병(rebound scurvy) 증세가 나타날 수 있다. 이는 신체가 많은 섭취량에 적응되어 있다가 갑자기 섭취량이 정상 수준으로 되돌아가자 결핍 증상인 괴혈병 증세를 보이는 것이다. 반사성 괴혈병을 피하기 위해서는 고단위의 비타민 C를 복용하던 사람들은 섭취량을 서서히 줄여야 한다.[16]

흡연과 비타민 C

Tip

흡연자들은 혈청의 비타민 C 농도가 비흡연자에 비해 20~40% 정도 낮은 것으로 나타난다. 그 원인은 흡연자의 대사 전환율이 비흡연자보다 빨라져서 비타민 C가 소변으로 배출되는 시간이 단축되기 때문인 것으로 보인다. 따라서 흡연자는 비흡연자에 비해 비타민 C를 35 mg 더 섭취하도록 권장하고 있다. 또한, 비타민 A와 베타-카로틴은 폐의 상피조직을 보호하고 폐암을 예방하는 효과가 있으므로 흡연자에게 충분히 섭취하도록 권장되는 비타민이다.

참고 문헌

1. Gordon MW. (1999). *Perspectives in nutrition* 4th edition. 414-416.
2. Nikolaou CK, Hankey CR. Lean, MEJ. (2016). Effects of calorie labelling on macro- and micro-nutrients in main-meal choices made by young adults. *Eur J Clin Nutr* 70(3): 386-392.
3. Lopez R, Schwartz JV, Cooperman JM. (1980). Riboflavin deficiency in an adolescent population in New York City. *Am J Clin Nutr* 33(6): 1283-1286.
4. Horwitt MK, Harper AEW, Henderson LM. (1981). Niacin-tryptophan relationships for evaluating niacin equivalents. *Am J Clin Nutr* 34: 423-427.
5. Said HM. (2009). Cellular and molecular aspects of human intestinal biotin absorption. *J Nutr* 139: 158-162.
6. Knowies J. (1989). The mechanism of biotin-dependant enzymes. *Ann Rev Biochem* 58: 195-221.
7. Pacheo-Alvarez D, Solorzano-Vargas R, Del Rio A. (2002). Biotin in metabolism and its relationship to human disease. *Arch Med Res* 33: 439-447.
8. Link SL, Henderson LM. (1984). Vitamin B_6 metabolism. *Ann Rev Nutr* 4: 455-470.
9. Selhub J. (2002). Folate, vitamin B_{12} and vitamin B_6 and one carbon metabolism. *J Nutr Hlth Aging* 6: 39-42.
10. Centers for Diseases Control and Prevention(CDC). (1992). Recommendations for the use of folic acid to reduce the number of cause of spina bifida and other neural tube defects. *MMWSR* 41: 1-7.
11. Blom HJ, Smulders Y. (2011). Overview of homocysteine and folate metabolism. With special reference to cardiovascular disease and neural tube defects. *J Inherit Metab Dis* 44: 311-324.
12. Watanabe E. (2007). Vitamin B_{12} sources and bioability. *Exp Biol Med* 232: 1266-1274.
13. Seatharam B, Alpes D. (1982). absorption and transport of cobalamin(vitamin B_{12}). *Ann Rev Nutr* 2: 343-369.
14. Chatthanawaree W. (2011). Biomarkers of cobalamin defiency and its application. *J Nutr Hlth Aging* 15: 227-231.
15. Stadtman E. (1991). Ascorbic acid and oxidative inactivation of proteins. *Am J Clin Nutr* 54: S1125-2238.
16. Padayatty S, Sun H, Wang Y et al. (2004). Vitamin C pharmacokinetics: implications for oral and intravenus use. *Ann Intern Med* 140: 533-537.

다량 무기질

CHAPTER 8 **Macro Mineral**

무기질은 탄소(C), 수소(H), 산소(O) 및 질소(N) 등이 결합되어 이루어지는 유기물질과는 달리 완전연소가 되지 않고 재로 남는 성분으로 단일 원소 그 자체가 영양소인 물질이다. 따라서 열이나 빛, 산, 알칼리 등에 의해 제거되지 않고 섭취 후 소화, 흡수 과정에서도 분해되거나 파괴되지 않는다. 인체에는 약 20여 종 이상의 무기질이 존재하며, 체내 존재량이나 하루 필요량에 따라 다량 무기질과 미량 무기질로 분류할 수 있다. 무기질은 대부분 체액 내에서 이온 형태로 존재하므로 체액의 산·알칼리 평형 유지에 관여하고, 세포내액과 세포외액에 녹아 있는 무기질들이 세포막을 중심으로 삼투압을 유지하여 수분 평형 유지에도 관여한다. 무기질은 신체의 구성 성분으로 작용하며, 특히 칼슘이나 인, 마그네슘 등은 경조직의 발달에 관여하고, 아연이나 구리, 망간 등은 연결조직의 형성에 관여한다. 더불어 체내에서 대사 조절에 중요한 호르몬이나 효소, 비타민 등의 구성 성분으로도 작용한다. 또한 무기질은 탄수화물, 단백질 및 지질 등의 체내 대사 과정을 촉매하는 효소의 보조인자로 작용하여 체내 영양소 대사에도 중요한 역할을 수행한다. 이러한 무기질들은 동물성, 식물성 식품에 모두 존재하나 식물은 식물이 재배되는 토양 속 무기질의 양에 식품 중 함량이 영향을 받는 반면에, 동물은 조직에 필요한 비율로 무기질을 함유하고 있어 동물성 식품이 무기질의 좋은 급원 식품이 될 수 있다.

1. 칼슘

칼슘(calcium)은 인체 내 무기질 중 가장 많은 양이 존재하며(체중의 1.5~2%), 골 형성과 대사에 중요한 작용을 하는 영양소이다. 인체에 있는 칼슘의 약 99%는 뼈와 치아에 칼슘 수산화인회석(calcium hydroxyapatite) 형태로 존재한다. 순환계, 세포외액, 근육 및 기타 조직의 칼슘은 혈관 수축과 이완, 근육 기능, 신경 전달, 호르몬 분비의 매개 과정에 중요한 역할을 한다.

칼슘의 주요 급원 식품으로는 우유 및 유제품, 뼈째 먹는 생선, 굴, 조개, 두부 등이 있다. 우유 및 유제품은 체내 이용률이 높으나 일부 채소, 해조류, 곡류의 경우는 칼슘 함량이 높아도 함께 함유된 섬유소, 인산, 피틴산, 옥살산 등의 영향으로 생체 이용률이 낮다. 필요에 따라 칼슘 보충제를 이용할 수 있는데 보충제의 종류에 따라 칼슘 함량과 흡수율이 다르다. 가장 널리 이용되는 탄산칼슘은 칼슘 농도가 40%이고, 흡수율은 36~42% 정도이다.[1]

1) 소화 흡수 및 대사

(1) 흡수

식품에 존재하는 칼슘은 상대적으로 불용성 염의 형태로 존재하며 산성에서 용해가 더 잘 되므로 위장에서 약 1시간 내에 칼슘이온으로 되어 소장 상부에서 주로 흡수된다. 소장에서 칼슘은 능동수송과 수동확산에 의해 흡수되며 흡수 메커니즘은 다음과 같다.

① 능동수송

칼슘 섭취량이 적은 경우(400~500 mg/일)에는 능동수송(active transport)에 의존하며 주로 십이지장과 공장 상부에서 일어난다. 능동수송에 의한 칼슘 흡수는 장관 내 칼슘이 소장의 미세융모막(brush border membrane)을 통과한 후 세포질 칼슘 결합 단백질인 칼빈딘(calbindin)과 결합하여 세포질을 지나 기저측막(basolateral membrane)으로 운반된다. 기저막으로 이동한 칼슘은 Ca^{2+}-ATPase 펌프에 의해 소장 세포에서 세포외액(혈장)으로 이동하며 이때 ATP가 분해되어 에너지가 방출된다.[2]

칼슘 결합 단백질 운반체는 비타민 D에 의해 조절되므로 비타민 D 섭취가 부족하면 소장 내 칼슘의 흡수는 감소하게 된다.

② 수동확산

칼슘 섭취가 충분하면 능동수송 외에 수동수송인 부세포적 확산(paracellular diffusion)에 의해서도 흡수가 일어난다. 부세포적 확산은 운반체와 에너지가 필요하지 않은 방법으로, 주로 공장과 회장에서 일어나며 흡수 속도는 느리다. 부세포적 확산은 소장 내강의 칼슘 수치가 높아짐으로써 소장 내강과 기저측 사이의 칼슘 농도차가 클 때에 칼슘이 소장 세포막을 통과하지 않고 세포와 세포 사이로 흡수되어 혈액으로 이동하는 것을 말한다.[3]

비타민 D, 프럭토올리고당, 이눌린, 기타 난소화성 당류는 수동확산(passive diffusion)에 의해 칼슘 흡수를 촉진시킨다고 한다.[3,4] 그 밖에도 대장에서 식이 칼슘의 약 4~10%(~8 mg) 정도가 흡수되는데, 이 과정은 펙틴과 같은 발효성 섬유소에 결합되어 있던 칼슘이 대장의 박테리아에 의해 유리됨으로써 흡수된다. 이와 같은 메커니즘은 칼슘이 소량이거나 소장에서의 칼슘 흡수가 상대적으로 적은 사람의 경우에 보다 더 많이 흡수될 수 있다.

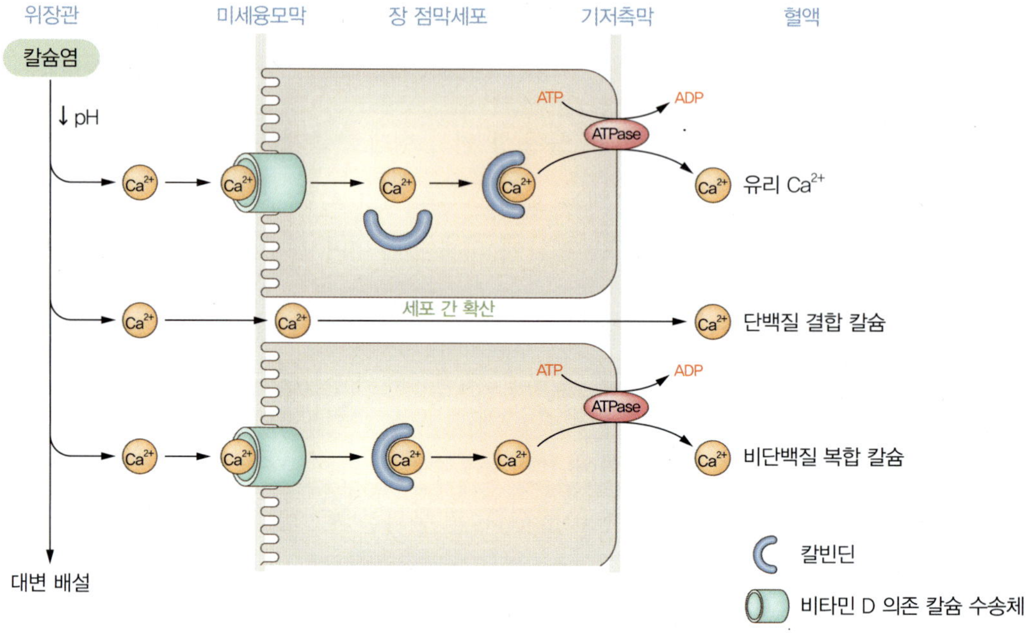

그림 8-1 칼슘의 흡수 메커니즘

③ 칼슘 흡수에 영향을 미치는 요인

칼슘 흡수는 여러 가지 요소에 의해 영향을 받는다(표 8-1). 칼슘은 다른 영양소와의 상호 작용을 통해 흡수가 억제되거나 증가하며, 호르몬과 개인별 영양 상태나 연령 등과 같은 생리적 요인에 의해서도 흡수율은 차이를 보인다. 보통 성인은 섭취량의 20~40%이며, 성장기 어린이는 75%, 임신기에는 60% 정도이고 노년기는 장년기에 비해 흡수율이 떨어진다. 특히 폐경기 여성은 에스트로겐의 감소와 함께 흡수율이 떨어져 20% 정도에 불과하다.

비타민 D(1,25-$(OH)_2$-비타민 D_3, calcitriol)는 소장 점막세포에서 칼슘 결합 단백질의 합성을 유도하여 칼슘의 체내 흡수를 돕는다. 유당(lactose, 젖당)과 함께 섭취한 음식은 칼슘의 용해도를 개선하여 흡수를 돕는다. 유당은 장내 환경을 산성화함으로써 특히 회장에서 칼슘의 확산을 도와준다. 당류(sugar) 또는 당알코올(예를 들어 자일리톨), 비타민 C, 그리고 단백질은 칼슘의 흡수를 증가시키고 위장관으로의 배설은 감소시킨다. 또한 칼슘의 흡수를 높이기 위해 식사 내 칼슘과 인의 비율이 1:1 수준으로 유지하는 것이 중요하다.

식물성 식품 중에는 칼슘의 흡수를 방해하거나 혈액에서 위장관으로의 배설을 촉진하는 요소들이 있다. 피틴산(phytic acid)과 섬유소는 칼슘과 결합하여 칼슘의 이용률을 떨어뜨리고 흡수는 감소시킨다. 피틴산은 생콩, 씨앗, 견과류, 전곡류, 대두에 함유되어 있다. 다만, 이 중 대두는 함황아미노산의 함량이 낮기 때문에 뼈로부터 칼슘의 배설을 증가시키지 않아 칼슘의 흡수율이 높으며, 또한 대두에 함유되어 있는 이소플라본(isoflavone)은 에스트로겐과 같이 뼈를 보호하는 것으로 알려져 있다.

옥살산(oxalic acid)은 칼슘이온과 결합하여 칼슘의 용해성을 낮추고 장에서의 흡수를 저해한다. 옥살산은 시금치, 근대, 순무, 셀러리, 가지, 호박류 등 다양한 채소와 딸기, 블랙베리, 블루베리, 구스베리 등 과일류, 견과류, 차 종류에 함유되어 있다.

마그네슘과 아연과 같은 2가 양이온 무기질은 칼슘과 경쟁하여 흡수를 저해한다. 특히 칼슘 함량이 적은 식사를 하면서 아연 함량이 높은 보충제를 섭취하는 경우 칼슘 흡수는 감소된다. 카페인은 장으로 칼슘 분비를 증가시켜서 내인성 칼슘 손실을 높인다.

표 8-1 칼슘과 요인별 상호 관계[1]

요인		해당 내용
칼슘 흡수를 증가시키는 요인	식사적 요인	• 비타민 C • 비타민 D • 당과 당알코올 • 단백질 • 칼슘과 인의 1:1 비율
	생리적 요인	• 요구량 증가(성장, 임신, 수유, 칼슘 결핍 등) • 소장 상부의 산성 환경 • 부갑상선 호르몬 • 에스트로겐
칼슘 흡수를 저해하는 요인	식사적 요인	• 섬유소, 피틴산, 옥살산, 탄닌 • 과다한 2가 양이온(Mg, Zn 등) • 과다한 인 • 흡수되지 않은 지방산
	생리적 요인	• 폐경기(에스트로겐 감소) • 소장 하부의 알칼리성 환경 • 노령화 • 운동 부족과 스트레스
칼슘 배설을 촉진하는 영양소		• 나트륨 • 단백질 • 카페인
과다한 칼슘에 의해 흡수가 저해될 수 있는 영양소		• 인 • 철 • 지방산

염증성 장질환(inflammatory bowel disease)이나 췌장염(pancreatitis) 등으로 지방변(steatorrhea)이 있는 경우 장관에서 흡수되지 않은 식이 지방이 소장에서 비누와 같이 칼슘-지질 복합체(불용성 칼슘)를 형성하여 칼슘 흡수를 방해할 수 있다. 그 밖에도 식도 역류나 궤양 질환을 치료하기 위한 약물은 위산 생산을 억제하여 칼슘 흡수를 감소시킬 수 있다.

(2) 운반과 저장

흡수된 칼슘은 세 가지 형태로 혈액으로 전달된다. 약 40%의 칼슘은 대부분 알부민(albumin) 및 프리알부민(prealbumin)과 결합되어 있으며, 일부(10% 이내)는 황(sulfate), 인(phosphate), 시트르산(citrate)과 결합하여 염의 복합체 형태로 존재한다. 나머지 50%의 칼슘은 혈액에서 이온화된 형태로 존재한다. 칼슘은 대부분 뼈에 존재하며 혈액 내 칼슘 농도를 정상화하기 위한 저장소 역할을 한다.

(3) 배설

칼슘은 주로 소변, 대변 및 피부를 통해 배설된다. 소변을 통한 칼슘 손실량은 생애주기별로 다르다. 국제식량농업기구(Food and Agriculture Organization, FAO)와 세계보건기구(World Health Organization, WHO)에서는 칼슘 배설 관련 연구들을 토대로 10세 이후 성장기에는 1일 100~130 mg, 성인은 1일 140 mg으로 추청하고 있다.[5] 대변으로 배설되는 칼슘의 양은 생애주기에 따른 변화가 크지 않으며, 배설은 환경 조건에 따라 차이가 크다(1일 평균 60 mg).[6]

여과된 칼슘의 대부분은 근위세뇨관(proximal tubule)에서 수동적 재흡수가 일어나며, 상행 헨레고리(the ascending loop of Henle)에서는 칼슘 감지 수용체(calcium-sensing receptor, CaR)가 혈청 칼슘 농도에 반응하여 능동적 재흡수가 조절된다. 그 밖에 원위세뇨관(distal tubule)에서는 일시적 수용체 전위 통로(transient receptor potential calcium channel)와 칼빈딘에 의해서 능동적으로 재흡수가 조절된다.

단백질, 카페인, 나트륨은 소변을 통한 칼슘 배설을 촉진시키는 것으로 나타났으며, 그에 비해 인에 의한 영향은 상대적으로 약하다. 고단백 식사는 칼슘 배설을 촉진시킬 수 있으나, 단백질의 칼슘 흡수 촉진 능력 및 위장관으로의 분비 저해 능력과는 상충될 수 있다. 카페인의 칼슘 배설 촉진 영향은 작아서 칼슘 섭취가 충분하다면 중간 정도의 카

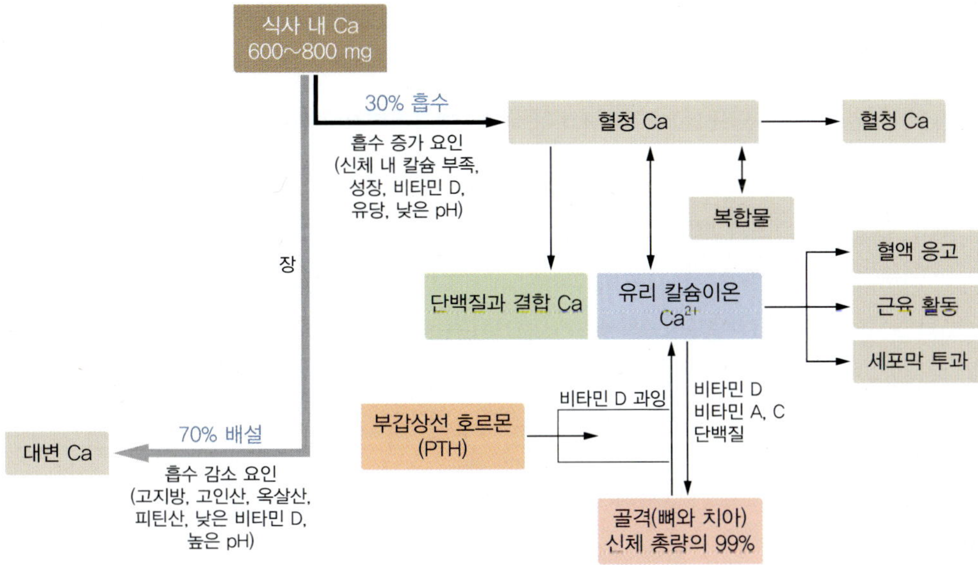

그림 8-2 칼슘의 운반과 배설

자료 : 허채옥 외. (2016). 기초영양학 개정 2판. 수학사. p259.

페인 섭취는 칼슘 균형을 위협하지 않는다고 한다. 나트륨은 근위세뇨관에서 칼슘과 재흡수 메커니즘을 공유하므로 1일 나트륨 500 mg의 섭취는 약 10 mg의 칼슘 배설을 증가시킬 수 있다.[7] 대변으로의 칼슘 배설은 식후 소화 과정 중에 흡수되지 않은 칼슘과 점막세포로부터 박리된 것 등을 합하여 1일 약 45~100 mg 정도이다(그림 8-2).

(4) 칼슘의 항상성

인체 내 칼슘의 농도는 세포 내외적으로 매우 엄격하게 조절되고 있다. 혈장 또는 혈청과 같이 세포외액의 칼슘 농도는 호르몬에 의해서 8.5~10.5 mg/dL 범위 내로 유지된다.

① 부갑상선 호르몬

부갑상선 주세포에서 분비되는 부갑상선 호르몬(parathyroid hormone, PTH)은 혈액의 칼슘 농도가 감소되면($<$ 8.5 mg/dL), 콩팥과 뼈와의 상호 작용을 통해서 혈액에서의 농도가 증가한다. 콩팥에서 부갑상선 호르몬은 비타민 D의 활성형인 1,25-$(OH)_2$-비타민 D_3(calcitriol)을 합성하며, 그 결과 비타민 D 의존 칼슘 수송체인 칼빈딘 합성이 촉진되어 신세뇨관에서 칼슘의 재흡수가 촉진된다. 반면에 파골세포(osteoclast)의 활성은 골격

으로부터 칼슘을 혈액으로 방출한다.

② 비타민 D

비타민 D(calcitriol)는 다양한 방법으로 칼슘 흡수의 개선을 위해 장에서 작용한다. 비타민 D는 소장의 미세융모막에서 칼슘 흡수를 증가시키고, 칼빈딘의 합성을 촉진하여 칼슘의 세포 내 이동과 기저막에서의 Ca^{2+}-ATPase 펌프를 증가시킴으로써 칼슘 흡수를 촉진한다. 이 비타민 역시 글라우딘(claudin) 단백질의 합성을 촉진하여 수동확산을 용이하게 한다. 따라서 부갑상선 호르몬과 비타민 D는 혈액의 칼슘 농도를 정상 범위로 증가시킨다.

③ 칼시토닌

칼시토닌(calcitonin)은 갑상선의 부여포성 세포(parafollicular cells)에서 분비되는 호르몬이다. 이 호르몬은 혈중 칼슘이온(Ca^{2+}) 농도가 정상 범위 이상이 되면(>10.5 mg/dL), 부갑상선 호르몬의 생성과 방출을 억제하고 뼈로부터 칼슘이온의 이동을 예방하기 위해 파골세포의 활성을 저해하여 칼슘 농도를 감소시킨다.

④ 기타 인자

글루코코르티코이드(glucocorticoid)는 소장에서 칼슘의 흡수를 저해하고, 갑상선 호르몬은 뼈의 재흡수를 촉진하나, 에스트로겐은 뼈의 재흡수를 저해한다.

표 8-2 칼슘 평형과 부갑상선 호르몬, 비타민 D 및 칼시토닌의 영향[1]

구분	부갑상선 호르몬	비타민 D	칼시토닌
혈청 칼슘	↑	↑	↓
뼈 칼슘	↓	*	↑
콩팥 칼슘 재흡수	↑	↑	↓
장의 칼슘 흡수	↑	↑	영향 없음

*부갑상선 호르몬과 함께 작용

세포 내 칼슘이온 농도는 탈분극(depolarization)에 의한 세포 활성의 반응으로 호르몬과 다양한 통로(channel)를 통해 세포외액으로부터 유입되거나, 또는 세포소기관(예를 들어 미토콘드리아, 소포체 등)으로부터 방출되어 세포외액의 0.0001배 정도로 낮게 유지된다.

세포의 기능을 수행하기 위해 상승한 세포질의 칼슘이온 농도는 짧은 기간 내에 정상

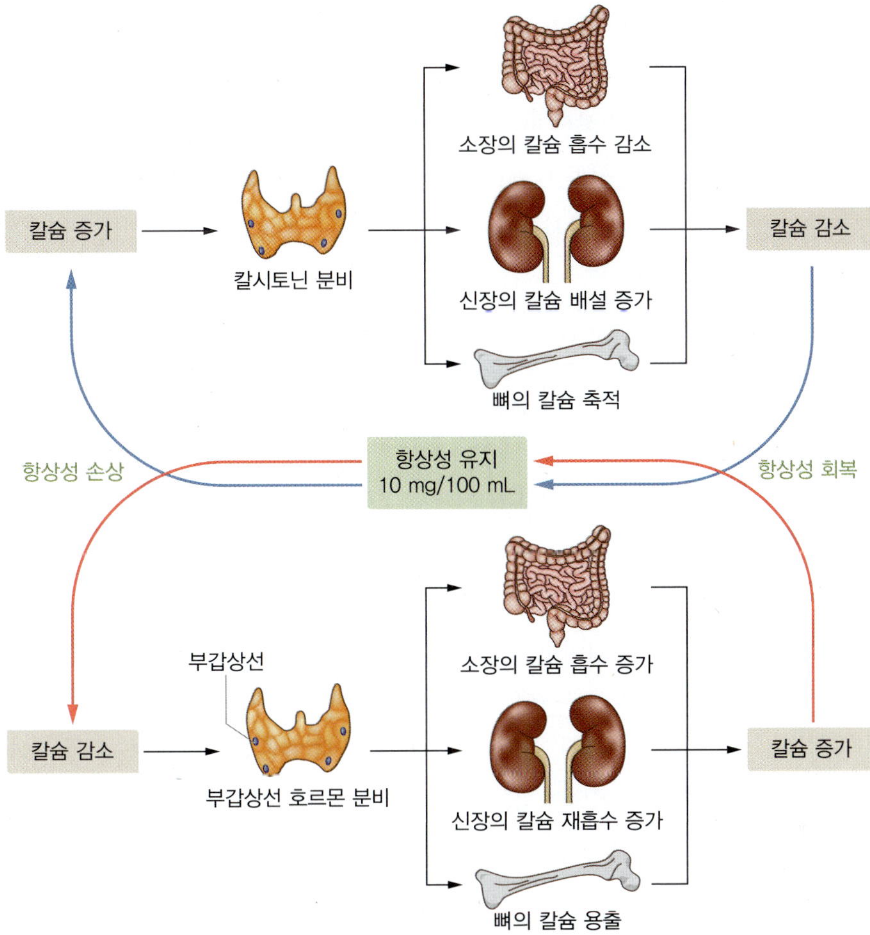

그림 8-3 칼슘의 항상성 조절

자료 : 허채옥 외. (2016). 기초영양학 개정 2판. 수학사. p260.

수준으로 돌아가며, ATP 의존 펌프에 의해 세포 밖으로 방출된다.

2) 칼슘의 기능

칼슘은 인체 내 골격의 형성과 신경 전달, 근육 수축, 혈액 응고 및 신호 전달 메신저 등과 같은 주요한 생리적 조절 기능을 한다.

(1) 골격의 형성

① 골격의 구조

칼슘의 기능 중 뼈의 무기질화(mineralization)는 가장 주요한 기능으로 대부분의 뼈는 치밀골(cortical bone)과 해면골(trabecular bone)로 이루어져 있으며, 일부 뼈는 골수를 위해 구멍(골수강)을 유지하고 있다(그림 8-4).

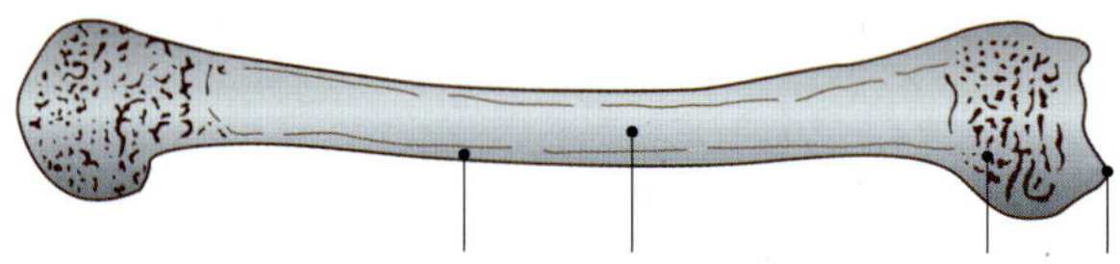

그림 8-4 뼈의 구조

치밀골은 골격의 75~80%, 해면골은 20~25% 정도 차지하고 있으나, 골격의 종류에 따라 구성 비율은 다양하다. 해면골은 대사적 활성이 매우 높아 칼슘 섭취가 부족한 경우 치밀골에 비하여 보다 빠르게 고갈되어 골다공증에 민감하다(표 8-3).

표 8-3 치밀골과 해면골의 특징[1]

종류	치밀골	해면골
특징	치밀하고 밀도가 높음	스펀지 모양을 하고 있음
	인체 전체 뼈의 75~80% 존재함	인체 전체 뼈의 20~25% 존재함
	무기질화된 단백질(대부분 콜라겐 형태)이 층(layer)을 구성함	무기질화된 단백질(대부분 콜라겐 형태)이 상호 연결된 체계로 연결됨
	모든 뼈의 표면과 팔다리 긴 뼈의 몸통(골간)에 주로 존재함	몸통 뼈대(척추와 골반)와 긴 뼈의 끝에 주로 존재함

체내 칼슘의 99%가 골격과 치아에 존재한다. 전체 뼈 무게의 50~66%는 무기질로 되어 있으며 나머지 34~50%는 물, 기질(ground substance), 단백질로 구성되어 있다. 뼈의 무기질은 거의 칼슘과 인이며, 그 밖에 플루오린, 마그네슘, 칼륨 등을 포함하고 있다. 뼈의 유기질은 여러 단백질과 기질을 포함하고 있는데, 단백질은 대부분이 콜라겐이며 여기에 소량의 비콜라겐성 단백질(예를 들어 osteonectin, osteopontin, bone sialoprotein, osteocalcin, matrix Gla protein)로 되어 있다. 뼈의 기질(bone matrix)은 주로 당단백질

(glycoprotein)과 프로테오글리칸(proteoglycan)으로 구성되어 있다. 칼슘은 뼈를 튼튼하게 하기 위해 단백질들과의 상호 작용, 그리고 골 세포막에 있는 인지질과 단백질과의 상호 작용을 촉진한다. 콜라겐 섬유와 뼈 기질에 인산칼슘이 침착되어 수산화인회석〔hydroxyapatite, $Ca_{10}(PO_4)_6(OH)_2$〕을 만드는데 이것은 결정형의 단단한 물질로 골격과 치아의 견고한 구조를 이루게 된다.[8]

② 골 대사

뼈는 외견상 비활동적인 상태로 보이나 실제로는 일생 동안 지속적으로 활발한 대사가 일어나는 조직이다. 골 대사에 관여하는 주요 골세포는 크게 두 가지로, 새로운 뼈를 만드는 조골세포(osteoblasts)와 뼈의 분해를 담당하는 파골세포(osteoclasts)로 나뉜다. 조골세포는 골수(bone marrow)에서 생성되며, 단백질과 기질을 지속적으로 분비하고 무기질화함으로써 새로운 골세포를 생성한다. 반면에 파골세포는 크고 다핵화된 세포로 예전에 만들어진 골세포를 재흡수(분해)하며, 뼈의 표면 위 선택된 영역에 붙어 분해 과정을 시작한다. 파골세포는 PTH, 비타민 D, 칼시토닌, 기타 호르몬 및 신호 화합물(signaling compounds) 등에 의해서 반응을 한다. 파골세포는 칼슘을 부적절하게 섭취했을 때 칼슘 농도를 정상 수준으로 증가시키는 데 중요한 역할을 하지만, 적절한 뼈가 생성되어 균형을 이루지 않는다면 뼈가 약해지고 골다공증(osteoporosis)이 나타나게 된다.

어린이, 청소년기에는 조골세포의 작용이 파골세포의 작용보다 활발하며, 이와 같은 작용은 성인 초기까지 지속되어 30~35세에 최대 골질량에 도달하게 된다. 그 이후 이러한 균형이 깨지면서 골질량은 감소하게 되는데 특히 폐경 이후 여성에게서 심각하여 매 10년마다 10%씩 급속히 감소된다. 골질량은 뼈의 생성과 분해의 균형에 의해 이루어지므로 혈중 칼슘 농도를 정상으로 유지하는 것이 골격 대사와 골질량 유지에 중요하다.

(2) 생리 조절 기능

뼈와 치아에 존재하는 칼슘 이외에 나머지 소량의 칼슘(1%)은 체내 대부분 조직의 세포에 분포하면서 주요한 생리 조절 기능에 관여한다.

① 혈액 응고

칼슘은 혈액 응고에 필수적이다. 출혈 시 혈소판에서 트롬보플라스틴(thromboplastin)

을 방출하여 혈액 응고효소의 전구물질인 프로트롬빈(prothrombin)을 트롬빈(thrombin)으로 전환시키고 피브리노겐(fibrinogen)을 피브린(fibrin)으로 전환시키는 단계에 관여한다.[9]

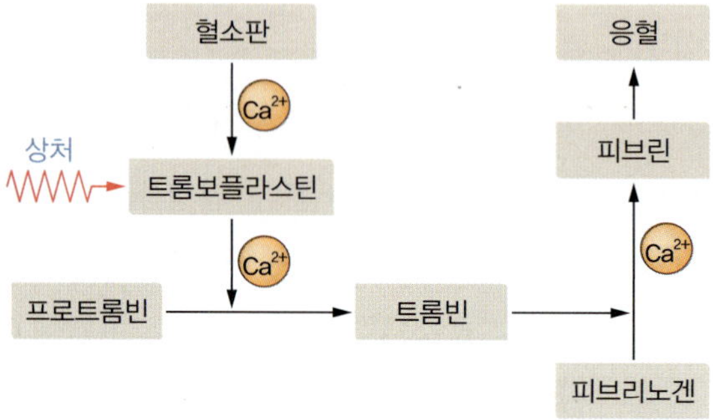

그림 8-5 혈액의 응고 과정
자료 : 허채옥 외. (2016). 기초영양학 개정 2판. 수학사. p262

② 근육의 수축과 이완

근육에는 액틴(actin)과 미오신(myosin) 단백질이 존재한다. 근육세포가 자극을 받으면 칼슘의 저장장소에서 칼슘이 방출되어 세포 내 칼슘 농도가 올라간다. 방출된 칼슘이온이 트로포닌(troponin)과 결합하면 액틴과 미오신이 결합할 수 있는 부위가 노출되어 두 단백질이 결합함으로써 근육의 수축이 일어난다. 근육이 더 이상 자극을 받지 않으면 세포 내 칼슘 농도가 감소되어 반대 작용이 일어나므로 근육이 이완된다.[10,11] 이와 같은 칼슘의 촉매 작용은 심장 근육, 혈관의 평활근 수축에도 관여하며 마그네슘, 칼륨, 나트륨 이온은 이완 작용에 관여한다(그림 8-6).

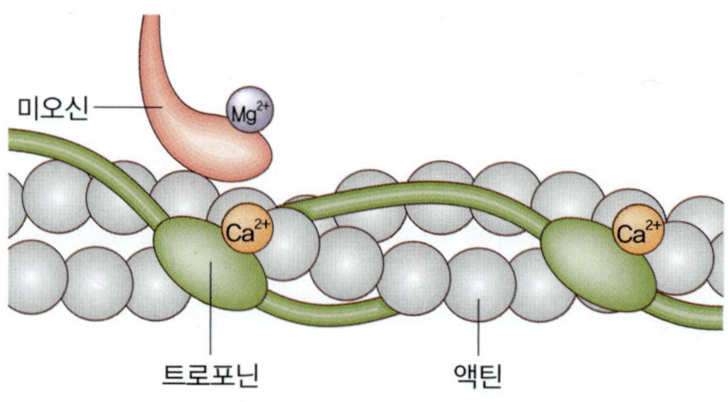

그림 8-6 근육의 수축과 칼슘 작용

③ 신경자극전달

신경세포는 외부로부터 자극을 받아 신경이 흥분하게 되며, 뇌로부터 흥분이 전달되어 행동으로 나타난다. 이러한 신경세포의 자극과 흥분의 전달은 뉴런(neuron)과 뉴런이 연결되는 시냅스(synapse) 사이에 신경전달물질이 분비되어야 한다. 그 과정은 신경세포에 활동전위가 도달하면 칼슘이온이 세포외액에서 세포 내로 유입되어 칼슘 농도가 증가하게 되고, 그 결과 신경전달물질이 방출되어 신경자극이 전달된다.[12]

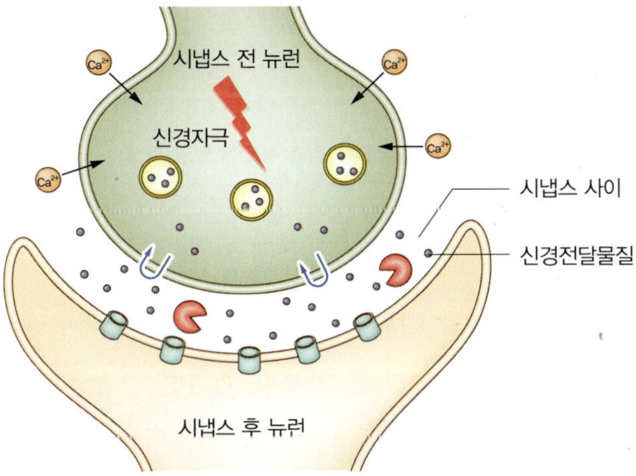

그림 8-7 신경전달물질의 방출과 칼슘의 역할

④ 세포 대사 조절

칼슘이 세포 내에 들어오면 칼슘 특이적 결합 단백질인 칼모듈린(calmodulin)과 반응하여 칼모듈린-칼슘 복합체를 만든다.[1] 이 활성형 복합체는 세포 내에서 다른 물질 또는 효소를 자극하거나 상호 작용을 할 수 있다(그림 8-8).

⑤ 세포막의 투과성 조절

세포막은 인지질과 단백질의 이중층으로 구성되어 있으며 이를 통해 물질의 이동이 일어난다. 세포막의 투과성에 영향을 미치는 요인은 다양하며, 그중 하나가 세포외액에 존재하는 칼슘의 농도에 의해서 영향을 받는다. 즉, 세포외액의 칼슘 농도가 증가하면 세포막의 투과성이 감소되며, 세포막을 통한 영양소의 이동에 영향을 미치게 된다.

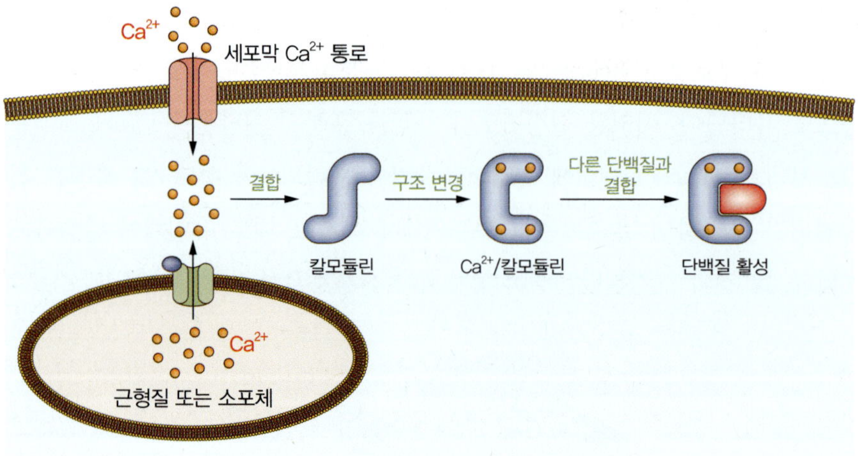

그림 8-8 **칼모듈린-칼슘 복합체 형성 과정**

3) 칼슘 섭취와 관련된 건강 문제

칼슘은 섭취 부족과 과잉 등에 의해서 여러 가지 건강 관련 문제가 발생될 수 있다. 우선은 칼슘의 부적절한 섭취, 칼슘의 흡수 불량, 과다한 칼슘 손실 및 복합적 요인 등이 칼슘 결핍의 원인이 된다. 특히 지방 흡수불량 환자, 활동 제한자, 짧은 소화관과 음식물 통과시간(transit time), 티아지드 이뇨제(thiazide diuretics) 장기 복용자는 칼슘의 결핍 위험이 높다.

(1) 골감소증과 골다공증

골감소증(osteopenia)은 뼈에서 파골세포의 작용보다 조골세포의 작용이 활발하지 못하여 골질량이 감소해서 일어나는 질환이고, 골다공증은 골밀도 감소와 뼈의 질 저하로 뼈의 강도(bone strength)가 약해져서 골절 위험이 증가하는 질환이다. 즉, 골다공증은 뼈의 절대량이 1/3 정도 감소하여 뼈의 구조가 치밀하지 못하고 얇아져서 작은 충격에도 골절이 쉽게 발생되며, 특히 손목, 엉덩이, 척추가 손상받기 쉽다.[13,14]

골다공증은 50~60대 여성에서 에스트로겐(estrogen)의 감소로 주로 발생하며, 테스토스테론(testosterone)이 낮은 남자에게서도 발병한다(Type I). 또한 식사와 노화 등의 요인으로 치밀골과 해면골이 손상되어 발생되는데(Type II), 이와 같은 경우 키가 줄어들고 상체의 척추 부분이 휘어지는 척추후만증(kyphosis, dowager's hump)이 나타난다.[8,15]

골다공증을 예방하기 위해서는 최대 골질량에 도달할 시기(peak bone mass)에 골밀도

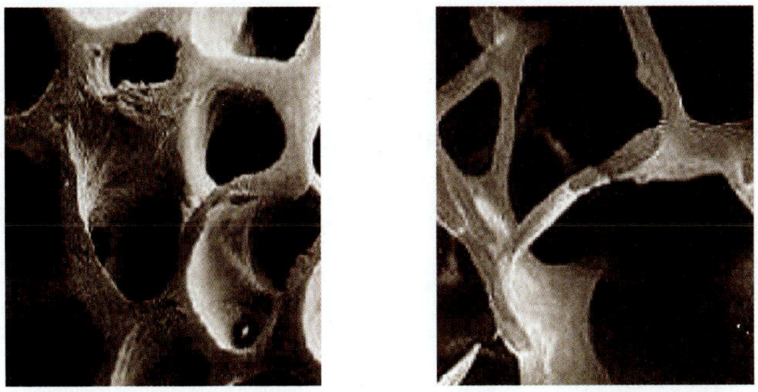

그림 8-9 정상의 뼈와 골다공증의 뼈
자료 : 허채옥 외. (2016). 기초영양학 개정 2판. 수학사. p268

가 높아야 하므로 청소년기부터 충분한 칼슘 섭취와 비타민 D, 마그네슘, 불소, 단백질 등을 포함한 균형식을 섭취하도록 한다. 그러나 짠 음식과 지나친 고단백 식사는 칼슘의 배설을 늘리므로 섭취를 제한해야 하며 흡연, 음주, 카페인 섭취도 절제하도록 한다. 또한 규칙적인 운동과 자전거 타기, 계단 오르기, 등산 등의 체중 부하운동이 골 손실을 예방하는 데 도움이 된다.

표 8-4 골다공증의 원인[13,14,16]

분류	원인
생물학적 요인	• 노화, 여성, 가는 골격, 골다공증의 가족력
생활 양식과 관련된 요인	• 흡연 • 음주와 카페인 섭취 • 갑상선 질환, 류머티스성 관절염, 칼슘의 소장 내 흡수 불량 • 섭식 장애(신경성 식욕 부진, 신경성 탐식증) • 코르티코스테로이드(corticosteroids), 항경련제(anticonvulsants)와 같은 약품 복용 • 조기 폐경(자연, 수술) • 월경 불순, 무월경 • 남성의 경우 낮은 수준의 테스토스테론(testosterone) • 운동 부족 • 불충분한 칼슘 섭취

(2) 구루병과 골연화증

구루병(rickets)은 성장기 칼슘 섭취의 부족으로 석회화가 충분히 이루어지지 않아 뼈가 단단하지 못하여 다리가 휘거나 갈비뼈에 돌기가 생기고 가슴이 좁아지는 기형이 나타나는 질병이다. 골연화증(osteomalacia)은 구루병과 같이 골기질의 석회화가 충분하지 않으나, 단백질의 기질은 감소하지 않은 상태로 성인 구루병이라고도 한다. 구루병과 골연화증은 뼈를 구성하는 칼슘을 비롯한 무기질의 결핍과 비타민 D가 함께 부족할 때 발생 가능성이 높다.

(3) 근육 강직

혈중 칼슘 농도가 낮은 경우(≤8.5 mg/dL) 계속적으로 신경 및 근육의 흥분성이 증가하여 근육이 이완되지 못하고 이로 인해 근육 통증, 안면 근육 수축, 근육 강직(tetany), 손발 마비 등의 증세가 나타난다.

(4) 기타 결핍증

칼슘과 고혈압은 음의 상관관계를 보여 장기간에 걸친 칼슘 결핍 시 고혈압 유병률이 증가한다고 한다. 또한 칼슘 섭취 부족과 혈중 칼슘 농도의 감소는 비타민 D와 부갑상선 호르몬의 수준을 증가시키며 지방세포로의 칼슘 유입은 지방 합성이 촉진되어 비만과 체중 증가가 일어날 수 있다. 그 외에 칼슘 섭취 부족은 암 발생과도 관련이 있으며, 1일 800 mg 이상의 칼슘을 섭취하면 결장암 예방 효과가 있는 것으로 알려졌다.

(5) 고칼슘혈증

상한섭취량 이상의 칼슘 보충제를 복용하면 위장관 부작용, 즉 변비, 복부 팽만, 가스 등을 일으킬 수 있다. 우유알칼리 증후군(milk-alkali syndrome)은 궤양 치료와 가슴앓이에 사용하는 제산제와 같이 과다한 칼슘을 섭취하는 경우에 보고되었다.

1일 3 g 이상의 칼슘 섭취와 고칼슘혈증(>10.5 mg/dL)의 경우 칼슘이 혈관, 심장, 콩팥 등 연조직에 축적되어 기능이 손상된다. 전신적 알칼리증과 고칼슘혈증은 기면증, 메스꺼움과 구토, 식욕 부진, 부정맥의 발생과 관련된다. 혈중 칼슘 농도가 12 mg/dL 이상인 경우 고칼슘뇨증의 원인이 될 수 있으며, 과다한 칼슘 섭취에 의한 특발성 고칼슘뇨증의 경우 칼슘 함유 콩팥 결석 위험이 증가할 수 있다.

한국인 19~49세 성인의 1일 칼슘 섭취량은 흡수율을 고려하여 남자 800 mg, 여자 700 mg이며, 상한섭취량은 2,500 mg이다. 폐경기 이후 여성은 흡수율이 감소하는 것으로 간주하여 1일 권장섭취량을 800 mg으로 정하였다.[17]

2. 인

인(phosphorus)은 칼슘 다음으로 우리 몸에 풍부한 무기질로, 체중의 약 0.8~1.2%를 차지하고 있다. 인체 내에 함유된 인의 약 85%가 골격근에 존재하고 1%는 혈액에, 나머지는 근육과 같은 연조직에 존재한다.[18,19]

인은 거의 모든 식품에 함유되어 있는데, 특히 어육류, 난류, 우유 및 유제품, 곡류 등에 많이 함유되어 있으나 종실류나 곡류에는 피틴산을 포함하고 있어서 인의 흡수율이 낮다. 최근 가공식품과 탄산음료의 섭취가 증가하면서 그에 따른 인의 섭취가 증가하고 있다.[20]

1) 소화 흡수 및 대사

(1) 흡수

식사를 통해 섭취한 인은 약 50~70%가 흡수되는데, 대부분의 인은 식품에 존재하는 형태와 상관없이 무기인의 형태로 흡수된다. 따라서 유기인의 형태는 소화 흡수되기 전 효소에 의해서 가수분해되어 무기인으로 유리된다.

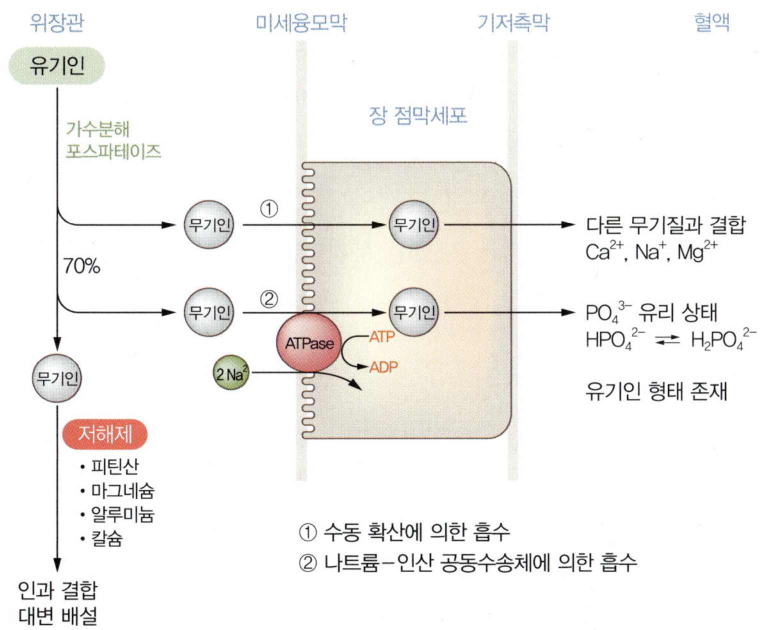

그림 8-10 인의 소화 흡수 및 운반 메커니즘

인의 흡수는 소장 전반에 걸쳐 일어나지만 주로 십이지장과 공장에서 흡수된다. 식후 인의 농도가 높은 십이지장에서는 수동확산으로 흡수된다.[1] 식사를 통한 인의 섭취 수준이 낮은 경우 능동수송으로 보다 광범위하게 이용되며, 나트륨-인산 공동수송체(sodium-phosphate cotransporter)에 의해서 흡수된다. 비타민 D 또는 인의 함량이 낮은 식사는 장 점막에서 공동수송체의 수를 증가시키는 것으로 나타났다.[21]

인의 흡수율은 여러 요인에 의해 영향을 받는다. 동물성 식품의 급원은 흡수율이 높으나, 피틴산을 함유한 식품 급원은 흡수율이 낮다. 피틴산은 인의 주요 형태로 사람의 경우 피틴산에서 인을 분해할 수 있는 피테이즈(phytase)가 생성되지 않으므로 생체 이용률이 낮다. 또한 칼슘, 마그네슘, 알루미늄은 인의 흡수를 저해하므로 제산제의 성분으로 사용되어 왔고, 고인산혈증이 있는 콩팥 질환자의 경우 인의 흡수를 예방하기 위해서 이들을 약물로 사용하기도 한다.

(2) 운반과 저장

인은 소장에서 혈액으로 빠르게 흡수된다. 혈액에 존재하는 인의 70%는 유기인으로 지단백질(lipoprotein)의 인지질(phospholipid) 형태이며, 나머지 30%는 무기인(HPO_4^{2-}, ~85%) 형태로 존재한다. 소량의 무기인은 혈액에서 칼슘, 마그네슘, 나트륨과 복합체를 이루고 있다.

혈장 무기인의 농도는 일반적으로 2.5~4.5 mg/dL이며, 식사 중의 인 함량, 나이, 낮시간, 부갑상선 호르몬(PTH)을 포함한 다양한 호르몬 및 콩팥 기능 등이 영향을 미치게 된다.

혈액 내를 순환하는 인은 골격과 세포성 무기인뿐만 아니라 대사 중간 과정 중에서 생성되는 유기인과 균형을 이룬다. 인은 인체의 모든 세포에 존재하며, 주로 골격(수산화인회석)과 체조직에 존재한다.

(3) 배설

콩팥은 인의 항상성을 조절하는 기관으로, 인의 섭취가 적을 경우 소장에서 인의 흡수가 증대되고 콩팥에서는 재흡수가 증가되어 소변으로의 배설이 감소한다. 콩팥에서의 인의 재흡수 조절은 비타민 D, 부갑상선 호르몬 및 칼시토닌의 영향을 받으며, 부갑상선 호르몬과 인의 배설은 양의 상관관계를 나타낸다.[8] 무기인 형태의 67~90%는 소변으

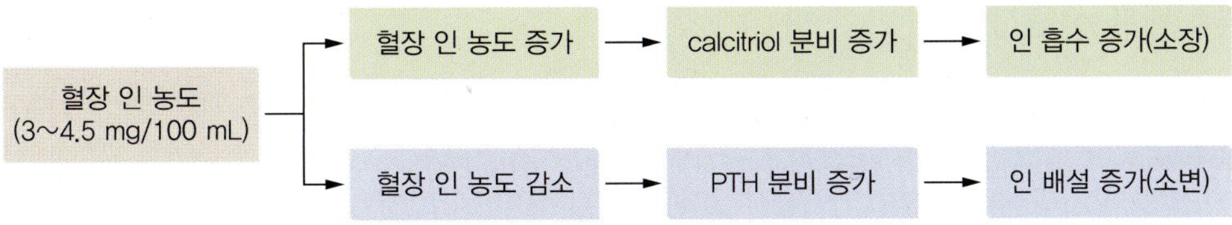

그림 8-11 **인의 항상성 조절**

로, 나머지는 대변으로 배설된다(그림 8-11).

2) 인의 기능

인은 인체 내의 다양한 생리적 물질의 구성 성분으로 많은 기능을 하고 있다.

(1) 골격 구성

인체 내의 인 가운데 85%가 골격과 치아를 구성하고 있으며, 이는 인의 가장 중요한 기능이다. 인은 칼슘과 결합하여 인산칼슘염의 형태로 뼈의 형성 과정에 관여하는데 무결정인 인산칼슘염의 경우 칼슘과 인의 비가 1.3:1이며, 결정질(수산화인회석)의 경우 1.5:1~2.0:1 비로 균형을 이루고 있다.[1]

(2) 에너지 대사

인은 에너지 대사 과정에서 고에너지 인산결합(high-energy phosphate bond) 형성에 필수영양소이다.[11] 즉, 많은 세포성 기능을 위해 에너지가 필요할 때에 에너지 저장 형태인 ATP(adenosine triphosphate)에서 인산이 탈락되어 ADP(adenosine diphosphate)를 형성하면서 에너지가 방출된다. 그 밖에도 근육의 에너지 대사에 관여하는 크레아틴인산(creatine phosphate)과 글리코겐 합성에 필요한 우리딘이인산-포도당(uridine diphosphate-glucose, UDP-glucose) 대사 과정에 이용된다.

(3) 신체 구성 성분

인은 핵산 즉, DNA(deoxyribonucleic acid)와 RNA(ribonucleic acid)의 구성 성분이며, 세포막과 지단백질 형성에 필요한 인지질의 필수 구성 요소이다.[8,22]

(4) 세포 신호 전달

인은 고리형 아데노신일인산(cyclic adenosine monophosphate, cAMP), 고리형 구아노신일인산(cyclic guanosine monophosphate, cGMP), 이노시톨삼인산(inositol trisphosphate, IP_3) 등과 같이 세포 대사, 효소 활성 및 세포 간 영양소 이동 관련 세포 대사의 2차 신호전달자 기능에 관여한다.

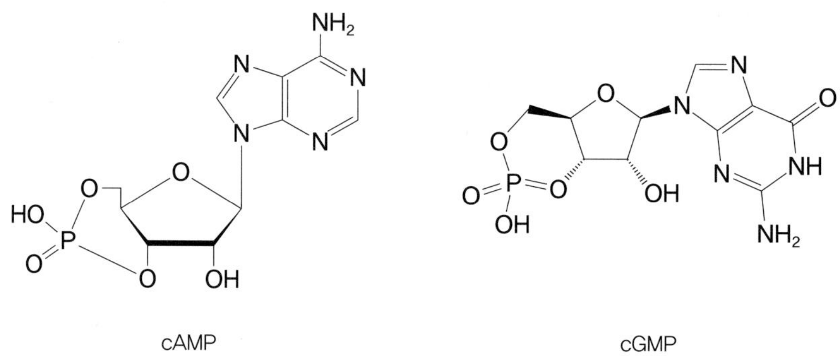

그림 8-12 cAMP와 cGMP의 구조[23]

(5) 비타민 및 효소의 활성

인은 에너지 영양소의 세포 내 대사 시 필요한 단백질 인산화효소와 탈인산화 효소를 활성화하는 데 관여한다. 또한 티아민, 리보플라빈, 니아신 등 비타민이 조효소로 작용하는 데 필요하다.[1]

(6) 산·염기의 균형

인은 혈액과 세포 내에서 인산과 인산염의 형태로 변화하면서 산·알칼리 평형을 조절하는 완충 작용을 한다. 즉, 체액이 산성화가 되면 수소이온(H^+)과 결합하고, 알칼리화가 되면 수소이온이 방출되어 체액의 산·알칼리 평형을 유지한다.[1]

(7) 산소 방출

인은 산소 전달에 간접적으로 관여한다. 적혈구의 경우 헤모글로빈에서 산소를 방출하는데 영향을 미치는 2,3-다이포스포글리세르산(2,3-diphosphoglycerate) 합성에 인이 필요하다. 따라서 인이 결핍되면 조직으로의 산소 방출이 감소하게 된다.[1]

3) 인의 섭취와 관련된 건강 문제

인의 결핍증과 과잉증은 드물며, 제한적으로 나타날 수 있다. 제산제를 다량 복용하는 경우 인의 흡수가 저해되어 결핍증이 나타날 수 있으며, 영양불량이 있는 사람에게 추가적인 인의 공급 없이 경관 또는 정맥으로 영양을 공급할 경우 인 결핍증이 보고되었다(급식재개증후군, refeeding syndrome). 인에 대한 요구량이 높은 미숙아에게 적절한 영양 공급이 이루어지지 않는 경우 결핍증의 위험이 높아질 수 있다.

인의 결핍으로 인한 저인산혈증(< 1.5 mg/dL)의 경우 식욕 부진, 백혈구 기능 장애, 심박출 감소, 횡격막 수축력 감소, 부정맥, 골격근과 심근 장애, 허약, 신경 문제 등이 나타날 수 있으며 심하면 사망할 수도 있다.[1]

나이가 들어감에 따라 콩팥 기능이 저하되면 고인산혈증(hyperphosphatemia)이 나타날 수 있다. 그 밖에도 신부전(renal failure)이나 부갑상선 기능 저하증(hypoparathyroidism), 인의 함량이 높은 조제분유를 공급받는 영유아의 경우 고인산혈증의 발병 위험이 높다. 고인산혈증(> 4.5 mg/dL) 또는 정상 범위의 상한선 수준에서 심장 질환과 관련이 있다고 한다.[1,13]

19세 이상 한국인 성인의 인 섭취기준은 혈청 무기인산 농도와 흡수율을 고려하여 1일 권장섭취량은 700 mg이며, 평균필요량은 남녀 모두 580 mg이다. 인의 과잉 섭취는 부작용을 초래할 수 있으므로 부작용을 예방하기 위해서 상한섭취량을 3,500 mg으로 설정하였다.[20]

3. 마그네슘

마그네슘(magnesium)은 인체 내에 풍부한 무기질로, 세포 내에서 칼륨에 이어 두 번째로 농도가 높다. 그중에서 50~60%가 뼈에, 39~49%가 연조직에 분포되어 있으며 약 1%가 세포외액에 존재한다.

마그네슘은 거의 모든 식품에 광범위하게 함유되어 있다. 마그네슘은 엽록소의 주요 구성 성분으로 녹색채소에 많이 함유되어 있으며, 견과류, 전곡류 및 콩류, 커피와 차 종류에도 함유되어 있다. 반면에 육류와 유제품에는 마그네슘의 함유량이 비교적 적고, 곡류를 정제하는 경우 외피와 싹이 제거되면서 함량이 80% 감소된다.[20]

1) 소화 흡수 및 대사

(1) 흡수

식사로 섭취한 마그네슘은 흡수 전 소화 과정이 필요 없이 소장 전반에 걸쳐 흡수되며, 특히 공장과 회장에서 주로 이루어진다. 그러나 소장에서 마그네슘 흡수가 저해되는 질병이 있는 경우 대장이 마그네슘의 흡수에 주요한 역할을 할 수 있다. 마그네슘 흡수는 2가지 경로에 의해 일어나는데 섭취 수준이 낮은 경우에는 회장에서 능동수송에 의해서, 섭취가 증가하면 소장 상부에서 확산에 의해서 흡수된다.

식사로 섭취한 마그네슘의 약 30~60%가 장에서 흡수되며, 마그네슘의 섭취가 증가할수록 흡수율은 감소하고 반대로 섭취가 감소할수록 흡수율이 증가한다. 마그네슘의 흡수는 여러 요인에 의해서 영향을 받는다. 지방변증 등으로 흡수되지 않은 지방산이 많은 경우 위장관에서 마그네슘과 결합하여 대변으로 배설된다. 또한 인의 섭취가 높고 마그네슘의 섭취 수준이 낮을 때 마그네슘의 흡수가 현격하게 저해된다. 칼슘과 마그네슘은 흡수 시 서로 경쟁을 하므로 칼슘의 섭취량이 많으면 마그네슘의 흡수가 저해된다. 그 밖에도 피틴산과 섬유소(예를 들어 셀룰로오스)가 마그네슘의 흡수를 저해한다.[24] 반면에 비타민 D, 단백질, 일부 탄수화물(예를 들어 과당과 올리고당)에 의해서 흡수가 증진된다.[25,26]

표 8-5 마그네슘의 흡수에 영향을 미치는 요인

흡수 증가 요인	흡수 저해 요인	상호 작용 영양소
비타민 단백질 탄수화물(과당, 올리고당)	피틴산 섬유소 흡수되지 않은 지방산	칼슘 인 칼륨

(2) 운반과 저장

혈장 마그네슘의 50~55%는 유리 이온 상태이고, 약 33%는 알부민과 글로불린 등의 단백질과 결합하고 있으며 나머지 13%는 시트르산, 인, 황, 음이온 및 화합물과 결합하고 있다.

혈장 내 마그네슘 농도는 약 1.7~2.2 mg/dL 유지하고 있으며, 마그네슘의 항상성 유지 메커니즘은 명확하지는 않지만 호르몬에 의한 조절보다는 위장관 흡수, 콩팥의 배설, 세포의 유입 등에 의해서 조절된다. 콩팥에서 여과된 마그네슘의 약 3~5%가 소변으로 배설되는데 콩팥에 있는 2가 양이온 감지기에 의해서 혈장의 마그네슘 농도가 증가하면 재흡수가 저해되어 조절된다.[27]

(3) 배설

부갑상선 호르몬은 위장관에서의 흡수를 증가시키고 콩팥으로의 배설을 감소시키며, 뼈의 마그네슘 재흡수를 촉진한다. 그 밖에도 부신피질 호르몬은 마그네슘의 배설을 감소시키고, 이뇨제 이외에 단백질, 알코올, 카페인은 소변으로의 배설을 촉진시킨다. 대변으로 배설되는 마그네슘은 흡수되지 않은 마그네슘과 소량의 내인성 마그네슘(25~50 mg/일)으로 구성되어 있으며, 땀으로도 극소량이 배설된다(15 mg/일).[27,28]

2) 마그네슘의 기능

(1) 골격과 신체의 구성

인체 내 마그네슘의 50~60%가 뼈에 존재하며, 이들은 크게 두 가지 유형으로 나뉜다. 뼈에 존재하는 마그네슘의 약 70%는 결정격자(crystal lattice)의 구성 성분으로 인이나 칼슘과 결합하고, 나머지 30%는 뼈의 표면에 존재하면서 혈청 농도를 유지하는 데 필요한 풀(pool)로 사용된다.[1]

뼈 조직 이외에 세포외액에는 1% 존재하고, 나머지는 연조직과 근육, 간과 콩팥과 같은 기관에 존재한다. 이들 기관의 조직세포에서 마그네슘은 세포막의 인지질과 결합되어 세포막 안정성을 돕는다.[1,18,22]

(2) 효소 활성화와 대사 과정

마그네슘은 300개 이상이 효소 반응 활성을 위한 보조인자(cofactor) 또는 촉매제로 많은 대사 과정에서 중요한 역할을 한다. 세포 내 마그네슘의 90% 이상은 ATP 또는 ADP와 관련되며, 해당 과정에 필요한 효소(예를 들어 헥소키네이즈, 글루코키네이즈, 포스포

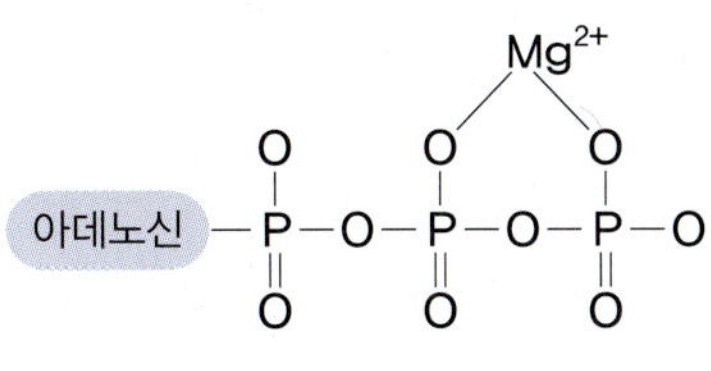

그림 8-13 ATP-Mg 복합체의 구조

프럭토키네이즈 등)에 관여한다. 그 밖에도 콜레스테롤 합성 및 지방산 합성과 분해 등 여러 대사 반응에 관여하는 효소의 필수인자로서 역할을 한다.[1] 마그네슘은 ATP와 복합체(ATP-Mg)을 형성하여 ATP의 구조를 안정화시켜 에너지 대사 과정에 관여한다.[11]

(3) 단백질 합성 및 cAMP 생성

마그네슘은 DNA 합성과 분해, DNA 복제와 RNA 전사, 단백질 합성 등에 관여한다. 또한 각종 호르몬이 전하는 메시지를 세포 내에 전달하여 세포 내 반응을 일으키게 하는 메신저 역할을 하는 cAMP 생성에 관여한다.[23]

(4) 신경자극전달 및 근육의 수축과 이완

마그네슘은 칼슘, 칼륨, 나트륨 등의 무기질과 함께 신경자극전달과 근육의 수축과 이완에 중요한 영향을 미친다. 특히 마그네슘은 칼슘과 반대 작용을 하는데 칼슘은 신경의 흥분과 근육 긴장에 관여하는 반면에, 마그네슘은 신경전달물질인 아세틸콜린의 분비를 감소시켜 신경을 안정시키고 근육의 긴장을 이완하는 역할을 한다.[22]

3) 마그네슘의 섭취와 관련된 건강 문제

식사 섭취 부족으로 인한 마그네슘 결핍증은 드물다. 그러나 지틀만 증후군(Gitelman syndrome)과 같은 희귀 난치성 질환이나 심한 구토와 설사, 과다한 알코올 의존, 콩팥 질환, 당뇨병, 영양불량 등이 있는 경우 결핍증이 발생한다. 이외에도 만성적인 이뇨제의 사용, 부갑상선 질환, 화상 환자의 경우에도 나타날 수 있다. 마그네슘이 결핍되면(< ~1 mg/dL) 신경자극전달과 근육의 수축과 이완 작용에 이상이 생겨 눈꺼풀 떨림, 손발 저림, 근육통 등 근육 경련 및 정신 착란, 성격 변화, 환청 등이 나타날 수 있다. 또한 심장 질환과 고혈압뿐 아니라 당뇨병을 초래할 수도 있다.[29~32]

마그네슘 과잉증은 콩팥 기능의 손상이 있는 경우를 제외하고는 발생하지 않는다. 그러나 마그네슘 소금($MgSO_4$)의 과다한 섭취(3~5 g)는 설사를 유발하여 탈수 상태가 될 수도 있다.

고마그네슘혈증(hypermagnesemia; 9~12 mg/dL)에 의한 독성 증세는 구토, 홍조, 복시(double vision), 불분명한 발음, 근육 약화 등이 나타난다. 정맥으로 과다하게 공급하여 발생한 급성독성의 경우 근육 마비와 심장 및 호흡 부전이 발생할 수 있다(> 15 mg/dL).[28]

한국인 19세 이상 성인의 마그네슘 섭취기준은 1일 체내 평형 유지 수준을 고려하여 남자 성인 1일 권장섭취량은 350 mg이고 여자는 280 mg이다. 식사를 통한 유해 영향은 나타나지 않으므로 1일 상한섭취량은 식품 이외로 섭취한 마그네슘에 한하여 350 mg으로 설정되었다.[20]

4. 칼륨

칼륨(potassium)은 세포내액의 주요 양이온이다. 인체 칼슘의 95~98%는 세포 내에 존재하므로 혈청 칼륨량은 칼륨의 섭취 상태에 영향을 받으며, 세포가 파괴되면 혈청의 칼륨은 상승하게 된다.

칼륨은 곡류, 채소와 과일 등에 풍부하며, 특히 콩류, 가공하지 않은 곡류, 감자와 고구마, 시금치와 같은 녹색채소류와 토마토, 오렌지, 바나나, 멜론 등의 과일, 그리고 육류 및 유제품에 풍부하게 함유되어 있다.[20]

1) 소화 흡수 및 대사

(1) 흡수

칼륨의 흡수 메커니즘은 나트륨만큼 정확하지 않다. 칼륨이 흡수되는 소장의 부위는 정확하지 않으나 섭취한 칼륨의 85% 이상이 소장에서 흡수된다. 칼륨이온(K^+)이 소장에서 흡수되는 과정 이외에 대장 점막세포에서 흡수될 수도 있다. 농도에 의존하여 수동확산 또는 K^+/H^+-ATPase 펌프에 의해서 흡수된다. 그 외에 칼륨이온은 분비경로인 미세융모막 통로를 통하여 장세포(enterocyte)로 흡수될 수 있다.

혈액으로 유입되기 위해서 장세포에 축적되는 칼륨이온은 칼륨 통로를 통해 기저측막을 지나 흡수된다. 혈액에서 장세포가 아닌 세포로의 칼륨 흡수는 능동수송에 의해서 일어난다.[1]

(2) 운반, 저장과 배설

세포 내 고농도의 칼륨은 인슐린(insulin)과 카테콜라민(catecholamine)과 같은 호르몬에 의해서 조절되는 Na^+/K^+-ATPase 펌프에 의해 유지된다. 이와 같은 칼륨이온의 세포로의 흡수는 식후 정상의 혈청 칼륨이온 농도(3.5~5.0 mEq/L)를 유지하는 데 기여한다.

저칼륨혈증(hypokalemia)은 식후 이어지는 췌장에서의 인슐린 분비를 감소시키므로 식사에 함유된 탄수화물 대사에 영향을 미칠 수 있다.

90% 이상의 칼륨은 소변으로 배설되며, 소량은 대변으로 배설된다. 사구체에서 여과된 칼륨의 80%가 근위세뇨관에서 재흡수되며, 나트륨의 배설 조절과 동일한 메커니즘으로 조절되나 음의 상관관계로 조절된다. 즉, 나트륨 이온이 바소프레신(vasopressin)에 의해서 헨레고리(loop of Henle)와 집합관(collecting duct)에서 재흡수되면 칼륨이온은 소변으로 배설이 된다. 혈중의 칼륨 농도가 증가하면 알도스테론(aldosteron)이 분비되어 칼륨의 배설을 촉진하게 된다.[1]

칼륨은 나트륨과 같이 칼슘 배설에 영향을 미치지만 나트륨과는 반대 작용을 한다. 나트륨은 칼슘의 배설을 증가시키나 칼륨은 칼슘의 배설을 감소시킨다고 한다.[8]

2) 칼륨의 기능

(1) 수분 균형과 산·염기 평형 조절

칼륨은 세포내액의 주요 양이온으로 세포외액의 주요 양이온인 나트륨과 함께 삼투압과 수분 평형을 조절한다. 또한 칼륨은 나트륨과 수소이온과 함께 산·염기 평형 조절에 관여한다.[18,22]

(2) 근육의 수축과 이완 작용에 관여

칼륨은 나트륨과 함께 신경, 근육의 흥분과 자극 전달, 근육의 이완과 수축을 조절한다. 특히 심장 박동의 유지에 중요한 역할을 하는데 칼륨이 높은 경우 심장근육을 이완시킨다.[18]

(3) 당질과 단백질 대사에 관여

칼륨은 당이 글리코겐으로 전환될 때 세포 내에 함께 저장된다. 따라서 글리코겐이 빠른 속도로 전환되어 저장될 때 칼륨이 혈장에서 세포 내로 유입되므로 적절한 칼륨이 공급되지 않으면 저칼륨혈증이 발생할 수 있다.[22]

또한 칼륨은 근육 단백질과 세포 단백질에 질소를 저장하는 데 필요하며 세포 성장에도 관여한다.

3) 칼륨의 섭취와 관련된 건강 문제

평소 섭취하는 식사에는 칼륨이 풍부하므로 부적절한 식사 섭취로 칼륨 결핍을 초래하지는 않으나 심한 구토나 설사 등에 의해서 결핍증이 나타날 수 있다. 또한 칼륨 소모성 이뇨제를 복용할 경우 칼륨 배설이 증가하여 결핍증이 나타날 수 있다.[13,14,21] 심한 칼륨 결핍으로 인한 저칼륨혈증(< 3.5 mgEq/L)은 심부정맥, 근육 약화, 신경 흥분, 고칼슘뇨증, 당불내성, 정신 장애 등을 나타낼 수 있다. 또한 장기간에 걸쳐 매우 제한된 식사를 한 사람에게 칼륨의 충분한 보충 없이 식사 공급을 재개할 경우 저칼륨혈증을 초래할 수 있다(급식재개증후군). 중간 정도의 칼륨 결핍은 소변으로의 칼슘 배설 증가, 혈압 상승 및 비정상적인 뼈의 대사회전율과 관련이 있다.[1]

건강한 사람은 일상적인 식사만으로도 과잉증이 나타나지 않으나, 보충제에 의한 과다 섭취는 위장 장애와 심장에 부담을 줄 수 있다. 콩팥 기능 손상에 의한 고칼륨혈증(hyperkalemia)은 부정맥의 원인이 되고 심장마비를 초래할 수 있다.[1,17]

충분한 칼륨 섭취는 과잉 섭취한 나트륨의 배설을 촉진시켜 혈압을 낮추고 고혈압을 예방할 수 있다. 따라서 바람직한 나트륨과 칼륨의 비율 및 고혈압 예방을 고려하여 건강한 성인의 1일 충분섭취량은 3,500 mg으로 설정되어 있다.[20]

5. 나트륨

나트륨(sodium)은 세포외액의 주된 양이온으로 약 30%는 골격에, 나머지는 세포외액(주로 혈장)과 간질액(interstitial fluid)에 함유되어 있으며, 신경과 근육 등 세포 내에도 소량 함유되어 있다.

나트륨의 주요 급원은 소금(NaCl)이다. 간장, 김치, 젓갈, 각종 장아찌 및 조미료를 제외한 일반 식품 중에는 육류, 생선, 닭고기, 유제품, 치즈, 햄, 달걀 등의 동물성 식품에 많이 함유되어 있는 반면에 곡류, 콩류, 견과류, 과일, 채소류에는 함유량이 적다. 라면, 통조림, 훈제품 등과 같은 가공식품과 진통제, 감기약, 항생제 등의 약품에도 많이 함유되어 있다.

1) 소화 흡수 및 대사

(1) 흡수

섭취한 나트륨의 약 95% 이상이 흡수되고 나머지 5% 이하는 대변으로 배설된다. 나트륨은 기본적으로 3가지의 경로를 통해서 흡수되는데 그 경로는 다음과 같다. 첫 번째 경로는 소장 전체에 걸쳐 일어나며 장세포의 미세융모막에서 나트륨이온(Na^+)과 포도당이 수송체에 결합하여 흡수된다(Na^+/glucose cotransport system). 또 하나의 경로는 소장과 근위 결장을 통해서 능동적으로 일어나는데, 이 경우는 나트륨이온(Na^+)의 흡수에 염소이온(Cl^-)이 반드시 필요한 전기적 중성 Na+/Cl^- 공동수송체계이다(electroneutral Na^+/Cl^- cotransport mechanism). 마지막 경로는 소위 전기 발생적 나트륨이온(Na^+) 흡수 메커니즘으로, 전이차에 의해 나트륨이온(Na^+) 통로를 따라 장 점막세포로 흡수된다(electronic sodium absorption mechanism).[1]

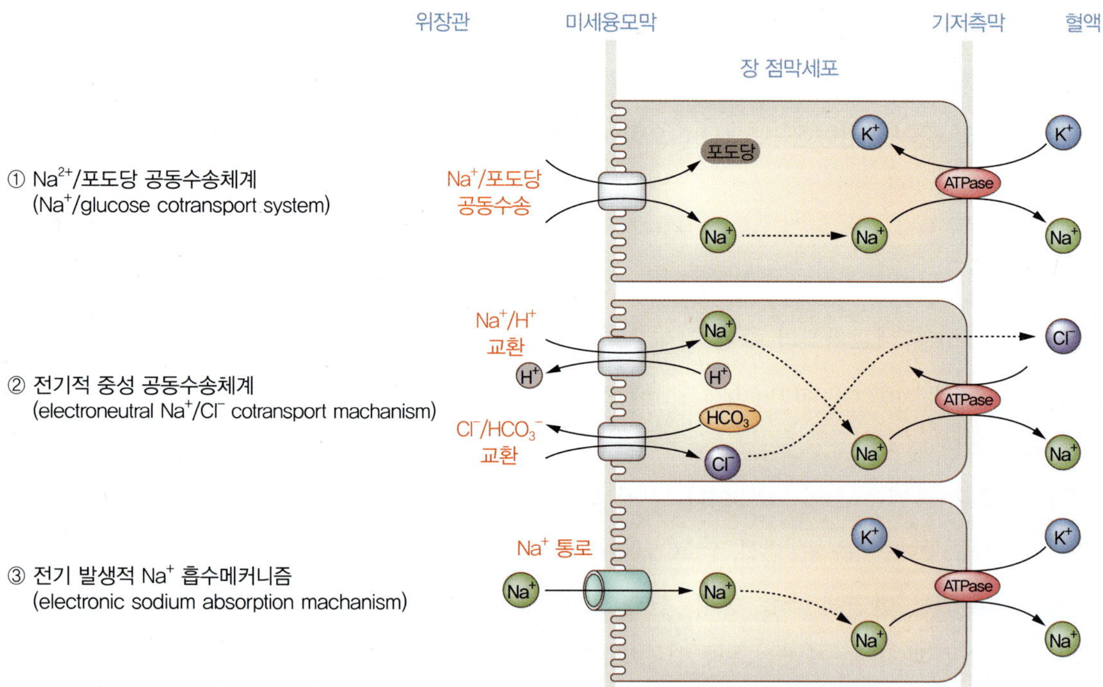

그림 8-14 나트륨의 흡수 메커니즘

(2) 운반과 저장

혈액으로 흡수된 나트륨은 바소프레신, 알도스테론, 심방성 나트륨뇨배설촉진 호르몬(atrial natriuretic hormone) 등 여러 호르몬에 의해서 생리적으로 엄격한 범위 내(135~145 mEq/L)에서 조절된다. 바소프레신은 항이뇨 호르몬으로 수분 재흡수를 증가시키고, 갈증을 느껴 수분 섭취를 자극하며 Na^+의 재흡수의 원인이 된다.

(3) 배설

혈중 나트륨의 농도가 정상 범위 이하로 떨어져 혈류량이 감소하면 콩팥으로 들어오는 혈류량이 감소되는데, 이때 콩팥에서 레닌이 분비되어 간에서 생성된 안지오텐시노젠(angiotensinogen)이 안지오텐신 I(angiotensin I)으로 활성화된다. 안지오텐신 I은 안지오텐신 II(angiotensin II)로 전환되고 곧바로 혈관을 수축하여 혈압을 상승시키며, 더 나아가 안지오텐신 II는 부신피질에서 알도스테론을 분비시킴으로써 콩팥에서 수분의 재흡수를 촉진하고 나트륨과 혈액량을 증가시킨다(renin-angiotensin-aldosterone system, RAAS).[33] 반면에 나트륨 농도가 정상 범위보다 높아지면 레닌과 알도스테론의 분비가 억제되어 나트륨과 수분 배설이 증가하여 혈류량이 감소되고 혈압은 낮아지게 된다(그림 10-3 참조).

2) 나트륨의 기능

(1) 수분 평형 조절

나트륨의 이온 농도는 세포 내외의 삼투압과 관련하여 수분 이동에 민감한 영향을

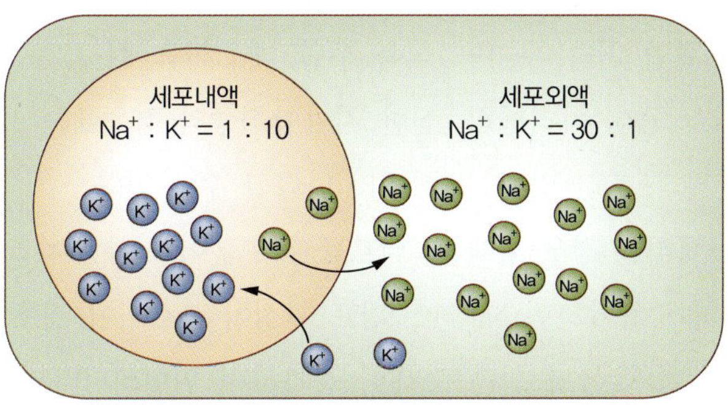

그림 8-15 세포 내외의 나트륨과 칼륨

미친다. 세포 내외의 삼투압은 나트륨이온(Na$^+$)과 칼륨이온(K$^+$) 농도에 따라 조절되는데 세포외액의 경우 나트륨이온과 칼륨이온의 비율이 약 30:1, 세포내액의 경우 나트륨이온과 칼륨이온의 비율이 1:10으로 유지될 때 삼투압 285 mOsml/L를 나타낸다(그림 8-15).

(2) 산·염기 평형 유지

나트륨은 체내에서 수소이온과 교환이 가능한 염기를 형성하여 산·염기 평형에 관여하며 정상적인 체내 pH를 유지한다.[13]

(3) 신경자극전달

신경자극전달과 근육 수축 반응에서 나트륨의 역할은 혈장 세포막의 Na$^+$/K$^+$-ATPase 펌프의 구성 성분으로 관련된다. 칼륨과 나트륨의 교환, ATP의 가수분해, 세포막의 전위차는 신경 또는 자극 전도를 발생하게 한다(신경자극전달 과정; 그림 8-16 a).

신경자극의 전달이 일어나는 동안 나트륨이온(Na$^+$)과 칼륨이온(K$^+$)의 이동으로 두 이온의 농도는 점차 같아져 세포막의 전위차가 사라지게 되는데, 이때 세포막의 전위차를 유지하기 위해 1분자의 ATP를 분해하여 3분자의 나트륨이온을 세포 밖으로, 2분자의 칼륨이온을 세포 내로 이동하는 Na$^+$/K$^+$-ATPase 펌프가 작용한다(그림 8-16 b).

3) 나트륨의 섭취와 관련된 건강 문제

나트륨은 광범위한 식품에 포함되어 있어 결핍증은 드물다. 그러나 심한 설사, 과다하게 땀을 흘린 뒤 물만 보충한 경우, 소금 섭취를 제한한 채식주의자, 심장 질환 치료 및 부신피질 기능 저하 등의 경우에 발생할 수 있다.

결핍 증상으로는 혈압 저하, 무기력, 식욕 부진, 메스꺼움, 설사, 두통, 근육 경련, 성장 감소, 모유 분비 감소 등이 나타난다. 심한 저나륨혈증의 경우에는 세포외액이 세포 내로 이동하여 두통, 발작, 혼란 및 혼수 상태가 나타날 수도 있다.[24]

과잉의 나트륨을 섭취한 경우 혈액 내 나트륨과 수분이 저류하여 고혈압과 부종이 나타난다. 혈액의 부피가 증가하면 Na$^+$/K$^+$ 펌프 활성이 감소되어 세포 내 나트륨 농도가 증가하고, 칼륨 농도가 낮아져 심근 수축이 증가하여 위험해진다. 또한 과량의 나트륨 섭취는 위궤양과 위암의 발병률이 높아지고, 소변으로의 칼슘 배출을 증가시켜 콩팥 결

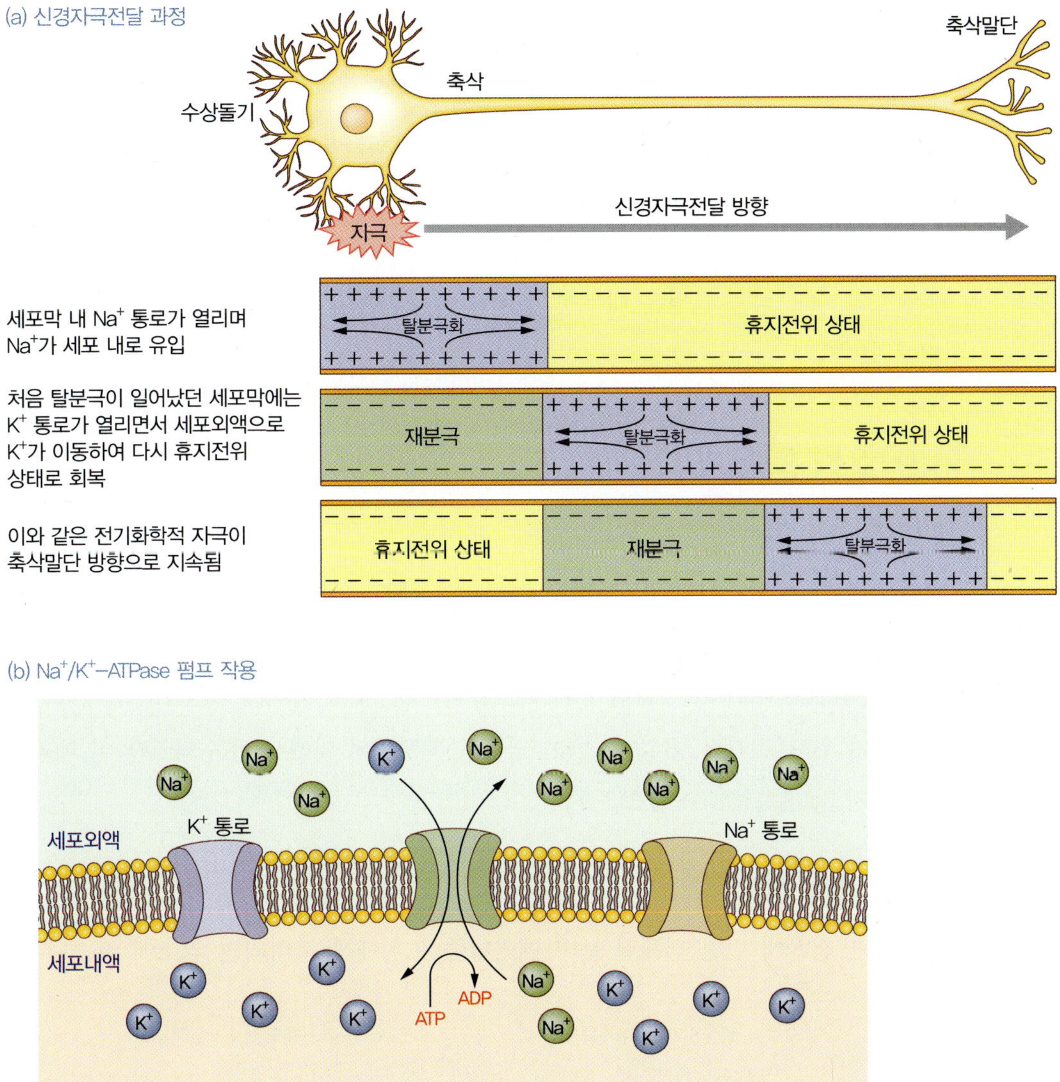

그림 8-16 신경자극전달과 Na^+/K^+-ATPase 펌프 작용

석과 골다공증의 위험도를 높인다.

2015년도 국민건강영양조사 결과 한국인 19~29세 성인의 나트륨 1일 섭취량은 목표 섭취량의 평균 2.1배 이상을 섭취하는 것으로 확인되었다.[34] 19~64세 성인의 1일 나트륨 충분섭취량은 1,500 mg이며, 목표섭취량은 2,000 mg(식염 5 g/일 이하)이며, 식이 관련 만성질환 예방을 위한 WHO/FAO 기준을 참고로 제시하였다.[20]

6. 염소

염소(chloride)는 세포외액에 가장 풍부한 음이온으로, 세포외액에 약 88%, 세포내액에 12% 정도 분포되어 있다. 염소이온(Cl^-)은 나트륨의 양이온(Na^+)을 중화하는 것과 관련하여 전해질 균형을 유지하는 데 매우 중요하며, 나트륨과 거의 유사한 양이 인체 내에 존재한다.[1,21]

염소의 주요 식품 급원은 대부분 소금과 가공식품이며 달걀, 신선육, 해산물에도 함유되어 있다.[1]

1) 소화 흡수 및 대사

(1) 흡수

염소는 소장에서 거의 흡수되며, 중화와 삼투압 균형을 유지하기 위해 나트륨의 흡수와 매우 밀접하나 흡수 메커니즘은 다르다. 나트륨이 능동적으로 흡수되는 동안 염소는 수동적으로 흡수되는데 흡수된 나트륨이온은 세포 사이의 염소이온을 안쪽으로 확산시키기 위해 전기적 중성 Na^+/Cl^- 공동수송체계에 의해서 흡수되지만 이 메커니즘은 명확하지 않다(그림 8-14 참조).[1]

(2) 운반과 저장

위장관 전반에 걸친 전해질 분비 메커니즘은 위에서 분비되는 염소에 집중된다. 염소

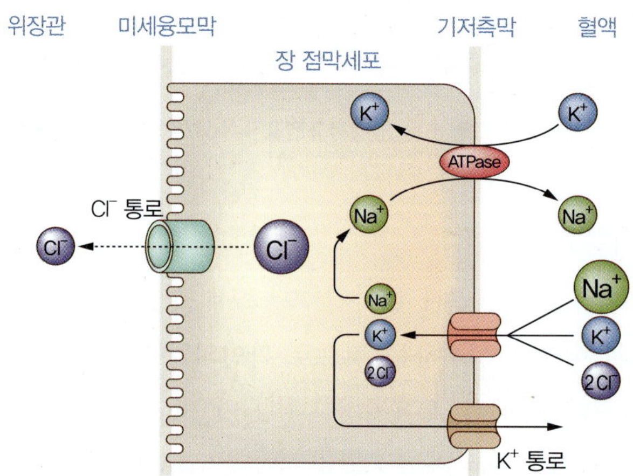

그림 8-17 염소이온의 분비 메커니즘

이온(Cl^-)은 위장관 세포에서 능동적으로 분비되는 유일한 이온으로 $Na^+/K^+/Cl^-$ 공동수송 방법에 의해서 기저측막을 지나 혈액에서 세포로 흡수되며, Na^+/K^+-ATPase 펌프에 의해 세포 내에서 적정한 나트륨 농도를 유지시키고 칼륨은 기저측막에 있는 칼륨 통로(K^+ channel)를 통해 세포 밖으로 재순환된다. 장세포에 축적된 염소이온은 염소 통로(Cl^- channel)를 통해 장관으로 방출된다.[1]

(3) 배설

염소는 위장관, 피부, 콩팥 등이 주요 배설 경로이다. 위장관으로의 염소 배설은 성인 기준 평균 1일 1~2 mEq 정도이고, 피부를 통한 배설은 나트륨의 손실과 유사하며, 극심한 운동이나 고온 환경을 제외하고는 매우 소량이다. 가장 주요 경로는 콩팥을 통해 배설되는 것이며, 나트륨 조절 메커니즘을 통해 간접적으로 조절된다.[1,18]

2) 염소의 기능

(1) 위산의 구성 성분

염소는 위산의 구성 성분으로 위의 벽세포(parietal cell)에서 분비된다.

(2) 살균 작용

염소는 백혈구가 식균 작용(phagocytosis)을 하는 동안 백혈구에 의해서 방출되어 면역 반응에 관여한다.

(3) 산·염기 평형에 관여

염소는 적혈구에서 중탄산이온(HCO_3^-)이 세포 밖으로 나가면서 교환되어 세포 내로 들어오는 음이온으로 소위 염소 이동(chloride shift)을 한다. 또한 인산염, 단산염, 단백질과 함께 산성 반응을 하여 산·염기 평형에 관여한다(그림 8-18).

(4) 수분과 전해질 균형에 관여

염소는 나트륨과 함께 수분과 전해질 균형에 관여한다.[13]

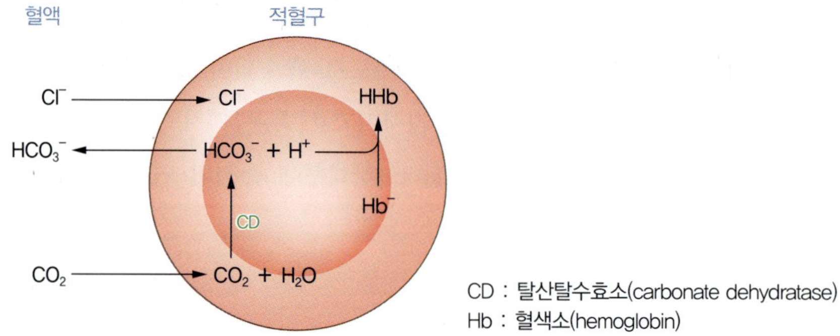

그림 8-18 염소 이동 메커니즘

3) 염소의 섭취와 관련된 건강 문제

염소의 결핍증은 정상적인 건강 상태에서는 드물다. 다른 전해질의 경우와 같이 설사와 구토 등 위장관 장애에 의해서 발생하며, 혈장 내 염소 함량이 감소되어 저염소혈증성 알칼리혈증 및 경련 등의 증세가 나타난다.[13,18]

염소이온은 나트륨이온의 작용을 증가시켜 고혈압의 원인이 될 수 있으나 정확한 작용 메커니즘은 밝혀져 있지 않다. 소금의 60%가 염소이므로 나트륨의 섭취가 적절하면 염소는 충분히 공급되며, 19~64세 성인의 1일 충분섭취량은 2,300 mg이다.

7. 황

황(sulfur)은 체내에 체중의 약 0.25% 함유되어 있으며, 체내 모든 세포에 존재한다. 다른 무기질과 달리 무기이온의 형태로는 체내 기능을 못하며, 아미노산과 비타민 등 유기물질의 구성 성분으로 다양한 대사적, 구조적 기능에 관여한다.

황은 양질의 단백질인 육류, 생선, 달걀, 콩류 등에 풍부하고 마늘, 양파, 양배추, 파 등도 좋은 급원 식품이다.

1) 소화 흡수 및 대사

(1) 흡수

식품 속에 함유된 황은 무기 형태로는 거의 흡수되지 않으며, 대부분 함황아미노산의 형태로 소장에서 흡수된다.

(2) 운반과 저장

소장으로 흡수된 함황아미노산인 메티오닌(methionine)과 시스테인(cysteine)은 단백질로부터 분해되어 문맥으로 이동한다. 함황아미노산은 대사되어 황산을 생성한다.

(3) 배설

황산은 황산염의 형태로 소변으로 배설된다. 이때 황산이온(SO_4^{2-})은 콩팥에서 칼슘과 결합하여 배설되므로 동물성 단백질이 풍부한 식사를 하는 경우 소변으로의 칼슘 배설은 증가한다.[22]

2) 황의 기능

(1) 신체 조직 및 생체 주요 물질의 구성 성분

황은 체내에서 단백질 내 설프히드릴기(-SH, sulfhydryl group)의 형태나 이 기가 2개 결합하는 이황화결합(-S-S-, disulfide bond)에 관여하여 단백질의 분자 구조를 안정화하는 데 관여한다(그림 8-19). 함황아미노산인 메티오닌, 시스테인, 시스틴은 결체조직에 함유된 콜라겐의 합성과 피부, 머리카락, 손톱 등에 함유된 케라틴 합성에 필요하다. 또한 황은 콘드로이틴황산(chondroitin sulfate)과 같은 점성 다당류의 구성 성분으로 연골과 힘줄, 뼈 등에 존재하며, 뇌와 간 등에서는 황지질(sulfolipid)을 구성한다.[13,14,21]

황은 인슐린과 항응고제인 헤파린(heparin)의 구성 성분이며, 티아민, 판토텐산, 비오틴, 리포산과 같은 비타민의 구성 성분으로 세포 대사의 조효소 기능에 관여한다.

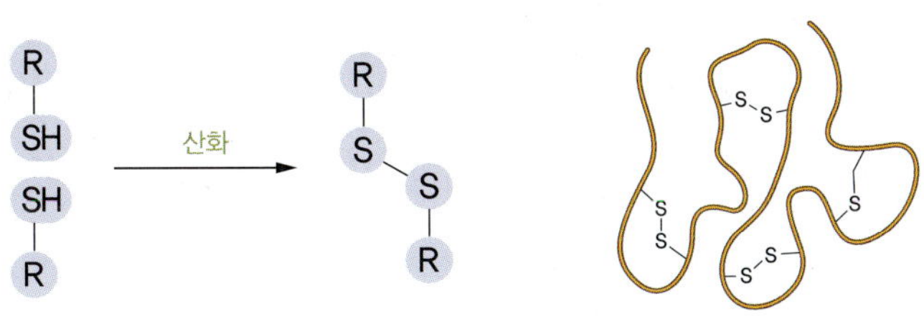

그림 8-19 함황아미노산 설프히드릴기와 이황화결합의 예시

(2) 산화·환원 반응에 관여

황은 항산화제로 작용하는 글루타티온의 구성 성분으로, 산화·환원 반응에 관여한다.

(3) 산·염기 평형에 관여

세포외액에 존재하는 황이온(SO_4^{2-})의 형태는 산·염기 평형 작용에 관여한다.[18]

(4) 해독 작용

황은 간에서 페놀(phenol)류나 크레졸(cresol)류 등과 결합하여 비독성물질로 전환한 뒤 소변으로 배설시키는 해독 작용에 관여한다.[13]

3) 황의 섭취와 관련된 건강 문제

양질의 단백질을 충분히 섭취하는 경우 황의 결핍증은 나타나지 않으며, 과잉 증상도 거의 나타나지 않는다.[18] 그러나 부족한 경우 황은 단백질 합성에 관여하므로 성장 지연이 발생할 수 있다. 황의 영양소 섭취기준은 정해져 있지 않다.

표 8-6 다량 무기질의 특징

종류	생리적 기능	결핍증	과잉증	풍부한 식품
칼슘(Ca)	• 뼈와 치아의 구성 • 근육과 신경 작용 • 혈액 응고에 관여	• 골연화증 • 구루병(어린이) • 성장 지연 • 경기, 근육 경련	• 졸음 • 콩팥, 간 등 다른 조직에 칼슘 축적 • 골격 재생 억제 • 아연 흡수 감소	우유 및 유제품(치즈, 요구르트), 브로콜리, 건조 콩, 칼슘 강화식품(주스, 시리얼, 빵 등), 녹색채소, 두부
인(P)	• 뼈와 치아의 구성 • 에너지 대사와 관련된 물질과 효소의 구성 성분 • 체액의 산·알칼리 평형 유지에 필요	• 식욕 감퇴 • 구기, 구토 • 쇠약 • 혼동 • 뼈의 칼슘 손실	• 근육 경련	우유 및 유제품(치즈, 요구르트), 육류, 종실류, 견과류, 인 강화식품
마그네슘(Mg)	• 뼈와 치아의 구성 • 신경 활동에 필요 • 열량과 단백질 형성과 관련된 효소 활성	• 어린이의 성장 지연 • 허약 • 근육 경련(눈, 얼굴) • 성격 변화	• 설사 • 탈수 • 칼슘 이용을 방해하여 신경 활동 손상	건조 콩, 두부, 땅콩, 감자, 녹색채소, 우유, 빵, 시리얼, 커피, 초콜릿, 코코아
칼륨(K)	• 체액의 산·알칼리 평형 유지 • 혈액과 체조직의 수분량 조절 • 근육과 신경 작용에 필요	• 허약 • 과민, 정신 혼란 • 불규칙적인 박동 • 마비	• 불규칙한 박동 • 심장 발작 • 구토	감자, 단호박, 리마빈(강낭콩의 일종), 바나나, 오렌지, 아보카도, 육류, 우유 및 유제품, 커피
나트륨(Na)	• 체액의 산·알칼리 평형 유지 • 혈액과 체조직의 수분량 조절 • 근육과 신경 작용에 필요	• 허약 • 무감각 • 식욕 감퇴 • 근육 경련 • 두통 • 부기, 종창	• 부종 • 고혈압 • 콩팥병 • 심장병	소금, 염장 식품(햄, 베이컨, 피클, 사우어크라우트), 소금이 첨가된 가공식품, 빵, 우유, 치즈, 샐러드드레싱
염소(Cl)	• 위산의 구성 성분 • 체액의 산·알칼리 평형 유지 • 신체의 수분 균형 조절	• 근육 경련 • 무감각 • 식욕 감퇴 • 장기간의 정신 지체(신생아)	• 구토	소금, 염장 식품(햄, 베이컨, 피클, 사우어크라우트), 소금이 첨가된 가공식품, 빵, 우유, 치즈

참고 문헌

1. Gropper SS, Smith JL. (2012). *Advanced Nutrition and Human Metabolism* 6th Ed. WORDWORTH Cengage Learning. pp 428-469
2. Fleet JC1, Schoch RD. (2010). Molecular mechanisms for regulation of intestinal calcium absorption by vitamin D and other factors. *Crit Rev Clin Lab Sci* 47(4): 181-195.
3. Fujita H1, Sugimoto K, Inatomi S. et, al. (2008). Tight junction proteins claudin-2 and -12 are critical for vitamin D-dependent Ca^{2+} absorption between enterocytes. *Mol Biol Cell* 19(5): 1912-1921.
4. Suzuki T, Hara H. (2004). Various nondigestible saccharides open a paracellular calcium transport pathway with the induction of intracellular calcium signaling in human intestinal Caco-2 cells. *J Nutr* 134(8): 1935-1941.
5. FAO & WHO (2001). *Human Vitamin and Mineral Requirements*. Report of a joint FAO/WHO/UNU Expert Consultation. pp155, 159-161.
6. Charles P, Eriksen EF. et. al (1991). Dermal, intestinal, and renal obligatory losses of calcium: relation to skeletal calcium loss. *Am J Clin Nutr* 54(1 Suppl): 266S-273S.
7. Devine A, Criddle RA, et. al. (1995). A longitudinal study of the effect of sodium and calcium intakes on regional bone density in postmenopausal women. *Am J Clin Nutr* 62(4): 740-745.
8. McGuire M, Beerman CA. (2007). *Nutrition sciences: from fundamentals to food*. Thomson Wadsworth. pp. 515-552.
9. Mihalyi E. (2004). Review of some unusual effects of calcium binding to fibrinogen. *Biophys Chem* 112: 31-40.
10. Chin ER. (2005). Role of Ca^{2+}/calmodulin-dependent kinase in skeletal muscle plasticity. *J Appl Physiol* 99: 414-423.
11. Thorneloe KS, Nelson MT. (2005). Ion channels in smooth muscle: regulation of intracellular calcium and contractility. *Canadian J Physiol & Pharmacol* 83: 215-242.
12. Wardlaw GM. (2003). *Contemporary nutrition. Issues and insights*. McGraw-Hill pp. 297-315.
13. Insel P, Turner RE, Ross D. (2006). *Discovering Nutrition*, 2nd ed. Jones and Bartlett. pp. 401-416.
14. Boyle Ma. (2001). *Personal Nutrition*, 4th ed. Wadsworth. pp. 207-237.
15. Rolfes SR, Pinna K, Whitney E.(2006). *Understanding normal and clinical nutrition*, 7th ed. Thomson Wadsworth. pp. 394-435.
16. Anderson FH. (1998). Osteoporosis in man. *Int J Clin Pract* 52(3): 1.
17. 보건복지부, 한국영양학회. (2015). 2015 한국인 영양소 섭취기준. pp. 47-56.
18. Wardlaw GM. (2003). *Contemporary nutrition. Issues and insights*. McGraw-Hill pp. 297-

315.

19. Nieman DC, Butterworth DE, Nienman LN. (1992). *Nutrition*. WCB. pp. 273-294.

20. 보건복지부, 한국영양학회. (2015) 2015 한국인 영양소 섭취기준. pp. 608-609.

21. Segawa H, Kaneko I, Yamanaka S, et.al. (2004). Intestinal Na-P(i) cotransporter adaptation to dietary P(i) content in vitamin D receptor null mice. *Am J Physiol Renal Physiol* 287(1): F39-47.

22. Whitney En, Cataldo CB, DeBruyne LK, Rolfes SR. (2001). *Nutrition for Health and Health care*, 2nd ed. Wadsworth. pp. 203-228.

23. Andrew W. Holt and David A. Tulis. (2015). *Vascular Smooth Muscle as a Therapeutic Target in Disease Pathology. Muscle Cell and Tissue.* IN TECH Published: September 2.

24. Coudray C, Demigné C, Rayssiguier Y. (2003). Effects of dietary fibers on magnesium absorption in animals and humans. *J Nutr* 133(1): 1-4.

25. Brink EJ, Beynen AC. (1992). Nutrition and magnesium absorption: a review. *Prog Food Nutr Sci* 16(2): 125-162.

26. Milne DB, Nielsen FH. (2000). The interaction between dietary fructose and magnesium adversely affects macromineral homeostasis in men. *J Am Coll Nutr* 19(1): 31-37.

27. Vormann J. (2003). Magnesium: nutrition and metabolism. *Mol Aspects Med* 24(1-3): 27-37.

28. Food and Nutrition Board, Institute of Medicine. (1997). *Dietary Reference Intakes*, Washington, DC: National Academy Press. pp. 190-249.

29. Barbagallo M, Dominguez LJ, Galioto A.et.al. (2003). Role of magnesium in insulin action, diabetes and cardio-metabolic syndrome X. *Mol Aspects Med* 24(1-3): 39-52.

30. Mazur A, Maier JA, Rock E. et.al. (2007). Magnesium and the inflammatory response: potential physiopathological implications. *Arch Biochem Biophys* 458(1): 48-56.

31. Rosanoff A, Seelig MS. Comparison of mechanism and functional effects of magnesium and statin pharmaceuticals. *J Am Coll Nutr* 23(5): 501S-505S.

32. Bo S, Pisu E. (2004). Role of dietary magnesium in cardiovascular disease prevention, insulin sensitivity and diabetes. *Curr Opin Lipidol* 19(1): 50-56.

33. von Bohlen, Halbach O. (2005). The renin-angiotensine system in the mammalian central nervous system. *Curr Protein Pept Sci* 6: 355-371.

34. 보건복지부, 질병관리본부. (2015). 2014 국민건강통계 I : 국민건강영양조사 제6기 2차년도.

Trace Mineral
Trace Mineral
Trace Mineral
Trace Mineral

미량 무기질

CHAPTER 9 **Trace Mineral**

1. 철
2. 아연
3. 구리
4. 요오드
5. 불소
6. 셀레늄
7. 망간
8. 몰리브덴
9. 크롬
10. 기타 미량 무기질

미량 무기질은 체내 존재하는 양이 체중의 1% 이하이거나 1일 필요량이 100 mg 이하로 매우 소량 요구되지만 생명 유지에 절대적인 필수영양소이다. 미량 무기질은 필요량은 매우 적으나 부족하거나 과하게 섭취 시 결핍 증상이나 과잉증이 나타날 수 있는 영양소이므로 적절한 양의 섭취가 필요하다. 현재 한국인 영양소 섭취기준에 철, 아연, 구리, 요오드 및 셀레늄에 대한 평균필요량과 권장섭취량이 설정되어 있으며, 불소, 망간, 몰리브덴 및 크롬에 대해서는 충분섭취량이 설정되어 있다. 그 외에도 권장량은 설정되어 있지 않으나 필수성에 대한 연구가 진행되고 있는 초미량 영양소로는 규소, 니켈, 붕소, 바나듐 및 코발트 등이 있다.[1]

1. 철

철(iron, Fe)은 자연계에 가장 많이 존재하는 무기질로 모든 생명체에서 발견되고, 사람의 체중 1 kg 당 38~50 mg이 존재한다. 체내 철의 약 65% 이상은 헤모글로빈에, 10% 정도는 미오글로빈에, 1~5%는 철 함유 효소에 존재하며 그 외는 혈액 중에 순환하는 형태나 간 등에 저장형으로 존재한다.[1] 철의 중요성은 오래 전부터 알려져 왔으나, 전 세계적으로 가장 결핍증이 흔하게 나타나는 영양소로 지금도 20억 이상의 인구가 철 결핍증으로 고통 받고 있는 것으로 알려져 있다. 식이 중의 철은 헴철과 비헴철의 두 가지 형태로 존재한다. 헴 형태의 철(그림 9-1)은 헤모글로빈과 미오글로빈의 주성분으로 주로 육류, 어패류, 가금류 등의 동물성 식품에 존재하고, 비헴철은 헴 구조를 갖지 않는 무

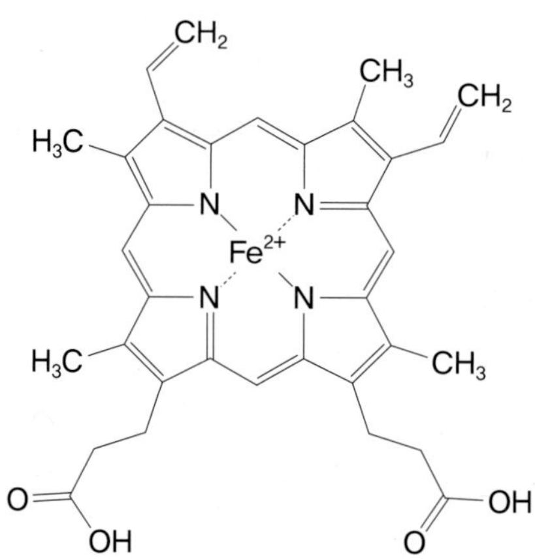

그림 9-1 **헴이온(금속 포피린)**

기 형태의 철로 생체 내의 pH에서는 3가나(Ferric iron, Fe^{3+}) 2가의 철이온(Ferrous iron, Fe^{2+}) 형태로 주로 식물성 식품 중에 존재한다. 비헴철은 체내 이용률이 낮으나 우리나라 식단에서 다량 섭취되는 식품 중에 함량이 높으므로 무시할 수 없는 철의 급원이 된다.

1) 소화, 흡수 및 대사

(1) 소화와 흡수

① 소화 및 흡수 메커니즘

헴철은 헤모글로빈이나 미오글로빈의 형태로, 무기 형태의 철이온은 식품 성분 중에 결합된 형태로 존재하므로, 철이 함유된 식품을 섭취했을 때 흡수를 위해 위와 소장 내에서 위산(HCl)이나 단백질 분해효소(protease) 들의 작용에 의해 헴이나 철이온으로 소화가 일어난 후 위장관 벽을 통해 흡수된다. 단백질 분해효소에 의해 글로빈 단백질을 떼어낸 헴은 그대로 장 점막세포로 흡수가 가능하다. 비헴철은 위산 및 단백질 분해효소에 의해 식품 성분으로부터 분리되어 주로 3가의 철이온으로 존재하나 일부는 2가의 철이온으로 환원된다. 두 가지 형태 모두 위의 산성 pH에서는 용해된 상태로 존재하지만 소장으로 이동하면 3가의 철은 알칼리 pH에서 수산화 제2철〔Ferric hydroxide,

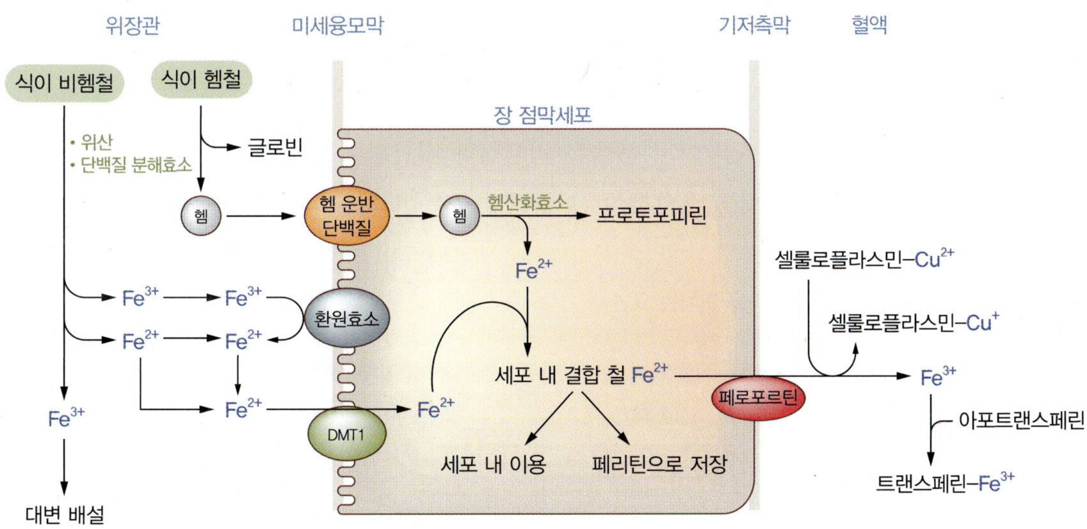

그림 9-2 철의 소화 흡수 및 이동

$Fe(OH)_3$]을 형성, 불용성으로 변하여 배설되는 반면에, 2가의 철이온은 알칼리에서도 용해된 상태로 존재하며 장 점막세포의 운반체를 통해 세포 내로 이동한다(그림 9-2).[2]

장 점막세포 내에서 헴은 헴 산화효소에 의해 프로토포피린(protoporphyrin) 고리에서 2가의 철이온으로 분리되고, 장에서 이온 형태로 들어온 2가의 철이온과 함께 장벽의 페로포르틴(ferroportin)이라는 단백질에 결합하였다가 혈액 중의 트랜스페린(transferrin)이라는 철 운반 단백질과 결합하여 체내로 이동한다. 페로포르틴에 결합되지 못한 철이온은 점막세포 내의 철 저장 단백질과 결합하여 페리틴(ferritin)이나 헤모시데린(hemosiderin) 형태의 저장형으로 존재하며, 이들은 트랜스페린과 결합하여 혈액 내로 이동하지 못하면 장 점막세포의 수명이 다해 탈락할 경우 함께 대변으로 배설되므로 철분의 흡수는 체내 필요량에 따라 장 점막세포 내에서 매우 효율적으로 조절된다.

② 흡수에 영향을 미치는 인자

철의 흡수는 소장 상부인 십이지장과 공장에서 이루어지는데 다양한 요인에 의해 영향을 받는다(표 9-1). 과당이나 솔비톨 등의 당류와 비타민 C를 포함한 시트르산, 젖산, 주석산 등의 유기산은 위의 산성 환경에서 비헴철과 결합하여 흡수율을 증가시키며, 비타민 C는 특히 3가의 철을 2가 철로 환원시켜 십이지장 pH에서 철 용해도를 높인다. 위산은 철이온의 용해도를 높여 2가 철을 안정화시킴으로써 철 흡수율 증가에 관여하므로 노화로 인한 위산 분비의 감소나 제산제 섭취 등은 철 흡수를 감소시킨다. 동물성 식품은 흡수가 쉬운 헴철의 함량이 높고 단백질 소화로 생성된 펩타이드 등이 철이온과 결합하여 흡수율을 증가시킨다. 또한 체내 저장량 감소 또는 임신, 수유, 성장기 등 철의 생체 이용률 증가 시에도 철의 흡수율은 높아진다.

이에 반하여 일부 식이 성분들은 비헴철과 결합하여 불용화시키거나 소장의 흡수 세포를 통과하기 어려운 분자량이 큰 형태로 만들어 철 흡수율을 떨어뜨린다. 피틴산이나

표 9-1 철 흡수에 영향을 미치는 요인

흡수 촉진	흡수 억제
당류(과당, 솔비톨 등) 유기산 산성 pH(위산) 체내 철 이용률 증가 헴철	피틴산, 옥살산 탄닌 유도체류 알칼리성 pH 위장관 질환, 감염 2가 양이온의 증가 비헴철

옥살산은 철뿐만 아니라 아연, 구리, 칼슘과도 결합하여 이들 무기질을 불용화시켜 흡수율을 저하시킨다. 차나 커피의 탄닌 유도체들도 철 함유 식품과 함께 섭취 시 철과 결합하여 흡수율을 60% 이상 감소시킨다. 위장관 질환이나 감염 시, 또는 체내 철 저장량 증가도 철의 흡수를 저해한다. 또한 소장 점막세포에서 2가 철의 흡수에 관여하는 운반체들은 2가의 양이온인 무기질들(Zn^{2+}, Cu^{2+}, Mn^{2+}, Ca^{2+} 등)의 운반에도 관여하므로 이들 양이온의 증가도 철 흡수를 감소시킨다.

(2) 운반, 대사 및 저장

장 점막세포에서 페리틴 형태로 결합되어 있던 철은 혈액 내에서 순환하는 철 운반 단백질인 트랜스페린과 결합하여 운반되며 이를 위해 2가 철이온은 3가 철이온으로 산화되어야 한다(그림 9-2 참조). 이때 세룰로플라스민(ceruloplasmin)이라는 단백질에 결합되어 있던 구리이온이 철이온의 산화에 도움을 주므로 구리가 결핍되면 철의 체내 이동이 저해되어 철 결핍성 빈혈이 나타날 수 있다. 트랜스페린은 간에서 생성되는 당단백질로 철이온 외에도 구리, 망간, 아연 등의 양이온과 결합할 수 있으나 혈액 내 존재하는 트랜스페린의 금속이온 결합 부위의 약 1/3은 철이온이 결합되어 있다. 트랜스페린은 장벽세포에서 흡수되는 식이 철의 운반뿐 아니라 체내 헤모글로빈의 분해나 저장분에서 유래되는 철이온의 운반에도 관여한다.

체내에서 트랜스페린의 형태로 운반되는 철은 골수에서는 적혈구 헤모글로빈 형성에, 근육에서는 미오글로빈 합성에 사용된다. 이외에도 다양한 효소의 보조인자로 사용된다. 식이로 섭취하는 철은 적절한 체내 철 유지에 중요한 역할을 수행하기는 하지만 흡

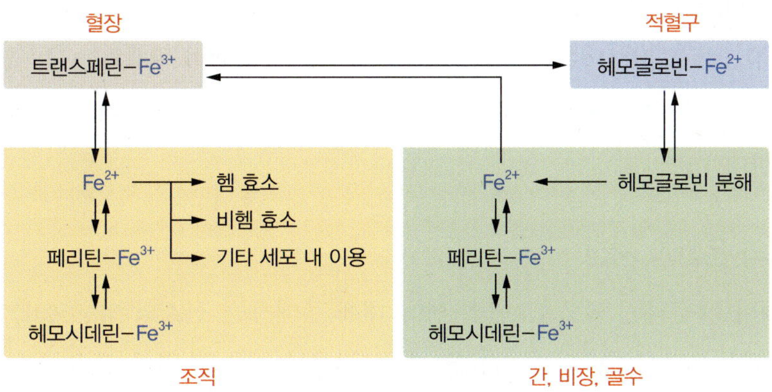

그림 9-3 철의 체내 이용

수되는 양이 매우 적다. 따라서 헤모글로빈, 미오글로빈이나 저장 철이 분해, 유리되어 순환하는 트랜스페린과 결합하여 사용되는 것이 매우 중요하다. 사용하고 남은 철은 간, 비장, 골수 등에 저장되며, 체내 철 저장량의 약 60%는 간의 연조직에, 나머지 40%는 간, 비장, 골수의 세망내피세포(reticular endothelial cell)에 존재한다. 세포 내에 저장되는 일차적 철의 저장 형태는 페리틴이며, 이는 세포 내 철의 양 조절을 위해 끊임없이 분해, 재합성되면서 조직과 혈액 내 페리틴 함량의 평형을 이루고 있다(그림 9-3). 체내 철이온의 양이 증가하면 두 번째 철 저장 형태인 헤모시데린으로 저장된다. 헤모시데린의 약 50%까지 철을 함유할 수 있으나 유리 형태의 철을 공급해 주는 속도는 페리틴보다 느리다.

(3) 배설

흡수된 철은 위장관, 피부, 콩팥을 통해 성인의 경우 남자는 1일 약 0.9~1.2 mg, 가임기 여자는 1일 1.3~1.4 mg 정도 배설된다. 주된 배설 경로는 위장관을 통한 것이며, 그 다음이 피부 점막을 통한 배설이고 소변으로 배설되는 양은 1일 약 0.08 mg 정도로 매우 적다. 가임기 여자가 남자보다 배설량이 많은 이유는 생리에 따른 혈액 손실이 주된 원인이며, 수술이나 출혈이 있을 경우 다량이 배설되기도 한다.

2) 생리적 기능

체내에서 철은 다양한 단백질의 일부로서 기능을 수행한다. 체내에 존재하는 철단백질 중 가장 많은 것은 헴 형태의 철을 함유하는 헴단백질이다. 체내 헴단백질의 약 70%는 헤모글로빈, 5%는 미오글로빈이고 그 외 시토크롬(cytochrome)이나 일부 산화·환원 효소들도 헴단백질이다. 다른 형태는 황과 복합체를 형성하여 존재하는 철-황 복합체로 전자전달계의 일부 효소에 함유되어 있으며, 그 외 단일 철 원자 형태로 산화·환원 효소에 존재한다.

(1) 산소의 운반과 저장

적혈구에서 생성되는 헤모글로빈은 혈액 내에 존재하는 산소의 약 95%를 운반한다. 더불어 근육의 미오글로빈은 모세혈관 적혈구로부터 산소를 받아 근육세포 내에서 산소를 저장하거나 근육의 수축 등에 필요한 에너지 공급을 위해 산소를 제공하는 역할을 한다. 헤모글로빈과 미오글로빈은 모두 헴단백질이며 헤모글로빈은 4개의 헴단백질로, 미오글로빈은 1개의 헴단백질로 되어 있다. 두 단백질 모두 산소가 직접 결합하는 부위는 헴 중앙 부위의 철 원자이므로 철의 부족은 체내 산소 운반과 저장에 영향을 미치게 된다.

(2) 효소의 보조인자로 작용

체내의 많은 효소는 정상적인 작용을 위해 보조인자로서 헴 형태 또는 원자 상태의 철을 함유하고 있다. 헴을 보조인자로 함유하고 있는 가장 대표적인 효소는 시토크롬 b와 시토크롬 c로, 이들은 에너지 대사에서 전자를 전달하여 ATP 생성에 관여한다. 시토크롬 b와 c는 전자 전달계에서 철의 산화 상태 변화에 따라 전자의 이동을 돕는다. 헴을 보조인자로 함유하는 다른 효소로는 산화·환원 반응에 관여하는 카탈레이즈(catalase), 퍼옥시데이즈(peroxidase) 등이 있다. 그 외에 철이 보조인자로 작용하는 효소들로 아미노산 대사에 관여하는 트립토판 다이옥시제네이즈(tryptophan dioxygenase), 방향족 아미노산 대사에 관여하는 모노옥시제네이즈(Monooxygenase), 호모젠티세이트 다이옥시제네이즈(homogentisate dioxygenase)와 카르니틴 합성에 관여하는 트라이메틸라이신 다이옥시제네이즈(trimethyl lysine dioxygenase), 콜라겐 합성에 관여하는 라이신 다이옥시제네이즈(lysine dioxygenase) 및 프롤린 다이옥시제네이즈(proline dioxygenase), 비타민 A 합성에 관여하는 β-카로틴 다이옥시제네이즈(β-carotene dioxygenase) 등이 있다. DNA 합성에 관여하는 리보뉴클레오타이드 환원효소(ribonucleotide reductase)나 해당 과정이나 시트르산회로 중의 일부 효소들도 철이온을 함유하고 있다.

(3) 기타

이외에도 철은 정상적인 면역 기능의 유지, 약물의 독성 제거나 신경세포의 수초 형성에도 관여하여 뇌 기능 유지에도 중요한 역할을 한다.[3]

3) 철 섭취와 관련된 건강 문제

철 결핍은 전 세계적으로 중요한 영양 문제 중의 하나로 특히 영유아나 성장 속도가 빠른 청소년, 생리혈 손실이 있는 가임기 여성, 태아나 태반 형성 및 출산 시 혈액 손실이 많은 임산부에서 특히 중요하다. 체내 철 결핍증은 단계적으로 나타나므로 철의 영양 상태 판정을 위해서는 헤마토크리트(hematocrit)나 헤모글로빈 농도뿐 아니라 트랜스페린이나 페리틴 농도 등 저장 철이나 운반 중인 철의 함량 측정도 해야 한다(표 9-2). 철의 결핍증은 단계적으로 나타나므로 초기에는 증상을 구분하기 어렵지만 철 결핍이 지속되면 적혈구 크기가 줄어들고 헤모글로빈이 감소하며 조직세포로 산소 공급이 원활히 이루어지지 않는 소적혈구성 저색소성 빈혈이 나타난다.

표 9-2 철의 영양판정 지표

지표	정의	정상 범위
혈중 헤모글로빈(g/dL)	혈액의 산소 운반 능력 지표	남자 : 14~18 여자 : 12~16
헤마토크리트(%)	혈액 중 혈구의 비율	남자 : 40~54 여자 : 37~47
혈청 페리틴(μg/L)	조직 내 철 저장 지표	100±60
혈청 철(μg/dL)	혈액 중 총 철 함량	115±50
트랜스페린 포화도(%)	철과 포화된 트랜스페린의 양	35±15
프로토포피린 함량(μmol/L 적혈구)	헴의 전구물질인 프로토포피린은 철 부족 시 철과 결합하지 못하고 함량이 증가	0.62±0.27

철 결핍 증세는 주로 3단계로 일어나며 첫 번째 단계는 저장 철이 고갈되는 단계로 적혈구나 헤모글로빈 생성에는 영향을 미치지 않으므로 생리적 변화는 없다. 이 상태에서는 혈청 페리틴의 농도를 측정하는 것이 중요하다. 두 번째 단계는 저장 철의 고갈 후 체내 이동 중인 철이 감소하면서 생화학적 기능 저하가 시작되는 단계로, 혈청 트랜스페린 포화도가 감소하지만 헤모글로빈의 함량 감소는 아직 적어서 임상적 빈혈은 나타나지 않는다. 마지막 단계는 혈액 중 헤모글로빈과 적혈구 농도의 급격한 저하와 함께 헤마토크리트가 37% 미만, 혈중 헤모글로빈이 10~11 g/dL 이하를 나타낸다(그림 9-4).

한국인의 철 권장섭취량은 철의 손실량, 필요량 및 저장 철의 증가량 등을 고려하여 성인 남자는 1일 10 mg, 여자는 14 mg으로 정하였으나, '국민건강영양조사' 결과 전국적으로 권장량 미만으로 섭취하는 비율이 남자는 약 9.6%, 여자는 26.7%로 여자에게서 섭취 부족이 나타날 가능성이 높을 것으로 예견되고 있다.[4,5]

영양 보충제나 철분제를 과잉으로 복용하여 체내에 과량의 철이 축적되면 과잉증이 나타날 수 있다. 철 흡수는 장 점막에서 제한을 받으므로 심각한 독성이 쉽게 나타나

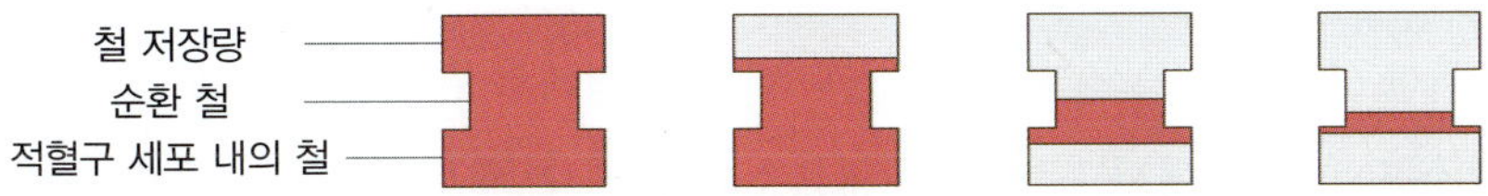

	정상	철 결핍		
		1단계	2단계	3단계
혈청 페리틴	100±60	<20	10	<10
혈청 철	115±50	115	<60	<40
트랜스페린 포화도	35±15	30	<15	<15
적혈구 프로토포피린	30	30	100	200
적혈구	정상	정상	정상	적혈구 저색소

그림 9-4 철 결핍 단계와 그에 따른 영양 상태 판정 지표들의 변화

지는 않으나 장 점막의 방어 시스템이 어른만큼 작동하지 못하는 어린이에게서 과잉증이 나타날 수 있다. 증상은 구역질, 구토, 설사, 심박동의 증가, 현기증, 의식 장애 등이 있으며, 특히 아이들은 섭취 후 몇 시간 내에 사망할 수도 있으므로 즉각적인 치료가 필요하다. 간 조직 내 헤모시데린 축적이 증가하는 유전적 철 대사 장애인 혈색소침착증(hemochromatosis)이 있는 경우 치료하지 않으면 체내 기관에 심각한 손상을 유발할 수 있으므로 주의가 필요하다.[6] 우리나라에서는 위장 장애를 일으키지 않는 철 섭취 수준을 기준으로, 성인 남자와 여자 모두 1일 45 mg을 상한섭취량으로 정하였다.[4]

2. 아연

아연(Zinc, Zn)은 1960년대 필수영양소로 정립되었으며, 성인의 체내에 약 1.5~2.5 g 존재한다. 아연은 대부분의 기관과 조직, 체액 내에 존재하는 금속이온으로 다양한 원자가로 존재할 수 있으나 체내 아연의 대부분은 Zn^{2+}의 형태이다. 아연은 식품 내에서 핵산이나 아미노산과 복합체를 형성하여 존재하므로 육류나 해산물 등이 좋은 급원 식품이다. 전곡류 또한 아연의 급원이 되나 식물성 식품의 아연은 체내 이용률이 동물성 식품에 비해 낮은 편이며, 과일류는 아연 함량이 낮다.

1) 소화, 흡수 및 대사

(1) 소화와 흡수

아연은 식품 중에 아미노산이나 핵산과 결합한 형태로 존재하므로 섭취 후 산성 환경인 위나 십이지장 상부에서 단백질 분해효소와 핵산 분해효소(nuclease)에 의해 유리 상태로 분해된 후 흡수된다. 아연의 흡수는 십이지장과 공장 상부에서 주로 이루어지며 운반체에 의한 흡수(carrier-mediated transport)와 확산에 의해 일어난다. 운반체에 의한 흡수는 주로 Zrt-와 Irt-유사 단백질 4(Zrt- and Irt-like Protein 4, ZIP4)에 의해 매개된다. ZIP4의 작용은 섭취하는 아연의 양에 의해 조절되어 아연 섭취량이 많으면 ZIP4의 합성이 증가하는 반면에 섭취량이 적을 경우 합성이 저하된다. ZIP4 외에 2가 무기질 운반체 1(divalent mineral transporter 1, DMT1)과 ZIP11이 작용하고, 히스티딘(histidine)과 결합한 아연은 아미노산 운반체 등에 의해서도 운반되나 ZIP4에 비해 이들 운반체의 작용은 적은 편이다. 아연 섭취량이 많아 운반체가 포화되면 세포 간 확산에 의한 흡수가 일어나기도 한다(그림 9-5). 아연의 흡수 또한 다양한 요인에 의해 조절되며, 시트르산 등의 유기산이나 글루타티온(glutathione), 히스티딘 같은 아미노산 등의 리간드는 아연과

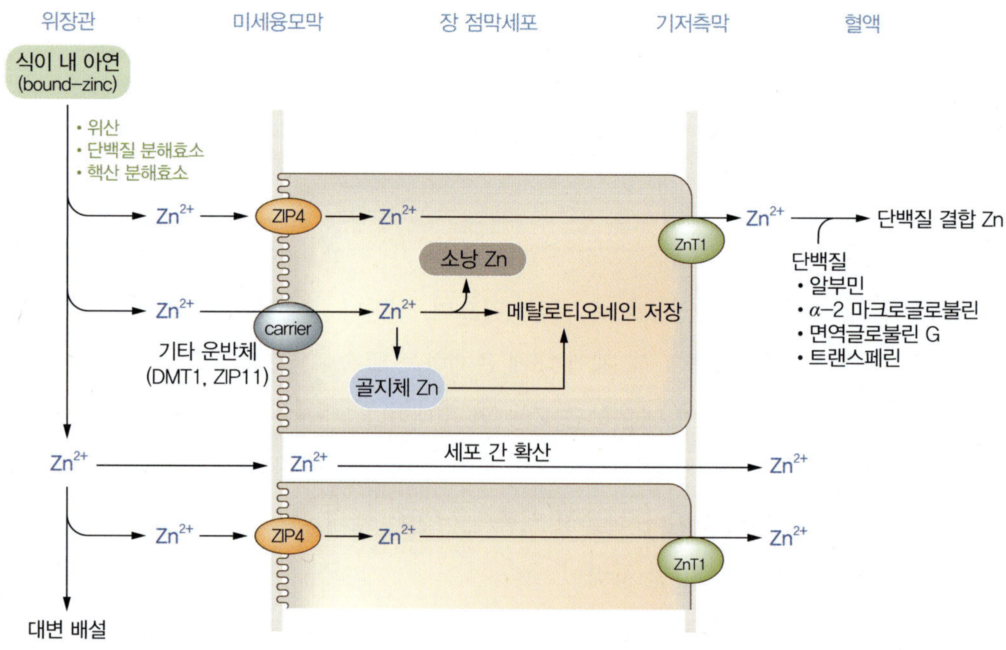

그림 9-5 아연의 소화 흡수 및 운반

결합하여 흡수를 촉진한다. 산성 환경 또한 아연의 흡수를 촉진하므로 제산제 등의 복용으로 십이지장의 pH가 높아지면 흡수가 억제된다. 아연과 결합하여 아연의 용해도를 낮추는 물질인 피틴산, 옥살산, 폴리페놀 등은 흡수를 저하시키며, 칼슘이나 철의 다량 섭취와 엽산의 과잉 섭취 또한 아연의 흡수를 저하시키는 인자로 작용한다.

(2) 운반, 대사 및 저장

흡수된 아연은 장 점막세포 내에서 골지체로 이동하거나 세포 내 소낭(vesicle)의 형태로 또는 메탈로티오네인(metallothionein)에 결합된 형태로 저장될 수 있다. 또한 체내 필요에 따라 장 점막세포 기저측막의 아연 운반체 1(zinc transporter1, ZnT1)을 통해 혈액 내로 이동할 수도 있다.[7] ZnT1에 의해 장세포를 통과해 나온 아연은 알부민과 결합하여 간문맥을 따라 간으로 이동한 후 간에서 다시 다른 세포들로 이동한다. 이때 아연의 약 60%는 알부민과 결합하여 이동하고, 15~40%는 α-2 마크로글로불린(macroglobulin), 면역글로불린 G(IgG), 트랜스페린 등과 결합하여 이동한다. 아연은 간, 콩팥, 근육 피부, 뼈 등에 존재하며 조직 내 아연의 50%는 세포질에, 30~40%는 핵 속에서 단백질과 결합되어 존재한다. 조직 내 아연의 양은 식이 섭취량에 의해 크게 영향을 받지 않으며 식사에 의한 아연 섭취가 줄면 아연을 함유한 메탈로티오네인에서 아연이 분해되어 혈액 내 농도를 유지한다.

(3) 배설

체내 아연의 대부분은 위장관을 통해 대변으로 배설되며, 이는 체내 아연 농도에 따른 흡수량 조절에 의해 변화된다. 흡수된 아연은 콩팥에서 대부분 재흡수되므로 소변이나 생리, 피부 등을 통해 배설되는 양은 매우 적으며, 식이 섭취량에 크게 영향을 받지 않는다.

2) 생리적 기능

아연은 체내 100여 가지 이상의 효소 및 조효소의 구성 원소로 작용하여 효소 기능을 도울 뿐 아니라 그 외에 다양한 기능을 나타낸다.

(1) 효소의 보조인자

아연은 금속 효소의 구성 성분으로 효소 단백질의 입체적인 구조를 안정화시키거나 촉매 부위에서 반응에 참여하는 등으로 모든 종류의 효소 기능에 관여한다. 아연이 작용하는 대표적 효소로는 산·염기 평형 유지에 관여하는 탄산 탈수효소(carbonic anhydrase), 다양한 화합물로부터 인산 에스터결합을 분해하는 알칼리성 포스파테이즈(alkaline phosphatase), 단백질의 소화에 관여하는 카르복시펩티데이즈(carboxy-peptidase) 및 아미노펩티데이즈(aminopeptidase), 알코올 대사에 관여하는 알코올 탈수소효소(alcohol dehydrogenase), 헴 합성에 관여하는 델타-아미노레불린산 탈수효소(Δ-aminolevulinic acid dehyratase) 및 유리라디칼을 제거하여 체내 항산화 작용에서 중요하게 작용하는 수퍼옥사이드디스뮤테이즈(superoxide dismutase, SOD) 등이 있다.

(2) 유전자 발현의 조절

아연은 단백질 합성을 위해 DNA로부터 RNA의 전사에 관여한다. DNA에서 RNA로 전사하는 데에는 전사인자라는 단백질이 필요하며, 이 전사인자에 아연이 결합되어 징크 핑거(zinc fingers, ZnF)라는 입체 구조를 형성하여 DNA 전사의 개시에 관여한다. ZnF는 DNA 전사 개시 부위의 금속이온 반응성 전사조절구역(metal response regulatory element region)이라는 부위에 결합하여 복합체를 형성, 전사의 속도를 조절한다(그림 9-6). 또한 DNA나 RNA 중합효소들(DNA or RNA polymerases)의 기능에 관여하여 핵산의 합성을 돕는다.[7]

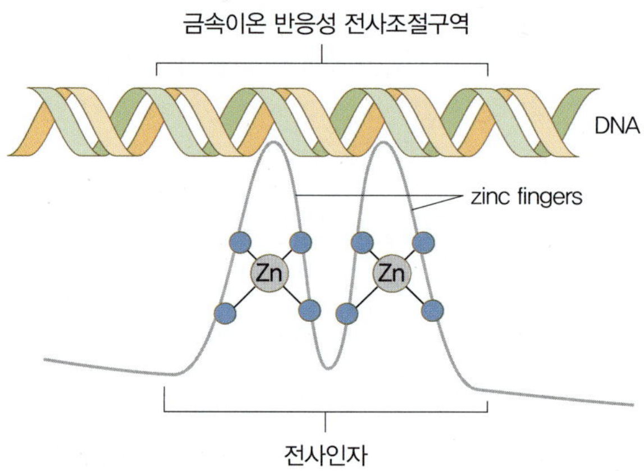

그림 9-6 유전자 발현에서 아연의 역할

(3) 세포 분열과 분화

아연은 세포의 분열과 분화에 관여하는 다양한 효소와 호르몬의 구성 성분으로 작용하며, 특히 세포막 단백질의 구조 유지와 단백질 간의 상호 작용에 관여하여 세포 및 조직의 정상적인 성장에 도움을 준다.

(4) 면역 기능

아연은 세포 매개성 및 체액성 면역에도 중요한 역할을 한다. 특히 T세포의 발달과 림프세포의 분화, T세포 의존성 B세포의 기능에도 관계하므로 아연이 결핍되면 면역력 약화와 설사 등이 나타나기도 한다.

(5) 항산화 작용

아연은 세포 내외에서 수퍼옥사이드 라디칼을 제거하는 SOD의 주요 구성 성분으로 체내에서 중요한 항산화 작용을 수행한다. 세포막에서 아연은 비타민 C, E, β-카로틴 등의 항산화제와 함께 세포막을 유지하는 기능을 수행하여 망막세포 변성이나 황반변성 등의 지연에도 관여하는 것으로 알려져 있다.

$$2O_2\cdot + 2H^+ \xrightarrow{\text{superoxide dismutase(SOD)}} O_2 + H_2O_2$$

(6) 미각 기능 유지

아연은 맛에 대한 민감도를 나타내는 미뢰의 성장 발육에 필요한 구스틴(gustin) 단백질의 구성 성분으로 미각 기능 유지에도 중요한 역할을 한다.[8]

3) 아연 섭취와 관련된 건강 문제

아연이 결핍되면 어린이는 성장 지연, 골격의 이상, 상처 치료 지연, 설사, 성적 성숙 지연 등이 나타나고, 성인은 설사, 무기력, 미각 감퇴증, 탈모, 면역 반응이나 상처 치료 지연 등이 나타난다. 정상적인 식사를 하는 경우에는 섭취가 부족해도 아연의 흡수, 배설 메커니즘 등의 조절로 체내 항상성이 유지되지만, 저소득층의 노인이나 어린이, 채식주의자, 알코올 중독자, 외상 환자, 겸상적혈구 빈혈이나 흡수 장애가 있는 경우에는 아연의 필요량이 증가하여 부족 증상이 나타날 수 있다. 아연 결핍증은 아연의 보충으로 개선될 수 있으므로 어린이에게 성장 지연이 나타날 경우 보충제를 사용하기도 한다. 한국인의 아연 권장섭취량은 아연의 손실량과 흡수율을 고려하여 성인 남자는 1일 9~10 mg, 여자는 7~8 mg으로 정하였다.

드물기는 하나 보충제 등의 과다 섭취로 급성 또는 만성의 아연 독성이 나타날 수 있다. 급성 독성은 아연으로 도금된 용기에 산성이 강한 음료나 식품을 넣어 섭취할 때 나타날 수 있으며 두통, 메스꺼움, 구토, 상복부 통증, 복부 경련 등과 더불어 면역 기능의 감소나 체내 철이나 구리 상태의 변화 등이 나타날 수 있다. 만성 독성은 매일 40 mg 이상의 아연을 꾸준히 섭취하는 경우 나타나며 감각의 마비, 운동실조, 경직성 보행 등 신경학적 증상과 함께 구리 결핍증이 나타날 수 있다. 한국인의 성인 남녀 모두 1일 35 mg을 상한섭취량으로 정하였다.

3. 구리

구리(copper, Cu)는 성인의 체내에 약 100~150 mg 존재하는 미량 무기질이며, 체내 모든 조직과 선세포에서 발견되나 주로 근육이나 간, 심장, 콩팥 등에 많이 존재한다. 체내에서 구리는 산화(Cu^{2+}, Cupric)와 환원(Cu^{+}, Cuprous)의 두 가지 형태의 이온형으로 존재한다. 내장육과 같은 육류와 굴이나 가재 등의 갑각류가 가장 좋은 급원 식품이며, 식물성 식품 중에서는 견과류, 콩류, 건조 과일, 전곡류, 코코아 등이 좋은 급원이다. 반면 우유 및 유제품에는 함량이 적다.

1) 소화, 흡수 및 대사

(1) 소화와 흡수

구리는 식품 내에서 주로 단백질을 구성하는 아미노산 같은 유기 성분과 산화형(Cu^{2+})으로 결합하여 존재한다. 따라서 음식 섭취 후 흡수 전에 유리 상태로 분리가 되어야 흡수가 가능하므로 위산이나 위액의 펩신, 소장의 단백질 분해효소 등의 작용에 의해 유리 상태로 전환된 후 흡수된다.

구리는 위의 산성 환경에서 환원형으로 전환된 후($Cu^{2+} \rightarrow Cu^{+}$) 소장 상부에서 흡수된다. 소장 점막세포에서 구리의 흡수는 구리 운반체 1(copper transporter 1, Ctr1)나 DMT1의 작용에 의해 일어난다. Ctr1은 환원된 상태의 구리를 운반해 주는 물질이며 DMT1은

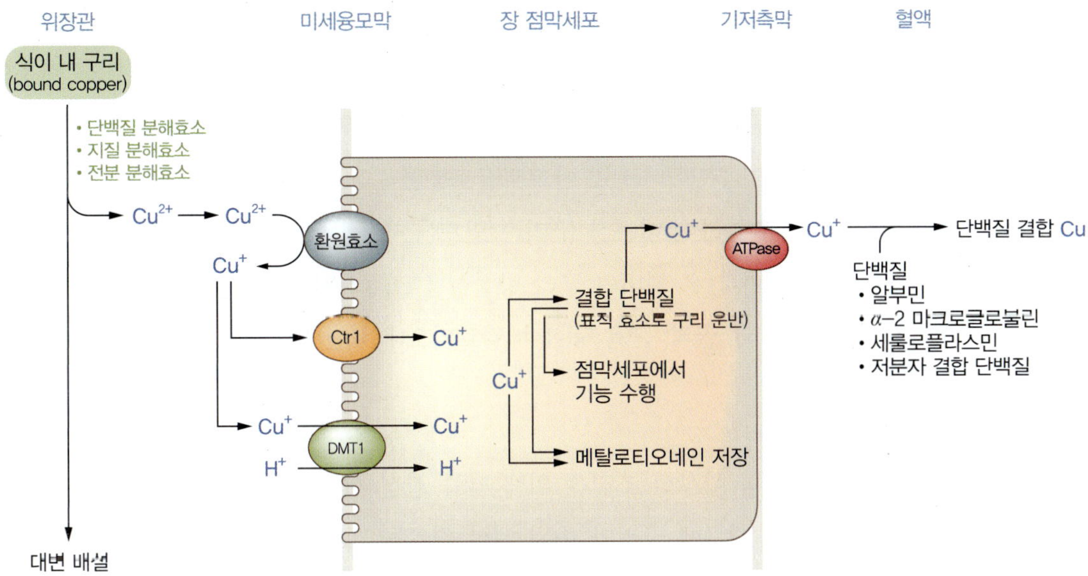

그림 9-7 구리의 소화, 흡수 및 운반

Cu^+와 H^+를 함께 소장 점막세포 내로 운반하는 역할을 한다(그림 9-7). 일반적으로 섭취한 구리의 50~80%가 흡수되며, 구리의 섭취량이 증가하면 흡수율은 감소하고 섭취량이 감소하면 흡수율은 증가한다.

구리의 흡수는 그 외에도 여러 가지 인자에 의해 영향을 받는다. 히스티딘이나 시스테인 등의 아미노산이나 글루타티온 등은 구리와 결합하여 흡수율을 증가시킨다. 유기산들은 구리의 용해도를 증가시키고, 낮은 pH에서는 구리가 주로 환원형으로 존재하여 흡수율이 증가된다. 이에 반하여 pH가 알칼리성으로 변하거나, 구리와 결합하여 불용성 화합물을 생성하는 피틴산은 흡수를 감소시킨다. 다량의 아연 또한 구리의 흡수를 방해한다.

(2) 운반, 대사 및 저장

장 점막세포 내로 흡수된 구리는 점막세포 내에서 기능을 수행하거나, 메탈로티오네인과 결합되어 저장될 수 있다. 점막세포 내에서 기능을 수행하거나 저장되지 않는 구리는 히스티딘이나 시스테인 등의 아미노산이나 글루타티온, 기타 결합 단백질 등과 결합한다. 단백질과 결합한 구리는 체내 요구도에 따라 장 점막세포의 기저측막 쪽에 존재하는 ATP 분해효소7(ATPase7)의 작용으로 능동수송에 의해 간문맥 혈액 내로 이동하고 다시 알부민이나 α-2 마크로글로불린, 세룰로플라스민 등의 단백질과 결합하여 간으로 이동한다. 간으로 이동한 구리는 세포질 내에서 세룰로플라스민과 결합, 혈액으로 방출되어 체내 각 조직으로 이동된다. 혈액 내 구리의 약 60~70%는 세룰로플라스민의 형태로 운반되고 나머지는 알부민이나 α-2 마크로글로불린 등과 느슨하게 결합되어 이동한다. 세룰로플라스민과 결합하여 이동한 구리는 필요한 세포막에서 Ctr1의 도움으로 세포 내로 운반되어 사용된다. 간은 체내의 구리 항상성을 조절하기 위해 구리를 저장하는 기관이며, 그 외에 콩팥, 뇌, 골격, 근육 등에 메탈로티오네인 단백질과 결합하여 저장된다.

(3) 배설

간은 체내 구리의 항상성 조절을 위해 담즙 합성 시 구리의 함량을 조절하여 대변으로의 배설을 돕기 때문에 구리의 주된 배설 경로는 대변이다. 구리 대사의 유전적 손상으로 일어나는 윌슨병(Wilson's disease)은 담즙으로의 구리 배설이 손상을 받아 나타나는 구리 과잉증이다. 대변 외에 소변이나 땀, 피부 세포의 탈락, 생리, 머리카락, 상피 등을 통해서도 소량의 구리가 배설된다.

2) 생리적 기능

구리는 아연과 마찬가지로 다양한 효소의 구성 성분으로 체내에서 여러 기능을 수행한다.

(1) 철의 흡수 및 이용에 도움

체내에서 구리를 운반하는 세룰로플라스민은 구리 운반 외에 다양한 효소적 기능을 나타내며, 그중 대표적인 것이 철의 산화를 돕는 철 산화효소(ferroxidase)로서의 기능이다. 세룰로플라스민은 장 점막세포에서 흡수된 2가의 철이 세포의 기저측막을 통해 혈액 내로 이동할 때 3가의 철로 환원시켜 철 운반 단백질인 트랜스페린과의 결합을 돕는 역할을 수행하며, 이때 세룰로플라스민의 2가 구리이온은 1가 구리로 환원된다(그림

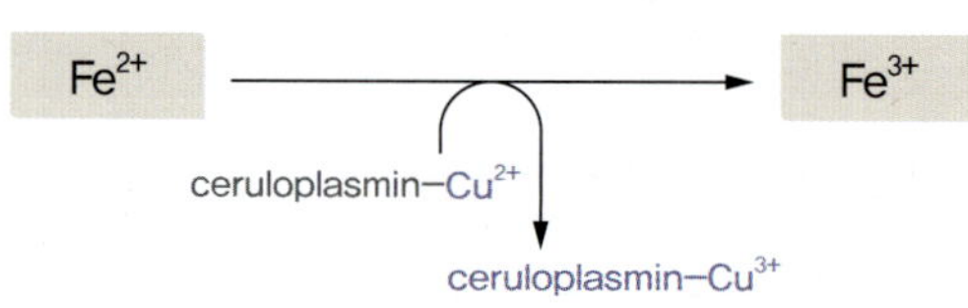

9-2 참조). 따라서 구리가 결핍되면 철 결핍성 빈혈이 악화될 수 있고, 철 결핍성 빈혈 증상을 보이는 어린이에게 철과 함께 구리를 공급하면 치료에 도움을 주는 것으로 알려져 있다.

(2) 결합조직의 합성

라이실 산화효소(lysyl oxidase)는 결합조직을 구성하는 콜라겐이나 엘라스틴 단백질에서 아미노산의 교차결합을 통해 구조를 형성하는 데 관여하는 효소이다. 구리는 라이실 산화효소를 활성화시키므로 구리 섭취가 부족하면 라이실 산화효소의 활성이 감소되어 골격이나 피부, 혈관 등의 결합조직 강도가 영향을 받을 수 있다. 이로 인해 구리가 골격 형성과 심장 순환계의 결합조직을 정상적으로 유지하는 데 관여할 수 있다.

(3) 항산화 작용

구리는 구리, 아연-수퍼옥사이드디스뮤테이즈(Cu,Zn-SOD)의 구성 성분으로 효소의 활성 부위에 존재하여 작용하므로 효소에서 구리를 제거하면 세포질의 Cu,Zn-SOD 활성이 감소한다. Cu,Zn-SOD는 세포질뿐만이 아니라 세포외액에도 존재하면서 세포 및 체액 내에서 산화적 손상을 방지한다.

(4) 에너지 생성

시토크롬 c 산화효소(cytochrome c oxidase)는 미토콘드리아 내 전자전달계의 마지막 단계 효소로 ATP 생성에 관여한다. 구리는 시토크롬 c 산화효소의 구성 성분으로 작용하므로 심한 구리 결핍 시 효소 활성이 저하되어 에너지 생성에도 영향을 미칠 수 있다.

(5) 여러 효소의 구성 성분

구리는 아연과 함께 다양한 금속효소의 구성 성분으로 작용하며, 특히 구리가 함유된 효소는 대부분 산소를 사용하는 반응에서 작용한다. 따라서 생체 내 아민의 산화를 일으키는 아민 산화효소(amine oxidase)의 작용에 관여하여 세로토닌이나 도파민, 에피네프린 등의 신경전달물질의 합성에 관여하고, 티로신에서 멜라닌 색소 생성에도 관여한다.[9] 또한 칼시토닌이나 가스트린, 콜레시스토키닌 등의 펩타이드 호르몬 기능에 관여하는 효소 작용에도 필수적이다.

(6) 기타

구리는 혈액 응고인자 V와 VIII의 구성 성분으로 혈액 응고에 관여하며, 혈관 신생이나 면역 반응, 신경의 수초 생성, 핵산 합성에서 DNA의 전사인자로도 작용하는 것으로 알려져 있으나 정확한 메커니즘은 밝혀져 있지 않다.

3) 구리 섭취와 관련된 건강 문제

구리의 결핍증은 정상적인 식사를 하는 경우에는 나타나는 일이 드물지만, 조제유를 섭취하는 영아나 조산아, 영양 지원을 받는 입원 환자, 다량의 위산 제거제를 복용하는 사람 등에서 발생할 수 있다. 구리 결핍의 대표적 증상으로는 철 이용의 감소로 인한 빈혈, 결체조직의 이상으로 인한 골격의 비정상화, 피부 탈색, 수초 형성 부진, 백혈구 감소, 성장 장애, 심장 질환 등이 있다. 구리 결핍은 아연 보충제의 과잉 섭취에 의해서도 나타날 수 있으며, 크론병(Crohn's disease)이나 궤양성 대장염 환자에서 발생 위험이 증가한다. 선천적 구리 흡수 장애인 멘케스병(Menkes disease)의 발병률은 낮지만 유아나 어린이에게는 치명적일 수 있으나 출생 직후 치료하면 비가역적 손상을 예방할 수 있다. 구리는 결핍이나 과잉의 지표가 없어 혈장이나 혈소판 등의 구리 농도 등을 이용하여 권장섭취량을 결정하였으며, 한국인 성인 남자와 여자의 구리 권장섭취량은 모두 1일 800 μg이다.[4]

구리는 미량 무기질 중 상대적으로 독성이 낮은 영양소이므로 알려진 독성은 별로 없다. 그러나 장기간 다량 섭취하면 과잉증이 나타날 수 있으며, 임상 증상은 구토, 오심, 복통, 설사 등이다. 선천적인 구리 대사의 이상으로 독성을 나타내는 윌슨병은 구리가 세룰로플라스민에 흡수되는 데 이상이 있거나, 담즙을 통한 구리 배설이 정상적으로 이루어지지 못하여 간, 뇌, 콩팥, 각막 등에 축적되는 질병이다. 한국인 영양소 섭취기준

멘케스병과 윌슨병 *Tip*

멘케스병(Menkes disease)은 구리의 대사 과정 장애로 인한 구리 결핍 및 구리 의존효소의 기능 저하를 일으키는 유전 질환이다. 머리카락이 꼬이고 윤기가 없으며 잘 부서지고, 특이한 얼굴 모양(낮은 콧등, 높은 입천장, 늘어진 볼과 귀)과 퇴행성 신경 장애를 보이는 결핍성 질환이다.

윌슨병(Wilson's disease)는 멘케스병과 마찬가지로 선천적 대사 장애 질환이기는 하나, 구리 결합 단백질인 세룰로플라스민의 합성 저하로 구리가 대사되지 못하고 말초조직에 축적되어 나타나는 독성 현상이다. 뇌 기저핵의 변성이나 간세포의 섬유화 등을 나타낸다.

에서 구리의 상한섭취량은 간에 손상을 줄 수 있는 위험을 근거로 성인 남녀 모두 1일 10,000 μg으로 정하였다.

4. 요오드

요오드(iodine, I)는 1920년대 이후 필수영양소로 알려졌으며, 다른 미량 무기질들과는 달리 비금속으로 식품 및 체내에 이온형(iodide, I^-)으로 존재한다. 성인의 체내에 15~20 mg 함유되어 있으며, 이 중 70~80%가 갑상선에 존재한다. 요오드는 미역, 김, 다시마 등의 해조류와 해산물에 풍부하며, 식물성 식품 중의 함량은 재배지 토양 중의 함량에 영향을 받는다. 현재도 전 세계적으로 약 30~50%의 사람들이 요오드 결핍증을 나타내므로 해조류의 섭취가 많지 않은 미국 등에서는 소금에 요오드를 강화하여 섭취를 증가시키는 노력을 하고 있다.

1) 소화, 흡수 및 대사

식품 중에 아미노산과 결합하여 존재하는 요오드는 섭취 후 유리 상태로 분리되어 요오드이온(I^-)으로 전환된 후 흡수되고, 식품 내에 갑상선 호르몬(triiodothyronine, T_3; tetraiodothyronine, T_4; thyroxine)의 형태로 포함된 경우는 그대로 흡수된다. 섭취하는 요오드의 90% 이상이 흡수되며 흡수는 주로 위와 십이지장에서 이루어진다. 흡수된 요오드이온은 혈액을 따라 이동하며, 거의 모든 조직에 유입이 가능하나 주로 갑상선 세포막에서 나트륨-요오드 동반수송체(Na^+/I^- symporter)를 이용한 능동수송으로 흡수된다.

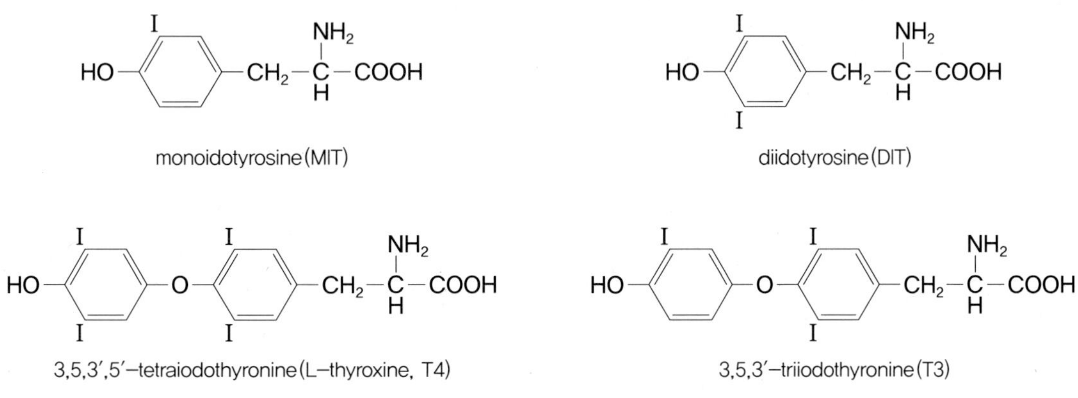

그림 9-8 갑상선 호르몬의 구조

갑상선은 체내 요오드이온의 70~80%를 함유하고 있으며, 하루 약 120 μg의 요오드이온이 선택적으로 흡수되어 갑상선 호르몬 합성에 사용된다. 뇌하수체에서 분비하는 갑상선 자극 호르몬(thyroid-stimulating hormone, TSH; thyrotropin)이 갑상선으로 요오드의 유입과 갑상선 호르몬의 생성 및 분비를 조절한다. 갑상선에서 사용되고 남은 요오드는 대부분 소변으로 배설되며, 대변이나 땀 등으로 소량 배설되기도 한다.

2) 생리적 기능

(1) 갑상선 호르몬 합성 및 이용

체내에서 요오드의 주된 기능은 갑상선 호르몬의 합성이다. 갑상선은 단일 막으로 둘러싸여 있고 내부는 단백질성 물질인 콜로이드로 차 있는 모낭(follicles)을 가지는 구조로 되어 있다. 갑상선 호르몬의 합성은 세포 내의 모낭에서 일어난다(그림 9-9). 갑상선 세포는 혈액 내의 요오드이온을 능동수송에 의해 흡수하며 이때 Na^+/K^+ ATP 합성효소(Na^+/K^+ ATPase)가 운반에 관여한다. 갑상선 세포 내로 이동한 요오드이온은 요오드(I)로 산화되어 갑상선글로불린(thyroglobulin, Thg)이라는 단백질의 티로신 잔기의 3번 위치에 결합, 모노요오드티로신(monoiodotyrosine, MIT)으로 전환된다. MIT의 5번 위치에 다시 한 분자의 요오드가 결합하면 다이요오드티로신(diiodotyrosine, DIT)이 생성된다.

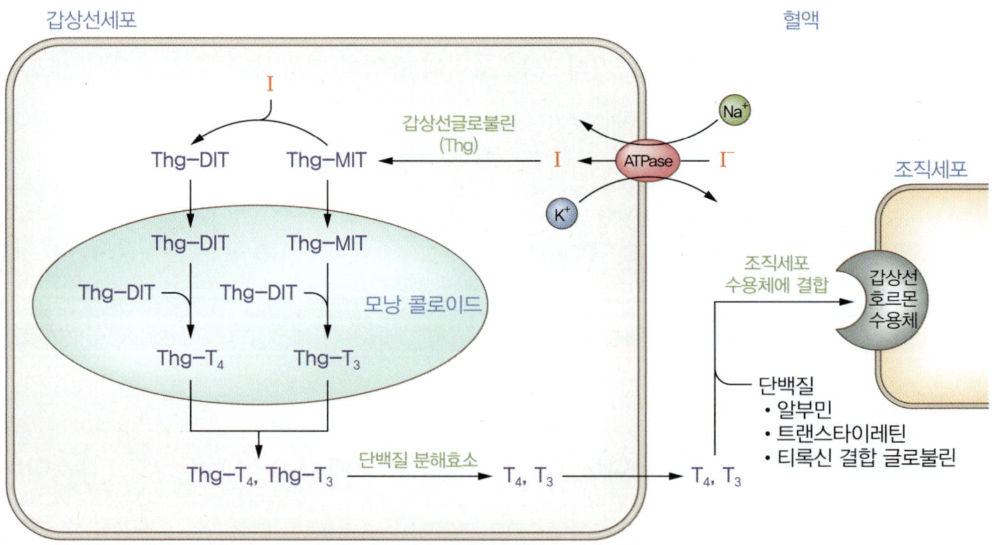

그림 9-9 갑상선 호르몬의 합성 및 체내 이용

갑상선글로불린에 요오드가 결합되어 생성된 Thg-MIT와 Thg-DIT는 갑상선 세포 내의 모낭 콜로이드에서 Thg-DIT와 Thg-MIT가 한 분자씩 결합하거나 두 분자의 Thg-DIT가 결합하여 각각 트라이요오드티로닌(T_3)과 테트라요오드티로닌(T_4)을 형성한다. 콜로이드 내에서 생성된 Thg-T_3와 Thg-T_4는 갑상선세포 내에서 단백질 분해효소에 의해 유리 T_3와 T_4로 전환된 후 혈액으로 이동하여 티록신 결합글로불린, 알부민, 트랜스타이레틴(transthyretin)과 결합하여 조직의 세포들로 이동, 기능을 수행한다. 혈액 중의 갑상선 호르몬의 농도는 T_4가 T_3의 50배 이상이나 활성은 T_3가 T_4의 약 20~100배까지 높다.

(2) 갑상선 호르몬의 기능

갑상선 호르몬은 산소의 소비를 자극, 체내 열 발생 촉진 등의 작용으로 기초대사율을 조절한다. 또한 정상적인 신경계의 발달과 성장에도 관여하는 것으로 알려져 있다.

3) 요오드 섭취와 관련된 건강 문제

갑상선 호르몬의 합성 및 방출은 뇌의 시상하부와 뇌하수체 전엽에서 분비되는 호르몬들에 의해 조절된다(그림 9-10). 체내 갑상선 호르몬의 양이 감소되면 뇌의 시상하부에서 갑상선 자극 호르몬 방출 호르몬(thyrotropin-releasing hormone, TRH)이 분비되어 뇌하수체를 자극, 갑상선 자극 호르몬의 분비를 촉진한다. 분비된 갑상선 자극 호르몬은 T_3와 T_4의 생성을 위해 갑상선을 자극한다.

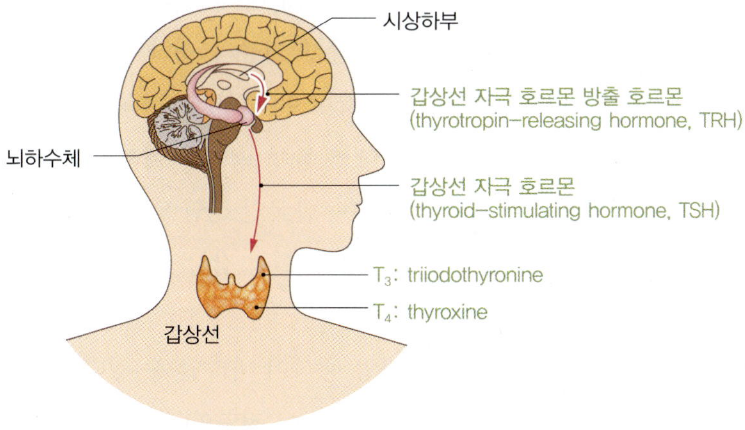

그림 9-10 갑상선 호르몬 분비의 조절

요오드의 섭취 부족으로 갑상선 자극 호르몬에 의해 갑상선이 과도하게 자극을 받으면 갑상선이 비대, 확대되어 단순 갑상선종(goiter)이 나타난다(그림 9-11). 초기 단계의 갑상선종은 요오드 섭취 증가로 회복될 수 있으나 크기가 커지면 기관지를 압박하여 호흡곤란 등을 유발하기도 한다. 양배추, 케일, 콜리플라워, 순무 등 십자화과 채소에는 섭취한 요오드가 갑상선으로 들어가는 것을 막는 갑상선종 유발물질(goitrogen)이 존재한다. 이들은 가열에 의해 쉽게 파괴되지만, 요오드 섭취량이 매우 낮거나 갑상선 기능 장애 등이 있는 경우 갑상선종을 유발할 수 있다.

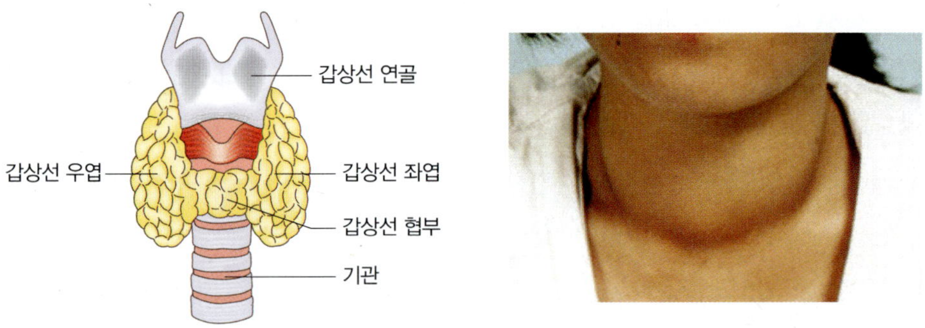

그림 9-11 갑상선의 구조와 갑상선종

요오드의 결핍은 성장, 발달 등에도 영향을 미쳐 다양한 요오드 결핍 질환(iodide deficiency disorders, IDDs)을 유발할 수 있다. 임산부가 임신 중에 요오드가 결핍되면 태아의 성장에 영향을 주어 왜소한 아기를 출산하며, 심한 요오드 섭취 부족일 경우 신경계 이상에 의해 정신박약, 성장 장애, 언어 장애 등의 증상을 나타내는 크레틴병(cretinism)이 발생할 수 있다. 성인은 갑상선 기능의 저하로 갑상선 기능 저하증(hypothyroidism)이 발생하여 부종, 무기력함, 건조한 피부, 거친 목소리 등의 특징을 보이는 점액수종(myxedema)이 나타날 수 있다.[10] 하루 20 μg 이하의 요오드를 섭취 시 부족 증상이 발생하는 것으로 보고되고 있으며, 한국인 성인 남자와 여자의 1일 요오드 권장섭취량은 체내 요오드 교체율과 소변 배설량, 혈청 갑상선 자극 호르몬과 갑상선글로불린 농도 등을 고려하여 150 μg이다.[4]

하루 2 mg 이상의 요오드를 섭취하면 과잉 증상이 나타날 수 있다. 해조류를 다량으로 섭취하는 경우를 제외하고 일상적인 식사에서 이 정도의 섭취는 어려우나 보충제 이용 시 과다 섭취가 나타날 수 있다. 급성 요오드 과잉증인 경우 입이나 목, 복부의 통증과 발열, 구토, 설사, 서맥 등이 나타난다. 과량의 요오드를 지속적으로 섭취할 경우 갑상선 기능 항진증이나 바제도병(Basedow's disease)이라는 갑상선 중독증, 갑상선염(thyroiditis) 등이 발생할 수 있다. 한국인 성인 남녀의 상한섭취량은 1일 2,400 μg이다.

5. 불소

불소(fluoride, F)는 미량 무기질이지만 생체에 필수적이지 않으며, 생화학적 역할이 완전히 밝혀지지는 않았지만 치아에 유익한 효과를 나타내는 것으로 알려져 있다. 체내 양의 약 95%가 뼈와 치아에 존재하고, 뼈에 함유된 농도는 연령이나 섭취량 증가에 따라 증가한다. 비이온 형태인 플루오린(fluorine)은 기체 상태로 존재하나 이온형인 불소(F^-)는 금속이나 유기물질과 결합하여 존재한다. 불소가 다량 함유된 식품은 거의 없으나 어류와 차, 조개, 새우와 같은 해산물 등이 불소의 좋은 급원 식품이며, 불소가 첨가된 식수 또한 좋은 급원이 될 수 있다. 그 외에 불소를 첨가한 치약이나 치과에서 치아에 도포하는 방식으로도 공급받을 수 있다.

1) 소화, 흡수 및 대사

식품 내의 불소는 주로 단백질과 결합하여 존재하므로 펩신이나 다른 단백질 분해효소에 의해 가수분해된 후 흡수된다. 칼슘이나 마그네슘 등의 이온은 불소와 결합하여 불용성 물질을 합성하므로 불소의 흡수를 저해할 수 있다. 불소를 식수나 치약 등으로 섭취하는 경우는 촉진확산에 의해 위에서 거의 100% 흡수되는 반면에 식품 중의 불소는 소장에서 50~80% 정도 흡수된다. 흡수된 불소는 혈액 내에서 불소이온이나 불화수소의 형태로, 또는 혈장 단백질과 결합된 형태로 전신으로 빠르게 운반되며, 대부분의 불소는 뼈와 치아에 결합되어 체내 총 불소량의 99%가 뼈, 치아의 무기질화에 관여한다. 이온화된 불소는 소변으로 90%가량, 대변으로 약 10% 정도 배설된다.

2) 생리적 기능

(1) 충치 예방

불소의 가장 주된 기능은 치아의 에나멜층 형성에 관여하는 치아의 수산화인회석(hydroxyapatite)을 불화인회석(fluoroapatite)으로 전환하여 에나멜층의 산에 대한 저항 및 치아의 무기질화를 증가시키는 것이다. 또한 충치를 일으키는 박테리아나 효소의 작용을 억제하여 충치 예방 작용을 나타낸다.

(2) 골다공증과의 관계

불소는 뼈에서 무기질의 용출을 방해하여 골다공증을 지연시키고, 적절한 골격 유지에도 관여한다. 특히 폐경 이후의 여성에서 골다공증의 발생을 억제할 수 있다는 보고가 있었으나 부정적인 영향이 보고되는 연구 결과들도 있어 아직은 그 기능이 명확하지 않다. 고용량을 사용했을 경우 불소증을 나타낼 수 있으므로 좀 더 연구가 필요한 실정이다.[11]

3) 불소 섭취와 관련된 건강 문제

불소가 결핍되면 충치 발생 증가와 더불어 노인에서 골다공증의 발생을 증가시킨다. 또한 동물실험에서 성장 억제와 불임, 빈혈 등이 보고되기도 하였으나 사람에서는 이러한 효과가 보고되지 않았다. 우리나라에서는 충치 발생률을 지표로 하여 모든 연령층에서 충분섭취량을 설정하고 있으며, 한국인 성인 남자는 1일 3.0~3.5 mg, 여자는 2.5~3.0 mg으로 정하였다.[4]

급성 독성은 불소 보충제나 치약의 과잉 섭취에 의하며 구토, 설사, 산독증과 부정맥 등이 나타난다. 만성 독성은 치아나 골격에 불소가 다량 침착되어 나타나는 현상으로 불소증(fluorosis)이라 한다. 치아의 불소증은 유아나 어린이가 에나멜층이 발달하는 시기에 과량의 불소에 노출되어 나타나는 현상으로, 다공질의 치아나 백묵 색깔의 치아, 치아 표면의 흰줄이나 황갈색 반점이 생기며 심하면 치아가 쉽게 부서진다. 골격에 불소가 다량 침착되어 나타나는 골격불소증은 주로 성인에게서 발생하며 골격의 변형, 비정상적인 뼈의 형성, 골절 및 골다공증의 위험이 증가한다. 우리나라에서는 치아나 골격의 불소증이 나타나지 않는 것을 기준으로 하여 상한섭취량을 설정하고 있으며, 성인 남녀 모두 1일 10 mg으로 정하였다.

6. 셀레늄

셀레늄(selenium, Se)은 비금속이온이나 금속이온과 유사한 성질을 지니고 있어 다양한 산화 상태로 존재하는 무기질로 화학적 특성이 황과 유사하다. 인체에 대한 필요성은 비교적 최근에 인정되었으며, 체내에 약 20 mg 존재한다. 셀레늄은 동물성 식품과 식물성 식품에 모두 존재하나 식물성 식품은 재배지 토양의 셀레늄 함량에 영향을 받는다. 좋은 급원 식품은 육류(내장육), 어류, 조개류, 견과류 등이다. 식품 중에 유기 상태의 셀레늄은 주로 셀레노메티오닌(selenomethionine)과 셀레노시스테인(selenocysteine) 형태로 존재한다(그림 9-12). 무기 상태의 셀레늄은 식품이나 체내에서 셀레나이드(selenide, H_2Se), 셀레나이트(selenite, H_2SeO_3) 및 셀레네이트(selenate, H_2SeO_4)의 형태로 존재한다.

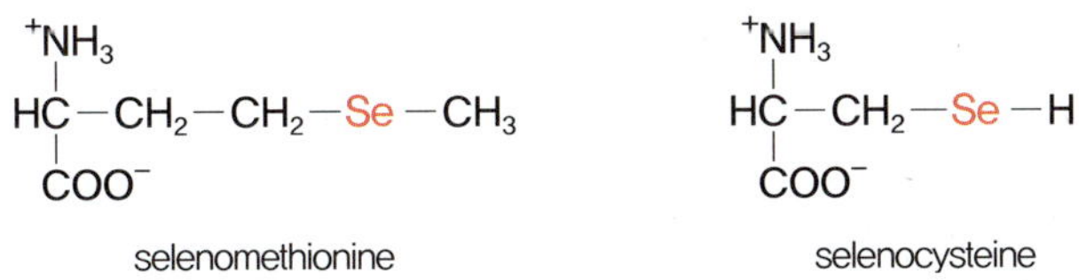

그림 9-12 셀레노메티오닌과 셀레노시스테인

1) 소화, 흡수 및 대사

(1) 소화와 흡수

섭취한 유기 및 무기 형태의 셀레늄은 소화 과정 없이 소장에서 흡수된다. 셀레노아미노산은 아미노산 운반체를 이용하여 흡수되며, 무기 형태 중 셀레네이트는 소장의 말단 부위에서 나트륨 의존성 능동수송에 의해 흡수되고, 셀레나이트는 주로 공장에서 촉진확산에 의해 흡수된다. 비타민 C, A, E와 환원형 글루타티온은 소장에서 셀레늄의 흡수를 촉진하고, 수은 등의 중금속이나 피틴산은 셀레늄의 흡수를 저해한다.

(2) 운반, 대사 및 저장

유기 형태의 셀레노아미노산은 아미노산 운반체를 통해 장 점막세포 기저측막을 빠져나와 문맥을 통해 간으로 이동한다. 무기 형태의 셀레네이트는 문맥혈 내의 적혈구에서 셀레나이드로 환원된 후 알부민과 결합하여 간으로 이동하거나 지단백질 표면의 아포단백질의 -SH기와 결합하여 간으로 이동하여 대사된 후 조직으로 이동된다.

간으로 운반된 유기, 무기 상태의 셀레늄은 대사되어 셀레노단백질 P(selenoprotein P; 50~80%) 또는 글루타티온 과산화효소(glutathione peroxidase; 10~30%)를 생성한다. 유기 형태로 섭취한 셀레노메티오닌은 체내 아미노산 풀로 이동하여 셀레노단백질 합성에 사용되거나 몇 단계의 반응을 거쳐 셀레노시스테인으로 전환된다. 셀레노시스테인은 분해효소에 의해 셀레나이드로 전환되며, 무기 형태인 셀레네이트와 셀레나이트 또한 환원 반응을 통해 셀레나이드로 전환된다. 따라서 유기 또는 무기 형태로 섭취한 셀레늄의 중간 대사산물은 모두 셀레나이드이며, 섭취량이 많을 경우 셀레나이드에 메틸화가 일어나 메틸셀레나이드(methyl selenide)로 전환, 소변으로 배설된다. 생성된 셀레나이드는 모두 ATP의 작용에 의해 셀레노인산(selenophosphate)이 된 후 셀레노시스테인 합성효소에 의해 아미노산 세린과 반응하여 셀레노시스테인을 합성, 셀레늄을 함유하는 다양한 셀레노단백질들을 생성한다(그림 9-13).[12]

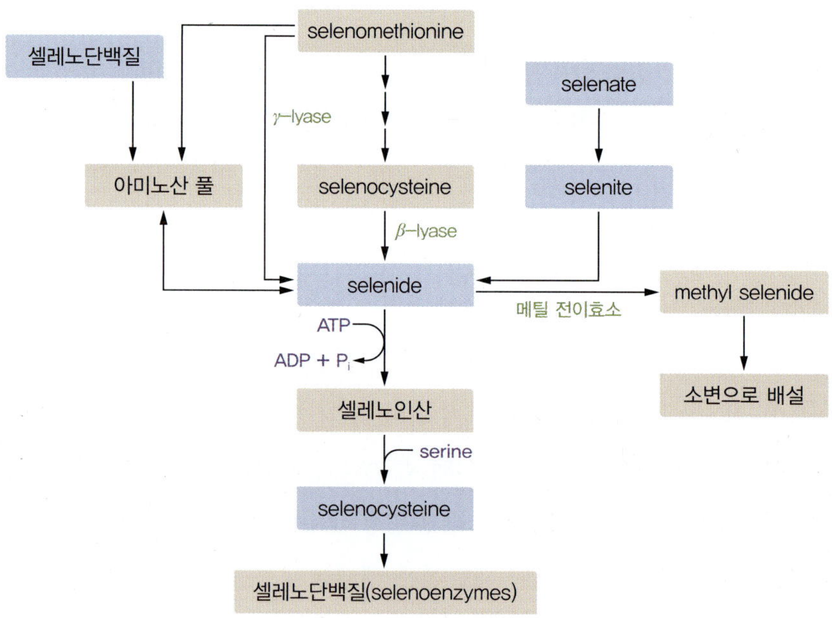

그림 9-13 셀레늄의 대사

(3) 배설

셀레늄 함량이 높은 조직은 갑상선, 콩팥, 간, 심장, 췌장 및 근육이며 폐와 뇌, 골격과 적혈구 내의 함량도 비교적 높다. 셀레늄은 주로 소변으로 배설되는데, 이는 총 배설량의 50~60%를 차지한다. 셀레늄의 소변 배설량은 셀레늄 섭취량에 비례하므로 셀레늄의 항상성 유지는 소변으로의 배설에 의해 이루어진다.

2) 생리적 기능

(1) 항산화 작용

셀레늄은 체내에서 다양한 셀레노단백질의 구성 성분으로 단백질들의 작용을 돕는다. 대표적인 셀레노단백질은 글루타티온 과산화효소(GPXs), 셀레노단백질 P, 셀레노단백질 R, 셀레노단백질 W, 티오레독신 환원효소(thioredoxin reductase) 등이다. 이 단백질들은 대부분 체내의 산화·환원 반응에 관여하여 항산화 작용을 나타낸다. 특히 GPXs들은 체내 세포들의 세포질과 미토콘드리아, 세포막에 존재하면서 독성 과산화물질들을 알코올 유도체와 물로 분해하여 세포의 손상을 막는 역할을 한다.

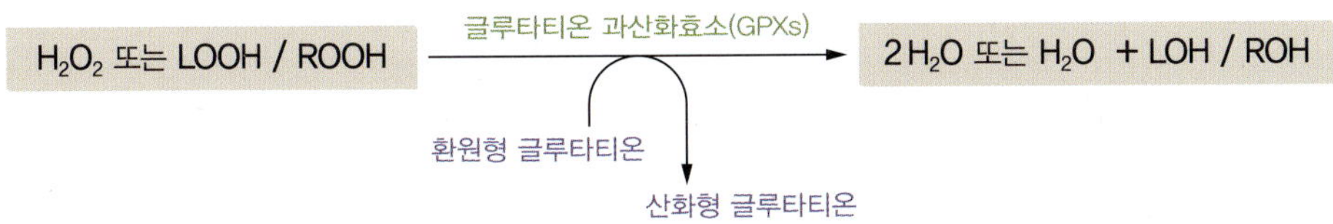

(2) 비타민 E 절약 작용

GPXs 등을 통한 셀레늄의 항산화 작용은 지질과산화를 방지하여 세포 손상을 막는 비타민 E의 항산화 작용과 유사하다. 비타민 E는 세포막에서 생성된 유리라디칼의 작용을 저해하여 인지질의 과산화를 막는 반면에, 셀레늄은 생성된 독성 과산화물을 제거해 주는 역할을 수행한다. 따라서 셀레늄과 비타민 E는 둘 중 하나가 많을 경우 다른 하나의 요구량을 감소시키므로 셀레늄이 비타민 E의 절약 작용을 나타내는 것으로 보고되었다.

(3) 기타 기능

갑상선 호르몬의 합성 및 활성화에 관여하는 요오드티로닌 탈요오드효소(iodothyronine deiodinase) 또한 활성부위에 셀레노시스테인의 형태로 셀레늄을 함유하고 있다. 따라서 셀레늄은 갑상선 호르몬의 생성을 조절하며, 요오드 섭취 부족에 의한 갑상선 기능 저하증을 악화시키기도 한다. 그 외에 셀레노단백질의 항산화 활성들이 암이나 심장혈관 질환 등과의 관련성이 있을 것으로 추정되어 다양한 연구들이 수행되었다.

3) 셀레늄 섭취와 관련된 건강 문제

셀레늄 결핍은 중국이나 중앙아프리카, 유럽의 일부 특정 지역에서 보고되었으며, 대표적인 질환으로 케산병(Keshan disease)과 카신베크병(Kashin-Beck disease)이 있다. 케산병은 처음 보고된 셀레늄 결핍증으로 중국의 케산 지방에서 발병되었으며 심장성 쇼크, 울혈성 심부전 등이 나타나는 심근 질환으로 심장 근육의 괴사와 섬유화가 일어난다. 콕사키 바이러스(Coxsackie virus)의 감염이 발병 인자 중 하나로, 특히 셀레늄 섭취 부족 시 치명적인 바이러스의 변이가 케산병 증상들을 나타내는 것으로 보인다. 카신베크병은 관절, 다리나 팔의 골단판 연골의 퇴행이나 괴사 등을 동반하는 골관절 질환으로 셀레늄 결핍을 포함한 몇몇 인자들이 발병에 관여하는 것으로 생각되고 있다. 또한 완전 비경구영양을 받는 환자에서도 셀레늄 결핍이 나타나는데 주증상은 성장 지연, 근육의 통증과 약화, 머리카락과 피부의 탈색 등이다.[12] 셀레늄의 권장섭취량은 셀레늄이 결핍된 중국 성인에 셀레늄 보충 연구 결과로부터 추정하였으며, 한국인 성인 남자와 여자의 권장섭취량은 모두 1일 60 μg이다.[4]

셀레늄중독증(selenosis)은 광부나 보충제로 과량의 셀레늄을 섭취한 사람에게서 나타나는 증상으로 오심, 구토, 피로감, 설사, 머리카락과 손톱의 변화, 감각 이상, 황 대사의 변화 등을 보인다. 과량(1 g 이상)의 셀레늄 섭취로 인한 급성 독성은 체내 대부분의 기관에 손상을 일으켜 치명적인 결과를 나타낼 수 있다. 우리나라는 셀레늄중독증을 나타내지 않는 양을 기준으로 하여 1일 400 μg을 성인의 상한섭취량으로 정하였다.

7. 망간

망간(manganese, Mn)은 자연계에 비교적 널리 분포되어 있으나 체내에는 Mn^{2+}나 Mn^{3+}의 형태로 10~20 mg 존재하는 미량 영양소이다. 체내 조직 중 골격, 간, 췌장 및 콩팥에 존재하며 특히 뼈에 체내 존재량의 25~40%가 농축되어 있다. 망간은 전곡이나 건조 과일류, 견과류 및 잎채소류 등 주로 식물성 식품에 함유되어 있다.

1) 소화, 흡수 및 대사

망간의 소화 메커니즘에 대해서는 아직 명확하게 알려진 바가 없으나 주로 Mn^{2+}의 형태로 소장에서 흡수되고 흡수율은 5% 정도로 매우 낮은 편이며, 식이 섭취량이 증가하면 흡수율은 더 감소한다. 망간의 흡수는 소장의 DMT1이나 ZIP14 등의 운반 단백질에 의해 일어나는 것으로 보이며, 체내 항상성은 흡수 조절에 의해 이루어진다. 히스티딘이나 시트르산 등의 저분자 물질들은 망간과 결합하여 흡수를 촉진하는 반면에, 2가의 양이온, 식이섬유, 피틴산, 옥살산 등은 흡수율을 저하시킨다. 흡수된 후 간으로 이동할 때에는 유리 상태 또는 α-2 마크로글로불린과 결합한 상태로 운반되고, 간에서 조직으로 운반될 때에는 유리 상태, Mn^{2+}의 형태로 알부민, α-2 마크로글로불린 및 트랜스망가민(transmangamin)과 결합한 상태, 또는 세룰로플라스민에 의해 Mn^{3+}로 산화되어 트랜스페린과 결합한 상태로 이동한다. 세포의 미토콘드리아 내에 주로 존재하면서 기능을 나타낸다. 섭취한 망간은 90% 이상이 대변으로 배설되며, 과량 흡수 시는 간에서 빠르게 담즙 성분으로 생성되어 장을 통해 배설되므로 소변으로의 배설량은 매우 적다.

2) 망간의 체내 기능

(1) 금속효소의 구성 성분

망간은 다른 미량 무기질들과 마찬가지로 체내에서 다양한 대사 과정을 촉매하는 금속효소의 구성 성분이다. 망간은 전이효소, 인산화효소, 가수분해효소, 산화환원효소, 결합효소 및 분해효소 등의 활성화에 비특이적으로 관여한다. 따라서 망간 결핍 시 이들 효소는 다른 2가의 양이온들(특히 마그네슘)에 의해 활성화될 수 있다. 망간이 특이성을 나타내는 대표적 효소는 결합조직에서 콘드로이틴 황산(chondroitin sulfate)과 같은 글리코사미노글리칸(glycosaminoglycans) 합성에 관여하는 글리코실 전이효소(glycosyltransferase)이다. 글리코실 전이효소의 작용에 의해 합성되는 펩티도글리칸류는 골격이나 연골의 주요 구성 성분이므로 망간은 결합조직의 합성에 관여한다.

(2) 에너지 대사

망간은 TCA 회로 중의 효소인 이소시트르산 탈수소효소(isocitrate dehydrogenase)의 작용에 관여하며, 포도당 신생에 필수적인 피루브산 카르복실화효소(pyruvate carboxylase), 포스포에놀피루브산 카르복실화효소(phosphoenolpyruvate carboxykinase)

의 활성에도 관여하여 당질과 에너지 대사에 작용한다.[13] 그 밖에도 망간은 간에서 요소 합성에 필요한 아르기닌 분해효소(arginase)의 작용과 뇌에서 신경전달물질 중 하나인 감마-아미노부티르산(γ-aminobutyric acid, GABA)의 전구물질인 글루타메이트(glutamate)를 글루타민으로 전환하는 글루타민 합성효소(glutamine synthetase)에도 관여하는 등 아미노산 대사에도 작용한다.

(3) 항산화 작용

망간은 망간-수퍼옥사이드디스뮤테이즈(Mn-superoxide dismutase, Mn-SOD)의 구성 성분으로 Cu,Zn-SOD와 유사하게 수퍼옥사이드 라디칼 제거에 관여하여 항산화 기능을 나타낸다. 그러나 Mn-SOD는 세포질에 주로 존재하는 Cu,Zn-SOD와는 달리 미토콘드리아 내에서 작용하여 과산화물질에 의한 미토콘드리아 기능의 손상을 막는다.[13]

(4) 기타

망간은 또한 세포 내에서 cAMP의 생성을 촉매하여 세포 내의 2차 메신저의 기능을 돕고 콜레스테롤이나 지방산의 합성에도 관여한다.

3) 망간 섭취와 관련된 건강 문제

사람에서 망간의 결핍증은 흔하지 않으나 식이로 장기간 부족하게 섭취하는 경우에 혈액 응고 지연, 구토, 오심, 피부염, 머리카락이나 손톱의 이상, 모발 탈색 등의 증상이 보고되었다. 또한 골격 형성의 이상, 탄수화물이나 지질 대사의 장애 등이 나타나기도 한다. 망간은 식물성 식품 중에 함량이 높고, 필요량이 낮아 평균필요량과 권장섭취량을 설정할 만한 연구가 부족하여 우리나라에서는 성인 남자는 1일 4.0 mg, 여자는 3.5 mg을 충분섭취량으로 정하였다.[4]

망간은 흡수율이 낮고, 다량 섭취 시 담즙을 통한 배설로 체내 항상성이 조절되므로 과잉증이 나타나는 경우는 적으나, 탄광에서 일하는 광부나 망간에 노출되는 빈도가 높은 근로자, 간의 손상이 있는 환자들에게서 나타날 수 있다. 과잉의 망간은 주로 간이나 뇌 등에 축적되고 그로 이해 중추신경계의 손상, 파킨슨병과 유사한 근육 조절 장애, 경련, 강박 행동 등이 나타난다. 우리나라에서는 1일 11 mg 섭취 시 망간 독성이 나타나지 않았다는 연구를 근거로 11 mg을 상한섭취량으로 설정하였다.

8. 몰리브덴

몰리브덴(molybdenum, Mo)은 이를 보조인자로 하는 효소의 유전적 이상에 대한 연구 결과로 필수성이 알려진 미량 원소로 사람과 동물 모두에서 필수적이기는 하지만 필요량은 매우 적다. 체내에는 약 2 mg가량이 Mo^{4+}나 Mo^{6+}의 형태로 존재하며, 간, 콩팥 및 골격에 함량이 많다. 몰리브덴은 다양한 식품에 존재하는데 식물성 식품 중의 함량은 자란 환경이나 토양 등에 의해 영향을 받는다. 좋은 급원으로는 콩류, 곡류, 육류, 생선류, 가금류 등이며 과일이나 유제품에는 함량이 낮다.

1) 소화, 흡수 및 대사

몰리브덴은 식품 중에 주로 이온 형태인 몰리브덴산염(MoO_4^{2-})으로 존재하며 소화 과정 없이 바로 소장 상부에서 흡수된다. 흡수 메커니즘은 정확하지는 않으나 촉진확산이나 능동수송으로 흡수되는 것으로 추정되며, 식품 중 몰리브덴의 흡수율은 약 50~85% 정도이다. 과량의 황산염이온(SO_4^{2-})이 존재할 때 몰리브덴의 흡수는 방해를 받으며, 흡수된 몰리브덴산염은 알부민이나 α-2 마크로글로불린과 결합하여 이동한다. 혈액을 통해 이동한 몰리브덴산염은 조직 내에 존재하는 황산염 운반체 등과 결합, 이동하여 조직 내에서 몰리브덴산염이나 유리 몰리브도프테린, 또는 효소와 결합한 몰리브도프테린(molybdopterin)의 형태로 존재한다(그림 9-14). 사용되고 남은 몰리브덴은 대부분 몰리브덴산염이온의 형태로 소변으로 배설되며, 대변이나 땀 등을 통해서는 소량만 배설된다. 식이 섭취량이 증가하면 소변으로의 배설량이 증가하므로 콩팥이 체내 몰리브덴 항상성을 조절한다.

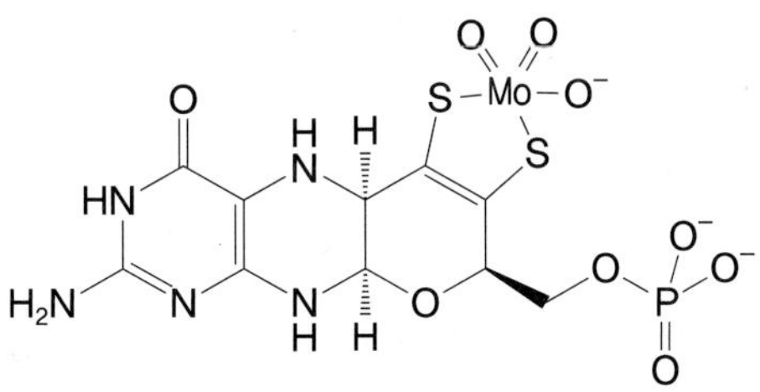

그림 9-14 몰리브도프테린

2) 생리적 기능

체내에서 몰리브덴의 주된 기능은 몰리브도프테린의 형태로 산화·환원 반응에 관여하는 금속효소의 보조인자로 작용하는 것이다. 몰리브덴이 작용하는 효소로는 잔틴 탈수소효소/산화효소(xanthine dehydrogenase/oxidase), 알데히드 산화효소(aldehyde oxidase), 아황산염 산화효소(sulfite oxidase) 등이다. 잔틴 탈수소효소와 잔틴산화효소는 다양한 퓨린, 프테린, 피리미딘 등의 산화, 환원에 관여하며, 특히 퓨린 대사에 의해 생성되는 히포잔틴(hypoxanthine)을 잔틴과 요산으로 전화시키는 데 관여한다(그림 9-15). 또한 알데히드 산화효소의 보조인자로 작용하여 알데히드를 카르복실산으로 전환시키는 데 관여하며, 아황산염 산화효소의 보조인자로 작용하여 함황아미노산의 최종 대사 단계에 관여한다.

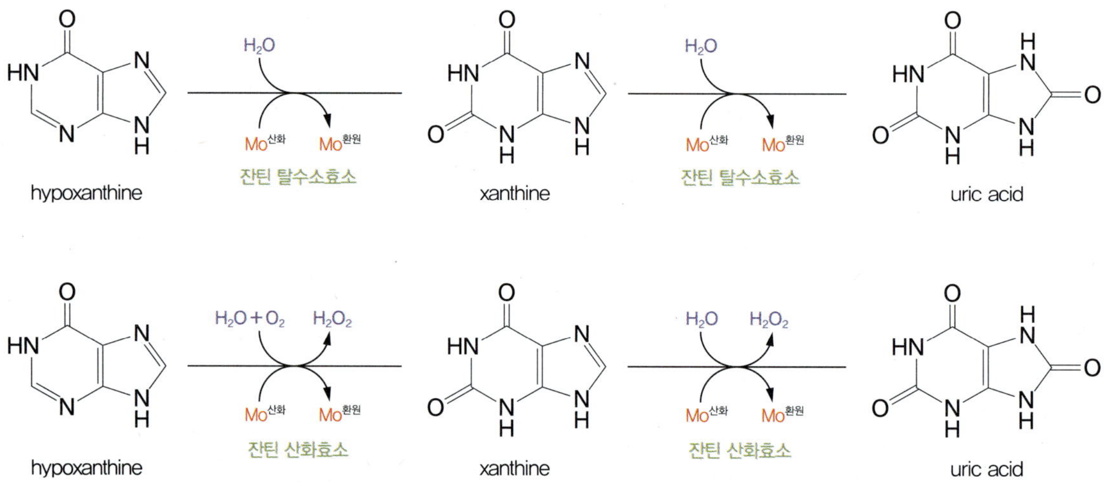

그림 9-15 잔틴 탈수소효소와 산화효소의 작용

3) 몰리브덴 섭취와 관련된 건강 문제

정상적인 식사를 하는 경우 몰리브덴의 결핍증은 잘 나타나지 않으나 장기간의 정맥영양을 하는 환자에게서 일부 결핍 증세가 나타난다. 몰리브덴이 결핍되면 혈액 내 메티오닌, 히포잔틴, 잔틴의 농도가 증가하고 요산의 농도는 감소한다. 몰리브덴이 황산염 산화효소의 작용에 관여하므로 몰리브덴의 결핍은 함황아미노산의 비정상적인 대사를 유도하고, 어린이에게서 유전적 황산염 산화효소의 이상 증상인 신경계 장애, 발작, 뇌 성

몰리브덴과 통풍(gout) Tip

음식으로 섭취하거나 체내 대사에서 생성되는 퓨린과 피리미딘 염기들은 효소들의 작용으로 대사되거나 배설된다. 이 중 피리미딘 염기는 고리가 분해되어 잘 녹은 β-알라닌과 β-아미노이소부티르산이 되고 최종적으로 암모니아(NH_3)와 이산화탄소(CO_2)를 생성하여 배설되지만, 퓨린 염기는 고리를 분해할 수 없어 요산으로 변형되어 소변으로 배설된다. 요산이 과잉 생성되거나 제대로 배설되지 못하면 혈중 요산 농도가 높아지면서 관절에 요산염이 결정 형태로 침착되어 염증을 일으키고 통증을 유발하는 것이 통풍이다.

몰리브덴은 요산 생성에 관여하므로 몰리브덴에 과량으로 노출되거나 섭취할 경우 요산의 과잉 생성으로 통풍과 유사한 증상이 나타날 수도 있다.

장 지연 등이 나타날 수 있다. 한국인의 몰리브덴 권장섭취량은 미국의 몰리브덴 균형 연구를 바탕으로 하여 성인 남자는 1일 25~30 μg, 여자는 25 μg으로 정하였다.[4]

몰리브덴은 비교적 독성이 낮은 영양소로 과잉증이 잘 나타나지 않으나 토양 내 몰리브덴 함량이 높은 지역에 사는 사람들이나 직업적으로 몰리브덴에 많이 노출되는 사람들에게서 요산 생성이 증가되어 나타나는 통풍과 유사한 증세를 보인다는 보고가 있다.[14] 한국 성인 남자는 550 μg, 여자는 450 μg을 상한섭취량으로 결정하였다.

9. 크롬

크롬(chromium, Cr)은 자연계에 흔하게 존재하며 동물실험에서 당 내성인자의 주요 성분으로 밝혀진 금속이온으로, 인체에는 약 4~6 mg 정도가 존재한다. 자연계의 크롬은 Cr^{2-}부터 Cr^{6+}까지 다양한 산화 상태를 가질 수 있으나 식품 및 체내에서 중요하게 작용하는 크롬은 Cr^{3+}의 형태이다. 크롬 함량이 높은 식품은 육류(특히 내장육)와 전곡류이다. 식물성 식품 중의 함량은 식품이 재배된 지역의 토양 내 크롬 농도에 따라 다르며 차나 맥주, 와인 등에도 함량이 높은 편이다.

1) 소화, 흡수 및 대사

식품의 성분으로 존재하는 3가 크롬은 위의 산성 환경에 쉽게 방출되며, 공장에서 주로 촉진확산에 의해 흡수되는데 흡수율은 0.4~2.5%로 매우 낮다. 산성 환경의 위 내에서 페닐알라닌, 메티오닌, 히스티딘 등의 아미노산이나 피콜린산 등은 크롬과 결합하여 크롬의 용해도를 높여 흡수를 촉진하고 비타민 C 또한 크롬의 흡수를 돕는다. 이에 반하여 알칼리도가 증가하면 크롬이 수산기(−OH)와 결합하여 고분자화되므로 흡수가 저해되고 피틴산 등도 흡수를 저해한다.

흡수된 크롬은 혈액 내에서 3가 철이온과 마찬가지로 트랜스페린에 결합되어 운반되나 체내 철 농도가 높아 트랜스페린과의 결합이 어려우면 알부민과 결합하여 이동한다. 세포 내로의 이동은 트랜스페린 수용체에 의해 일어난다. 콩팥, 간, 근육, 비장, 심장, 췌장 및 골격 등에 크롬 함량이 높으나 조직 내 크롬 농도는 나이가 들수록 감소한다. 사용 후 남은 크롬은 대부분 소변으로 배설된다.

2) 생리적 체내 기능

(1) 인슐린 기능의 강화

크롬은 포도당 내성인자(glucose tolerance factor)의 구성 성분으로 작용하여 인슐린의 기능을 돕는 것으로 알려져 왔다. 최근에는 세포 내에서 크롬과 결합하는 크로모듈린(chromodulin)이라는 저분자 물질과 결합하여, 인슐린이 세포막 수용체와 결합하고 작

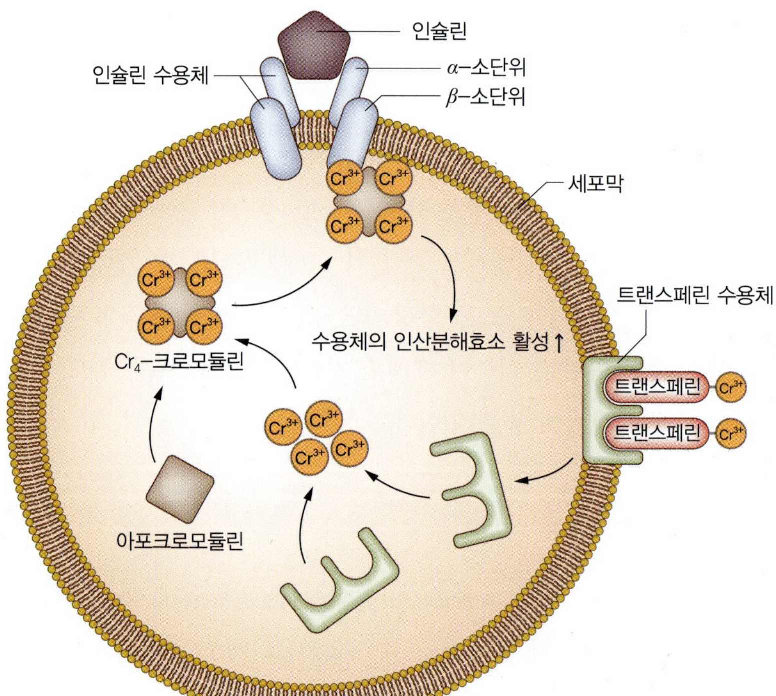

그림 9-16 세포 내에서 인슐린 기능 강화를 위한 크롬의 작용

용하는 것을 돕는다는 연구 결과가 보고되었다.[15] 크롬은 세포질 내로 유입된 후 아포크로모듈린(apochromodulin)에 4분자가 결합하여 Cr_4-크로모듈린(Cr_4-chromodulin)을 형성하고, 이것은 세포막의 인슐린 수용체 β-소단위에 결합하여 인산 분해효소를 활성화시켜 세포막의 포도당 운반체가 포도당을 유입하는 것을 촉진한다(그림 9-16).

(2) 기타

크롬을 동맥경화 질환자에게 보충시키면 혈액 중의 콜레스테롤 및 중성지방의 농도를 감소시킨다는 연구 결과가 보고되었으며, RNA 합성 및 면역 기능에도 관여한다는 연구가 있으나 아직까지 그 메커니즘은 확실하지 않다.

3) 크롬 섭취와 관련된 건강 문제

크롬은 자연계에 널리 분포되어 있어 결핍증이 흔하지는 않으나, 완전 비경구영양을 실시하는 환자에게서 나타날 수 있다. 증상으로는 체중 감소, 인슐린 저항성 증가 및 혈중 포도당 농도 증가, 당질과 지질 대사의 이상, 혈장 유리지방산 증가 및 말초신경병 등이 나타날 수 있다. 한국인의 크롬 섭취기준은 평균필요량을 결정하기에는 자료가 부족하여 성인에서 남자는 35 μg/일, 여자는 25 μg/일을 충분섭취량으로 정하였다.[4]

식이로 섭취하는 크롬은 흡수율이 매우 낮아서 식이를 통한 과잉증은 거의 나타나지 않으나 크롬에 많이 노출되는 산업체 등에 종사하는 사람들에게 과다 노출로 인한 피부의 알레르기 반응, 피부 궤양, 폐암 발병률이 높아진다고 보고되었다. 식이를 통한 크롬의 과잉 섭취에 대한 보고가 거의 없어 상한섭취량은 정해지지 않았다.

10. 기타 미량 무기질

1일 권장량이 1 mg 이하이며 필수영양소로 연구되고 있으나, 아직 권장량 등을 정확히 정하기 어려워 초미량 무기질로 구분되는 미량 무기질로는 규소, 니켈, 붕소, 바나듐, 코발트 등이 있다.

1) 규소

규소(silicon, Si)는 산소 다음으로 지구상에 많이 존재하는 물질이지만, 초기에는 요로결석증 등 콩팥에 대한 독성 효과나 폐의 규폐증 등의 독성 효과가 주목을 받았다. 1970년대 중반 이후 동물과 사람에서 규소의 기능에 대한 연구가 수행되면서 중요도가 인정되었다. 식품 중의 규소 함량에 대한 자료는 드물지만 동물성 식품보다는 식물성 식품에 함량이 높아 전곡이나 뿌리채소류 등이 급원 식품이 된다.

규소의 체내 기능은 골격, 결합조직, 연골 등의 정상적인 성장 발달에 관련된 것으로 알려져 있다. 특히 뼈에서는 규소가 대사적, 구조적 역할을 모두 수행하는 것으로 보고되어, 뼈의 무기질화와 결정화 과정에 영향을 미치는 것으로 알려졌다. 동물실험에서는 규소가 결핍되면 뼈의 콜라겐 형성이 감소하여 두개골이나 긴 뼈의 정상적인 형성이 어려운 것으로 보고되었다.[16]

2) 니켈

니켈(nickel, Ni)은 주로 스테인리스강이나 니켈-카드뮴 전지 등 다양한 산업 분야에서 사용하는 금속이온이다. 사람에서 니켈의 필수성이 처음 제안된 것은 1930년대이나 1970년대 중반 이후부터 생물학적 기능에 대한 연구가 진행되었다.

니켈은 규소와 마찬가지로 동물성 식품보다는 식물성 식품에 함량이 높아 특히 견과류, 콩류, 곡류 및 초콜릿 등에 많이 존재한다. 식품으로부터 섭취한 니켈은 흡수율이 10% 이하이며 장 점막세포에서 촉진확산으로 흡수되는 것으로 알려져 있다. 흡수된 후에는 알부민과 결합하여 운반되며, 사용 후 남는 것은 대부분 소변으로 배설된다. 니켈은 메티오닌 대사에서 엽산, 비타민 B_{12}의 기능에 관여하는 것으로 알려졌다.[17] 니켈이 보조인자로 작용하는 효소의 기능은 아연 또는 마그네슘에 의해 대체될 수 있으나, 동물실험에서는 니켈 결핍 시 생식 기능 저하, 성장 지연, 철이나 당질 및 지질 대사의 손상 등이 보고되었다.

3) 붕소

붕소(boron, B)는 1920년대부터 붕산이나 붕산나트륨의 형태로 생선, 육류, 크림, 버터, 마가린 등의 보존제로 사용되어 왔으며, 초기에는 사람에게 독성물질로 알려졌다가 1980년대 이후 필수성에 대한 연구 결과가 보고되었다.

붕소는 과일류, 채소류, 견과류 및 콩류가 좋은 급원 식품이며 그 외에 와인이나 사이다, 맥주 등에도 함유되어 있다. 섭취한 붕소의 약 85%가 위장관 내에서 촉진확산에 의해 흡수되며, 골격이나 치아, 손톱, 머리카락 등에 함유되어 있다.

붕소는 배설량의 약 70%가 소변으로 배설되며 대변이나 땀 등으로는 소량 배설된다. 붕소는 뼈에서 골아세포의 조절, 파골세포의 활성화 등에 영향을 미치는 것으로 보이며 세포막에서 세포의 칼슘 흡수 조절을 통해 세포막의 안정성에 영향을 미친다.[18] 더불어 항염증 반응에도 관여한다는 연구 결과와, 일부 동물실험에서 결핍 시 성장 저하나 생식 기능 저하도 보고되었으나 정확한 메커니즘은 밝혀지지 않았다.

4) 바나듐

바나듐(vanadium, V)은 V^{2+}에서 V^{5+}까지 다양한 하전을 나타낼 수 있으나 체내에서는 주로 V^{4+}나 V^{5+}의 형태로 존재하며 V^{4+}가 V^{5+}보다는 독성이 덜하다. 바나듐의 식품 내 함량은 매우 낮으나 후추, 파슬리, 버섯이나 굴 등에 비교적 많이 함유되어 있다.

섭취한 바나듐은 위에서 5가 바나듐산염($H_2VO_4^-$)이 4가 바나딜(VO^{2+})로 환원된 후 소장 상부에서 흡수되며, 흡수율은 10% 이하이다. 혈장에서 바나딜은 알부민이나 트랜스페린 등과 결합하여 운반되고, 바나듐산염은 인산염 운반체에 의해 세포 내로 이동하며 주로 소변으로 배설된다. 바나듐의 정확한 생화학적 기능은 알려지지 않았으나 용액 내에서의 화학적 변화 등으로부터 생체 내에서의 효과를 예측할 수 있다. 바나듐산염은 인산염 운반 단백질의 활성 부위에서 인산염과 결합을 경쟁하므로 뼈의 수산화인회석 격자의 인산염을 대체할 수 있을 것으로 여겨져 골 형성에 작용하는 것으로 생각된다.[19] 또한 심부전, 고혈압이나 혈관 질환 등에서 보호 효과를 나타낼 수 있다.

5) 코발트

코발트(cobalt, Co)는 비타민 B_{12}의 일부로 존재한다는 것 외에 체내 역할에 대해 알려진 것이 많지 않다. 생체 외 실험에서 이온 상태의 코발트가 금속효소의 기능에 다른 금속이온을 대체할 수 있다는 결과가 보고되었으나, 생체 내에서의 정확한 기능에 대한 보고는 적다. 따라서 코발트는 다른 금속이온들과는 달리 이온형의 코발트가 아닌 금속비타민의 구성 성분으로 중요하므로 사람의 영양에서는 코발트금속이 아닌 비타민 B_{12}의 함량이 중요하다.

참고 문헌

1. Gropper SS, Smith JL. (2012). *Advanced nutrition and human metabolism* 6th Ed. Wadsworth Cengage Learning. pp. 481-559.
2. Zimmermann MB, Hurrell FR. (2007). Nutritional iron deficiency. *Lancet* 370: 511-520.
3. Musallam KM, Taher AT. (2018). Iron beyond erythropoiesis: should we be concerned? *Curr Med Res Opin* 34(1): 81-93.
4. 보건복지부, 한국영양학회. (2015). 2015 한국인 영양소 섭취기준. pp. 712-916.
5. 보건복지부, 질병관리본부. (2017). 2016 국민건강통계 I: 국민건강영양조사 제7기 1차년도. pp. 192-195.
6. Siddique A, Kowdley KV. (2012). Review article: the iron overload syndromes. *Aliment Pharmacol Ther* 35(8): 876-893.
7. Maret W. (2013). Zinc biochemistry: from a single zinc enzyme to a key element of life. *Adv Nutr* 4: 82-91.
8. Fábián TK, Beck A, Fejérdy P, Hermann P, Fábián G. (2015). Molecular mechanisms of taste recognition: considerations about the role of saliva. *Int J Mol Sci* 16(3): 5945-5974.
9. Finney J, Moon HJ, Ronnebaum T, Lantz M, Mure M. (2014). Human copper-dependent amine oxidases. *Arch Biochem Biophys* 546: 19-32.
10. Zimmermann MB, Boelaert K. (2015). Iodine deficiency and thyroid disorders. *Lancet Diabetes Endocrinol* 3(4): 286-295.
11. Netelenbos C. (1998). Osteoporosis: intervention options. *Maturitas* 30(3): 235-239.
12. Mangiapane E, Pessione A, Pessione E. (2014). Selenium and selenoproteins: an overview on different biological systems. *Curr Protein Pept Sci* 15(6): 598-607.
13. Li L, Yang X. (2018). The essential element manganese, oxidative stress, and metabolic diseases: Links and interactions. *Oxid Med Cell Longev* 2018: 7580717.
14. Lener J, Bibr B. (1984). Effects of molybdenum on the organism. *J Hyg Epidemiol Microbiol Immunol* 28(4): 405-419.
15. Vincent JB. (2015). Is the pharmacological mode of action of chromium(III) as a second messenger? *Biol Trace Elem Res* 266(1): 7-12.
16. Nielsen FH. (2014). Update on the possible nutritional importance of silicon. *J Trace Elem Med Biol* 28(4): 379-382.
17. Katko M, Kiss I, Karpati I, Kadar A, Matyus J, Csongradi E, Posta J, Paragh G, Balla J, Kovacs B, Varga Z. Relationship between serum nickel and homocysteine concentration in hemolialysis patients. *Biol Trace Elem Res* 124(3): 195-205.
18. Hunt CD. (2012). Dietary boron: progress in establishing essential roles in human physiology. *J Trace Elem Med Biol* 26(2-3): 157-160.
19. VO^{2+}-hydroxyapatite complexes as models for vanadyl coordination to phosphate in bone. *Mol Phys* 111(18-19): 2967-2979.

수분

CHAPTER 10 Water

1. 수분
2. 수분 평형

인체 구성의 약 2/3를 차지하는 수분은 매우 중요한 체성분으로 분자 구조상 산소 원자 1개와 수소 원자 2개로 구성된 무기물질이다. 수분은 체내에서 에너지를 직접 발생시키지는 못하지만, 생명 유지와 대사 과정, 인체의 항상성(homeostasis)을 유지하는 데에 필수 불가결한 체구성 물질이다. 체내에서 생성되는 수분량은 소량이므로 반드시 음식이나 음료로 섭취해야 한다.

1. 수분

1) 수분의 체내 분포와 함량

(1) 수분의 체내 분포와 함량

체수분은 세포막을 경계로 하여 세포내액(intercellular fluid, ICF)과 세포외액(extracellular fluid, ECF)으로 구분된다(그림 10-1). 성인의 경우 세포내액은 총 체수분의 약 65%, 세포외액은 약 35%를 차지하며, 여자보다 남자에서, 노인보다 성장기 유아에서, 비만한 사람보다 날씬한 사람에서 체수분의 비율이 더 높은 편이다. 세포외액은 혈관 안의 수분인 혈장(plasma)과 세포 사이의 수분인 세포간질액(interstitial fluid, ISF)으로 구분된다. 혈장은 세포외액의 약 20%를, 세포간질액은 약 80%를 차지한다(표 10-1).[1]

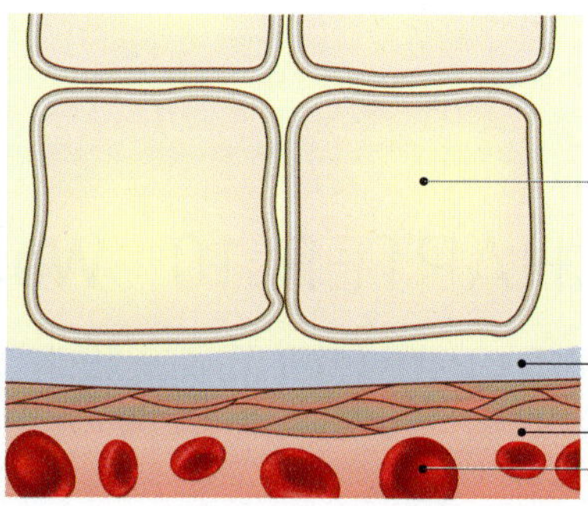

그림 10-1 체수분의 분포(세포내액과 세포외액)

(2) 수분의 이동

세포막 안팎의 수분 이동은 세포외액과 세포내액 간의 삼투압(osmotic pressure) 차이에 의하여 수분이 평형을 유지하도록 이동하는 것이며, 정상적인 체액(혈액)의 삼투압 농

표 10-1 체수분의 분포[1]

체액의 구획	체액량(L)/체중(%)	기능
세포외액(ECF)	14/20	• 세포 내 대사를 위한 용매 역할 • 세포에 영양소, 수분, 전해질 등을 전달 • 세포 내의 노폐물을 체외로 운반 • 체온 조절 • 관절, 세포 간의 윤활 작용과 쿠션 역할
-혈장(plasma)	(2.8/5.0)	• 혈관 내에 존재하는 콜로이드성 액체 • 혈구(예를 들어 적혈구, 백혈구, 혈소판)와 내장단백질, 영양소, 노폐물, 항체, 호르몬 등을 운반 • 조직에서 폐로 이산화탄소를 운반하고, 폐에서 조직으로 산소를 운반 • 체온을 신체 곳곳으로 전달
-세포간질액(ISF)	(11.2/15.0)	• 세포 사이 공간과 주변 공간을 채우고 있는 전해질을 함유한 액체 • 세포의 대사 작용을 위한 용매 역할
세포내액(ICF)	28/40	• 세포의 화학적 반응을 위한 매개물이자 용매 역할
총 체액량	42/60	

도는 약 300 mOsm/L(280~320 mOsm/L)이다. 이때 삼투압의 차이는 세포 내외의 나트륨이온(Na^+)과 염소이온(Cl^-)의 농도 차이에 기인한다.

혈장과 세포간질액 간의 수분 이동은 모세혈관 막을 경계로 하여 여과와 삼투에 의하여 평형을 유지하도록 이루어진다. 동맥 쪽 모세혈관에서는 혈관 내의 수분과 용질(혈장 단백질과 혈구를 제외한 크기가 작은 단백질)이 여과압(혈압)에 의하여 세포간질액으로 여과(filtration)되며, 정맥 쪽 모세혈관에서는 혈장 단백질과 혈구의 농도가 상대적으로 높아 교질 삼투압이 발생하므로 세포간질액에서 혈관 내로 수분이 이동한다.

2) 수분의 생리적 기능

체수분은 신체의 구성 성분으로서의 기능, 체온 조절, 산·염기 평형 조절, 삼투압 농도의 조절 등 생리적 항상성을 유지하는 기능, 영양소와 노폐물을 운반, 세포 내 대사의 용매 역할, 윤활제 및 외부 충격으로부터의 보호 역할 등 매우 다양한 기능을 한다.

(1) 체구성 성분

인체의 약 60~70%는 수분이며 특히 근육조직에 수분 함량이 가장 높아 약 70%에 이르고, 지방조직에는 20~25%, 골격과 연골 조직에는 10% 정도의 수분이 함유되어 있다. 이외에도 소화액이나 분비물(타액, 위액, 담즙액, 췌장액, 소장액, 대장액, 점액 등)의 구성 성분으로 1일 약 7 L 정도가 분비된다.[2]

(2) 체온의 항상성 조절

체구성의 대부분을 차지하는 수분은 비열과 기화열이 커서 주변의 온도 변화가 급격하게 일어나더라도 체온을 조절하기가 쉽다. 체온이 상승하면 땀을 흘려 체수분을 기화시킴으로써 체열을 효과적으로 발산하기 때문에 36.5℃(35.5~37.7℃)의 체온을 항상 유지할 수 있다. 이처럼 피부와 호흡(폐)을 통한 불감성 수분 증발에 의하여 1일 약 600 kcal의 체열을 발산하는데 이는 약 1 L의 체수분을 기화할 때 발산되는 에너지량이다. 피부를 통한 수분 증발량은 체표면적에 비례하고 피하 지방량이 많을수록 열 발산량은 감소한다.[2]

(3) 산·염기 평형 조절

정상적인 세포 기능과 효소 활성, 세포막 안정성을 유지하려면 정상 수준의 일정한 pH의 유지가 확보되어야 한다. 인체에서 일어나는 수많은 대사 과정을 통하여 다량의 산(acid)이 생성되므로 이를 중화하거나 과잉의 산을 체외로 배설하여 체액(혈액)의 산(수소이온, 이산화탄소) 농도를 일정 수준(pH 7.4)으로 유지할 수 있다. 이때 체수분은 혈액의 주요 구성 성분이며 전해질의 용매로서 중화 작용을 비롯한 폐에서의 호흡 작용과 콩팥에서의 배뇨 작용에 의하여 산·염기 평형을 유지하도록 돕는다.

(4) 삼투압 평형 조절(전해질 평형 유지)

체수분에 용해된 전해질의 농도 변화에 따라 체액의 삼투압이 조절되고 전해질의 평형을 유지할 수 있다. 주로 세포내액에서는 칼륨이온(K^+), 세포외액에서는 나트륨이온(Na^+)과 염소이온(Cl^-)이 고농도로 존재하면서 수분의 이동을 조절하여 세포내액과 세포외액 간의 삼투압을 조절하는 중요한 역할을 한다.

(5) 영양소와 노폐물의 운반

식품으로부터 섭취한 영양소는 소장에서 흡수되어 혈액이나 림프액을 통하여 필요한 체조직으로 운반된다. 또한, 세포 내의 대사 작용으로 발생한 비단백질 질소화합물이나 이산화탄소 등의 노폐물은 혈액을 경유하여 폐(호흡)나 콩팥(소변), 피부(땀) 등을 통하여 체외로 배설한다.

(6) 대사 과정의 용매 역할

체내에서 발생하는 모든 대사는 용질이 물에 용해된 상태에서만 화학 반응이 일어날 수 있다. 물 분자의 경우 산소는 약한 음(−)전하를 띠고 수소는 약한 양(+)전하를 띠는 극성 물질이기 때문에 체내 각 조직에서 다양한 용질을 쉽게 용해시키는 용매로 작용하여 대사 작용에 필수적인 역할을 한다.

전해질과 전해질 평형[3]

Tip

전해질(electrolyte)

체액에 분포하는 여러 양이온과 음이온들을 전해질이라 하며, 세포내액과 세포외액에 분포하는 전해질은 양이온과 음이온의 양이 같아 전체적으로 중성을 나타낸다. 세포내액과 세포외액의 전해질 조성을 비교하면 세포내액에는 칼륨(K^+), 인산(HPO_4^{2-}), 음이온 단백질, 마그네슘(Mg^{2+}) 등의 순으로 함량이 많고, 세포외액에는 나트륨(Na^+), 염소(Cl^-), 중탄산(HCO_3^-) 등의 순으로 함량이 많다.

전해질의 조성[4]

분류	전해질	세포외액(mEq/L)	세포내액(mEq/L)
양이온	Na^+(나트륨이온)	142	10
	K^+(칼륨이온)	5	150
	Mg^{2+}(마그네슘이온)	3	40
	Ca^{2+}(칼슘이온)	5	2
	합계	**155**	**202**
음이온	Cl^-(염소이온)	103	2
	HCO_3^-(탄산수소이온)	27	10
	HPO_4^{2-}(인산이온)	2	103
	SO_4^{2-}(황산이온)	1	20
	유기산(젖산, 피루브산)	6	10
	단백질	16	57
	합계	**155**	**202**

체내에 전해질을 공급하는 식품 중에서 음이온을 제공하는 식품을 산성 식품(예를 들면 곡류, 어육류, 난류 등), 양이온을 제공하는 식품을 알칼리성 식품(예를 들면 과일류, 채소류, 견과류 등), 양이온과 음이온을 거의 동량 제공하는 식품을 중성 식품(예를 들면 우유, 지질, 설탕 등)이라 한다.

(계속)

전해질 평형

체내의 수분은 세포 내외의 삼투압 차이에 의하여 세포막을 통과하여 빠르게 이동하는데 이러한 삼투압의 차이는 세포내액과 세포외액에 분포하는 전해질의 농도 차에 의하여 나타난다. 삼투압의 차이를 유발하는 주요 전해질로는 세포내액에 많은 K^+과 세포외액에 많은 Na^+과 Cl^- 등이 있다. 세포 내외의 전해질 농도 차를 일정하게 유지하려면 세포 내로 유입되는 Na^+은 세포 밖으로 배출하고 반대로 세포 외로 배출되는 K^+은 세포 내로 다시 유입시키는 기구가 필요한데, 이를 나트륨-칼륨 펌프(Na^+-K^+ pump)에 의한 능동수송이라 하며 에너지(ATP)가 소모된다.

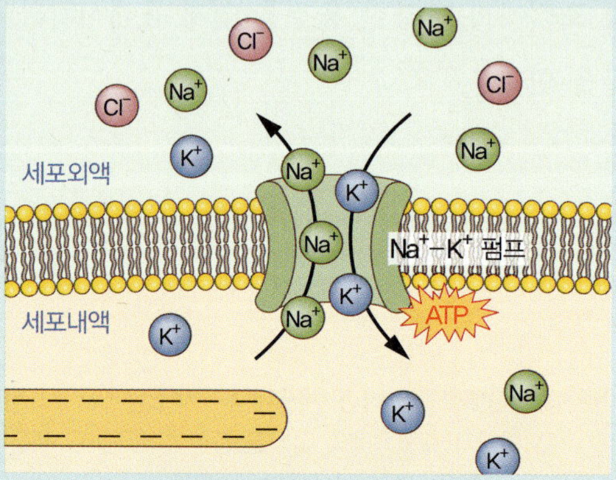

나트륨-칼륨 펌프(Na^+-K^+ pump)

대표적인 전해질의 예

- 나트륨이온(Na^+) : 세포외액의 대표적인 양이온으로 세포외액 삼투압 유지의 약 85%를 담당하여 체내의 수분 평형을 조절하고, 산·염기 평형을 유지하는 역할을 한다. 또한 신경 자극을 전달하여 근육 수축에 기여하고, 소장 점막에서 능동수송에 의해 포도당과 아미노산 같은 다른 영양소의 흡수를 돕는 역할도 한다. 과잉증으로는 고나트륨혈증, 고혈압, 부종, 고칼슘뇨증에 의한 골다공증과 콩팥 결석 등이 나타나고, 결핍증으로는 저나트륨혈증, 뇨배설 증가, 근육 경련, 식욕 부진, 메스꺼움 등이 발생한다.
- 염소이온(Cl^-) : 나트륨이온(Na^+)과 함께 세포외액에 주로 존재하는 주요 음이온으로 체내에서 전해질 균형과 수분 평형을 조절한다. 위산을 생성하고 펩신을 활성화시키며, 단백질의 소화를 돕고 신경 자극을 전달하며 면역 작용을 한다. 과잉증으로는 고혈압, 구토증이 있고, 결핍증으로는 근육 경련, 성장 지연, 식욕 부진 등이 나타난다.
- 칼륨이온(K^+) : 세포내액의 대표적인 양이온으로 체내에서 삼투압 유지에 따른 수분 평형과 산·염기 평형을 조절하며 신경 자극을 전달하고 세포 내에서 포도당이나 아미노산 등이 유입되어 글리코겐이나 단백질이 합성되도록 돕는 역할을 한다. 과잉증으로는 고칼륨혈증, 부정맥, 심장마비 등이 나타나고, 결핍증으로는 저칼륨혈증, 부정맥, 근육 약화 및 경련, 식욕 부진 등이 발생한다.

(7) 윤활제 및 외부 충격으로부터 보호

소화기계와 호흡기계의 점막에서 분비되는 점액을 비롯하여 안구의 수정체, 관절강 내의 관절활액, 임신 시 자궁 내의 양수 등은 외부의 충격으로부터 해당 체조직을 보호하는 역할을 한다.

2. 수분 평형

1) 수분의 섭취와 배설[2]

신체는 체외로부터 수분을 섭취하고 체내의 수분 요구에 따라 체수분을 배설함으로써 일정한 수준의 체수분량을 유지하고 조절한다(그림 10-2). 사람이 하루에 섭취하는 수분은 대부분 물과 음료, 음식물 섭취를 통하여 체내로 공급된다. 성인의 경우 물과 음료를 통하여 약 450~2,400 mL, 음식물을 통하여 약 600~750 mL를 섭취하며 식품의 대사 과정에서 약 100 kcal의 열 발생과 함께 12~13 g의 대사수가 생성되는 것을 고려하면 약 250~350 mL의 수분 섭취가 추가된다. 이를 모두 고려하면 1일 수분 섭취량은 약 1,300~3,500 mL 정도로 개인별 차이가 크다.

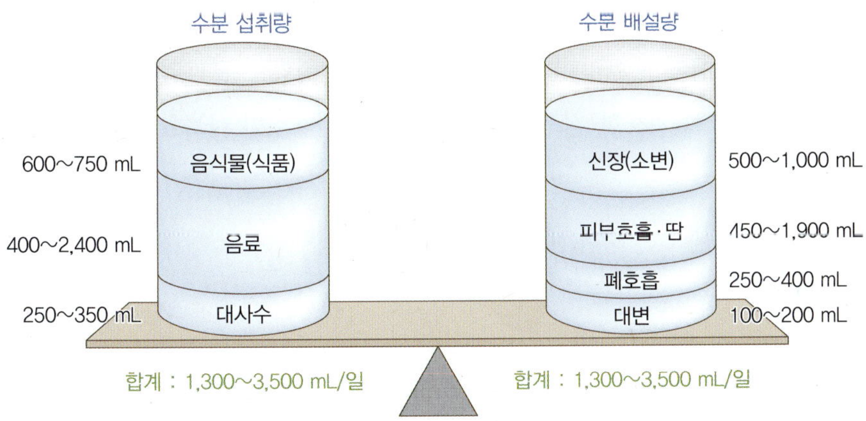

그림 10-2 **체수분의 평형**

반면에 체수분의 배설은 신체 활동 정도, 외부 온도 및 습도, 체격, 신체의 생리 상태 등에 따라 다양하나, 주로 소변을 통하여 총 수분 배설량의 약 50~60%가 배설된다. 1일 소변 배설량은 약 500~1,000 mL 정도이며, 피부호흡과 땀을 통하여 총 수분 배설량의 약 40%가 배설되는데 날씨에 따라 편차가 큰 편이어서 보통 날씨에는 약 450 mL, 더운 날씨에는 1,900 mL 정도 배설된다. 이 밖에도 폐호흡을 통하여 약 250~400 mL 정도, 대변으로 미량(100~200 mL)이 배설된다. 하루에 배설되는 수분의 총량은 약 1,300~3,500 mL로 수분 섭취량과 일치하여 수분 평형을 이룬다.

2) 수분 평형의 조절

체수분의 함량이 일정 수준 이하로 감소되면 뇌의 시상하부에서 혈액 중의 수분 감소로 삼투압이 증가한 것을 감지하여 갈증을 느끼게 함으로써 수분 섭취를 유도하고, 뇌하수체 후엽에서는 항이뇨 호르몬(antidiuretic hormone, ADH)이 분비되어 소변 배설량을 감소시킴으로써 체세포가 탈수되지 않도록 보호한다. 또한, 세포외액인 혈액량이 감소하여 혈압이 떨어지면 콩팥에서 이를 감지하고 레닌(renin)을 분비하는데 이는 간에서 합성한 안지오텐시노젠을 안지오텐신 I으로 전환시키고 연이어 폐의 안지오텐신 전환효소(angiotensin converting enzyme, ACE)에 의하여 안지오텐신 II로 전환된 후 혈관을 수축시키고 부신피질에서 알도스테론(aldosterone)의 분비를 촉진한다. 이처럼 레닌-안지오텐신-알도스테론 시스템(renin-angiotensin-aldosterone system)이 작동함으로써 알도스테론에 의하여 나트륨의 뇨배설이 억제되고, 나트륨과 수분의 콩팥에서의 재흡수가 증가하여 체내 나트륨과 혈액량이 증가하여 결국에는 혈압도 올라간다(그림 10-3).

반면, 수분 섭취량이 과도한 경우에는 세포외액의 전해질인 나트륨의 농도가 희석되어

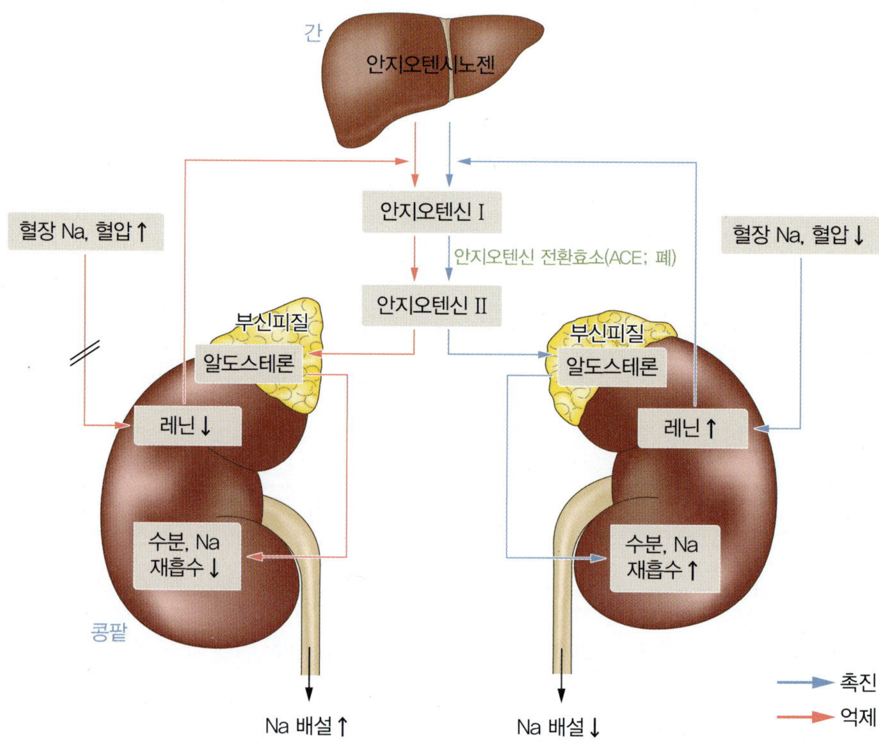

그림 10-3 **레닌-안지오텐신-알도스테론 시스템**

콩팥에서 소변으로의 수분 배설량을 증가시킴으로써 과잉의 체수분을 제거하여 체수분의 평형을 조절한다.

3) 수분 평형의 이상

(1) 탈수증

탈수증(dehydration)은 체수분이 비정상적으로 감소된 상태로, 운동이나 더운 날씨로 인한 과도한 발한, 장기적인 설사나 구토, 고열, 출혈, 화상 등에 의해 발생할 수 있다. 일반적으로 체수분의 1~2% 정도 감소하면 갈증이 유발되고, 6% 정도 감소하면 체온 상승과 함께 호흡 속도가 증진되며, 11% 감소하면 콩팥 기능 부전(신부전)이나 세포외액 감소에 의한 혈액 순환 장애가 발생한다. 20% 이상 감소하면 사망에 이르게 된다(그림 10-4). 과량의 체수분만 손실되어 발생하는 탈수증은 수분 공급만으로도 회복할 수 있지만, 설사나 구토, 지나친 발한에 의하여 나트륨과 같은 염류 배설에 의한 탈수증인 경우에는 수분과 함께 반드시 전해질을 공급해야 회복될 수 있다.[5]

체수분 감소량(% 체중)

0. 정상
1. 갈증 시작
2. 갈증 증가, 식욕 감퇴, 신체 불편
3. 인내력 감퇴, 혈액량 감소
4. 메스꺼움, 신체활동 둔화
5. 집중 부족, 무감각, 손발 저림
6. 체온 상승, 맥박 · 호흡속도 상승
7. 말더듬기, 두통
8. 어지러움, 호흡 곤란
9. 허약, 정신 혼미
10. 근육 경련, 불명확한 발음
11. 혈액량 감소로 인한 신부전, 혈액순환 장애
20. 신체 장기부전 사망

그림 10-4 **탈수 정도에 따른 신체 증상**

(2) 수분 중독

수분 중독(water intoxication)은 콩팥 기능이 저하된 상태에서 전해질의 섭취 없이 단시간 동안 과량의 물을 섭취하는 경우에 발생하며, 세포외액의 나트륨 농도가 급속하게 희석되어 나타나는 일종의 저나트륨혈증이다. 이때에는 세포외액의 수분이 세포 내로 과도하게 이동하여 세포 팽창, 특히 뇌세포의 팽창을 초래하여 두통, 메스꺼움, 구토 등이 일어나며, 반대로 세포 내의 칼륨은 세포외액으로 이동하여 세포 내 칼륨 결핍으로 근육 경련이나 발작이 일어난다. 이런 경우에는 소금(NaCl)을 비롯한 여러 전해질이 포함된 음료를 섭취해야 한다.

(3) 부종

부종(edema)은 체수분이 세포간질액에 비정상적으로 과잉 축적된 상태로, 나트륨이온(Na^+)의 체내 보유량이 지나치게 많거나 단백질 결핍에 의한 혈장 알부민의 농도가 저하되는 경우에 세포간질액의 삼투압이 증가하여 수분이 세포간질액에 과도하게 저류하거나 혈액 중의 수분이 체조직 사이로 과다하게 빠져나감으로써 발생한다. 이외에 신부전이나 콩팥염, 항이뇨 호르몬의 분비 증가 등으로 인하여 부종이 발생할 수도 있다. 일반적으로 Na^+의 섭취를 줄이거나 단백질 섭취를 증가시킴으로써 부종을 해소할 수 있다.

4) 산·염기 평형의 이상

정상 혈액의 pH는 약 7.4(7.35~7.45)로 혈액 중의 이산화탄소 농도(P_{CO_2})와 중탄산이온(HCO_3^-) 농도를 각각 폐와 콩팥에서 조절함으로써 일정하게 유지된다. 이러한 조절이 적절하지 않은 경우에 산·염기 평형에 이상이 발생하며, 동맥혈의 pH가 정상보다 높으면 알칼리증(alkalosis)이라 하고 정상보다 낮으면 산증(acidosis)이라 한다. 또한, 폐로의 CO_2 조절 이상에 의한 경우를 '호흡성'이라 하고, 체내 대사에 의한 염기(HCO_3^-)의 조절 이상에 의한 경우를 '대사성'이라 한다(표 10-2).

표 10-2 산·염기 평형의 이상

종류		원인	특징
호흡성	산증	만성 폐질환, 신경계 장애로 인한 호흡 저하로 폐로부터의 CO_2 배출이 감소하여 혈액의 pH 감소	고[CO_2], 고[HCO_3^-]
	알칼리증	고산 지대, 저산소증, 체온 증가 등에 의한 호흡 과다로 CO_2 배출이 증가하여 혈액의 pH 증가	저[CO_2], 저[HCO_3^-]
대사성	산증	당뇨, 기아 상태에서 케톤체 증가에 의한 혈액의 pH 감소, 장기간 설사에 따른 췌장액과 장액[중탄산이온(HCO_3^-)] 손실에 의한 혈액의 pH 감소	정상[CO_2], 저[HCO_3^-]
	알칼리증	잦은 구토로 인한 위산 손실, 제산제의 과다 복용, 대장에서의 중탄산이온(HCO_3^-)의 재흡수 증가 등에 의한 혈액의 pH 증가	정상[CO_2], 고[HCO_3^-]

Tip

체내 수분의 영양소 섭취기준[6]

- 성인 남자 : 2,100~2,600 mL/일(액체 형태 1,000~1,200 mL)
- 성인 여자 : 1,800~2,100 mL/일(액체 형태 900~1,000 mL)

※ 주의 : 연령(영유아), 체온(상승), 생리적 변화(임신, 수유, 설사, 다뇨증 등), 주변 온도(상승) 및 습도(저하), 식품 및 약물의 섭취(고나트륨식, 고단백식, 이뇨제 복용) 등의 여러 요인에 의하여 수분 필요량이 증가할 수 있다.

참고 문헌

1. Fox SI. (2004). *Human Physiology*, 8th Ed., McGraw-Hill companies, p.124-127.
2. Insel P, Turner RE, Ross D. (2006). *Discovering Nutrition*, 2nd ed. Jones and Bartlett, p. 394-401.
3. Gropper SS, Smith JL. (2012). *Advanced Nutrition and Human Metabolism*, 6th Ed., Wadsworth Publishing Company, p. 455-480.
4. Whitney EN, Rolfes SR. (2002). *Understanding Nutrition*. Belmont, CA: Wadsworth/ Thomson Learning, p.366-401.
5. Kleiner S.M.(1999). Water: an essential but overlooked nutrients. *J Am Diet Assoc* 2, 200-206.
6. 보건복지부. (2015). 2015 한국인 영양소 섭취기준.

찾아보기

ㅇ

ㅈ

ㅊ

ㅋ

영문

A

B

C

저자 소개

허채옥
현재 한양여자대학교 식품영양과 명예교수
한양대학교 식품영양학과 학사·석사
한양대학교 대학원 식품영양학 이학박사

권순형
현재 한양여자대학교 식품영양과 교수
한양대학교 식품영양학과 학사·석사
한양대학교 대학원 식품영양학 이학박사

최영진
현재 가톨릭관동대학교 가정교육과 교수
한양대학교 식품영양학과 학사·석사
한양대학교 대학원 식품영양학 이학박사

백희준
현재 한양여자대학교 식품영양학과 교수
한양대학교 식품영양학과 학사·석사
한양대학교 대학원 식품영양학 박사

오은주
현재 청운대학교 식품영양학과 겸임교수
한양대학교 식품영양학과 학사·석사
한양대학교 대학원 식품영양학 박사

원선임
현재 청운대학교 식품영양학과 교수
서천군어린이급식관리지원센터 센터장
한양대학교식품영양학과 학사·석사
한양대학교 대학원 영양학(급식경영) 박사

박용순
현재 한양대학교 식품영양학과 교수
한양대학교 식품영양학과 학사
State University of New York 임상영양학 석사
Washington State University 임상영양학 박사

김상연
현재 한양여자대학교 식품영양과 교수
한양대학교 식품영양학 학사·석사
한양대학교 대학원 식품영양학 박사

김은영
현재 한양대학교 한국생활과학연구소 연구교수
한양대학교 식품영양학과
한양대학교 대학원 식품영양학 박사

박유신
현재 한양여자대학교 식품영양과 겸임교수
한양대학교 식품영양학과 학사·석사
한양대학교 대학원 식품영양학 이학박사

김기랑
현재 단국대학교 식품영양학과 부교수
한양대학교 식품영양학과 학사·석사
Cornell University 영양학과 영양역학 전공 박사
질병관리본부 건강영양조사과 책임연구원
한양대학교 의과대학 예방의학교실 연구교수

고급영양학

2022년 2월 10일 초판 2쇄 발행

2019년 2월 25일 초판 1쇄 발행

저　　자　허채옥 · 권순형 · 최영진 · 백희준 · 오은주 · 원선임
박용순 · 김상연 · 김은영 · 박유신 · 김기랑

발행인　이 영 호

발행처　**수 학 사**

10881 경기도 파주시 회동길 56 기한재 1층

출판등록　1953년 7월 23일 제2020-000143호

전화번호　031) 946-4642(代)　　팩스 031) 944-1457

http://www.soohaksa.co.kr

디자인　북큐브

정가 26,000원

ISBN 978-89-7140-723-3 (93590)